广西喀斯特地区植被生态气象灾害影响和风险研究

陈燕丽 主编

气象出版社
China Meteorological Press

内容简介

本书以全球气候暖化趋势下喀斯特地区气象灾害频发、重发趋势严峻，但气象灾害对植被影响定量评估模型指标不完善的矛盾状况为研究背景，通过研发广西喀斯特地区植被生态气象灾害灾损定量监测评估、气象灾害防治分区技术和建立系统平台，实现了广西喀斯特地区植被生态气象灾害影响定量监测、评估和区划，提供了快速工具和重要技术支撑，提升了植被气象灾害监测评估和灾害区划技术水平及决策服务能力，为喀斯特地区石漠化防治适应气候变化规划制定、石漠化治理、植被保护、植被生态治理恢复工程、制定生态经济建设发展规划，以及开展岩溶石山区精准扶贫等工作提供科学决策依据。本书内容系统性和创新性强，可供高等院校、科研机构、气象与农林管理部门的科技工作者及关注气候变化与植被生态环境保护的相关人员参考。

图书在版编目（CIP）数据

广西喀斯特地区植被生态气象灾害影响和风险研究 / 陈燕丽主编. -- 北京 : 气象出版社, 2025. 1. -- ISBN 978-7-5029-8454-0

Ⅰ. P429

中国国家版本馆 CIP 数据核字第 2025XU2183 号

Guangxi Kasite Diqu Zhibei Shengtai Qixiang Zaihai Yingxiang he Fengxian Yanjiu

广西喀斯特地区植被生态气象灾害影响和风险研究

出版发行：气象出版社

地　　址：北京市海淀区中关村南大街 46 号　　**邮政编码**：100081

电　　话：010-68407112（总编室）　010-68408042（发行部）

网　　址：http://www.qxcbs.com　　**E-mail**：qxcbs@cma.gov.cn

责任编辑：王　迪　　**终　　审**：张　斌

责任校对：张硕杰　　**责任技编**：赵相宁

封面设计：地大彩印设计中心

印　　刷：北京建宏印刷有限公司

开　　本：787 mm×1092 mm　1/16　　**印　　张**：19.25

字　　数：493 千字

版　　次：2025 年 1 月第 1 版　　**印　　次**：2025 年 1 月第 1 次印刷

定　　价：156.00 元

编 委 会

主　　编：陈燕丽

副主编：杨奇勇　莫建飞　莫伟华　谢　映

编　　委（按姓氏笔划排列）：

孙　明　陈　诚　陈耀飞　李明志

张　生　张　悦　唐梅蓉　黄　飞

黄永璘　黄　捷　黄　璐

序　言

广西，这片被大自然赋予独特喀斯特地貌的土地，以奇峰异石、溶洞幽深闻名于世。然而，喀斯特地区特殊的地质结构、浅薄的土壤层，以及频发的干旱、洪涝、冰雹等气象灾害，对植被生态系统构成了多重威胁。

近年来，全球气候变化的影响愈发显著，极端天气气候事件的频发与加剧，使得广西喀斯特地区的植被生态气象灾害风险日益增加。这不仅对当地脆弱的生态环境构成了新的威胁，也给经济社会的可持续发展带来了严峻挑战。因此，深入研究气象灾害对植被生态的影响，评估其风险，探索有效的防控策略，已成为当务之急。

《广西喀斯特地区植被生态气象灾害影响和风险研究》一书，是作者团队多年研究成果的结晶。本书立足于广西喀斯特地区生态环境保护与可持续发展的战略需求，基于气象气候、遥感影像和植被生态等多源数据，综合运用遥感反演、实地调查、模型模拟、GIS技术，深入分析了广西喀斯特地区植被生态与气象灾害的时空演变规律及其驱动机制，定量评估了气象灾害对植被生态的影响程度，研发了植被生态气象灾害灾损监测评估系统，进行了气象灾害风险区划，提出了切实可行的风险防控措施。

本书的出版，不仅可丰富灾害生态学的理论体系，也为喀斯特地区气象防灾减灾、生态环境治理修复、巩固脱贫攻坚成果提供了科学支撑。相信本书能够为相关领域研究人员、政策制定者以及关心生态环境保护与可持续发展的读者们提供宝贵资料，为广西乃至全球喀斯特地区的生态环境保护与可持续发展贡献一份力量。

湖南师范大学二级教授

2024年10月

前　言

在全球气候变化背景下，气象灾害已成为全球最具破坏性的自然灾害类型，其发生频率和强度呈现显著上升趋势。这类灾害不仅造成重大人员伤亡和经济损失，更对植被生态系统的结构、功能和组成产生深远影响，加剧了生物多样性丧失和植被退化进程。喀斯特地区作为我国四大生态环境脆弱区之一（与黄土、沙漠、高寒并列），具有石漠化景观显著、土层浅薄、植被生境特殊等典型特征，对气象灾害的抵抗能力尤为脆弱。广西是我国喀斯特地貌发育的典型区域，其分布面积达833.4万公顷，约占西南喀斯特区总面积的18.9%，占广西面积的35.1%。该区域承载着广西约50%的常住人口，面临着人地矛盾突出、可利用土地资源匮乏、经济社会发展滞后等多重挑战，是集革命老区、少数民族聚居区、边境地区、山区和贫困地区于一体的典型生态脆弱带。在此背景下，开展气象灾害对植被影响的科学评估与风险研究，对推进喀斯特地区生态保护修复、石漠化综合治理和乡村振兴战略实施具有重大现实意义。

本研究基于多源卫星遥感、气象观测和地理信息大数据，构建了系统的评估指标体系与模型方法，重点开展了以下工作：一是建立了广西喀斯特地区植被生态气象灾害灾损定量监测评估体系；二是完成了面向石漠化防治的气象灾害风险区划。研究成果不仅为喀斯特地区植被生态恢复政策制定提供了科学依据，也为全国岩溶生态气象研究提供了技术范式，特别对西南、华南等喀斯特集中分布区的生态气象研究与实践具有重要参考价值。

本书共分为8章，由陈燕丽、莫伟华和谢映总体负责章节结构设计、编写组织和文稿技术把关。参加编写的主要人员如下（按章节顺序）：第1章由陈燕丽编写，第2章由陈燕丽、杨奇勇、莫建飞、谢映编写，第3章由杨奇勇、唐梅蓉、陈燕丽、谢映编写，第4章由谢映、陈燕丽、陈耀飞、张生编写，第5章由谢映、陈燕丽、张悦、孙明、黄璐、陈诚编写，第6章由莫建飞编写，第7章由莫伟华、黄永璘、黄璐编写，第8章由陈燕丽编写。由陈燕丽、莫伟华、谢映、杨奇勇、莫建飞完成全书的统稿和校对。

本书的编写工作自始至终得到了国家气象中心钱拴老师和延昊老师的高度重视与悉心指导。两位专家对全书框架结构进行了严谨的技术把关，在此谨致以最诚挚的谢意！

本研究还得到了中国地质科学院岩溶地质研究所、国家气象中心、中国农业大学、南宁师范大学、广西壮族自治区气候中心、百色市气象局、河池市气象局等单位的大力支持，在此一并表示衷心感谢。

在本书撰写过程中，我们参考了大量相关领域的科研成果。除文献中列出的正式发表论文和专著外，部分资料来源于学术讲座、会议报告等未公开发表的成果。因篇幅所限，未能逐一标注来源，恳请相关作者谅解，并在此致以深深的谢意。

由于植被生态气象灾害影响评估技术涉及多学科交叉，加之编者水平有限，书中难免存在疏漏与不足之处，恳请广大读者和同行专家不吝指正，以便我们在后续研究中进一步完善。

作者

2024 年 10 月

目　录

第 1 章

引 言

1.1 研究目的和意义

广西喀斯特地区具有重要的生态功能定位，是国家和广西壮族自治区政府石漠化防治、生态环境保护、植被生态恢复治理和脱贫攻坚的重要地区。生态环境是人类赖以生存的物质基础，喀斯特地貌区是我国的四大生态环境脆弱区之一，具有重要的生态功能定位。2010 年国务院印发了《全国主体功能区规划》(国发〔2010〕46 号)首次对我国陆地国土空间进行了功能布局，划定了桂滇黔石漠化防治生态功能区，属于水源涵养重点生态功能区，以植被保护恢复、石漠化生态综合治理、生物多样性保护为主体功能定位。广西喀斯特地貌发育分布广，总面积达 833.4 万 hm^2，占我国西南地区喀斯特土地总面积的 18.9%，占广西土地总面积的 35.1%，集中分布于西江流域中上游的河池市、百色市、桂林市、崇左市、南宁市等老少边山穷地区，总人口约占广西总人口的一半左右，可用土地较少，经济发展相对落后。喀斯特地貌以峰丛洼地、峰林谷地、孤峰、残丘等类型为主，整体地势由桂西北向桂东南倾斜，大部分处于云贵高原斜坡过渡地带，海拔在数十米到一千多米。由于喀斯特地区地理环境条件特殊，环境的脆弱性和人类活动的双重影响下，导致其植被退化、基岩裸露，形成石漠化景观。石漠化问题已经成为广西最为严重的生态问题之一。

作为陆地生态系统主要组成部分的植被是反映区域生态环境质量的最好标志之一。喀斯特地区土地贫瘠、土层薄、水土涵养能力差，植被多以灌木、灌草和稀疏草地为主，石漠化的广泛分布极大程度影响了该地区植被生态环境质量。因此，喀斯特地区是决定广西植被生态质量整体提升的关键。广西区政府在推进广西生态文明建设进程中，提出大力实施“生态立区、生态兴区、生态强区”战略；中共广西第十一次党代会提出营造“三大生态”、实现“两个建成”的战略目标，持续推进“美丽广西”乡村建设，坚持生态立区、生态惠民，走出具有广西特色的绿色崛起之路。《桂黔滇喀斯特石漠化防治生态功能区生态保护与建设规划(2014—2020 年)》指出，集中力量推进桂黔滇石漠化生态功能区生态保护与建设，致力于改善本区域生态环境。广西喀斯特地区已经成为国家和自治区政府石漠化防治、生态环境保护、植被生态恢复治理和脱贫攻坚的重要阵地。

广西喀斯特地区是生态敏感脆弱区，全球气候变化背景下气象灾害的频发对其自然植被生态构成较大威胁，严重影响其生态保护、恢复和治理。广西喀斯特地区属亚热带季风气候，年平均气温 17～23 ℃，年降雨 1100～1500 mm，雨热同期，降水量时空分布不均。在全球变暖的大背景下，1971—2020 年广西喀斯特地区年平均气温呈显著上升趋势，平均每 10 年升高 0.21 ℃，各季平均气温都呈上升趋势，秋季升温速率最大，平均每 10 年升高 0.28 ℃；春季、秋季降水量呈减少趋势，年暴雨日数呈增多趋势。根据全球气候模式预估结果，在不同 SRES 排放情景下，广西喀斯特地区 21 世纪气温将持续上升，降水空间异质性增大。

广西喀斯特地区主要气象灾害有干旱、暴雨洪涝、冻害等，各种气象灾害的分布具有明显的地域差异和季节差异。全球气候变化背景下，气象灾害发生频率高，危害大，特别是在 20 世纪 80 年代后期以来，极端天气气候事件造成的灾害损失显著增大。如 2008 年低温雨雪冰冻、2008 年 6 月致洪暴雨、2009—2010 年夏秋冬春连旱、2010 年 7—9 月高温热浪等极端气候灾害，对植被生态环境影响严重。极端气象灾害频发对喀斯特地区农业、林业、水资源影响显著。农业病虫害加重，极端天气气候事件的发生频率和强度增加，使农业生产的不稳定性增大、作物产量波动加大。对该地区的林业和森林生态系统也造成严重影响，如 2009—2010 年夏秋冬春连旱导致森林火灾频发，林木生长衰弱，松毛虫暴发成灾；2008 年低温雨雪冰冻灾害导致大量林木被损毁，生态环境受到严重影响。旱涝灾害频繁发生，对喀斯特地区水资源的影响也较大，特别是长时间的持续干旱，如 2003—2004 年夏秋冬春连旱、2004—2005 年秋冬春连旱、2009—2010 年夏秋冬春连旱致使江河来水量显著减少，重灾区严重缺水。由于广西喀斯特地区生境的敏感性和脆弱性，其抵御气象灾害能力较弱，气象灾害对喀斯特石漠化区的植被生长往往会造成不可逆的破坏性影响，严重阻滞该地区的植被生态保护、恢复和石漠化治理。

新时代对气象灾害防御能力提出了更高要求，但气象灾害对广西喀斯特地区植被生态的具体影响作用不明晰，缺乏气象灾害对该地区植被生态损害的定量监测评估模型和技术，有必要开展此方面的研究，为石漠化防治适应气候变化提供科学依据，提升广西喀斯特生态脆弱敏感区的生态安全气象服务保障能力。

全球气候变化背景下，面对新时代人民日益增长的美好生活的需求、国家经济社会的全面发展、负载严峻的气象灾害形势等对气象灾害防御能力提出了更高要求。2018 年 10 月 10 日习近平总书记在中央财经委员会第三次会议上提出提高我国自然灾害防治能力等要求，为新时代全社会提高自然灾害防治能力，特别是为气象防灾救灾工作指明了方向，提供了思想和行动的根本遵循。2016 年 7 月 28 日习近平总书记在河北唐山市考察时提出关于自然灾害防治“两个坚持、三个转变”的要求，特别是“以防为主”的要求，对气象防灾减灾工作提出更高要求，要切实加强气象在自然灾害防御工作中“第一道防线”的先导作用。

植被是响应气候变化的敏感指示器，气候对植被的影响已在森林、草地多种植被类型及多空间尺度上得到了充分验证，学者们也研发了气候贡献率模型用于定量评价气候因子对植被生长的驱动力。在已有的研究中，多种气候因子与广西喀斯特地区植被生态参数的高相关性及其影响已被证实。气象灾害会造成表征植被长势的遥感植被指数降低，通过构建分级指标可以反演植被受灾程度，现有的这方面的研究多集中在干旱。但是现有的气象灾害对植被影响作用的相关研究多为单次灾害过程分析，所构建的灾损监测评估指标模型普适性较差；其次，鲜少针对喀斯特地区，尤其是石漠化生态脆弱区；此外，已有研究多针对干旱、冰冻灾害，鲜见对喀斯特地区植被生态同样具有较大影响的暴雨洪涝方面的相关研究报道。

气象灾害的风险评估可为灾害防御、气象趋利避害提供科学指导，但由气象灾害风险的定义——“指气象灾害事件发生的可能性以及由其造成后果的严重程度”可以知道，其本质上只是概率统计结果。由于气象灾害风险评估依据的是非真实灾损数据，利用其划分的灾害防治分区所提供的只是一种可能性。由于气象灾害对植被影响主要是案例研究，气象灾害对广西喀斯特地区植被生态的影响作用不明晰，缺乏气象灾害对该地区植被生态损害的定量监测评估模型及技术，因此，目前喀斯特地区气象灾害区划工作仍是以风险模式开展。如果可以形成一套较完备的气象灾害对喀斯特地区植被损害的真实背景场数据，将极大程度促进石漠化防治工作。

综上所述，针对气象灾害对喀斯特地区植被生态影响作用的现有研究尚不能为喀斯特地区植被保护、植被生态恢复治理、石漠化防治适应气候变化等措施制定提供比较系统、客观、全面的决策依据。本书针对已有研究中问题开展深入分析，同时针对发现的新问题，利用多源卫星、气象和地理信息等数据，通过研究广西喀斯特地区石漠化时空演化格局、植被气候响应模式、气候和人类活动对植被的驱动机制、气象灾害对植被的损害作用，构建并检验广西喀斯特地区植被生态气象灾害灾损定量监测评估模型，并在此基础上研究气象灾害对喀斯特地区植被灾损的时空异质性，开展广西喀斯特地区石漠化防治的气象灾害风险区划研究；为广西喀斯特地区石漠化科学防治适应气候变化工作的深入开展，开展植被生态保护、植被生态治理恢复、气象趋利避害提供客观科学依据，也为石漠化重点县（市）、政府等相关部门生态气象服务出现的新问题提出有效解决办法。提高广西喀斯特生态脆弱敏感区的生态安全气象服务保障及应对气候变化能力，对促进和改善广西喀斯特地区植被生态环境质量具有十分重大和深远意义。

1.2 研究目标、内容和技术路线

1.2.1 总体目标

通过研发广西喀斯特地区植被生态气象灾害灾损定量监测评估、气象灾害防治分区技术和建立系统平台，实现该地区植被生态气象灾害影响定量监测、评估和区划，提供快速工具和重要技术支撑，提升植被气象灾害监测评估和灾害区划技术水平及决策服务能力，为喀斯特地区石漠化防治适应气候变化规划制定、石漠化治理、植被保护、植被生态治理恢复工程、制定生态经济建设发展规划，以及开展岩溶石山区精准扶贫等工作提供科学决策依据。

1.2.2 主要研究内容

1. 构建广西喀斯特地区遥感气象数据集，研究在新气候背景条件下的广西喀斯特地区植被生态参数、气候要素、气象灾害时空变化规律。

2. 研究石漠化时空演化、植被—气候响应模式建模技术，分析广西喀斯特地区石漠化过程的气候和人为驱动力。

3. 解析干旱、暴雨、冻害等主要气象灾害与广西喀斯特地区植被覆盖度、植被生产力、植被生态质量等植被参数的关系，构建气象灾害对广西喀斯特地区植被生态质量影响定量监测评估模型和指标。

4. 分析不同石漠化等级、不同地理环境下气象灾害对植被生态损害空间异质信息和变异规律，研究气象灾害灾损等级划分参数标准，研究广西喀斯特地区石漠化防治的气象灾害区划技术。

5. 研发广西喀斯特植被生态气象灾害灾损监测评估系统平台，实现广西喀斯特地区植被生态监测、气象灾害监测、气象灾害对植被生态质量灾损评估、气象灾害灾损区划等功能。

1.2.3 技术路线

开展研究分析的技术路线如图 1.1 所示。

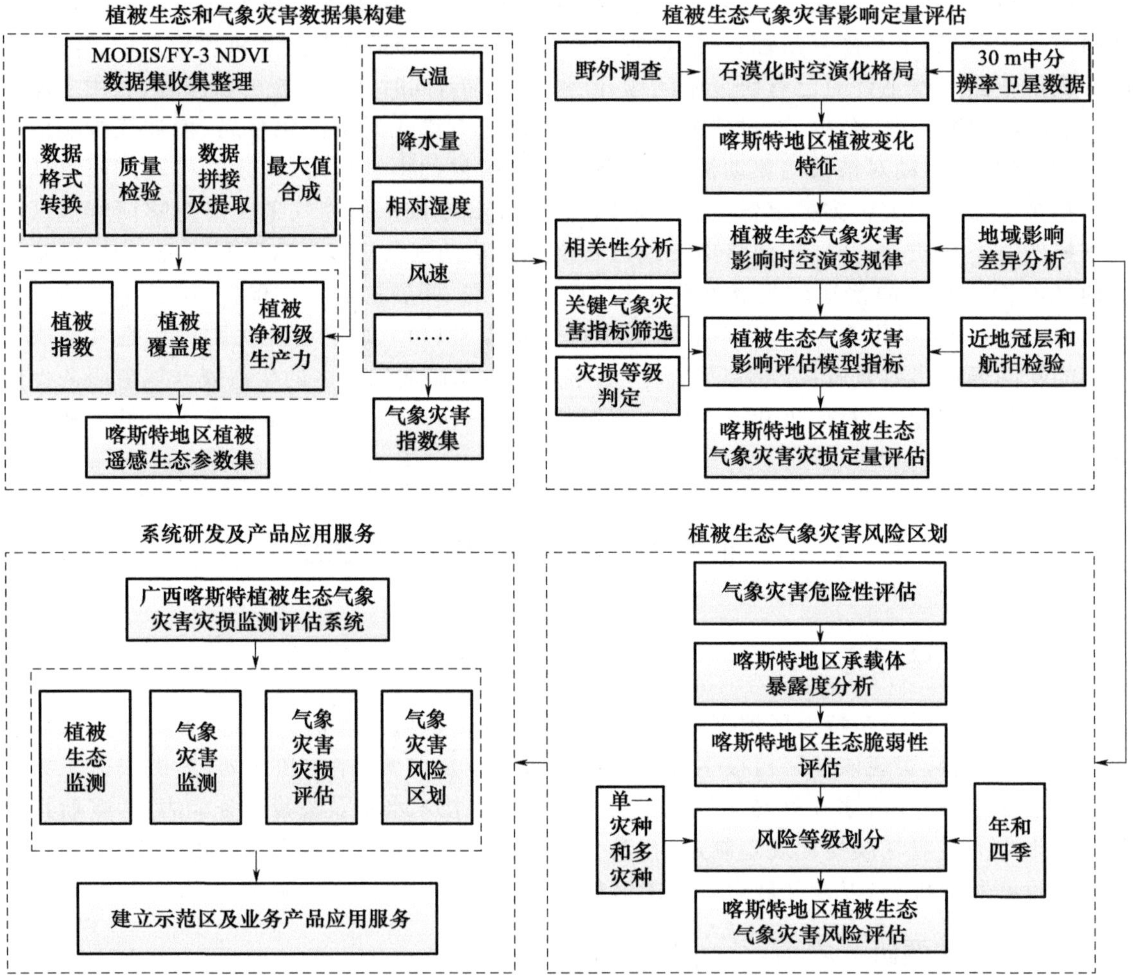

图 1.1 技术路线

1. 构建广西喀斯特地区植被生态参数、气候、气象灾害数据集。利用长时间序列卫星遥感反演的归一化植被指数，结合石漠化生态观测站和地面植被调查，推算植被生物多样性、植被结构参数；结合气象观测资料，采用光能利用率模型、植被覆盖度模型、生态质量指数模型估算植被覆盖度、植被净初级生产力等植被生态参数；利用气象信息中心数据库获取基础气候数据，根据灾害监测指标计算生成干旱、暴雨、冻害灾害数据集；收集整理研究区行政边界、行政区点、数字高程模型等基础地理信息数据。依托 GIS(地理信息系统)技术，将气候、气象灾害、地理信息数据处理成与遥感植被生态参数一致分辨率和投影方式的栅格数据集。

2. 研究广西喀斯特地区石漠化过程的气候和人为驱动力。研究广西喀斯特地区石漠化时空演化格局。利用高分辨率卫星遥感数据，通过光谱和纹理特征分析，建立广西喀斯特地区潜在、轻度、中度、重度石漠化等级识别模型；利用转移矩阵和变化速率模型，研究广西喀斯特地区20世纪80年代、20世纪90年代、21世纪00年代、21世纪10年代多个时相石漠化等级时空演化格局。研究广西喀斯特地区植被生态变化驱动力。研究喀斯特地区植被—气候响应模式，确定不同气候因子的时滞周期；采用改进残差趋势法明晰气候变化、人类活动及大气施肥效应对广西喀斯特地区植被生态变化的驱动力；结合石漠化演化格局分析结果，研究石漠化改善区和退化区气候变化、人类活动及大气施肥效应对其植被变化的贡献作用。

3. 构建气象灾害对广西喀斯特地区植被生态影响(灾损)定量监测评估模型和指标。解析干旱、暴雨、冻害等主要气象灾害与广西喀斯特地区植被覆盖度、植被生产力、植被生态等生态参数的关系，判识影响植被生态的关键气象灾害指标，研究广西喀斯特地区植被生态气象灾害作用模式，建立气象灾害对广西喀斯特地区植被生态灾损评估模型。利用喀斯特生态站近地多视角冠层图像及无人机航拍图像，选择喀斯特地区典型区域，结合实地调查研究，检验广西喀斯特地区石漠化等级分类、植被生态气象灾害灾损监测评估结果的可靠性和精确度，对灾损模型相关参数进行修正，最终确立广西喀斯特地区植被生态气象灾害灾损评估模型和指标。

4. 研究广西喀斯特地区植被生态的气象灾害灾损的时空异质性及区划技术。基于气象灾害灾损评估模型，获取广西喀斯特地区长时间序列不同气象灾害对植被灾损评估结果的空间分布信息；获取广西喀斯特地区不同石漠化等级、不同地理环境下植被生态气象灾害灾损空间异质信息，研究气象灾害对广西喀斯特地区植被灾损时空动态变异规律。确定不同气象灾害灾损风险等级划分参数标准，研究广西喀斯特地区石漠化防治的气象灾害风险区划技术。

5. 广西喀斯特地区植被生态气象灾害灾损监测评估系统研发。利用上述集成技术和研究结果，基于现有的植被生态相关业务软件，研发广西喀斯特地区植被生态气象灾害灾损监测评估系统，实现广西喀斯特地区植被生态监测、气象灾害监测、气象灾害对植被生态灾损评估、气象灾害灾损区划等功能；对系统功能进行测试，规划服务产品模板及服务模式，制作并发布相关服务产品，并在喀斯特地区市(县)开展应用示范。

第 2 章

研究区概况、数据与方法

2.1 研究区概况

2.1.1 地理位置

广西壮族自治区(广西区)岩溶区,位于广西区西部、西北部、中部和东北部部分地区,界于22°24′—26°24′N、104°28′—112°04′E,最南为钦州市灵山县,西与云南毗邻,西北靠贵州,西南与越南接壤,东北接湖南永州。广西区总土地面积的85%为山地,其中岩溶地貌分布面积为 8.95×10^4 km^2,占全区总土地面积的40.9%,占有比例较高,且在89个区(县)有不同程度的碳酸盐岩裸露(图2.1)。2019年底全区总人口达 3.09×10^7 人。研究区位于云贵高原东南部的过渡带,地形地貌较复杂,地势是从西北部向东南部倾斜;中部和南部的地形以平坦为主,呈现出四周较高、中间较低的盆地形态;西部地区是云贵高原的延长地带,地势高于全区平均水平,大部分海拔在1000~2000 m(图2.1)。广西岩溶区归属于亚热带季风气候区范畴,主要气候特点是高温多雨,年均气温17.5~23.5 ℃,年均降水量841.2~3387.5 mm。

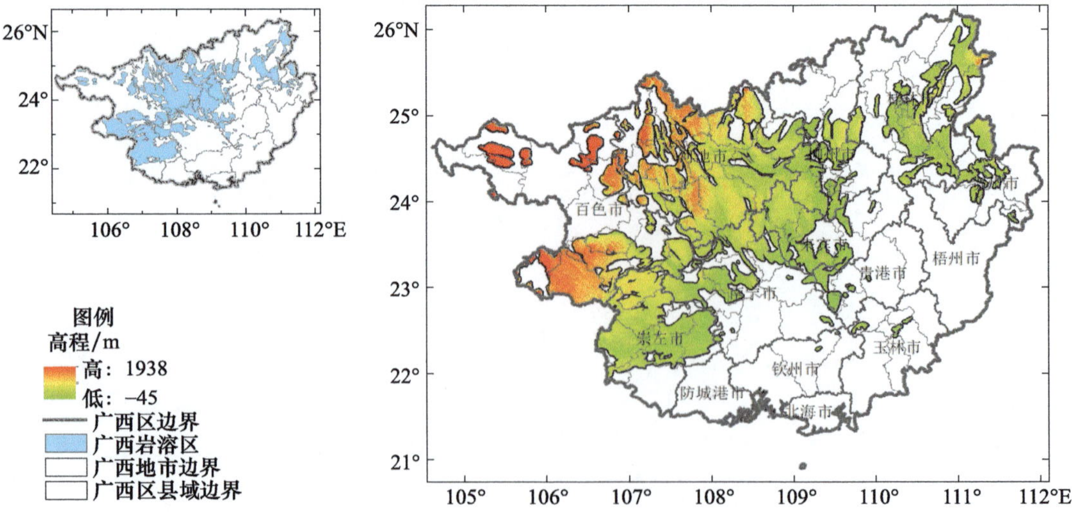

图 2.1 广西岩溶区分布及岩溶区高程图

2.1.2 气候水文

广西南北气候差异主要表现在热量特征方面，以稳定通过 10 ℃期间的积温 6900 ℃ · d 和 8000 ℃ · d 等值线为界，6900 ℃ · d 等值线往北为中亚热带，8000 ℃ · d 等值线往南为北热带，两带之间为南亚热带。因此，研究区自北向南分为两个气候区，即中亚热带和南亚热带 2 个气候带（表 2.1），包括 8 个气候区（图 2.2）；分别为中亚热带（桂东北北部、桂北、桂东北南部、桂中和桂西北 5 个气候区）和南亚热带（桂东南、桂南和桂西南 3 个气候区）（况雪源 等，2007）。其中，崇左市和百色市的大部分岩溶县（区）属于桂西南气候区，河池市的气候区较丰富，分布着桂北、桂中、桂南和桂西北四种气候区，柳州市分布着桂东北北部、桂中和桂东北南部气候区，桂林市大部分岩溶县（区）为桂东北北部气候区，南宁市和钦州市的岩溶县（区）为桂南气候区。

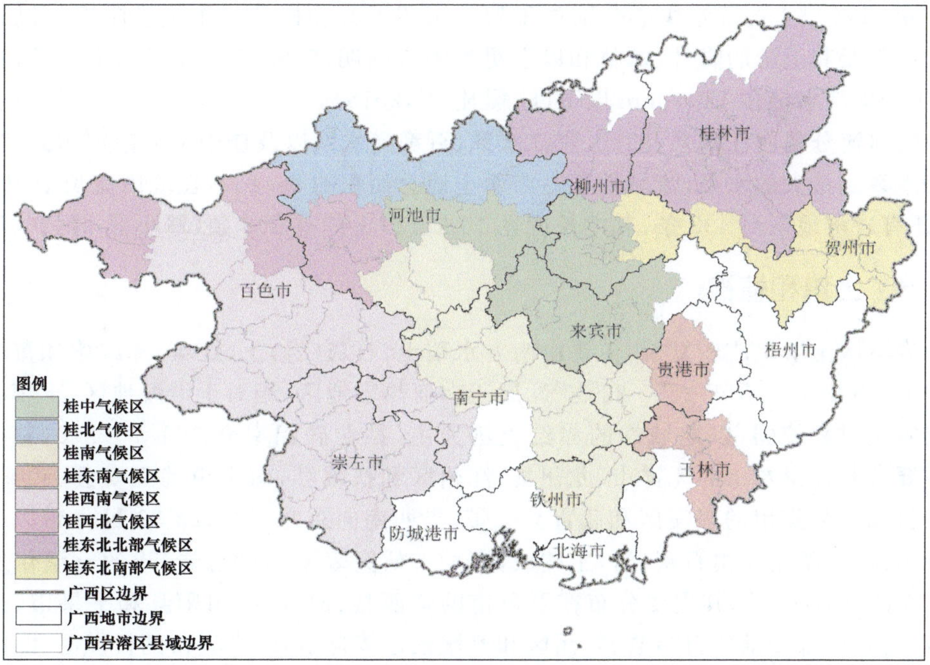

图 2.2 广西岩溶区气候划分

表 2.1 广西岩溶气候区划分

气候带	气候区	包括地区
中亚热带	桂东北北部气候区	全州、兴安、灌阳、灵川、桂林市区、临桂、永福、阳朔、融安、融水、富川等县（自治县）及恭城北部
	桂北气候区	南丹、罗城两县（自治县）和天峨、环江等县（区、自治县）北部
	桂东北南部气候区	八步、钟山、昭平、荔浦、鹿寨等县（区、自治县）
	桂中气候区	柳州市区、柳城、柳江、象州、忻城、兴宾、河池市区、宜州等县（区、市）及武宣北部、环江县南部
	桂西北气候区	东兰、凤山、乐业、隆林、西林、凌云等县（自治县）及巴马北部、天峨南部

续表

气候带	气候区	包括地区
南亚热带	桂东南气候区	桂平市
	桂南气候区	马山、上林、宾阳、武鸣、横县、等县(区、自治县)及都安南部、武宣南部
	桂西南气候区	崇左市、南宁市区、百色市区、隆安、平果、田东、田阳、田林、德保、靖西、那坡等县及巴马南部

广西岩溶区属亚热带季风气候区，具有气候温暖、降水充沛、光照充足、夏长冬短的气候特征。研究区年均气温介于16.5～23.1 ℃范围内，年均气温在20.0 ℃以上的地区约占研究区的65%。

广西降水量同热量资源分布大体上都是由北向南增加，其年均降水量约为1000～2800 mm，一年中的4—9月降水量占年均降水量的75%；时空分布差异也较大，研究区内的2个年均降水量均在1900 mm以上的降水中心分别位于贺州市昭平县和桂林市永福县附近。以百色为中心的右江河谷及其上游的隆林、西林和以宁明为中心的明江、左江河谷至邕宁一带，为降水少的地带，年平均降水量在1200 mm以下(陆耀凡 等，2015)。

广西的河流分属西江水系、湘江、资江水系、百都河水系以及桂南沿海诸河水系四大水系，其中珠江水系是最大的水系，流域面积占广西土地总面积的85.2%，在境内流长1239 km。此外，广西还有岩溶地下河433条，其中长度在10 km以上的有248条(覃小群 等，2007)。

2.1.3 土壤和植被

广西岩溶区土壤组成较复杂，主要由南方水稻土、石灰(岩)土、红壤、赤红壤和黄壤5种土壤类型组成(图2.3)。介于22°—22°30′N属于南亚热带地区，相对于沿海地区，土壤富铝化过程和生物富集过程较弱，以地域性的赤红土壤为主，黏粒硅铝率介于1.7～2.0(董玉清 等，2021)，主要分布在崇左市的凭祥市、龙州县、江州区和扶绥县，南宁市的隆安县、武鸣区、马山县和上林县以及来宾市的兴宾区和武宣县一带，呈西南向东北走势；23°30′N一带以北属于中亚热带季风区，土壤主要由石灰(岩)土构成，有相关研究表明，石灰(岩)土的石漠化发生率较高(杨青 等，2018，2019)，其主要分布在百色市的靖西县、德保县、田阳县和平果市，河池市的大化瑶族自治县、都安瑶族自治县、宜州区和罗城仫佬族自治县，来宾市的忻城县和合山市，柳州市的鹿寨县、融安县部分地区以及桂林市市区、永福县和富川瑶族自治县等地区；其次为红壤，主要分布在最西边百色市的隆林各族自治县，中部河池市的金城江区、环江毛南族自治县和宜州区，柳州市市区、柳城县、柳北区和柳江县部分地区以及桂林市阳朔县、恭城瑶族自治县和平乐县等地区；黄壤在最北边河池市的南丹县以及东北部的桂林市全州县有少量分布；南方水稻土在整个研究区范围内呈零散分布，面积相对较小。

广西岩溶区主要以山地、丘陵为主，地貌和土壤类型繁多且复杂，使得研究区内野生植物种类较丰富。主要种类有杉木类、松树类、桉树类、灌木林、竹类林、经济林、阔叶林以及其他林地(图2.4)，主要以灌木林和其他林地为主。由于研究区内部分地区的基岩大面积裸露且土壤覆盖较少，一般植物不易存活，植被的形成周期较长，并且在人为或者其他因素导致植被被破坏之后几乎不可能恢复到原生状态，因此，岩溶区植被大多为灌木林。

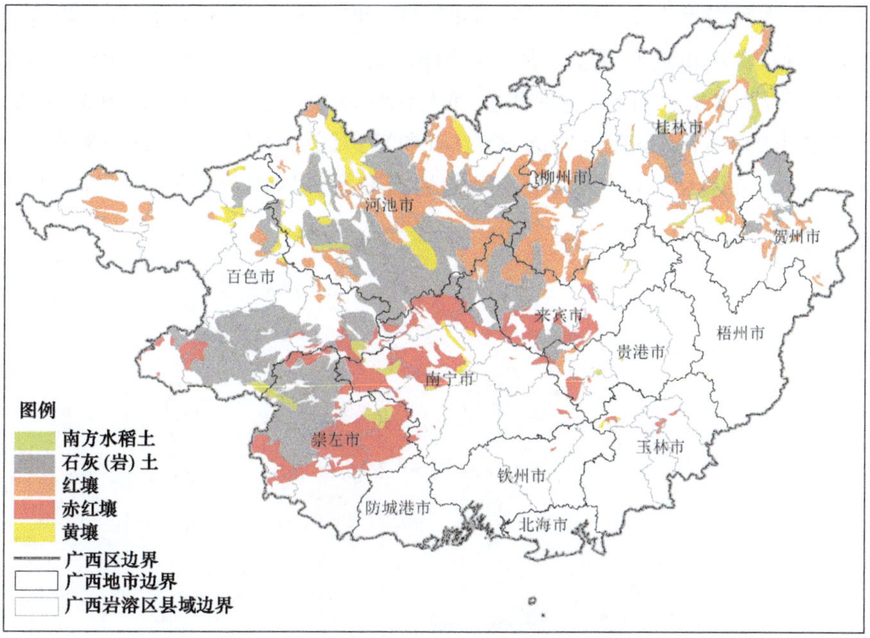

图 2.3 广西岩溶区土壤类型分布

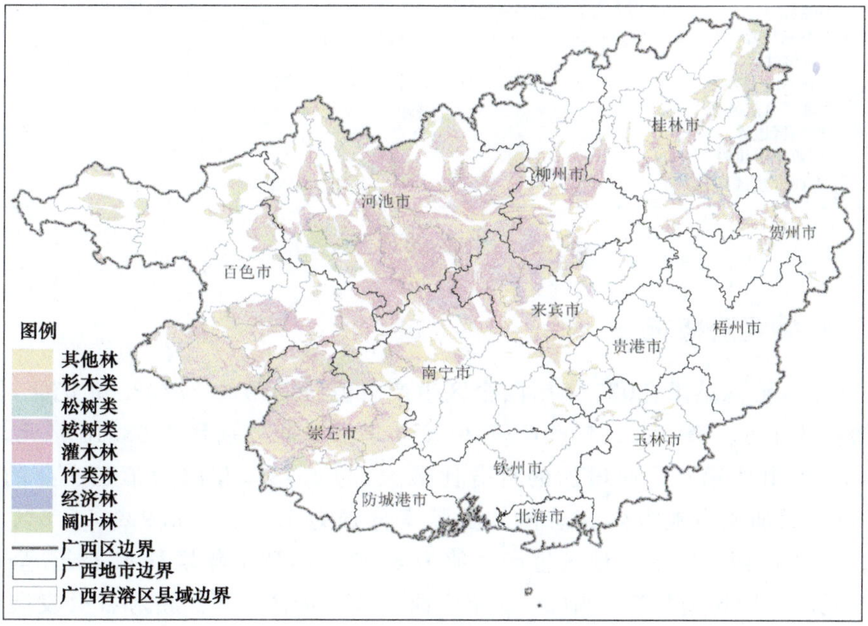

图 2.4 广西岩溶区植被类型

2.1.4 地质地貌

广西壮族自治区属于云贵高原边缘地带向东南地区山地丘陵的过渡带，位于中国东南地区大陆活跃的边缘地带。由于不同方向上的断裂活动引起地块间发生不同程度的升降形成大明山、大瑶山、十万大山、猫儿山和乐业天坑等高山、盆地、谷地和洼地。广西岩溶区内地块存在明显的升降差异，导致出现北部隆起突出、东北部隆起明显、中心部轻微隆起、西北部则是倾斜式地块的空间特征。

广西岩溶区内大部分为灰岩(图 2.5),分布集中且广泛,主要分布在西部崇左市市区、龙州县、大新县和天等县,百色市的靖西县、德保县和田阳县,河池市灰岩的分布最广,都安瑶族自治县 90%以上都为灰岩,其次为宜州区、南丹县和大化瑶族自治县,柳州市的灰岩主要分布在柳江县和柳城县,来宾市的灰岩分布在忻城县、合山市和兴宾区,南宁市有少部分灰岩,主要分布在南宁市区、隆安县、马山县以及上林县;其余类型的岩石在研究区内分布较少,呈离散分布。

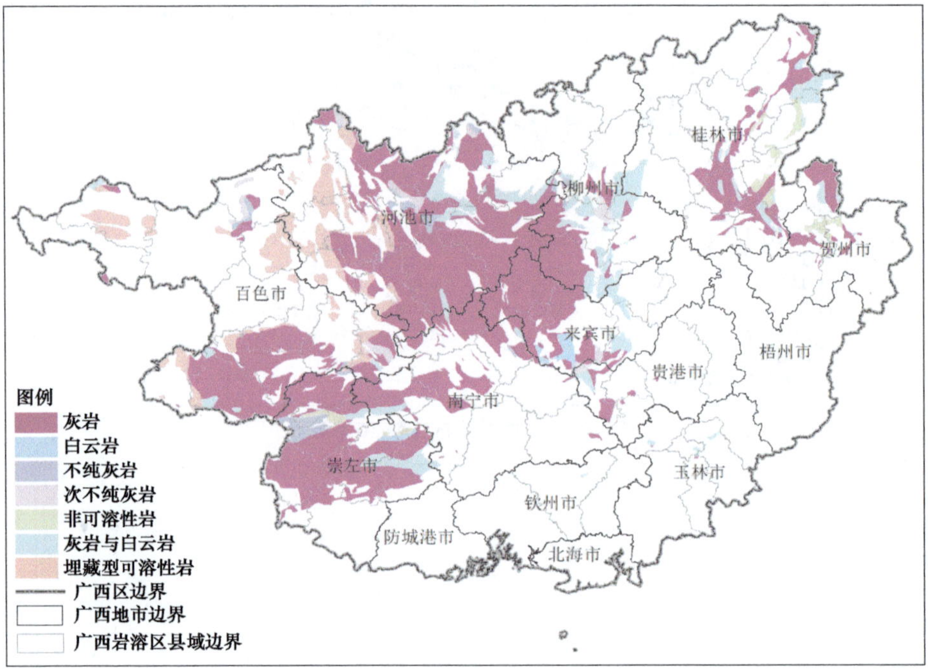

图 2.5 广西岩溶区岩石类型

2.1.5 社会经济概况

根据统计年鉴汇总结果,2023 年广西全区生产总值(GDP)为 27202.39 亿元,按可比价计算,比上年增长 4.1%。第一、二、三产业较 2022 年增加的值分别是 4468.18 亿元、8924.13 亿元、8924.13 亿元,其中第一产业增加的百分比最大,为 4.7%,其次为第三产业的 4.4%。第一、二、三产业的增加值占地方生产总值的贡献率分别为 19.5%、24.9%、55.6%。根据常住人口计算,2023 年广西全区人均地区生产总值为 54005 元,比上年增长 4.2%。全员劳动生产率为 161615 元/人,同比增长 5.7%(2023 年广西壮族自治区国民经济和社会发展统计公报)。

2.2 数据源

2.2.1 石漠化监测评估数据

2.2.1.1 遥感数据

石漠化监测评估数据采用 Landsat TM/OLI,且已经过预处理。所有影像数据的成像时间、行列号、影像级别和传感器类型如表 2.2 所示。然而，在遥感影像的获取过程中，由于研究区的范围较大，部分高海拔地区地形地势复杂，且云量和云层偏多偏厚，虽然前期已经尽量挑选覆盖度完整和云量较少的影像，但由于部分地区受云雾和影像缺失的影响较大，所以选择研究时间段上下一年时间段间隔内的同月份数据。研究中使用的数据主要集中分布在植被覆盖较少的 1—4 月和 11—12 月，偶尔有数据分布在植被覆盖较茂盛的 5—9 月，所选数据基本能够达到研究的要求。

表 2.2 研究区 Landsat TM/OLI 数据集

年度	成像时间（年-月-日）	传感器	影像级别	影像行列号
2000	1999-09-24	ETM+	L1TP	126043;126044;126045
	1999-12-27	ETM+	L1TP	128043
	2000-05-21	ETM+	L1TP	126042
	2000-10-30	ETM+	L1TP	124042;124043;124044;124045
	2000-11-04	ETM+	L1TP	127042;127043;127044
	2000-12-24	ETM+	L1TP	125042;125043;125044;125045
	2000-12-26	ETM+	L1TP	123043;123044
2005	2004-05-08	TM	L1TP	126042;126043
	2004-11-18	TM	L1TP	124042;124043
	2004-12-02	TM	L1TP	126044;126045
	2005-04-07	TM	L1TP	128043
	2005-09-11	TM	L1TP	123043;123044
	2005-10-09	TM	L1TP	127042;127043;127044
	2005-10-11	TM	L1TP	125042;125043;125044;125045
	2005-11-21	TM	L1TP	124044;124045
2010	2009-01-09	TM	L1TP	123043;123044
	2009-01-16	TM	L1TP	124042;124043;124044;124045
	2009-10-06	TM	L1TP	125045
	2009-11-05	TM	L1TP	127042
	2010-01-31	TM	L1TP	128043
	2010-11-01	TM	L1TP	126044;126045
	2010-11-08	TM	L1TP	127044
	2010-11-10	TM	L1TP	125042;125043
	2010-12-28	TM	L1TP	125044
	2011-05-19	TM	L1TP	127043
	2011-05-28	TM	L1TP	126042;126043
2015	2014-12-30	OLI	L1TP	126042;126043;126044;126045
	2015-03-18	OLI	L1TP	128043
	2015-04-14	OLI	L1TP	125042;125043;125044;125045
	2015-04-16	OLI	L1TP	123043;123044
	2015-10-16	OLI	L1TP	124042;124043;124044;124045
	2016-02-10	OLI	L1TP	127042;127043;127044

续表

年度	成像时间（年-月-日）	传感器	影像级别	影像行列号
2020	2020-03-29	OLI	L1TP	128043
	2020-04-07	OLI	L1TP	127042
	2020-09-23	OLI	L1TP	126042;126043;126044;126045
	2020-09-25	OLI	L1TP	124043;124044;124045
	2020-09-30	OLI	L1TP	127043;127044
	2020-10-02	OLI	L1TP	125042;125043
	2020-11-05	OLI	L1TP	123043
	2020-11-12	OLI	L1TP	124042
	2020-12-05	OLI	L1TP	125044;125045
	2020-12-07	OLI	L1TP	123044

2.2.1.2 其他研究数据

辅助分类的植被类型、岩溶区分布图由广西壮族自治区气象科学研究所提供，岩性图、土地利用现状图来源于中国地质科学院岩溶地质研究所。

用于分析石漠化主要驱动因子的 DEM 数据来源于地理空间数据云，人口数据、经济状况数据等来源于 2006—2020 年的《广西区统计年鉴》，经汇总统计整理后用于后续研究。上述数据及其来源如表 2.3 所示。

表 2.3 数据来源与网站链接

数据名称	数据来源	数据来源网站链接
DEM 数据	地理空间数据云	http://www.gscloud.cn/
遥感数据	广西壮族自治区气象科学研究所	
植被类型图	广西森林资源与生态环境监测中心	
土壤类型图	寒区旱区科学数据中心	http://westdc.westgis.ac.cn/
岩溶区分布图	广西壮族自治区气象科学研究所	
岩性图	中国地质科学院岩溶地质研究所	
土地利用现状图	中国地质科学院岩溶地质研究所	
社会经济数据	《广西区统计年鉴》	http://tjj.gxzf.gov.cn/

2.2.1.3 野外调查与验证数据

岩溶石漠化的室内解译工作结合野外的实地调研，能够使解译结果的精度评价更具说服力。因此，通过对广西岩溶区进行大范围石漠化路线调查，在平乐县沙子镇、阳朔县福利镇和兴坪镇、恭城瑶族自治县西岭镇部分石漠化地区、平果市果化镇、河池市南丹县—环江毛南自治县—宜州区—都安瑶族自治县—大化瑶族自治县等典型岩溶地区，进行了野外实地调查。并记录样地的经纬度、岩石裸露率、植被覆盖度、石漠化程度和植被类型等指标。调查路线和调查点如图 2.6 所示。

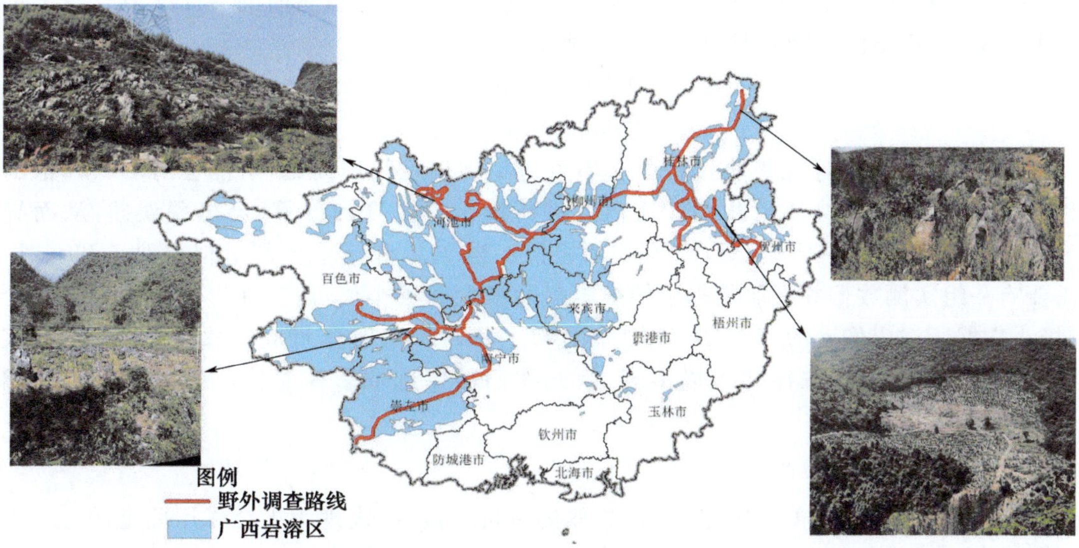

图 2.6　野外调查路线和实地图

2.2.2　植被生态监测评估数据

植被生态监测评估选用了四种遥感监测参数，包括归一化植被指数（Normalized Difference Vegetation Index，NDVI）、植被覆盖度（Fractional Vegetation Cover，FVC）和净初级生产力（Net Primary Productivity，NPP）、植被生态质量指数（Ecological Quality Index of Vegetation，QI）。

2.2.2.1　归一化植被指数

NDVI 是目前使用最广泛的表征植被长势和营养信息的重要遥感植被参数，研究使用的 NDVI 来自美国国家航空航天局（National Aeronautics and Space Administration，NASA）中分辨率成像光谱仪（Moderate Resolution Imaging Spectro-radiometer，MODIS）反演的植被指数产品 MOD13Q1，250 m 分辨率 16 d 合成，数据版本为 V006，数据时段为 2000—2022 年。对数据进行预处理后质量可靠的 NDVI 数据集，包括（1）基础预处理：图像拼接、投影转换、子集提取、数据格式转换及质量检验。利用 USGS 提供的 MRT（MODIS Reprojection Tool）或者 HEG（HDF-EOS to GeoTIFF Conversion Tool）可完成 MOD13Q1 数据的预处理。（2）数据重构：由于云雨天气的影响，广西地区遥感数据云污染的像元仍然较多，采用三次样条插值法（Spline 插值）处理云污染像元可以重构高质量 MODG13Q1 数据序列，其原理是通过一系列形值点的一条光滑曲线，通过求解三弯矩方程组求算曲线的函数组（赵鹤宇 等，2022）。

2.2.2.2　植被覆盖度

植被覆盖度是单位面积内植被地上部分在地面的垂直投影面积占统计区总面积的百分比（Gitelson et al.，2002）。研究根据像元线性分解模型，利用 NDVI 估算植被覆盖度，像元二分法即每个像元的 NDVI 值可以表达为植被覆盖与无植被覆盖两部分贡献的信息组合，通过变换可计算植被覆盖度。如式（2.1）所示：

$$f_c=(NDVI-NDVI_{soil})/(NDVI_{veg}-NDVI_{soil}) \tag{2.1}$$

式中，$NDVI_{veg}$和$NDVI_{soil}$分别为该像元被植被全覆盖和土壤全覆盖时的NDVI值。当f_c的极大值取到1时，极小值取到0时，如式(2.2)所示。

$$\begin{aligned} NDVI_{max}&=NDVI_{veg}\\ NDVI_{min}&=NDVI_{veg} \end{aligned} \tag{2.2}$$

根据实际情况，影像在接收过程中会不可避免地出现噪声问题，可能会对NDVI值的准确性产生影响，如果直接使用此NDVI值去进行植被覆盖度的计算，会出现误差，从而导致$NDVI_{max}$和$NDVI_{min}$不一定是NDVI真实的极值。当$f_{c\max}$和$f_{c\min}$不能近似地取1和0时，这时需要有一组实测数据并提取数据中植被覆盖的极大和极小值，然后在影像中锁定这两个极大、极小数据所对应像元的NDVI值作为$NDVI_{max}$和$NDVI_{min}$（张贵成，2021）。但一般在实际情况中，实测数据的获取往往难以实现，因此我们需要选取影像置信区间内的最大值和最小值。

2.2.2.3 净初级生产力

NPP是绿色植物在单位面积和时间积累的有机物数量，表现为光合作用固定的有机碳扣除植物本身呼吸消耗部分（朴世龙 等，2001），被证实在反映植物群落生长茂盛程度及其生态质量具有很好的指示性。研究中NPP基于陆地生态系统碳通量（Terrestrial Ecosystem Carbon Budget，TEC）模型计算，如式(2.3)—式(2.5)所示。

$$NPP_{ij}=GPP_{ij}-R_{ij} \tag{2.3}$$

$$GPP_{ij}=\varepsilon_{ij}\times FPAR\times PAR_{ij} \tag{2.4}$$

$$NPP_i=\sum_{j=1}^{n}NPP_{ij} \tag{2.5}$$

式中：NPP_{ij}、GPP_{ij}、R_{ij}（$gC\cdot m^{-2}$）分别为第i年第j月的植被净初级生产力、总初级生产力、呼吸消耗量；ε_{ij}（$gC\cdot MJ^{-1}$）为第i年第j月的光能实际利用率，反映温度、水分等因子对光合作用的影响；FPAR为植被吸收光合有效辐射比例；PAR_{ij}（$MJ\cdot m^{-2}$）为第i年第j月的入射光合有效辐射；NPP_i（$gC\cdot m^{-2}$）为第i年植被净初级生产力；n为一年总月份数，$n=12$。

2.2.2.4 植被生态质量指数

钱拴(2020)构建了既能反映植被生产力又能反映植被覆盖度的植被综合生态质量指数QI，广泛用于全国各个地区的植被生态质量监测评估。如式(2.6)所示。

$$QI=100\left(f_1\times\frac{NPP_i}{NPP_m}+f_2\times FVC_i\right) \tag{2.6}$$

式中：QI为第i年植被生态质量指数；FVC_i为第i年植被覆盖度；NPP_i为第i年植被净初级生产力；NPP_m为过去第1年至第n年中最大植被净初级生产力，f_1、f_2为权重，$f_1=0.5$，$f_2=0.5$。

2.2.3 气象灾害监测数据

本书主要分析了影响喀斯特地区的干旱、暴雨、高温、低温四种主要气象灾害，原始气象数据为1971—2022年气温、降水、辐射、风速等逐日气象数据，均由广西气象信息中心提供。利用逐日气象要素计算气象灾害指数集，如表2.4所示。

表 2.4　气象灾害指数

类别	指数名称	定义	单位
干旱	相对湿润度指数	表征某时段降水量与蒸散量之间平衡状况的指标	
	气象干旱综合指数	考虑了 60 d 内的有效降水、30 d 内蒸散及季度尺度(90 d)降水和近半年尺度(150 d)降水的综合影响	
	干旱日数	出现轻度干旱以上的天数(MCI 为干旱指标),MCI≤－0.5	d
	轻旱日数	出现轻度干旱的天数,－1.0＜MCI≤－0.5	d
	中旱日数	出现中度干旱的天数,－1.5＜MCI≤－1.0	d
	重旱日数	出现重度干旱的天数,－2.0＜MCI≤－1.5	d
	特旱日数	出现特旱的天数,MCI≤－2.0	d
降雨	≥50 mm 暴雨日数	某段时间内大于暴雨量级(50 mm)的降水量累计天数	d
	特大暴雨日数	某段时间内日降水量≥250 mm 的累计天数	d
	大暴雨日数	某段时间内日降水量介于 100～249.9 mm 的累计天数	d
	暴雨日数	某段时间内日降水量介于 50～99.9 mm 的累计天数	d
	大雨日数	某段时间内日降水量介于 25～49.9 mm 的累计天数	d
	中雨日数	某段时间内日降水量介于 10～24.9 mm 的累计天数	d
	≥50 mm 暴雨累积量	某段时间内大于暴雨量级(50 mm)的降水量累计雨量	mm
	特大暴雨量	某段时间内日降水量≥250 mm 的累计雨量	mm
	大暴雨量	某段时间内日降水量介于 100～249.9 mm 的累计雨量	mm
	暴雨量	某段时间内日降水量介于 50～99.9 mm 的累计雨量	mm
	大雨量	某段时间内日降水量介于 25～49.9 mm 的累计雨量	mm
	中雨量	某段时间内日降水量介于 10～24.9 mm 的累计雨量	mm
高温	≥35 ℃高温日数	某段时间内日最高气温≥35 ℃的天数	d
	≥37 ℃高温日数	某段时间内日最高气温≥37 ℃的天数	d
	35～37 ℃高温日数	某段时间内日最高气温介于 35～37 ℃的天数	d
	最高气温	某段时间内日最高气温最大值	℃
	≥35 ℃高温有效积温	某段时间内大于 35 ℃的气温累计值	℃·d
	≥37 ℃高温有效积温	某段时间内大于 37 ℃的气温累计值	℃·d
低温	≤0 ℃低温日数	某段时间内日最低气温≤0 ℃的天数	d
	最低气温	某段时间内日最低气温最小值	℃
	≤0 ℃低温有效积温	某段时间内日最低气温小于 0 ℃的气温累计值	℃·d

注:某段时间内日降水量时段为 20 时至次日 20 时。

2.2.4　气象灾害灾损评估数据

气象灾害灾损评估模型由气象灾害指数、遥感植被生态指数共同构建,其使用的数据已在 2.2.2 节和 2.2.3 节中说明。

2.2.5　气象灾害风险区划数据

气象灾害风险区划数据主要包括基础地理信息、遥感本底信息、气象条件、社会经济空间等资料，栅格数据统一空间分辨率为 0.0025°×0.0025°、地理坐标系统 CGCS2000。

地理信息数据来源于广西气象信息中心，主要包括：1∶250000 广西行政边界、行政区点、水系、道路等边界数据；广西数字高程模型（DEM）数据，分辨率为 30 m，来源于地理空间数据云，采用 GIS 技术进行几何校正、拼接、镶嵌和投影变换处理，并计算地形起伏度，统一空间分辨率。

遥感本底信息数据：主要包括 2000—2019 年空间分辨率为 30 m 的广西喀斯特地区森林、灌草地、农田、其他植被生态系统信息（莫建飞 等，2022）。利用 GIS 的重采样技术，将广西遥感本底数据升尺度为统一分辨率的栅格数据。

MODIS NDVI 数据：来源于 NASA EOS/MODIS 的 2000—2020 年 MOD13Q1 数据集，图像空间分辨率为 0.0025°×0.0025°，时间分辨率为 16 d。利用 MRT（Modis Reprojection Tool）工具将覆盖研究区的图像进行拼接、裁剪等一系列预处理，并转换为统一的投影；采用最大值合成法（CV-MVC），将 MOD13Q1 产品数据生成时间分辨率为月尺度的 NDVI 实验数据。

气象数据：来源于广西气象信息中心，选取 2000—2020 年广西境内 91 个气象站点的日均温度、日降水量、日照时数、风速、相对湿度、蒸散发等数据。基于 GIS 技术，采用反距离权重法，将气象数据插值成统一分辨率和投影方式的栅格数据。

社会经济空间数据：基于基础地理数据、遥感本底数据、夜间灯光数据，采用统计分析法，统计各乡镇、县区遥感本底各地类内的有灯光区、无灯光区面积及灯光辐射值总量，利用线性回归分析法，将其和乡镇级的人口统计数据、区（县）GDP 数据进行逐步回归分析，建立像元尺度的区域社会经济空间模型（莫建飞 等，2018），获得广西西江流域人口、GDP 空间分布数据。

土壤数据：土壤数据主要包括土壤类型数据和土壤质地数据，来源于世界土壤数据库（Harmonized World Soil Database，HWSD），经裁剪和投影变换处理获得广西喀斯特地区土壤类型、土壤质地数据。利用土壤质地、有机质含量、土体结构、渗透性等土壤理化性质，计算土壤可蚀性。

2.2.6 其他数据

研究还使用了无人机航拍数据和石漠化生态气象站冠层图像数据，主要用于植被生态灾损模型参数调整及评估结果验证。

2.2.6.1 无人机航拍数据

采用无人机平台为 DJI Phantom 3 Advanced（精灵 3）和 DJI Phantom 4 pro（精灵 4）四旋翼无人机航拍获取（图 2.7），其中精灵 3 无人机重约为 1.28 kg，单块电池续航 25 min，最大飞行速度为 57.6 km·h^{-1}，无人机搭载 1240 万像素云台相机，相片最大分辨率 4000×3000 像素；精灵 4 pro 无人机重约 1.38 kg，单块电池续航 30 min，最大飞行速度为 72 km·h^{-1}，无人机搭载 2000 万像素 1 英寸① CMOS 相机，相片最大分辨率 5472×3648 像素，详细参数见表 2.5。

① 1 英寸＝2.54 cm。

表 2.5　DJI Phantom 3 Advanced 和 DJI Phantom 4 pro 无人机参数

参数	DJI Phantom 3 Advanced	DJI Phantom 4 pro
影像传感器	1/2.3 英寸 CMOS	1 英寸 CMOS 传感器
像素	1240 万	2000 万
感光度	100～1600	100～12800
焦距/光圈	20 mm f2.8 广角镜头	24 mm f2.8 广角镜头
最大飞行速度	57.6 km · h^{-1}	72 km · h^{-1}
图传距离	7 km	10 km
飞行时间	25 min	30 min

图 2.7　大疆精灵系列无人机平台
(a)DJI Phantom 3 Advanced，(b)DJI Phantom 4 pro

无人机遥感影像数据处理原理是通过数字摄影测量的方法进行计算，即对不同位置获取的具有一定重叠度的 2 张影像，通过建立起摄影瞬间投影中心、影像和地物之间的共线方程，根据地面控制点的实际坐标，计算出与影像连接点对应的地物三维坐标。常用的无人机影像处理软件主要有：DP-Grid，Pixel Grid，DP Matrix，MAPAT，Flight Matrix，GodWork，Heli-Mapping，Cloud-AT 以及 GEOWAY for UAV 等国内软件以及 Inpho，Pix4Dmapper 等。运用 Pix4Dmapper 软件进行无人机影像的预处理和拼接工作。

Pix4Dmapper 软件是目前市场上独一无二的集全自动、快速、专业精度为一体的无人机数据和航空影像处理软件。无需专业知识、无需人工干预，即可将数千张影像快速制作成专业的、精确的二维地图和三维模型。基于 Pix4Dmapper 软件进行图像处理流程包括：(1)在每一幅相片中提取特征点，经特征点匹配算法计算出同名点，用于相对定向；(2)经相对定向后，做区域网平差，平差主要内容包括相机参数、POS 数据等；(3)运用 Pix4Dmapper，通过前方交会算法得出每个像点的地理坐标，进而完成相片空三加密处理；(4)通过点云生成 DSM。

2.2.6.2　生态气象站冠层图像

生态观测试验站为喀斯特典型脆弱生态区植被生长监测提供了高通量冠层拍摄图像，作为天—空—地一体化监测网络的重要组成部分，冠层 RGB 图像作为近地表遥感应用的代表，可以对卫星遥感和无人机遥感反演植被信息形成有效补充，既克服了复杂多变天气对影像质量的影响，又能够实现植被生长状况的高通量时序监测。广西目前已建成 4 个石漠化生态气象观测试验站，包括马山县弄拉镇、环江县大才镇、平果市果化镇、都安县都安镇四个站点，本次选用了都安(2021 年 1—12 月)和平果(2021 年 1—12 月)两个站数据作为近地面验证数据。石漠化生态气象观测试验站均是以 1 主站、1 或 2 子站模式对石漠化区生态气象开展全实景、多梯度的立体观测，都安和果化架设有 2 个机位(图 2.8)。生态站冠层图像数据需要经过图像分割和指数计算，形成研究用的 RGB 图像指数数据集。

图 2.8　石漠化生态站图像采集系统

(1)图像分割

图像分割的目的是准确获取冠层图像中绿色植被信息，研究选择了机器学习图像分割算法的准确性。基于机器学习分割算法首先采用 K-means 非监督聚类生成训练样本并对样本进行筛选，然后采用支持向量机(Support Vector Machine，SVM)对植被和背景信息分类(表 2.6、表 2.7、表 2.8)。

受光照条件差异和成像质量等因素的影响，植被边缘部位错分概率较大。为了减少叶片边缘错误分割现象，引入了非局部均值滤波(Non-Local Means，NLM)对植被分割结果进行优化。NLM 算子能够保护类似于植被叶片的狭长结构，通过在一定邻域范围内同一个结构上的不相邻像素互相增强，消除植被叶片边缘部位像素分割歧义性。NLM 算法原理如下。

假设含噪图像为 $v=\{v(a)\mid a\in A\}$，去噪之后的图像为 NL$[v]$，每个像素 a 的加权值可用式(2.7)求出：

$$\mathrm{NL}[v](a)=\frac{1}{C(a)}\sum_{b\in I}w(a,b)v(b) \tag{2.7}$$

式中，$w(a,b)$表征像素 a 与像素 b 之间的相似度(高斯加权欧式距离)权值，满足 $0\leqslant w(a,b)\leqslant 1$ 且 $\sum_b w(a,b)=1$，其表达式如式(2.8)—式(2.9)：

$$w(a,b)=\frac{1}{C(a)}\exp\left\{-\frac{\|v[N(a)]-v[N(b)]\|_{2,a}^{2}}{h^{2}}\right\} \tag{2.8}$$

$$C(a)=\sum_{b\in I}\exp\left\{-\frac{\|v[N(a)]-v[N(b)]\|_{2,a}^{2}}{h^{2}}\right\} \tag{2.9}$$

式中，$\|v[N(a)]-v[N(b)]\|_{2,a}^{2}$表示以像素 a 为中心的子块内像素和以像素 b 为中心的子块内像素的高斯加权距离的平方，用于衡量两个像素点之间的相似度，a 为标准差，$v[N(a)]$表示 a 周围的局部子块像素集合，h 为滤波参数。以人工实地标注结果作为参考，对上述三种分割算法滤波前后获取的分类图像进行准确性评估，准确性评估指标 Q_{seg} 和 S_r 计算公式如式(2.10)，式(2.11)：

$$Q_{\mathrm{seg}}=\frac{\sum_{i=0}^{i=m}\sum_{j=0}^{j=n}\left[A\ (p)_{ij}\ \cap\ B\ (p)_{ij}\right]}{\sum_{i=0}^{i=m}\sum_{j=0}^{j=n}\left[A\ (p)_{ij}\ \cup\ B\ (p)_{ij}\right]} \tag{2.10}$$

$$S_{\mathrm{r}}=\frac{\sum_{i=0}^{i=m}\sum_{j=0}^{j=n}\left[A\ (p)_{ij}\ \cap\ B\ (p)_{ij}\right]}{\sum_{i=0}^{i=m}\sum_{j=0}^{j=n}B\ (p)_{ij}} \tag{2.11}$$

式中：A 是分割后图像的前景（绿色植被）像素集（$p=255$）或背景（绿色植被以外信息）像素集（$p=0$）；B 为人工实地标注获取的前景像素集（$p=255$）或背景像素集（$p=0$）；m、n 分别为图像的行数和列数；i、j 分别为对应的坐标；Q_{seg} 和 S_{r} 值越大，分割准确度越高，其中 Q_{seg} 表示分割结果背景和前景的总体一致性，而 S_{r} 仅表示前景分割结果的一致性。

表 2.6　直接辐射条件下获取的图像与分割结果

站点	远视角		近视角	
	原始	分割	原始	分割
都安		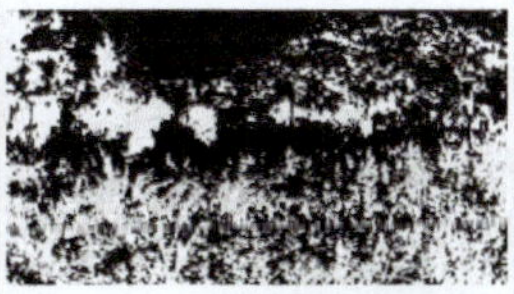		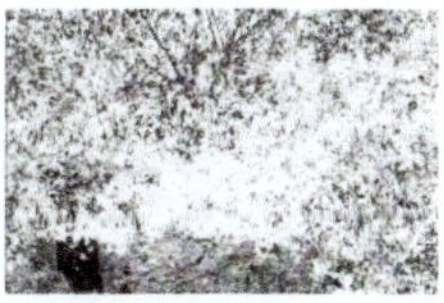
环江				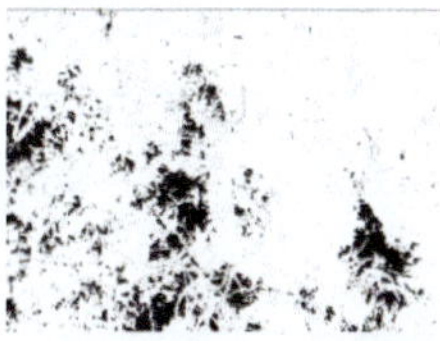
马山				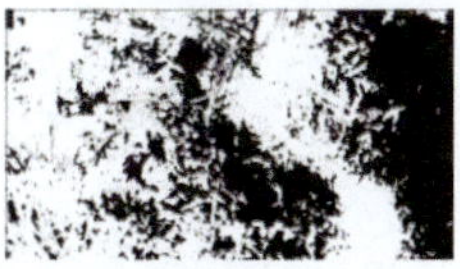
平果		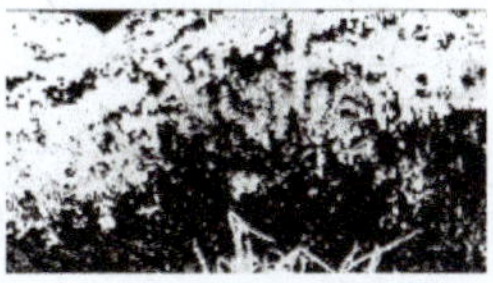		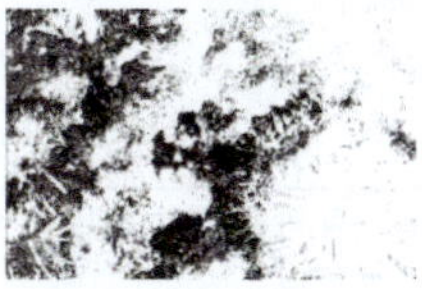

表 2.7　散射辐射条件下获取的图像与分割结果

站点	远视角		近视角	
	原始	分割	原始	分割
都安				

续表

站点	远视角		近视角	
	原始	分割	原始	分割
环江				
马山				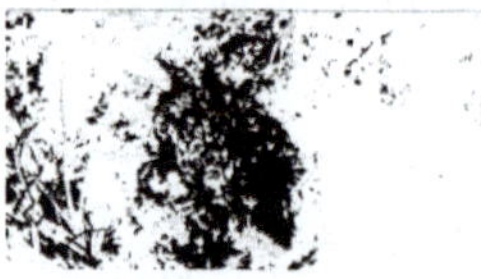
平果		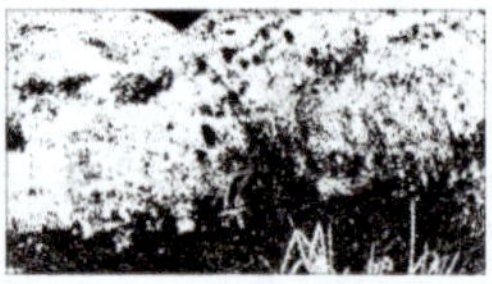		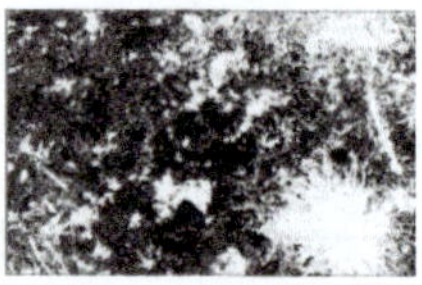

表 2.8 植被分割精度分析 %

站点	精度指标	远视角		近视角	
		直射	散射	直射	散射
都安	Q_{seg}	75.14	79.09	80.86	86.71
	S_r	78.12	80.69	85.48	90.70
环江	Q_{seg}	81.72	82.99	87.15	88.29
	S_r	80.57	80.08	87.66	90.34
马山	Q_{seg}	76.61	79.48	86.35	85.22
	S_r	78.78	80.93	91.41	93.37
平果	Q_{seg}	77.41	79.90	85.82	86.05
	S_r	82.01	83.65	87.93	89.83

注：直射指图片拍摄光照环境以晴天直接辐射为主，散射指图片拍摄时阴天或日出前/日落后的散射辐射为主的光照环境。

(2)RGB 图像指数计算

在完成对可见光图像中绿色植被部分的分割后，提取绿色植被区域每个像素的 R、G、B 颜色通道值后对该区域内的所有像素进行平均，然后按照表 2.9 中的公式计算绿色植被可见光指数。

表 2.9 RGB 图像指数

图像指数	计算公式	文献来源
R	$R=R$	红光波段
G	$G=G$	绿光波段
B	$B=B$	蓝光波段

续表

图像指数	计算公式	文献来源
r	$r=R/(R+G+B)$	归一化后的红光波段
g	$g=G/(R+G+B)$	归一化后的绿光波段
b	$b=B/(R+G+B)$	归一化后的蓝光波段
NDYI	$\text{NDYI}=(G-B)/(G+B)$	Normalized Difference Yellow Index 归一化差值黄色指数 (Sulik et al. ,2016)
GLA	$\text{GLA}=(2G-R-B)/(2G+R+B)$	Green Leaf Algorithm 绿叶算法指数 (Guijarro et al. ,2011)
VARI	$\text{VARI}=(G-R)/(G+R-B)$	Vegetation Atmospherically Resistant Index 植被大气阻抗指数 (Gitelson et al. ,2002)
ExG	$\text{ExG}=2g-r-b$	Excess Green Index 超绿指数 (Woebbecke et al. ,1995)
ExR	$\text{ExR}=1.4r-g$	Excess Red Index 超红指数 (Meyer et al. ,1999)
ExGR	$\text{ExGR}=3g-2.4r-b$	Excess Green Index Minus Excess Red Index 超绿指数与超红指数之差 (Meyer et al. ,2008)
MGRVI	$\text{MGRVI}=(g^2-r^2)/(g^2+r^2)$	Modified Green Red Vegetation Index 修正红绿植被指数 (Bendig et al. ,2015)
RGBVI	$\text{RGBVI}=(g^2-br)/(g^2+br)$	Red Green Blue Vegetation Index 红绿蓝植被指数 (Bendig et al. ,2015)
NGRDI	$\text{NGRDI}=(G-R)/(G+R)$	Normalized Green Red Vegetation Index 归一化绿红植被指数 (Pérez et al. ,2000)
CIVE	$\text{CIVE}=0.441r-0.811g+0.385b+18.78745$	Color Index of Vegetation Extraction 植被提取颜色指数 (Kataoka et al. ,2003)
VEG	$\text{VEG}=g/(r^{0.667}b^{0.333})$	Vegetative Index 植被指数 (Hague et al. ,2006)
DGCI	$\text{DGCI}=(H+S+I)/3$	Dark Green Color Index 深绿颜色指数 (Karcher et al. ,2003)

2.3 主要研究方法

2.3.1 石漠化信息提取和变化分析

石漠化等级的划分是石漠化信息提取研究的基础。评价指标一般根据景观特征和主导因素作为标准,稀疏的植被和裸露的基岩是岩溶石漠化最明显的景观标志,植被覆盖度和基岩裸露率在石漠化程度评价、现状调查等研究中常被当作重要的评价指标,也是石漠化等级划分的一个重要依据。广西区和全国的石漠化公报以及其他众多研究等都采用这两个指标作为石漠化等级划分指标体系。综上，考虑到广西岩溶区的范围、地理环境状况以及本节的研究目的，初步考虑选取植被覆盖度和基岩裸露率2个指标作为石漠化解译的评判标准。研究利用遥感数据Landsat-5 TM和Landsat-8 OLI，以植被覆盖度、基岩裸露率、岩溶区分布图及土地利用现状图等为依据构建了岩溶石漠化的综合提取模型，具体流程图如图2.9所示。实际操作中，对在ENVI 5.3中执行波段运算得到的植被覆盖度(f_c)和基岩裸露率(f_r)在ArcGIS 10.8中进行影像合并处理；然后利用广西碳酸盐岩分布区矢量图和土地利用现状图在ArcGIS 10.8中掩膜掉研究区中非碳酸盐岩区以及建设用地和水体；最后按照石漠化分级标准对研究区石漠化进行等级划分(表2.10)。

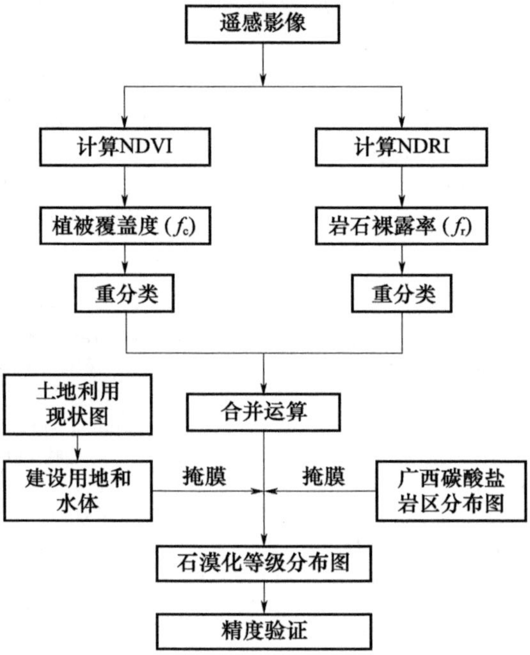

图2.9 石漠化提取流程

2.3.1.1 岩溶石漠化等级标准

1. 石漠化等级划分

根据前人分类等级标准(表)结合实地考察，以植被覆盖度和岩石裸露率作为分类标准将石漠化分为无、潜在、轻度、中度和重度5个等级(表2.10)。

表2.10 不同程度石漠化等级划分对比

级数	石漠化程度	区域尺度	参考文献
4	潜在、轻度、中度、重度	广西壮族自治区	陈燕丽等(2018)
4	无、轻度、中度、重度	贵州省	文林琴等(2020)
4	无、轻度、中度、重度	贵州省黔南州	许玉凤等(2018)
6	无、潜在、轻度、中度、重度、极重度	贵州省关岭县	姚永慧等(2019)
6	无、潜在、轻度、中度、强度、极强度	贵州省典型岩溶山地区	李阳兵等(2019)
5	无、潜在、轻度、中度和重度	后寨河流域	王明明等(2019)

综上，考虑到影响广西岩溶区石漠化发生和演变因素的可得性，以及研究区的范围和自然地理环境条件等因素，在整理以往研究文献后，最终选取植被覆盖度和基岩裸露率两个因素作

为广西岩溶区石漠化等级划分的指标，并借助广西区岩溶分布图和各研究时期的土地利用现状分布图等数据，将广西岩溶区石漠化分为四类：无、轻度、中度和重度石漠化（表2.11）。

表2.11 石漠化类型划分标准

植被覆盖度/%	岩石裸露率/%			
	<30	30～50	50～70	≥70
≥70	无	无	轻度	轻度
50～70	无	轻度	轻度	轻度
30～50	轻度	轻度	中度	中度
<30	轻度	轻度	中度	重度

2. 分级指标构建

(1)植被覆盖度

植被覆盖度能够直接反映研究区的石漠化状况，一般情况下植被覆盖度越高，石漠化的分布相对就越少。根据等级划分标准（表2.12），将由像元二分模型得到的广西岩溶区植被覆盖度划分为4个区间，并对其进行赋值。

表2.12 植被覆盖度分级表

植被覆盖度/%	0～30	30～50	50～70	70～100
区间赋值	1	2	3	4

(2)基岩裸露率

基岩裸露率情况也是石漠化程度的重要指标，一般情况下基岩裸露率越高，石漠化的分布相对就越多。根据等级划分标准（表2.13），将由像元二分模型得到的广西岩溶区基岩裸露率划分为4个区间，并对其进行赋值。

表2.13 基岩裸露率分级表

基岩裸露率/%	0～30	30～50	50～70	70～100
区间赋值	1	2	3	4

(3)模型构建

石漠化往往由多种因素共同作用造成，如果仅仅只用一个指标为依据来划分石漠化等级往往缺乏说服力。因此，本节以植被覆盖度和基岩裸露率两个指标为依据在ArcGIS中构建石漠化综合评价指标，最后依据表2.12和表2.13得出综合评价指标与石漠化等级对应关系（表2.14）。

表2.14 石漠化类型等级划分标准

植被覆盖度	基岩裸露率			
	1(<30%)	2(30%～50%)	3(50%～70%)	4(≥70%)
4(≥70%)	无石漠化	无石漠化	轻度石漠化	轻度石漠化
3(50%～70%)	无石漠化	轻度石漠化	轻度石漠化	轻度石漠化
2(30%～50%)	轻度石漠化	轻度石漠化	中度石漠化	中度石漠化
1(<30%)	轻度石漠化	轻度石漠化	中度石漠化	重度石漠化

2.3.1.2 植被覆盖度计算

植被覆盖度计算公式见2.2.2.2节。

2.3.1.3 基岩裸露率计算

基岩裸露作为石漠化最直观的表现特征，在石漠化解译中常被当作关键指标。由于岩溶地区地形复杂，目前的研究中对于基岩裸露率的提取尚未有统一的方法。所以本研究采用张晓伦等(2014)根据岩溶地貌构建的NDRI计算方法。

(1)归一化岩石指数

本研究均采用Landsat系列数据，该数据中近红外波段(NIR)和短波红外波段(SWIR)的反射数据，对裸露基岩较为敏感。因此选用SWIR和NIR两个波段来计算NDRI，如式(2.12)所示：

$$NDRI=(SWIR-NIR)/(SWIR+NIR) \tag{2.12}$$

由像元二分模型可得，任一像元的NDRI值全部由裸岩覆盖($NDRI_{rock}$)和无裸岩覆盖($NDRI_0$)两部分构成，则NDRI与$NDRI_{rock}$和$NDRI_0$的计算公式为：

$$f_r=(NDRI-NDRI_{rock})/(NDRI_{rock}-NDRI_0) \tag{2.13}$$

当f_r的极大和极小值分别取1和0时，得到：

$$NDRI_{max}=NDRI_{rock} \tag{2.14}$$

$$NDRI_{min}=NDRI_0 \tag{2.15}$$

根据实际情况，影像在接收过程中出现的噪声问题，可能会对NDRI值的准确性产生影响，如果直接使用此NDRI值去进行基岩裸露率的计算，会出现误差，从而导致$NDRI_{max}$和$NDRI_{min}$不一定是NDRI真实的极值。

当$f_{r\,max}$和$f_{r\,min}$不能近似地取1和0时，需要有一组实测数据并提取数据中植被覆盖的极大值和极小值，然后在影像中锁定这两个极大、极小数据所对应像元的NDRI值作为$NDRI_{max}$和$NDRI_{min}$(牛宝茹 等，2005)。但一般在实际情况中，实测数据的获取往往难以实现，因此我们需要选取影像置信区间内的最大值和最小值。

(2)基岩裸露率的估算

根据上述方法，在ENVI中计算出广西岩溶区的NDRI值。在计算过程中假设本研究置信度为1，分别取累计频率为5%和95%的NDRI值为$NDRI_0$和$NDRI_{rock}$。依据式(2.13)，将整个研究区基岩裸露率划分为3个部分：当$NDRI<NDRI_0$时，f_r取值为0；当$NDRI>NDRI_{rock}$时，f_r取值为1；当NDRI介于$NDRI_0$和$NDRI_{rock}$之间时，利用式(2.16)进行计算(卢涛 等，2021)。

$$(b_1<NDRI_0)\times 0+(b_1>NDRI_{rock})\times 1+(b_1\geqslant NDRI_0 \text{ and } b_1\leqslant NDRI_{rock})\times\left[\frac{(b_1-NDRI_0]}{(NDRI_{rock}-NDRI_0)}\right] \tag{2.16}$$

式中：b_1为计算出来的NDRI影像。

2.3.1.4 石漠化演变分析

(1)单一等级石漠化动态度

利用单一等级动态石漠化程度式(2.17)计算广西岩溶区2000—2019年单一等级动态石漠化程度，得出4类石漠化程度在5个时期的年变化率统计表(详见表3.3)。

$$K=\frac{U_\beta-U_\alpha}{U_\alpha}\times\frac{1}{T}\times100\% \tag{2.17}$$

式中：K 为研究期内石漠化动态度的年变化率；T 为某一时期；U_α 和 U_β 分别为研究初期和末期不同石漠化类型的面积。

(2)石漠化总量动态度

利用石漠化总量动态度式(2.18)计算广西岩溶区 2000—2019 年的石漠化总量动态度，得出 2000—2005 年、2005—2010 年、2010—2015 年、2015—2019 年和 2000—2019 年的石漠化总量动态度年变化率统计表(详见表 3.4)。

$$K=\frac{\sum_{i=1}^{n}(|U_{\alpha i}-U_{\beta i}|)}{S}\times\frac{1}{T}\times100\% \tag{2.18}$$

式中：K 为石漠化总量动态度；n 为石漠化等级数；$U_{\alpha i}$ 为研究初期第 i 类石漠化总面积；$U_{\beta i}$ 为研究末期第 i 类石漠化总面积；S 为研究区土地面积；T 为研究总期数。

(3)石漠化转移总量分析

在一定时期内，不同等级的石漠化演变方向和演变规模较为复杂，仅靠定性描述无法定量刻画出不同等级石漠化的演变方向、规模和构成；而通过定量分析可以定量探究研究时期内初期各等级石漠化的转出方向和规模，以及研究期末各等级石漠化的转入来源和构成(左太安等，2014)。为了分析不同石漠化等级之间的转移方向和规模，采用石漠化程度的过渡矩阵(式(2.19))。

$$S_{i,j}=\begin{pmatrix} S_{1,1} & S_{1,2} & \cdots & S_{1,n} \\ S_{2,1} & S_{2,2} & \cdots & S_{2,n} \\ \cdots & \cdots & \cdots & \cdots \\ S_{n,1} & S_{n,2} & \cdots & S_{n,n} \end{pmatrix} \tag{2.19}$$

式中：$S_{i,j}$ 为石漠化类型 i 转移为类型 j 的面积；n 为石漠化等级。

2.3.2　石漠化驱动因子分析方法

2.3.2.1　驱动因子选取

石漠化的发育和演化是多种驱动因素共同作用的结果，因此，在选择和分析驱动因子的过程中，应客观全面地考虑各驱动因子对石漠化发育的实际影响。同时，根据广西岩溶区石漠化的分布区域和地形地貌特征，结合石漠化发育演化的过程和特征，从岩溶石漠化的人地矛盾方面入手，不仅要注意每个因子单独的影响，还要注意每个因子之间相互作用的影响，考虑到影响因子数据获取的难易程度和数据的真实有效性，分别从经济水平、人口、自然环境和农业生产活动等因素指标建立了石漠化驱动因子指标体系，选取的驱动因子及其分层方案如表 2.15 所示。

表 2.15　各驱动因子及分层方案

维度	分层指标	编号	分层方案	层数
经济发展水平	人均 GDP/元	X_1	Jenks 自然断裂点分级法	6
	农村人均纯收入/元	X_2	Jenks 自然断裂点分级法	6

续表

维度	分层指标	编号	分层方案	层数
自然环境因子	年均气温/℃	X_3	Jenks 自然断裂点分级法	6
	年均降水量/mm	X_4	Jenks 自然断裂点分级法	6
	高程/m	X_5	Jenks 自然断裂点分级法	5
	坡度/°	X_6	Jenks 自然断裂点分级法	6
	坡向	X_7	Jenks 自然断裂点分级法	9
	植被类型	X_8	树木种类	8
	岩性	X_9	岩石类型	7
	土壤	X_{10}	土壤类型	5
人口因素	总人口/万人	X_{11}	Jenks 自然断裂点分级法	6
农业生产活动	农作物播种面积/hm²	X_{12}	Jenks 自然断裂点分级法	6

2.3.2.2 *石漠化驱动因子研究方法*

在之前关于岩溶石漠化驱动因子的研究大多以定性分析为主，尽管有部分学者采用相关分析、叠加分析（王正雄 等，2019）、地理加权回归（许尔琪 等，2017）等方法对岩溶石漠化的驱动因子进行探究，但对岩溶石漠化各驱动因子的定量研究却很少。相关分析和空间分析等常规方法无法量化不同驱动因子对石漠化的影响。以地理现象的空间异质性原则为基础，借助地理探测器，揭示了影响石漠化演变和发展的内在动力。以空间异质性探测为理论核心之一的地理探测器模型，可以从大型空间数据库中挖掘有用的空间关联规则，探测因变量的空间分异性以及某因子对其空间分异性的解释力强度，一般在地理要素的时空演变规律和区域空间分化研究中经常使用，但很少被用来分析石漠化的时空演变。采用地理探测器模型定量研究石漠化的影响因素，考察影响研究区石漠化发展演变的主要因素。与其他分析工具相比，地理探测器的主要优势在于它不但能够探测定量和定性数据，还能够探测自变量和因变量之间的交互程度。地理探测器模型在计算过程中，要求输入变量数据 X 的类型为类别数据，因此应先利用最优离散化对变量数据 X 进行处理。首先，在 ArcGIS 10.8 中对进行过预处理后的各个变量数据 X 进行栅格化处理；其次，利用 Jenks 自然断裂点分级法对所选的自变量进行分层，将 12 类变量数据 X_1，X_2，…，X_{12} 重分类为 5～9 个等级的变量，因变量 Y 是代表每个石漠化图斑的面积属性值的数值量；最后，为了从现有的石漠化图和变量数据分类图中提取样点数据，通过创建渔网采集了 6855 个格网，为了实现数值量 Y 与类型量 X 之间的相互转换，在格网中分别标识了石漠化的面积值 Y 和 12 个驱动力因子值 X，最后得到的分类结果（图 2.10）和创建的渔网（图 2.11）如下。

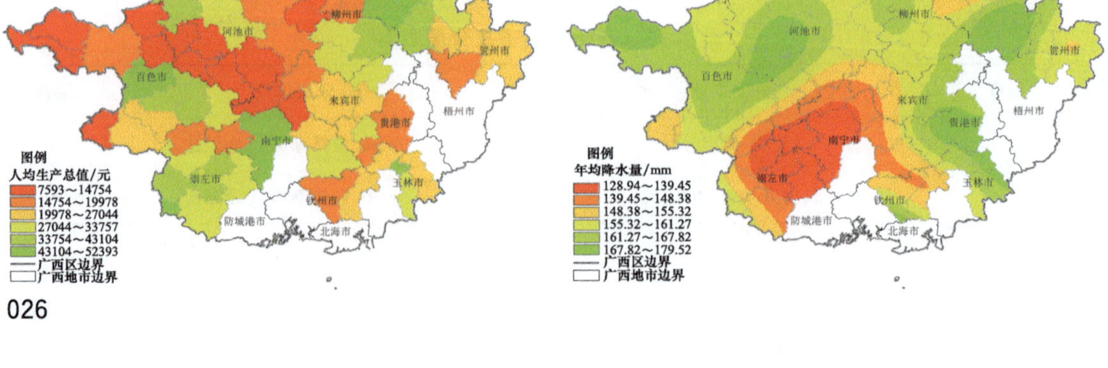

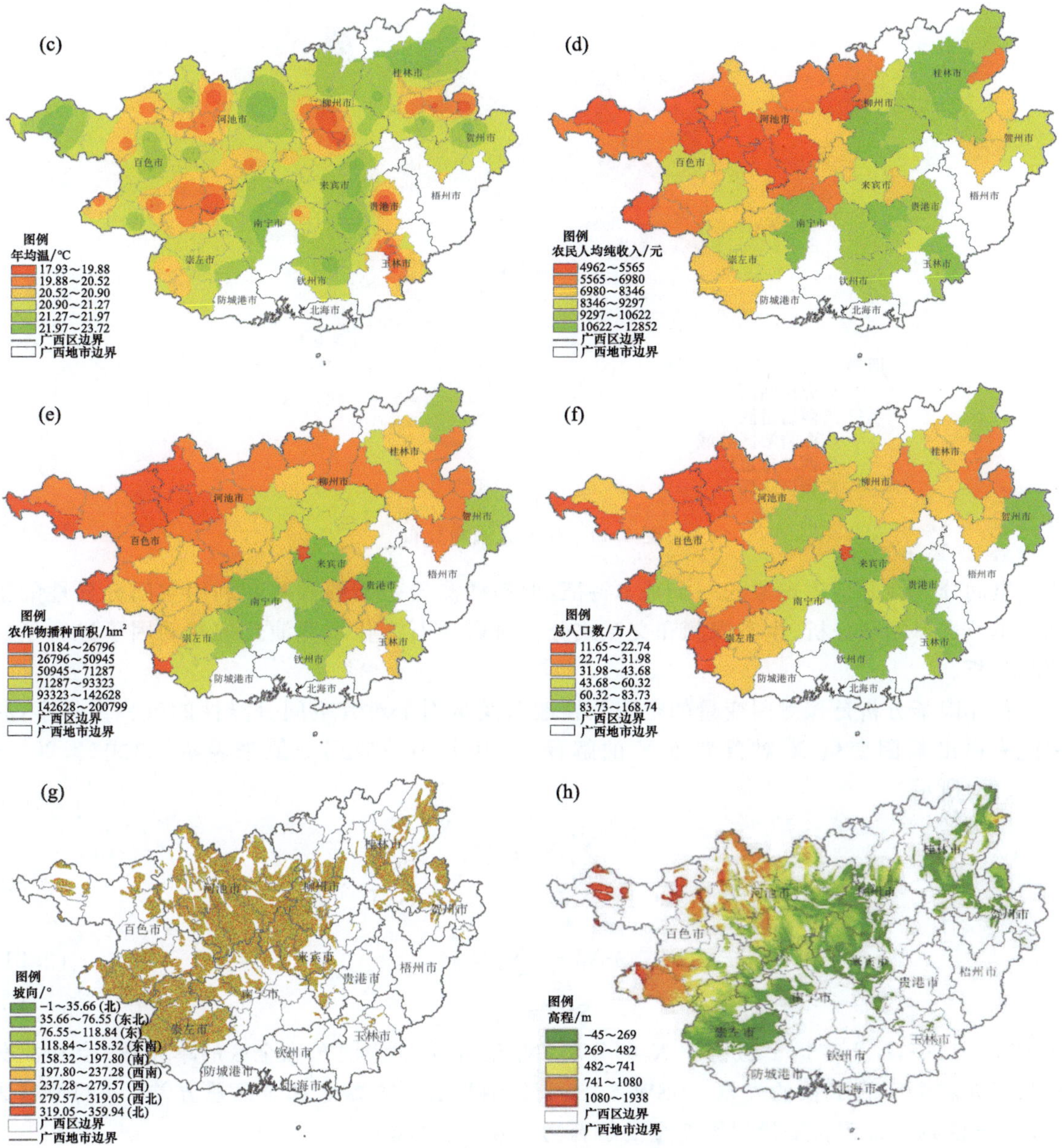

图 2.10　石漠化驱动因子分级

(a)人均生产总值分级，(b)年均降水量分级，(c)年均温分级，(d)农民人均纯收入分级，(e)农作物播种面积分级，(f)总人口数分级，(g)坡向分级，(h)高程

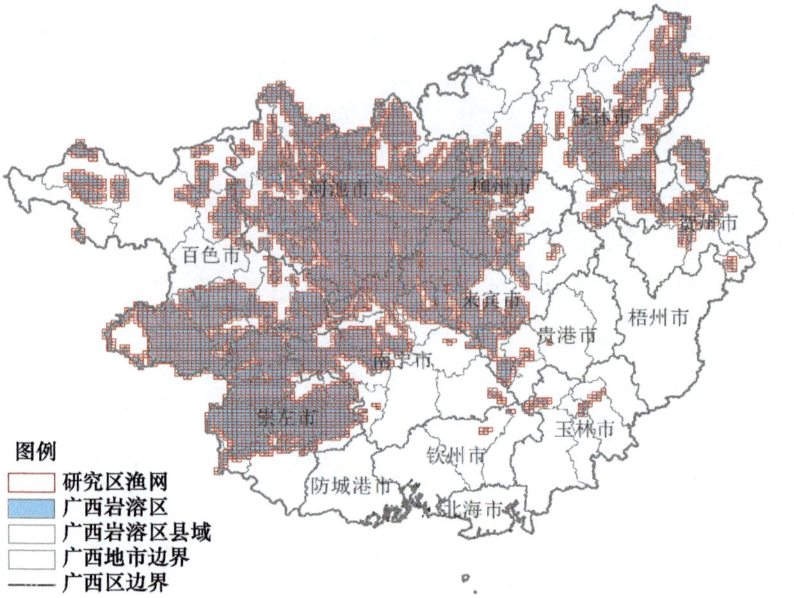

图 2.11 研究区渔网分布

空间分异性是地理现象的一个基本特征，地理探测器是能够探测和利用空间分异性的工具。本节选择因子分析、生态探测和交互式分析对影响石漠化发育演化的驱动因子进行了探测和分析。

首先因子分析是探测因变量的空间分异性以及某因子对其空间分异性的解释力强度，并由此来得出某因变量 X 对自变量 Y 的解释力，其大小一般用 q 值来表示，如式(2.20)—式(2.23)所示：

$$q = 1 - \frac{\sum_{h=1}^{L} N_h \sigma_h^2}{N\sigma^2} = 1 - \frac{\mathrm{SSW}}{\mathrm{SST}} \tag{2.20}$$

$$\mathrm{SSW} = \sum_{h=1}^{L} N_h \sigma_h^2 \tag{2.21}$$

$$\mathrm{SST} = N\sigma^2 \tag{2.22}$$

式中：$h=1,\cdots,L$ 为变量 Y 或因子 X 的分层；N_h 和 N 分别为层 h 和全区的单元数；σ_h^2 和 σ^2 分别为层 h 和全区的 Y 值的方差。SSW 与 SST 分别为层内方差之和全区总方差。q 的值域为 $[0,1]$，q 值越大说明自变量对因变量的解释力越强，反之越弱。

生态探测：利用 F 统计量来衡量 X_1 和 X_2 两个因子对 Y 的空间分布影响是否有显著的差异，如式(2.23)—式(2.24)所示：

$$F = \frac{N_{X_1}(N_{X_2}-1)\mathrm{SSW}_{X_1}}{N_{X_2}(N_{X_1}-1)\mathrm{SSW}_{X_2}} \tag{2.23}$$

$$\mathrm{SSW}_{X_1} = \sum_{h=1}^{L_1} N_h \sigma_h^2 \tag{2.24}$$

$$\mathrm{SSW}_{X_2} = \sum_{h=1}^{L_2} N_h \sigma_h^2 \tag{2.25}$$

式中：N_{X_1} 和N_{X_2} 分别表示两个因子 X_1 和 X_2 的样本数量；SSW_{X_1} 和 SSW_{X_2} 分别表示 X_1 和 X_2 的层内方差之和。

交互式分析(Interaction_detector)，即在评价各影响因子的联合作用时，它们对因变量的解释力是增强还是减弱，或者其对因变量产生的影响是否是相互独立的。首先分别计算出因子 X_1 和 X_2 对 Y 的 q 值大小：$q(X_1)$ 和 $q(X_2)$，再计算其交互作用时的 q 值大小：$q(X_1 \cap X_2)$，最后对 $q(X_1)$、$q(X_2)$ 和 $q(X_1 \cap X_2)$ 的交互作用类型进行比较。双因子之间的交互作用类型可分为以下几类(表 2.16)。

表 2.16　双因子交互作用结果类型

判断条件	交互作用类型
$q(X_1 \cap X_2) < \mathrm{Min}[q(X_1), q(X_2)]$	非线性减弱
$\mathrm{Min}[q(X_1), q(X_2)] < q(X_1 \cap X_2) < \mathrm{Max}[q(X_1), q(X_2)]$	单因子非线性减弱
$q(X_1 \cap X_2) > \mathrm{Max}[q(X_1), q(X_2)]$	双因子增强
$q(X_1 \cap X_2) = q(X_1) + q(X_2)$	独立
$q(X_1 \cap X_2) > q(X_1) + q(X_2)$	非线性增强

2.3.3　植被变化监测方法

2.3.3.1　最大值合成法

采用最大值合成法 MVC(Maximum Value Composites)对 MOD13Q1 逐 16 d 数据进行合成，生成每年的月 NDVI 数据，该法可以进一步消除云、大气、太阳高度角等的部分干扰，计算公式如式(2.26)：

$$\mathrm{NDVI}_{mi} = \max(\mathrm{NDVI}_{ij}) \tag{2.26}$$

式中：NDVI_{mi} 代表第 i 个 16 d 周期的 NDVI 最大化合成值，NDVI_{ij} 代表第 i 个 16 d 周期内第 j 天的 NDVI 值。在计算过程中，各天 NDVI 值均小于 0.1 的网格不参与计算，并令其取值为 0，即表示没有植被变化的信息，所以统计反映的仅为有植被覆盖地区的变化状况。

2.3.3.2　月、季度、年均值计算

基于月 NDVI 数据，可以进一步计算月 FVC、NPP、QI，进而计算年尺度和季节尺度的 NDVI、FVC、NPP、QI，其中，年和季节尺度的 NDVI、FVC、QI 为均值统计，NPP 为求和统计。季节的划分以 3—5 月为春季，6—8 月为夏季，9—11 月为秋季，12 月—次年 2 月为冬季。

2.3.3.3　区域均值计算

在统计某一区域(整个研究区或某个地市)的遥感植被参数值时，采用均值法进行计算，即统计区域内所有像元的 NDVI 值的平均。计算公式如式(2.27)：

$$\mathrm{RS}_{ap} = \sum \mathrm{RS}_{x,y} / n \tag{2.27}$$

式中：RS_{ap} 是某一区域的遥感植被参数(NDVI、FVC、NPP、QI)平均值；p 为区域代码；x 为统计区域像元行数；y 为统计区域内像元列数；n 为统计区域内像元总数。

2.3.3.4 一元线性回归趋势线

趋势线是对一组随时间变化的变量进行回归分析，计算公式如式(2.28)：

$$\mathrm{SLOPE}=\frac{n\times\sum_{k=1}^{n}k\times\mathrm{RS}_{yk}-\sum_{k=1}^{n}k\sum_{k=1}^{n}\mathrm{RS}_{yk}}{n\times\sum_{k=1}^{n}k^2-\left(\sum_{k=1}^{n}k\right)^2} \tag{2.28}$$

式中：SLOPE 为模拟的变化趋势线的斜率；k 为 $1\sim n$ 的年序号；RS_{yk} 是第 k 年的遥感植被参数(NDVI、FVC、NPP、QI)值。SLOPE>0，表示 NDVI 在 n 年遥感植被参数间的变化趋势是增加的，反之则减少。

2.3.4 植被灾损评估方法

2.3.4.1 相关分析法

由于气象灾害指数众多，为了选择合理的气象灾害指数进行灾损模型构建，研究选择了相关分析法对指标进行筛选，分别统计不同时段、不同气象灾害指数与遥感植被参数的相关性，并分析两者相关性在研究区不同林种的差异。常用皮尔逊相关系数衡量两者的相关程度，相关系数绝对值越大，相关程度越高。计算公式如式(2.29)：

$$R=\frac{\sum_{i=1}^{n}(x_i-\bar{x})(y_i-\bar{y})}{\sqrt{\sum_{i=1}^{n}(x_i-\bar{x})^2\sum_{i=1}^{n}(y_i-\bar{y})^2}} \tag{2.29}$$

式中：r 为相关系数；n 为样本量；x_i、y_i 分别为两个变量的观测值；$\bar{x}$、$\bar{y}$ 分别为两个变量的均值。

根据相关分析结果(详见第 5 章)，最终选定 MCI、干旱日数作为干旱对植被影响评估的气象灾害因子，而≤0 ℃积温、≥50 mm 累积雨量、≥35 ℃积温分别作为低温、暴雨、高温对植被影响评估的气象灾害因子。

2.3.4.2 灾损评估模型

建立了四种气象灾害(干旱、暴雨、高温、低温)对研究区植被生态(NDVI、FVC、NPP、QI)不同时段(月、季、年)灾损(单一灾种、综合影响)评估模型，并在年尺度上量化了四种气象灾害的对植被生态的影响大小。单一气象灾害影响综合考虑了遥感植被指数和优选的气象灾害指数，权重系数通过循环模拟确定。

1. 单一气象灾害灾损评估

(1)植被干旱影响模型

利用气象干旱灾害指标 MCI、干旱日数和遥感植被参数共同评估干旱对植被的影响，评估模型如式(2.30)：

$$I_{\mathrm{dry}}=0.7\times\mathrm{MCI}-0.1\mathrm{DD}/\max(\mathrm{GHD})+0.2\times A_{\mathrm{rs}}/\max(A_{\mathrm{rs}}) \tag{2.30}$$

式中：I_{dry} 为植被干旱影响指数，无量纲；MCI 为气象干旱综合指数；DD 为干旱日数；GHD 为植被绿度与湿度的差异；A_{rs} 为自然生长条件下的遥感植被指数，即实际遥感植被参数，包括 NDVI、FVC、NPP、QI(植被生态质量指数)。

(2)植被低温影响模型

利用低温灾害指标≤0 ℃积温和遥感植被参数共同评估低温对植被的影响，评估模型如式(2.31)：

$$I_{cold}=0.8\times EAT_{\leqslant 0}+0.2\times A_{rs}/\max(A_{rs}) \quad (2.31)$$

式中：I_{cold}为植被低温影响指数，无量纲；$EAT_{\leqslant 0}$为≤0 ℃积温；A_{rs}为自然生长条件下的遥感植被指数，即实际遥感植被参数，包括 NDVI、FVC、NPP、QI。

(3)植被暴雨影响模型

利用暴雨灾害指标≥50 mm 累积雨量和遥感植被参数共同评估暴雨对植被的影响，评估模型如式(2.32)：

$$I_{rain}=0.9\times HR_{\geqslant 50}/\max(HR_{\geqslant 50})-0.1\times A_{rs}/\max(A_{rs}) \quad (2.32)$$

式中：I_{rain}为植被暴雨影响指数，无量纲；$HR_{\geqslant 50}$为≥50 mm 累积雨量；A_{rs}为自然生长条件下的遥感植被指数，即实际遥感植被参数，包括 NDVI、FVC、NPP、QI。

(4)植被高温影响模型

利用高温灾害指标≥35 ℃积温和遥感植被参数共同评估高温对植被的影响，评估模型如式(2.33)：

$$I_{heat}=0.9\times EAT_{\geqslant 35}/\max(HR_{\geqslant 35})-0.1\times A_{rs}/\max(A_{rs}) \quad (2.33)$$

式中：I_{heat}为遥感植被高温指数，无量纲；$EAT_{\geqslant 35}$为≥35 ℃积温；$HR_{\geqslant 35}$为≥35 ℃累积雨量；A_{rs}为自然生长条件下的遥感植被指数，即实际遥感植被参数，包括 NDVI、FVC、NPP 和 QI(植被生态质量指数)。

(5)单一气象灾害影响指数等级划分方法

依据不同时段(月、季、年)计算的植被灾害指数 I 为统计样本，采用 0.01 显著性检验估计方法划分灾损等级，共划分重度、中度、轻度、无受害 4 个等级，其中 0.01 显著性检验的上、下限值作为中度灾损的临界阈值(表 2.17、表 2.18)，阈值计算步骤如下。

步骤 1：计算植被灾害指数 I 在某一时段(月、季、年)多年均值I_{avg}：

$$I_{avg}=\sum_{i=1}^{n} I_i \quad (2.34)$$

步骤 2：计算植被灾害指数 I 的标准差I_{std}：

$$I_{std}=\sqrt{\frac{\sum_{i=1}^{n}(I_i-I_{avg})^2}{n}} \quad (2.35)$$

步骤 3：计算植被灾害指数 I 的标准误差I_{error}：

$$I_{error}=I_{std}/\sqrt{n} \quad (2.36)$$

步骤 4：计算等级上限I_{up}和下限值I_{down}：

$$I_{up}=I_{avg}+2.576\times I_{error} \quad (2.37)$$

$$I_{down}=I_{avg}-2.576\times I_{error} \quad (2.38)$$

步骤 5：计算植被灾害指数 I 最小值或最大值：

$$I_{min}=\min(I_i) \quad (2.39)$$

$$I_{max}=\max(I_i) \quad (2.40)$$

式中：I_{avg}为植被灾害指数 I 多年均值；I_i第 i 年均值(月、季、年)；I_{avg}为 I 的多年均值；I_{std}为 I

的标准差；I_{error}为 I 的标准误差；I_{up}为 I 的等级上限值；I_{down}为 I 的等级下限值；I_{min}为 I 的最小值；I_{max}为 I 的最大值；n 为 2000 年至最新年份的总年数。

表 2.17 干旱和低温灾损等级划分标准

等级	区间
无受害	$I_{max}\sim 9999$
轻度	$I_{up}\sim I_{max}$
中度	$I_{down}\sim I_{up}$
重度	$-9999\sim I_{down}$

表 2.18 暴雨和高温灾损等级划分标准

等级	区间
无受害	$-9999\sim I_{down}$
轻度	$I_{down}\sim I_{up}$
中度	$I_{up}\sim I_{max}$
重度	$I_{max}\sim 9999$

2. 综合气象影响评估模型

用损失率反映气象灾害对植被生态（NDVI、FVC、NPP、QI）的综合影响，计算公式如下：

$$Y_{rs}=\frac{(P_{rs}-A_{rs})}{P_{rs}}\times 100 \tag{2.41}$$

式中：Y_{rs}为气象灾害综合影响指数（%）；P_{rs}为综合气象条件影响下模拟的潜在遥感植被指数参数（pNDVI、pFVC、pNPP、pQI）；A_{rs}为实际遥感植被参数。综合灾损等级划分方法同上，不同的是统计样本为不同年份的遥感植被灾害指数 Y_{rs}，其等级划分标准如表 2.19，表中，Y_{up}为 Y_{rs}的等级上限值，Y_{down}为 Y_{rs}的等级下限值，Y_{max}为 Y_{rs}的最小值。

表 2.19 综合灾损等级划分标准

等级	区间
无受害	$-9999\sim Y_{down}$
轻度	$Y_{down}\sim Y_{up}$
中度	$Y_{up}\sim Y_{max}$
重度	$Y_{max}\sim 9999$

实际遥感植被参数上面已给出计算公式，以下仅给出潜在遥感植被参数计算方法，其中，潜在 NDVI 和潜在 FVC 计算方法是基于 *Climate and Vegetation*（Shi et al.，2024）气候影响下的潜在植被覆盖度估算方法：先由月降雨量、月均温、相对湿度、DEM（海拔）、日长、最大气孔导度计算潜在植被 NDVI，然后根据潜在植被 NDVI 计算潜在植被盖度，如式（2.42）—式（2.45）：

$$p\text{NDVI}=100\times(1-e^{-0.6\text{LAI}}) \tag{2.42}$$

$$\text{LAI}=\frac{\text{Prcp}}{\dfrac{D}{\dfrac{1}{G_{max}/1000+0.67}}\times 64.8\times t} \tag{2.43}$$

$$D=\frac{\frac{E_a \times V}{8.31 \times T_{mean}}}{\left(\frac{3.486 \times P}{\text{Tkv}}\right)/28.9634} \tag{2.44}$$

$$\text{Tkv}=\frac{273.16+T_{mean}}{1-0.378 \times \frac{E_a}{P}} \tag{2.45}$$

$$E_a=\left(1-\frac{\text{RH}}{100}\right) \times E_s \tag{2.46}$$

$$E_s=0.6108 \times e^{\frac{17.27 \times T_{mean}}{T_{mean}+237.3}} \tag{2.47}$$

$$P=101.3 \times \left(\frac{293-0.0065 \times \text{DEM}}{293}\right)^{5.26} \tag{2.48}$$

$$t=\frac{24t_0}{\pi} \tag{2.49}$$

$$\sin\frac{1}{2}t_0=\sqrt{\frac{\sin\left(45^0+\frac{\varphi-\delta+\sigma}{2}\right)\sin\left(45^0+\frac{\varphi-\delta-\sigma}{2}\right)}{\cos\varphi\cos\sigma}} \tag{2.50}$$

$$\delta=0.006918-0.399912\cos\theta+0.010257\sin\theta-0.006758+0.000907\sin2\theta$$

$$\theta=2\pi \times \frac{N}{365}$$

式中：pNDVI 为潜在的标准化植被指数；Prcp 为月降雨量(mm)；D 为空气湿度；t 为日长(h)；G_{max}为最大气孔导度((mmol·m^{-2})·s^{-1})，森林 G_{max}＝300(mmol·m^{-2})·s^{-1}，灌草 G_{max}＝287(mmol·m^{-2})·s^{-1}，农田 G_{max}＝260(mmol·m^{-2})·s^{-1}；E_a 为实际水汽压(Pa)；V 为立方米体积(取 1)；T_{mean}为月均气温(℃)；P 为气压；Tkv 为虚温(K)，它是一个用于描述空气柱状态的物理量，虚温的引入是为了考虑水汽对空气密度的影响，在气象公式中，虚温可以用来更准确地描述大气的热力和动力过程；RH 为相对湿度(%)；E_s 为饱和水汽压(℃)，它是空气中水汽达到饱和状态时的水汽压，饱和水汽压是气象学中一个重要的物理量，用于描述空气在特定温度下能够容纳的最大水汽量；DEM 为海拔高度(m)；t_0为时角，指太阳上缘自地平线至正午或从正午到太阳上缘没入地平线位置所需的角度；δ 太阳赤纬；φ 为测站纬度；σ 为太阳上午边缘恰在水平线看到的曲折率，通常取 34′；N 为一年中的日序。

利用植被二氧化碳通量方程(相当 NPP)与水汽通量方程(相当于蒸发散)之比确定植被水分利用效率，分析植被水分利用效率在年尺度上与大气干燥度的关系，结合实际观测数据，建立了潜在植被净初级生产力，如式(2.51)—式(2.54)所示：

$$p\text{NPP}=\text{RDI} \times \frac{rR_n(r^2+R_n{}^2+rR_n)}{(R_n+r)(R_n{}^2+r^2)}\exp[-(9.87+6.25\text{RDI})^{0.5}] \tag{2.51}$$

$$\text{RDI}=0.629+0.237\text{PER}-0.00313\,\text{PER}^2 \tag{2.52}$$

$$\text{PER}=\frac{\text{PET}}{r}=\text{BT} \times 58.93/r \tag{2.53}$$

$$\text{BT}=\sum t/365=\sum T/12 \tag{2.54}$$

式中：pNPP 为潜在植被净初级生产力；RDI 为大气干燥度；R_n为年净辐射；r 为年降水量(mm)；PER 为年潜在蒸散率；PET 为潜在蒸散量；BT 为年平均生物温度；t 为<30 ℃与>0 ℃的日均

温；T 为<30 ℃与>0 ℃的月均温。

基于潜在植被净初级生产力和潜在覆盖度，采用权重加权法构建潜在植被综合生态质量指数（$p\mathrm{QI}_i$），计算公式为式(2.55)：

$$p\mathrm{QI}_i=100\left(f_1\times\frac{p\mathrm{NPP}_i}{p\mathrm{NPP}_m}+f_2\times p\mathrm{FVC}_i\right) \tag{2.55}$$

式中：$p\mathrm{QI}_i$为第 i 年全年植被生态质量指数；FVC_i为第 i 年全年各月植被覆盖度的平均值；NPP_i为第 i 年全年植被 NPP；NPP_m为年植被 NPP 的历史最高值，即空间区域范围内相应时段最好气候条件下的年植被 NPP；f_1、f_2分别为权重系数（$f_1=0.5$，$f_2=0.5$）。

3. 多灾害影响比较方法

利用灰色关联法比较不同气象灾害对植被年度灾损的影响大小。灰色关联分析法是对于一个系统发展变化态势的定量描述和比较，用来分析系统中母因素与子因素的关系密切程度，从而判断引起该系统发展的主要和次要因素（黄肖寒 等，2014）。灰色关联分析法的一般步骤如下。

(1)数据处理

设参考序列为 $X_0=\{X_0(1),X_0(2),X_0(3),\cdots\cdots X_0(n)\}$，比较序列为 $X_i=\{X_i(1),X_i(2),X_i(3),\cdots\cdots X_i(n)\}$。将参考序列和比较序列分别进行初始化处理，本研究采用初值化进行数据的无量纲化、归一化处理。即将序列中的所有数据分别除以第一个数据。

(2)求序列差和两极差

序列差 $\Delta_i(k)=|X_0(k)-X_i(k)|$ $(i=1,2,\cdots\cdots,m;k=1,2,\cdots\cdots,n)$，它表示 k 时刻参考序列和比较序列的绝对差。

两极差 $M=\max[\Delta i(k)]$，它表示取序列差的最大值。

(3)求关联系数 $\xi oi(k)$。令分辨系数 $\rho=0.5$，计算比较序列和参考序列在 $t=k$ 时刻的关联系数的计算公式为式(2.56)：

$$\begin{aligned}\xi oi(k)&=(\Delta\min+\rho\Delta\max)/[\Delta oi(k)+\rho\Delta\max]\\&=\frac{\min\limits_i\min\limits_k|X_0(k)-X_i(k)|+\rho\max\limits_i\max\limits_k|X_0(k)-X_i(k)|}{\Delta(k)+\rho\max\limits_i\max\limits_k|X_0(k)-X_i(k)|}\end{aligned} \tag{2.56}$$

式中：$\Delta_{\max}$和 $\Delta_{\min}$分别表示比较序列和参考序列在各个时刻绝对差中的最大值和最小值，$\Delta_{\max}=\max\limits_i\max\limits_k|X_0(k)-X_i(k)|$，$\Delta_{\min}=\min\limits_i\min\limits_k|X_0(k)-X_i(k)|$。

(4)计算关联度 Υ_i。序列的关联度等于两个序列的关联系数的均值。计算公式如式(2.57)：

$$\Upsilon_i\ \frac{1}{n}\sum_{i=1}^{n}\xi_{on}(k) \tag{2.57}$$

(5)排序。根据关联度大小按顺序排列，确定比较序列对参考序列的相关程度大小。Υ_i越大，说明关联的程度越大，反之，则关联程度越小。

第 3 章

广西喀斯特地区植被生态变化特征

本章从石漠化变化和植被生态两个方面分析广西喀斯特地区植被生态变化特征。其中石漠化变化分析中，从石漠化等级分类结果、石漠化时空演化特征、石漠化驱动机制三方面入手；植被生态分析中，利用归一化植被指数（NDVI）、植被覆盖度（FVC）、植被净初级生产力（NPP）和植被生态质量指数（QI）四个遥感植被参数，多视角分析植被生态不同时间尺度变化特征，为全面了解广西喀斯特地区植被生态变化提供参考。

3.1 石漠化变化分析

3.1.1 石漠化等级分类

3.1.1.1 等级分类结果

在环境可视化图像处理系统（ENVI）中通过波段计算得到 2000 年、2005 年、2010 年、2015 年和 2019 年研究区植被覆盖度和基岩裸露率，在 ArcGIS 中按照石漠化等级划分原则对石漠化进行等级分类，得出广西岩溶区 5 期石漠化分布图（图 3.1）。

3.1.1.2 精度评价与分析

精度评价是遥感信息提取中的一个关键程序。只有在通过精度评价以后才能确定所选方法能否达到精度评判要求。本节利用 ArcGIS 10.8 在前文得到的 2019 年石漠化等级分布图上采用渔网生成 600 个随机点，加上野外实地调查点 94 个，共计 694 个点（图 3.2），结合同期的 GF-1 号（高分 1 号）影像、奥维互动地图，将分类后的石漠化类型与实际情况利用生成的误差矩阵进行对比，并计算出每一类的用户精度、制图精度、总体分类精度以及 Kappa 系数（梁明月 等，2024）最终的分类精度见表 3.1 和表 3.2。

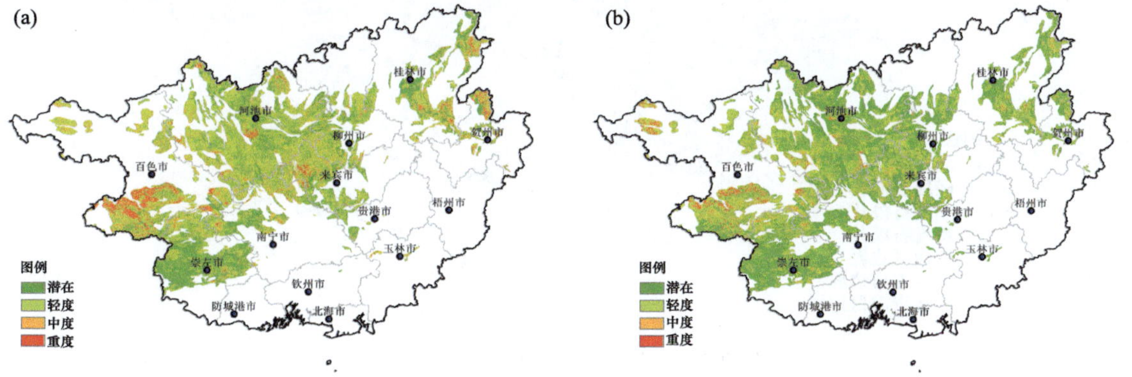

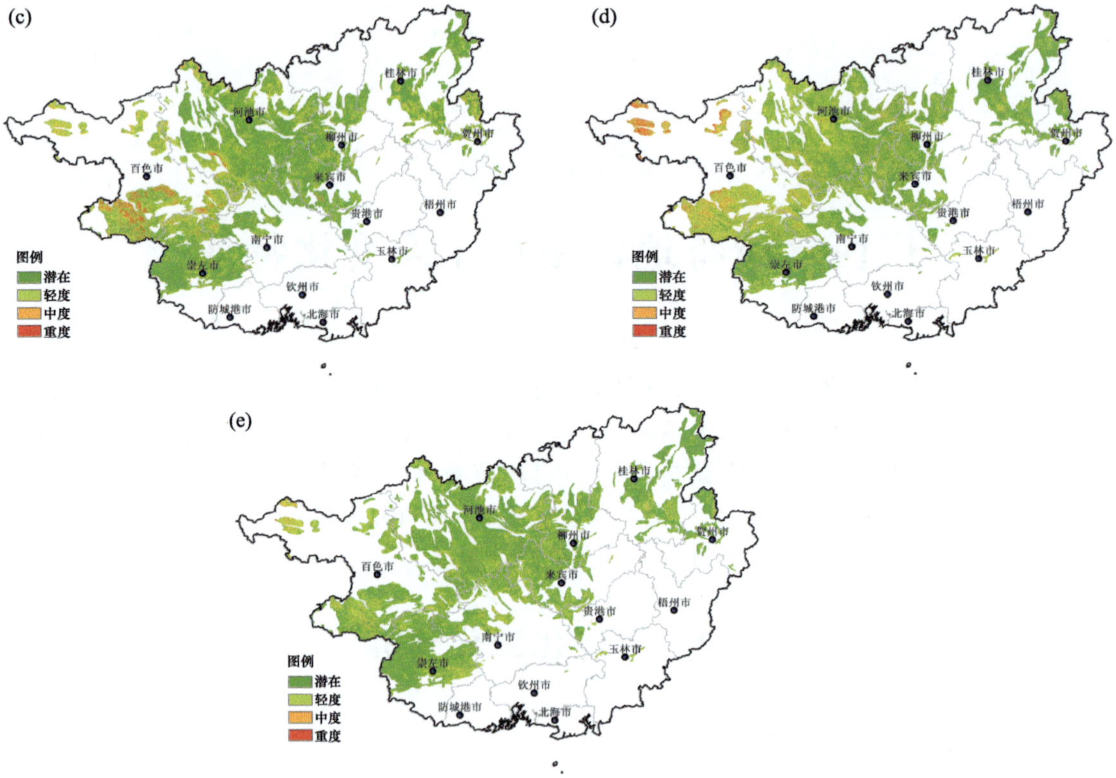

图 3.1 广西喀斯特地区石漠化分布

(a)2000 年,(b)2005 年,(c)2010 年,(d)2015 年,(f)2019 年

(“潜在”表示“无石漠化”;“轻度”表示“轻度石漠化”;

“中度”表示“中度石漠化”;“重度”表示“重度石漠化”。下同)

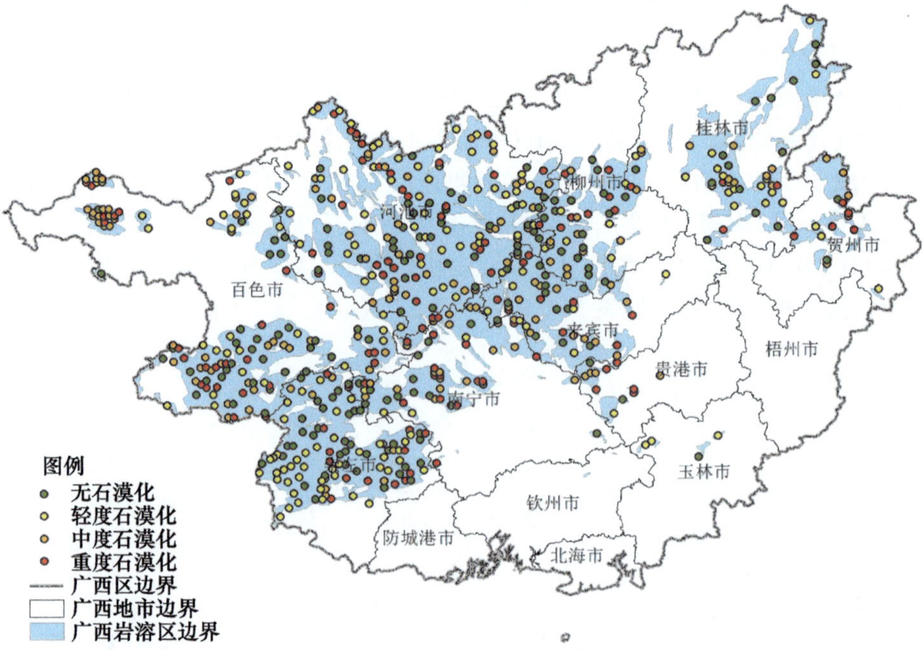

图 3.2 各等级石漠化样本点分布

由表3.1和表3.2可知，基于综合分析法提取的石漠化信息总体精度为71.04%，Kappa系数为60.5。其中，轻度、中度和重度石漠化容易与无石漠化混淆。一般石漠化程度在轻度以上，其解译精度也越高，主要是石漠化等级越高，其在影像上的特征也越明显，在进行遥感分类时也越准确。而无石漠化包含的地物组成较复杂，既包括耕地、裸地又包括建设用地、矿山开采等，容易产生地物混淆为石漠化的现象。因此一般重度石漠化与无石漠化出现混淆的情况，主要是由于裸地、矿山开采等在影像上解译成了重度石漠化。

表3.1 各等级石漠化精度评价

	无石漠化	轻度石漠化	中度石漠化	重度石漠化	错分误差/%	漏分误差/%	制图精度/%	用户精度/%
无石漠化	166	15	10	0	13.09	42.56	57.44	86.91
轻度石漠化	52	148	9	0	29.19	25.25	74.75	70.81
中度石漠化	39	16	113	1	33.14	19.29	80.71	66.86
重度石漠化	32	19	8	66	47.20	1.49	98.51	52.80
总精度/%					71.04			
Kappa值					60.50			

表3.2 石漠化信息提取结果与实测数据对比

	真实地表石漠化情况					
	无石漠化	轻度石漠化	中度石漠化	重度石漠化	总石漠化	生产精度/%
无石漠化	166	15	10	0	191	86.91
轻度石漠化	52	148	9	0	209	70.81
中度石漠化	39	16	113	1	169	66.86
重度石漠化	32	19	8	66	125	52.80
总石漠化	289	198	140	67	694	
用户精度/%	57.44	74.75	80.71	98.51		71.04

3.1.2 石漠化时空演化特征

3.1.2.1 石漠化时间演变特征

根据上述广西岩溶区石漠化数据，采用栅格计算的方法，得到了2000—2020年广西岩溶区石漠化不同等级的面积(表3.3)。由图3.3可以看出，无石漠化的面积最大且一直呈稳定增长的趋势；轻度、中度和重度石漠化一直呈负值变化，面积持续减小，说明广西岩溶区石漠化在逐渐好转，这与广西石漠化综合治理的实际情况是相符合的。其中，2005—2010年和2015—2020年无石漠化增大的面积以及轻度、中度和重度石漠化减小的面积均高于2000—2005年和2010—2015年。从绝对面积看，21年间，无石漠化面积从约4.90×10^4 km^2增大至约6.67×10^4 km^2；增大了约1.77×10^4 km^2；轻度石漠化面积减小了约0.98×10^4 km^2；中度石漠化面积减小了约0.43×10^4 km^2；重度石漠化面积从约0.51×10^4 km^2下降至约0.17×10^4 km^2，截至2020年，广西岩溶区石漠化面积约为1.35×10^4 km^2。

表 3.3　2000—2020 年各等级石漠化面积统计表　　单位：km^2

年份	无石漠化	轻度石漠化	中度石漠化	重度石漠化
2000 年	48994.42	18756.45	7203.84	5116.07
2005 年	52798.82	15684.43	6784.18	4796.10
2010 年	57708.90	13185.02	5507.06	3705.95
2015 年	61164.49	11550.24	4815.58	2681.14
2020 年	66697.65	8921.16	2856.96	1728.08

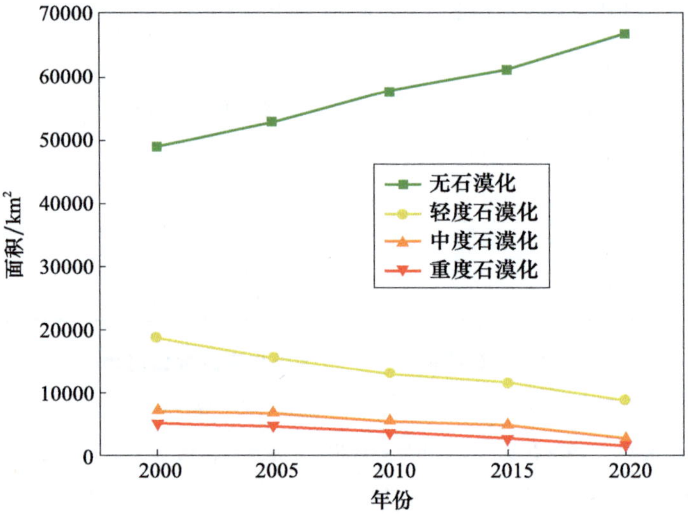

图 3.3　2000—2020 年广西岩溶区各等级石漠化面积

3.1.2.2　*石漠化空间分布特征*

由图 3.1 可知，研究区石漠化的空间分布特点是西部和中部地区的变化最大。从研究初始阶段到最后阶段，不仅西部和中部地区的石漠化严重程度变化迅速，而且不同类型的石漠化强度之间的相互转变也非常频繁。中度石漠化和重度石漠化主要分布在西部地区，中部地区以轻度石漠化和中度石漠化为主，与西部和中部地区相比，北部地区的石漠化主要是以潜在石漠化和轻度石漠化为主，总体而言，研究区石漠化在空间上呈现出“西重东轻、北重南轻”的特点。

广西西北部和西南部位于云贵高原向广西盆地的过渡地带（胡业翠 等，2008），岩溶石漠化分布十分广泛且相对集中。如广西西部河池市的都安瑶族自治县、东兰县和南丹县，南宁市的马山县和武鸣区，百色市的大化瑶族自治县、隆林各族自治县和平果市及广西西南部的崇左市的天等县和大新县，百色市的德保县、靖西县和田东县等县（市）的分布范围均较大。广西中部平原的石漠化分布比较分散，主要呈点状和面状分布，如忻城的古蓬和宜州区南端。此外，广西北部的全州、阳朔等地也存在较大面积的石漠化，而其他地方的石漠化则多为小规模分布。广西东南部地区以碎屑岩为主，基本没有出现石漠化现象。石漠化程度比较严重的地区主要分布在峰丛洼地和谷地中，如都安县、大化县、全州县、南丹县、马山县、武鸣区、平果县、天等县、德保县和田东县等县城及县城下的部分乡镇地区（胡业翠 等，2008）。据统计，石漠化的分布一般与地区的地形地势分布密切相关。

3.1.2.3　石漠化时空演变速度

为了定量描述广西岩溶区不同程度石漠化的演变程度和速度，依据土地利用动态程度的原理和公式，采用全国单一土地利用类型动态程度和土地利用总量动态程度 2 个指标，对广西岩溶区石漠化时空演变速率进行研究，从不同方面定量展示不同程度石漠化以及石漠化总数量的变化状况和发展速度。

(1)单一等级石漠化动态度分析

从单一等级石漠化动态度的角度来看，2000—2020 年无石漠化动态度均呈正值变化，且面积在持续增大，而轻度、中度和重度石漠化动态度一直呈相反的变化特征，总体上呈“波浪状”。其中，2005—2010 年和 2015—2020 年 2 个时间段，为广西岩溶区石漠化程度明显改善阶段，首先，无石漠化面积增加的幅度均超过了 9%，分别为 9.30%和 9.05%，动态度也均在 1.8%以上；其次，重度石漠化减小的面积大于其他时期中减小的面积，减小的面积百分比分别为 27.65%和 35.55%，其动态度分别为－5.53%和－7.11%；在 2000—2005 年和 2015—2020 年 2 个时间段中，无、轻度、中度和重度石漠化的动态度极大部分小于 2005—2010 年和 2015—2020 年这 2 个时间段。此外，2015—2020 年的中度石漠化减小 40.67%，动态度为－8.13%。2010—2015 年，重度石漠化减小较为显著，减小的面积为 1024.82 km^2(图 3.4，表 3.4)。

表 3.4　2000—2020 年广西岩溶区单一等级石漠化变化面积和动态度

年份	参数	等级			
		潜在	轻度	中度	重度
2000—2005 年	变化面积/km^2	3804.41	－3072.02	－419.66	－319.97
	动态度/%	1.55	－3.28	－1.17	－1.25
2005—2010 年	变化面积/km^2	4910.08	－2499.40	－1277.12	－1090.15
	动态度/%	1.86	－3.19	－3.77	－4.55
2010—2015 年	变化面积/km^2	3455.59	－1634.78	－691.48	－1024.82
	动态度/%	1.20	－2.48	－2.51	－5.53
2015—2020 年	变化面积/km^2	5533.16	－2629.08	－1958.63	－953.06
	动态度/%	1.81	－4.55	－8.13	－7.11
2000—2020 年	变化面积/km^2	17703.23	－9835.29	－4346.88	－3387.99
	动态度/%	5.31	－22.05	－30.43	－39.21

(2)石漠化总量动态度分析

从石漠化总量动态度的公式能够看出，其能定量地描述石漠化在时间和空间上发展的总体变化幅度。由表 3.5 可知，2000—2005 年、2005—2010 年、2010—2015 年、2015—2020 年和 2000—2020 年 5 个时段的石漠化总量动态度分别为 0.64%、0.83%、0.58%、0.94%和 2.98%，呈先增大后减小的波动态势，石漠化总面积逐渐减小。2005—2010 年和 2015—2020 年时段变化面积较大，动态度较高，其余两个时段面积变化相当，变化速率较慢。

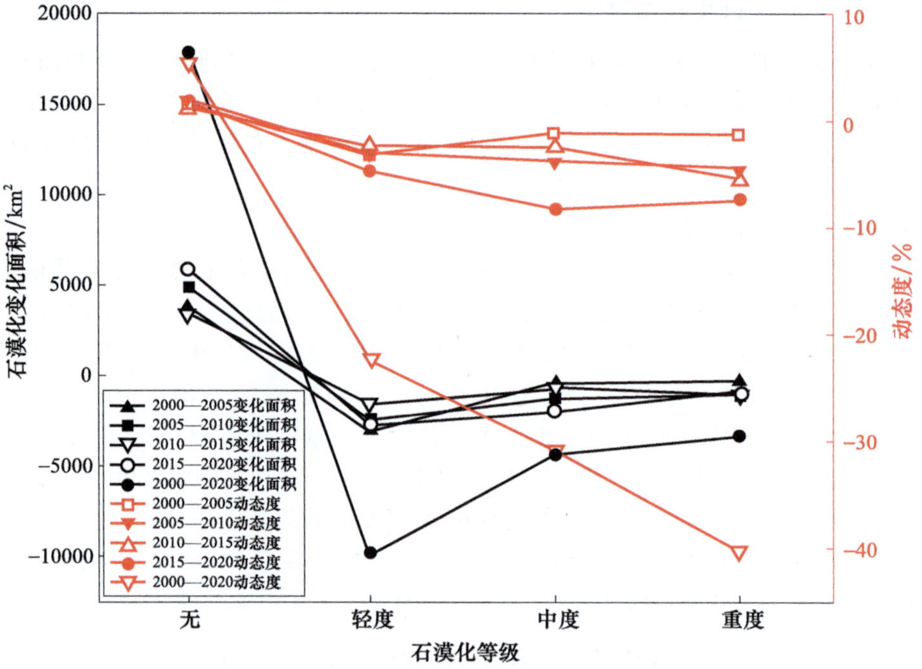

图 3.4　2000—2020 年广西岩溶区单一等级石漠化动态度

表 3.5　2000—2020 年广西区石漠化变化面积和总量动态度

年份	2000—2005 年	2005—2010 年	2010—2015 年	2015—2020 年	2000—2020 年
变化面积/km²	7616.07	9776.75	6806.66	11073.92	35273.39
动态度/%	0.64	0.83	0.58	0.94	2.98

3.1.2.4　*石漠化转移规模与方向*

1. 石漠化转移总量分析

为明确各个石漠化等级在互相转移时的面积大小和方向，对广西岩溶区 2000—2020 年共 4 期石漠化栅格图在 GIS 中进行空间叠加运算处理并对导出的转移面积在 Excel 中进行统计分析，得出的结果如表 3.6 所示。

2000—2020 年，由于广西区有关政府对石漠化治理工程的不断实施，研究区的石漠化治理取得了良好的结果。从上表可知，总体上，石漠化转移方向主要是由高等级向低等级方向转移，如重度石漠化向无、轻度和中度方向转移，石漠化一直呈现出减轻趋势。如 2000—2020 年 4 个阶段中，轻度石漠化向无石漠化转移的面积占其总转移面积的比值由 67.96% 增长为 93.27%，呈逐步上升趋势，且在 2015—2020 年，轻度石漠化向无石漠化转移的面积达到 4 个时期的最大值 8599.92 km²，接近无石漠化向轻度石漠化转移面积的两倍；中度石漠化主要向无石漠化和轻度石漠化转移，2000—2005 年，中度石漠化向无石漠化和轻度石漠化转移的面积占其总转移面积的 40.51% 和 37.89%，到 2015—2020 年，中度石漠化向无石漠化转移的面积比例逐步增长为 62.96%，转移为轻度石漠化的面积比例有所下降；2005—2010 年，中度石漠化转为无石漠化面积为 2907.19 km²，为 4 个时期的最大值；无石漠化向轻度石漠化转移面积最多，在 4400～6200 km² 波动，2010—2015 年无石漠化向轻度石漠化转移面积最大，为

6128.09 km²；2000—2005 年和 2005—2010 年重度石漠化主要向无石漠化和中度石漠化转移，且在 2005—2010 年，重度石漠化转为无石漠化面积为 1617.72 km²，2010—2015 年和 2015—2020 年重度石漠化向轻度石漠化转移的面积略大于其转移为中度石漠化的面积。

表 3.6 2005—2020 年研究区各石漠化等级转移矩阵 单位：km²

年份	石漠化等级	潜在	轻度	中度	重度
2000—2005 年	潜在	0	4487.40	1409.24	871.85
	轻度	7088.84	0	2259.92	1083.09
	中度	2102.62	1968.35	0	1121.20
	重度	1375.86	909.69	1107.62	0
2005—2010 年	潜在	0	4964.92	1749.87	1057.17
	轻度	8165.39	0	1291.69	599.13
	中度	2907.19	1714.92	0	702.39
	重度	1617.72	846.62	990.33	0
2010—2015 年	潜在	0	6128.09	1816.95	905.94
	轻度	8180.51	0	1200.15	435.42
	中度	2472.12	1273.78	0	680.32
	重度	1585.91	761.36	706.25	0
2015—2020 年	潜在	0	4613.17	1322.67	824.07
	轻度	8599.92	0	442.74	180.23
	中度	2613.55	1311.04	0	227.85
	重度	1084.17	670.84	429.52	0

2. 县域石漠化转移分析

自 2008 年以来，西南岩溶地区的石漠化治理试点县由首批的 100 个陆续增加至 351 个，广西岩溶区的 75 个石漠化较严重的县域全部纳入了以小流域为治理单元的石漠化综合治理工程建设范围。石漠化的治理与恢复一般以县域为单位展开，掌握岩溶县域的石漠化变化情况能够为石漠化的治理成效与治理方式提供一定的参考依据。本研究利用转移矩阵法对广西岩溶区 82 个县、区(市)2000—2005 年、2005—2010 年、2010—2015 年和 2015—2020 年各等级石漠化转移面积进行了计算，现节选部分县域石漠化转移面积情况如以下表所示(表 3.7—表 3.10)。

根据表 3.7—表 3.10 以及图 3.5 可知，在 2000—2005 年、2005—2010 年、2010—2015 年和 2015—2020 年广西岩溶区的石漠化转移面积较大的主要在南宁市、柳州市、百色市、河池市和崇左市部分县域中，转移方向主要是由高等级向低等级转移。其中，在 2000—2005 年各县域石漠化转移面积中(表 3.7)，轻度石漠化向无石漠化转移面积宜州区的转移面积最大为 439.6 km²，其次为都安瑶族自治县和南丹县，转移面积均在 400 km² 以上，无石漠化向轻度石漠化转移面积最大的为都安瑶族自治县，转移面积为 318.2 km²；在中度石漠化的转移面积中，忻城县的中度石漠化向无石漠化和轻度石漠化转移的面积总和为 237.04 km²，为 82 个县(区)中的最大值；重度石漠化向中度和轻度石漠化转移面积中，靖西市的转移面积均为所有县域转移面积中的最大值。2005—2010 年间(表 3.8)，宜州区、都安瑶族自治县和忻城县的轻度石漠化转移为无石漠化的面积均大于 500 km²，其中，宜州区转移面积最大为 594.1 km²；无石漠化转变为轻度石漠化占同等变化面积的 70.21%，转移面积最大的为环江毛南族自治县，其次为南丹县和靖西市；忻城县中度石漠化转移为无石漠化的面积为 199.3 km²，都安瑶族自治县重度石漠化转移为无石漠化的面积为 162.2 km²，均为中度石漠化和重度石漠化转移变化中的最大面积。2010—2015 年(表 3.9)，都安瑶族自治县的轻度石漠化和无石漠化的相互转移面积最大，轻度石漠化向无石漠化转移的面积比无石漠化向轻度石漠化转移面积大 33.2 km²。2015—2020 年间(表 3.10)，石漠化减小的面积大幅度增加，最明显的为轻度石漠化转移为无石漠化，占所有转移面积的 38.54%，靖西市转移的面积为 759.6 km²，其次为南丹县和都安瑶族自治县，面积分别为 691.2 km² 和 531.3 km²；中度石漠化转移为无石漠化面积最大的也是靖西市。

由图 3.5 可知，2000—2005 年、2005—2010 年、2010—2015 年、2015—2020 年，研究区各县域的石漠化转移主要为轻度石漠化和无石漠化之间的转移。2005—2010 年、2010—2015 年百色市、崇左市和桂林市的部分县域有较明显的重度石漠化转移为无石漠化和轻度石漠化。

总体而言，2000—2020 年各县、区(市)石漠化面积在不断减小。高等级石漠化向低等级石漠化转移的面积大于低等级石漠化向高等级石漠化，说明研究区内的石漠化总体上有所改善，生态环境在得到恢复。广西岩溶区均处于不同程度的石漠化状态，且大多集中分布在岩溶发育的广西区西北部和西南部，其中百色、河池和崇左所占的面积较大，导致研究区 2000—2020 年岩溶石漠化时空演变规律整体呈现出好转趋势特征，这是众多因素综合影响的结果，其中最重要的是国家在石漠化治理方面政策方针和财政支持。

表 3.7　2000—2005 年岩溶区部分县域石漠化转移面积　　单位：km²

地区	石漠化程度											
	1-2	1-3	1-4	2-1	2-3	2-4	3-1	3-2	3-4	4-1	4-2	4-3
靖西	195.6	35.1	29.7	347.8	107.7	33.8	59.5	69.8	53.4	66.6	161.9	100.0
金城江	104.8	26.2	53.9	369.6	31.4	39.8	56.0	14.3	10.2	33.5	6.4	6.2
南丹	222.9	49.4	30.0	419.7	89.9	41.8	66.0	31.1	29.0	52.7	6.0	9.9
环江	125.0	25.3	16.0	366.4	56.5	23.3	76.0	51.6	16.3	74.6	23.1	27.3
巴马	49.6	12.7	8.4	107.2	49.8	21.4	14.7	28.1	20.2	7.3	7.4	15.8
都安	318.2	58.2	55.4	429.6	109.4	109.7	70.1	66.9	39.7	50.5	43.7	30.8
大化	186.4	49.2	22.9	244.6	157.8	65.7	38.4	63.6	43.3	25.4	16.4	32.1
宜州	222.8	39.5	14.1	439.6	80.5	15.6	100.4	118.8	23.6	26.4	20.3	15.8
扶绥	119.8	73.0	22.4	132.6	41.0	12.3	60.1	16.5	8.4	42.2	7.1	11.9
大新	174.6	52.6	25.9	173.5	64.0	29.6	41.5	23.5	21.3	24.3	5.0	10.6
天等	131.7	52.6	38.6	154.0	104.4	49.6	40.1	54.9	42.6	18.9	9.9	31.3

注：1-2：无石漠化转移为轻度石漠化；1-3：无石漠化转移为中度石漠化；1-4：无石漠化转移为重度石漠化；2-1：轻度石漠化转移为无石漠化；2-3：轻度石漠化转移为中度石漠化；2-4：轻度石漠化转移为重度石漠化；3-1：中度石漠化转移为无石漠化；3-2：中度石漠化转移为轻度石漠化；3-4：中度石漠化转移为重度石漠化；4-1：重度石漠化转移为无石漠化；4-2：重度石漠化转移为轻度石漠化；4-3：重度石漠化转移为中度石漠化。下同。

表 3.8　2005—2010 年岩溶区部分县域石漠化转移面积　单位：km^2

地区	石漠化程度											
	1-2	1-3	1-4	2-1	2-3	2-4	3-1	3-2	3-4	4-1	4-2	4-3
靖西	283.0	72.2	90.9	282.8	87.3	166.5	64.5	84.3	96.1	38.3	35.7	47.9
金城江	244.2	35.6	10.9	165.1	11.0	2.8	45.4	19.8	2.4	76.8	21.3	11.6
南丹	284.8	150.2	45.3	325.7	72.5	15.1	90.1	38.8	13.6	52.7	17.9	32.1
环江	365.8	91.1	26.3	205.9	48.2	9.5	58.4	47.2	7.9	30.2	22.5	19.5
巴马	81.4	9.7	10.3	121.8	13.8	14.0	39.4	41.7	12.7	19.6	25.8	17.1
都安	270.1	70.1	19.5	574.3	67.3	14.3	133.2	74.2	11.4	162.2	51.0	32.9
大化	195.5	48.6	51.2	267.4	81.5	50.1	85.6	92.1	57.1	40.1	38.9	43.8
宜州	197.6	44.1	11.4	594.1	39.5	4.5	135.6	42.9	4.8	38.2	9.4	12.2
忻城	126.3	30.0	8.9	522.8	28.9	2.9	199.3	75.9	5.6	41.5	14.7	32.6
扶绥	71.9	46.9	20.0	132.4	16.2	4.0	97.3	23.0	6.8	34.1	5.1	6.9
大新	190.4	34.7	39.9	214.6	10.6	4.3	67.3	56.8	11.9	27.2	20.7	14.9
天等	148.1	34.3	41.5	144.5	39.4	10.8	57.5	88.0	41.6	30.9	27.3	35.8

表 3.9　2010—2015 年岩溶区部分县域石漠化转移面积　单位：km^2

地区	石漠化程度											
	1-2	1-3	1-4	2-1	2-3	2-4	3-1	3-2	3-4	4-1	4-2	4-3
靖西	377.7	83.9	31.6	292.1	134.3	37.8	90.2	76.8	32.0	246.9	158.6	123.5
金城江	425.6	79.0	1.6	206.8	13.9	0.4	29.2	24.7	0.6	11.0	3.9	5.5
南丹	530.4	56.8	1.8	288.9	13.6	0.5	110.2	144.5	1.8	35.1	34.6	19.2
环江	292.5	31.4	3.7	413.2	16.0	1.4	89.9	76.4	1.6	29.0	11.3	10.6
巴马	61.4	29.2	6.4	142.5	29.4	5.6	14.5	13.9	7.6	16.3	12.0	13.3
都安	460.5	136.5	9.1	493.7	36.2	3.0	70.9	72.6	8.3	18.3	8.5	20.9
大化	130.9	54.9	11.9	414.0	38.4	9.3	70.8	84.8	20.4	57.1	39.5	61.5
宜州	272.9	83.4	46.1	359.6	20.5	7.0	67.0	30.9	8.0	14.0	4.1	4.8
忻城	181.2	80.7	54.5	288.0	23.8	15.4	64.9	38.0	18.1	11.2	4.8	4.7
扶绥	67.2	38.2	18.4	113.7	9.8	3.3	63.7	13.0	3.5	25.4	3.3	4.0
大新	179.8	54.9	19.9	295.0	29.2	11.7	50.6	14.4	6.4	54.6	11.6	9.4
天等	175.9	29.3	22.0	292.8	42.8	20.8	83.0	50.1	18.2	80.4	20.4	26.7

表 3.10　2015—2020 年岩溶区部分县域石漠化转移面积　　单位：km^2

地区	石漠化程度											
	1-2	1-3	1-4	2-1	2-3	2-4	3-1	3-2	3-4	4-1	4-2	4-3
靖西	204.3	70.7	58.4	759.6	22.8	14.3	233.1	141.6	21.3	77.6	43.6	20.2
金城江	79.2	18.1	17.6	501.2	11.7	5.9	74.8	21.6	7.4	1.5	0.5	0.3
南丹	164.3	37.2	25.2	691.2	28.3	14.6	64.8	42.8	8.5	1.7	1.1	0.7
环江	181.6	48.9	27.6	399.9	24.1	9.8	43.8	19.8	7.6	3.4	1.3	1.2
巴马	38.5	9.4	8.4	134.7	3.8	2.5	59.6	22.1	4.6	13.9	7.8	3.9
都安	234.0	52.8	19.2	531.3	33.3	8.2	145.4	70.5	12.7	12.4	6.5	4.3
大化	131.3	35.8	19.2	337.1	19.9	6.7	126.9	60.0	12.3	40.2	19.6	15.8
宜州	233.3	49.8	25.1	305.8	13.3	5.1	79.1	30.8	7.4	34.7	15.5	7.8
忻城	217.6	40.8	11.9	161.5	19.9	3.8	65.9	45.5	5.0	47.8	20.5	14.3
扶绥	232.3	72.4	51.8	69.5	6.9	3.7	30.1	21.2	3.8	12.3	8.5	3.1
大新	99.1	23.2	22.1	264.0	3.7	2.2	84.8	14.2	2.0	33.8	8.4	3.4
天等	129.0	32.0	27.5	350.4	7.6	4.1	82.9	42.0	4.7	54.5	23.0	9.3

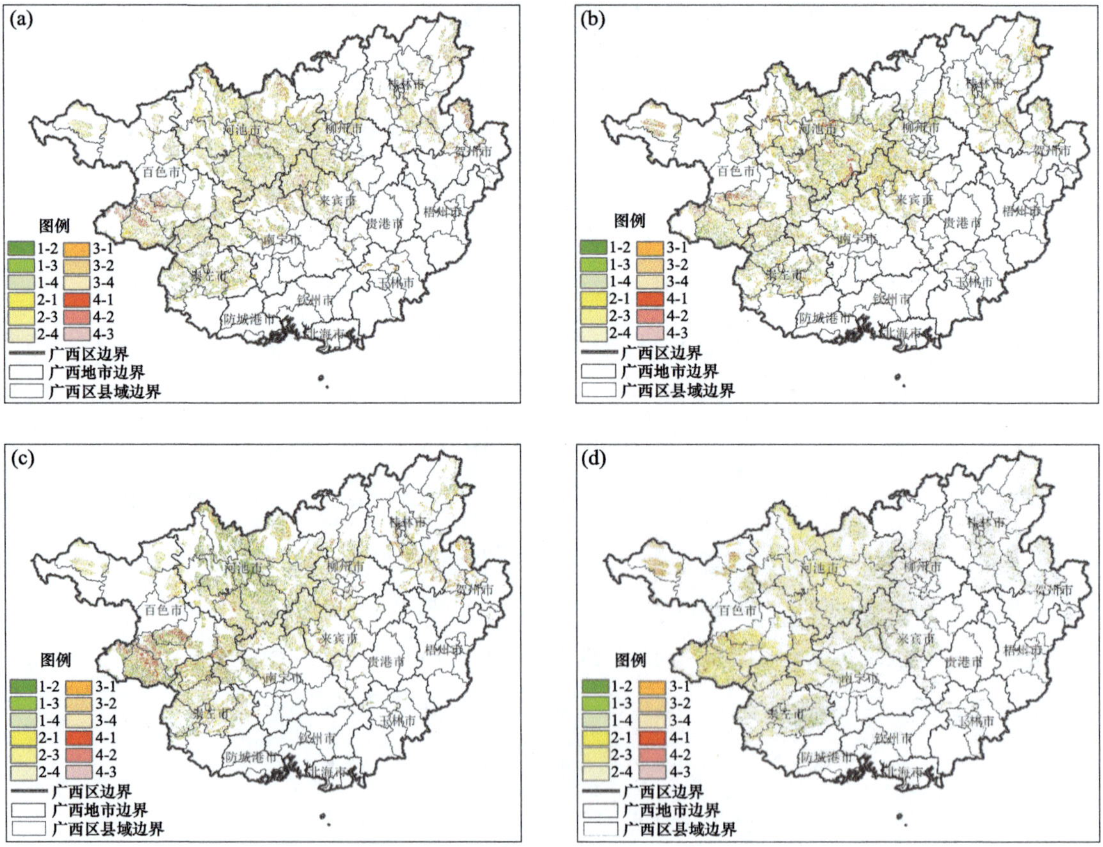

图 3.5　广西喀斯特地区石漠化市域转移

(a)2000—2005 年，(b)2005—2010 年，(c)2010—2015 年，(d)2015—2020 年

3.1.3　石漠化演化驱动因子分析

3.1.3.1　单一驱动因子分析

在各年份石漠化各驱动因子预处理结果的基础上，将 ArcGIS 重采样的样本数据利用 Excel 表格进行整理，并导入到地理探测器模型软件中，对 2005 年、2010 年、2015 年和 2020 年石漠化驱动力因子进行探测，结果见表 3.11。探测结果通过 Origin 进行可视化，得到 2005 年、2010 年、2015 年和 2020 年各驱动力因子的变化趋势（图 3.6）。

从 2005 年、2010 年、2015 年和 2020 年各驱动因子 q 值探测结果（表 3.11）及其驱动因子变化趋势来看（图 3.6），2005—2020 年，对广西岩溶区石漠化发育演化产生影响的驱动因子主要有：岩性（0.412～0.422）、年均降水（0.169～0.463）、农作物总播种面积（0.101～0.239）和县域人均收入（0.135～0.255），其 q 值均在 0.10～0.46 波动。其中，岩性的 q 值变化较稳定，均在 0.40 以上，年均降水量的 q 值最大出现在 2015 年（0.463）和 2020 年（0.281），农作物总播种面积的最高值出现在 2015 年（0.239）和 2020 年（0.218），县域人均收入的最高值为 2005 年（0.255），人均 GDP（0.069～0.111）的 q 值在 4 个时间点上均在 0.1 上下波动。而其他驱动因子的变化趋势均较小，基本维持在 0.1 以下水平。长期以来由于研究区的农业比较发达且农业人口众多，当地村民对土地资源的严重依赖以及传统的耕作活动影响了峰丛坡面的森林景观，造成峰丛坡面点状岩石裸露现象（Li et al.，2020），加剧了部分地区石漠化的恶化；充沛的降水是岩溶石漠化形成的重要原因：一是充沛的雨水对植被的生长具有促进作用，能够在一定程度上延缓石漠化发育演化的进程；二是丰富的地表水和地下水由于水蚀作用加速了水土流失，进而导致石漠化的形成。因此，岩性、农作物总播种面积、县域人口总数和年均降水成为这一时期的主导驱动因素。

表 3.11　2005—2020 年研究区因子探测 q 值结果统计

q 值	年份			
	2005 年	2010 年	2015 年	2020 年
X_1	0.069	0.111	0.118	0.110
X_2	0.255	0.153	0.178	0.135
X_3	0.054	0.042	0.053	0.047
X_4	0.260	0.169	0.463	0.281
X_5	0.046	0.047	0.045	0.046
X_6	0.032	0.032	0.030	0.032
X_7	0.058	0.058	0.056	0.060
X_8	0.043	0.042	0.042	0.043
X_9	0.422	0.421	0.412	0.422
X_{10}	0.045	0.044	0.045	0.045
X_{11}	0.099	0.040	0.023	0.042
X_{12}	0.101	0.139	0.239	0.218

注：X_1：人均 GDP；X_2：人均收入；X_3：年均气温；X_4：年均降水；X_5：高程；X_6：坡度；X_7：坡向；X_8：植被类型；X_9：岩性；X_{10}：土壤；X_{11}：总人口；X_{12}：农作物播种面积。各因子均在 $p<0.01$ 或 $p<0.05$ 水平呈显著相关。

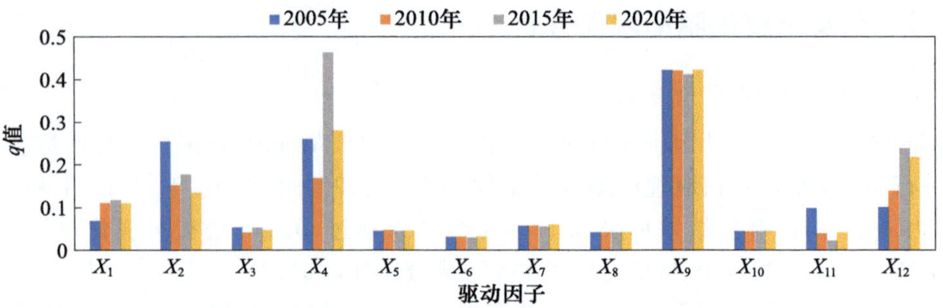

图 3.6　2005—2020 年广西区驱动力因子变化趋势

石漠化生态探测结果如表 3.12 所示，66.66%的因子两两组合时对石漠化面积空间分布的解释力差异较显著，33.34%的因子在组合时对石漠化面积空间分布的解释力差异不太明显。其中，岩性和农作物播种面积与其余因子均存在显著性差异；植被类型和土壤与除人均GDP、人均收入和年均降水以外的因子对石漠化空间分布的解释力均不存在显著性差异；人口总数与除人均 GDP、人均收入、年均降水和岩性以外的因子均不存在显著性差异；坡度和坡向与除年均温和高程以外的因子对石漠化空间分布的解释力存在显著性差异；高程与除年均温以外的因子对石漠化空间分布的解释力存在显著性差异；说明高程、坡度、坡向、植被类型和土壤等因子不是影响石漠化发育演化的主要驱动力，岩性、农作物播种面积、人均 GDP、人均收入和年均降水均对石漠化的发育和演化产生了巨大的影响，是岩溶石漠化发育演化的主要驱动力。

表 3.12　石漠化影响因素交互作用探测

	X_1	X_2	X_3	X_4	X_5	X_6	X_7	X_8	X_9	X_{10}	X_{11}	X_{12}
X_1												
X_2	N											
X_3	Y	Y										
X_4	Y	Y	Y									
X_5	Y	Y	N	Y								
X_6	Y	Y	N	Y	N							
X_7	Y	Y	N	Y	N	N						
X_8	Y	Y	N	Y	N	N	N					
X_9	Y	Y	Y	Y	Y	Y	Y	Y				
X_{10}	Y	Y	N	Y	N	N	N	N	Y			
X_{11}	Y	Y	N	Y	N	N	N	N	N	Y		
X_{12}	Y	Y	Y	Y	Y	Y	Y	Y	Y	Y	Y	

3.1.3.2　驱动因子之间的交互作用

为判断自变量因子 X_1和 X_2的交互作用($X_1 \cap X_2$)对因变量 Y 的解释力是增强或减弱，利用地理探测器中的交互式探测模块，一般探测结果中的 q 值越大，就越说明自变量因子 X 之间的交互作用比单一驱动因子对因变量 Y 的解释力更强。如表 3.13 所示，就 q 值大小而言，驱动因子之间的交互作用的 q 值均大于单一因子 q 值，说明石漠化的发育和演变受多种因素的影响，各影响因素的交互作用有两种表现形式，即双因子增强或非线性增强。通过对解释力较大的交互驱动因子进行比较和排序，得出的结果为：农作物播种面积∩人均 GDP(0.674)、岩性∩年均降水(0.550)、农作物播种面积∩岩性(0.547)、农作物播种面积∩人均收入(0.533)、岩性∩人均收入(0.527)、农作物播种面积∩人口总数(0.506)。从上述驱动因子之间的交互作用产生的 q 值可知，两个因子之间交互作用力越大，其相互影响越强烈，例如农作物播种面积与总人口数、人均 GDP、岩性和人均收入，农作物播种面积的大小与总人口数、人均收入、人均 GDP 以及岩性有直接关系。

交互作用能够直接反映当两个随机的驱动力因子共同作用于石漠化面积时，对它的解释程度，作用类型以及表达式如表 3.13 所示。在各驱动力因子交互探测的结果中，人均 GDP∩年均降水/岩性、人均收入∩坡向/岩性、年均温∩岩性、年均降水∩坡度/坡向/植被类型/岩性/土壤/农作物播种面积、高程∩岩性、坡度∩岩性、坡向∩岩性、植被类型∩岩性、岩性∩土壤、农作物播种面积∩岩性均表现为双因子增强($\{q(X_1 \cap X_2) > \mathrm{Max}[q(X_1), q(X_2)]\}$)，其余各驱动力因子的交互作用均表现为非线性增强($[q(X_1 \cap X_2) > q(X_1) + q(X_2)]$)，表明在石漠化的发育演化过程中，大部分驱动力因子之间的交互作用比单因子解释力更强。其中，岩性与其他因子交互作用时均为双因子增强，这表明岩性与其他因子交互作用时能对石漠化的发育演化产生更强的影响。

表 3.13　石漠化影响因素探测 q 值

	X_1	X_2	X_3	X_4	X_5	X_6	X_7	X_8	X_9	X_{10}	X_{11}	X_{12}
X_1	0.110											
X_2	0.476	0.135										
X_3	0.310	0.470	0.047									
X_4	0.380	0.450	0.356	0.281								
X_5	0.246	0.188	0.231	0.339	0.046							
X_6	0.197	0.211	0.113	0.309	0.119	0.032						
X_7	0.181	0.192	0.115	0.325	0.117	0.093	0.058					
X_8	0.165	0.192	0.093	0.314	0.092	0.081	0.104	0.043				
X_9	0.492	0.527	0.463	0.550	0.444	0.438	0.457	0.449	0.422			
X_{10}	0.173	0.188	0.101	0.320	0.099	0.078	0.107	0.092	0.457	0.045		
X_{11}	0.304	0.323	0.190	0.361	0.130	0.084	0.116	0.089	0.475	0.095	0.042	
X_{12}	0.674	0.533	0.443	0.469	0.302	0.253	0.281	0.264	0.547	0.274	0.506	0.218

3.2　植被生态变化分析

3.2.1　NDVI 时空变化特征

3.2.1.1　NDVI 时间变化特征

2000—2022 年研究区植被 NDVI 呈增加趋势，增幅分别为 0.058/(10 a)，平均值 0.63。年最大值出现在 2013 年(0.71)和 2015 年(0.71)，年最小值出现在 2000 年(0.52)。2010 年(0.59)、2012 年(0.62)NDVI 出现明显下降(图 3.7)。

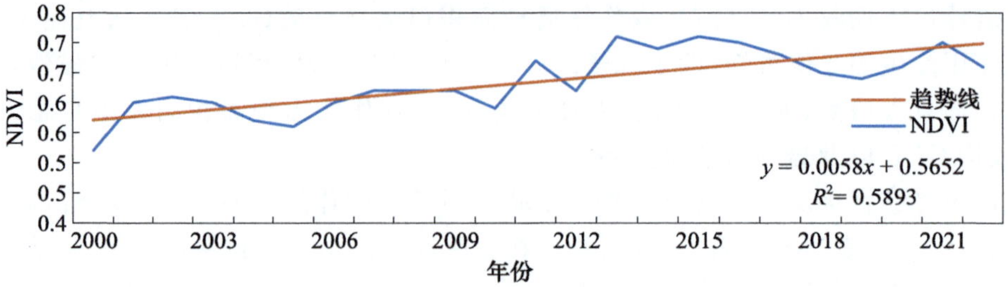

图 3.7　2000—2022 年研究区植被 NDVI 年变化

各季度植被 NDVI 监测显示(图 3.8):广西喀斯特地区 NDVI 表现为“夏秋高、冬春低”的特点,其中,夏季(6—8 月)植被 NDVI 最高(0.72),秋季(7—9 月)次之(0.70),冬季(12 月—次年 2 月)最低(0.51)。

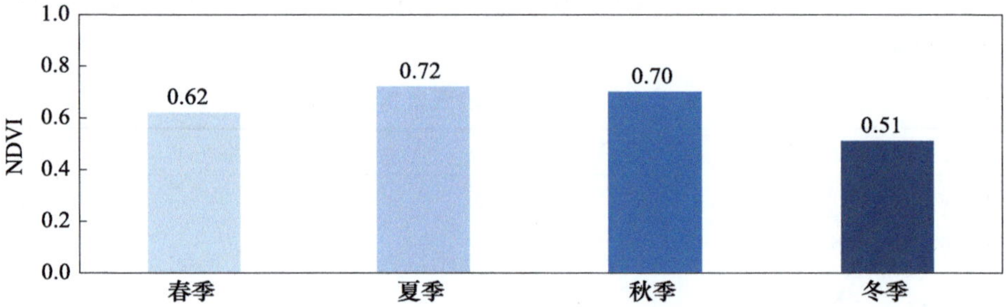

图 3.8　广西喀斯特地区 NDVI 四季变化

各月植被 NDVI 监测显示(图 3.9):广西喀斯特地区 NDVI 月差异显著,NDVI 月均值 0.64,最高值出现在 8 月和 9 月(0.75),最低值出现在 2 月(0.49)。

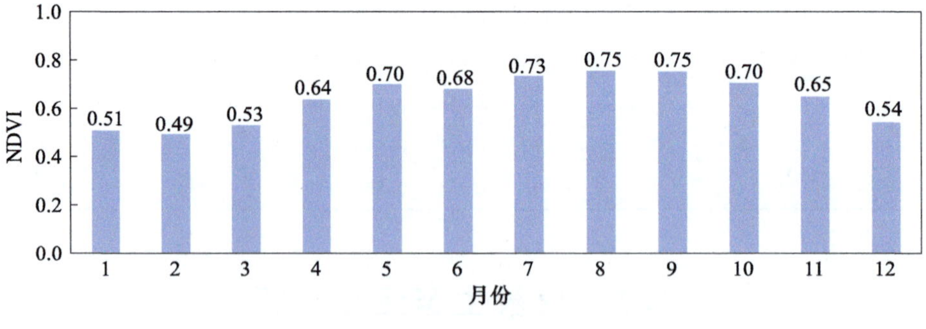

图 3.9　广西喀斯特地区 NDVI 月变化

3.2.1.2　NDVI 空间变化特征

年尺度 NDVI 变化趋势分析结果显示:2000—2022 年,广西喀斯特地区植被 NDVI 以增加为主,增加部分约占全喀斯特地区的 91.2%。中部地区柳州市南部、来宾市西部地区增加最明显(图 3.10)。春、夏、冬季植被 NDVI 在 0.6～0.7 范围占比最大,秋季 NDVI 在 0.7～0.8 占比最大(表 3.14),不同月份 NDVI 集中区间有较大差异,其中 7—10 月 NDVI 集中在 0.7～0.8 较高值区间(表 3.15,图 3.11,图 3.12)。

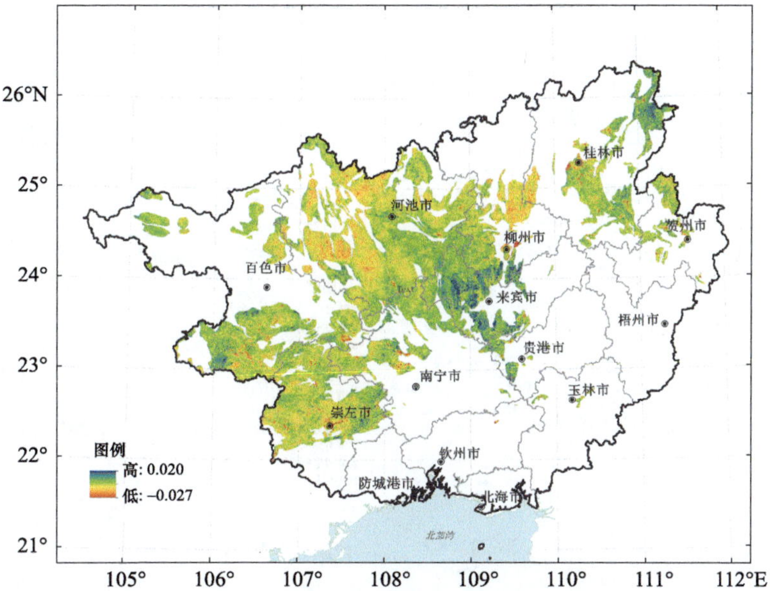

图 3.10　2000—2022 年广西植被 NDVI 变化趋势空间分布

表 3.14　广西喀斯特地区不同季节 NDVI 分级占比统计　%

季节	NDVI								
	0～0.1	0.1～0.2	0.2～0.3	0.3～0.4	0.4～0.5	0.5～0.6	0.6～0.7	0.7～0.8	0.8～0.9
春季	0.0	0.0	0.2	1.3	9.3	23.0	50.4	15.8	0.0
夏季	0.0	0.0	0.1	0.4	1.2	12.4	46.4	39.5	0.0
秋季	0.0	0.0	0.1	0.4	1.2	10.0	42.1	46.1	0.2
冬季	0.0	0.0	0.1	0.5	2.7	23.1	54.7	18.9	0.0

表 3.15　广西喀斯特地区不同月份 NDVI 分级占比统计　%

月份	NDVI								
	0～0.1	0.1～0.2	0.2～0.3	0.3～0.4	0.4～0.5	0.5～0.6	0.6～0.7	0.7～0.8	0.8～0.9
1	0.0	0.2	1.3	15.0	43.5	34.7	5.1	0.1	0.0
2	0.0	0.1	1.7	17.5	41.0	33.1	6.3	0.2	0.0
3	0.0	0.1	0.8	8.7	24.6	47.4	17.8	0.6	0.0
4	0.0	0.0	0.1	2.4	10.1	17.8	39.2	29.9	0.4
5	0.0	0.0	0.1	0.3	1.6	9.4	28.9	54.8	4.8
6	0.0	0.0	0.1	0.3	0.8	5.6	56.7	35.8	0.7
7	0.0	0.0	0.0	0.2	0.7	3.3	19.8	61.6	14.3
8	0.0	0.0	0.0	0.2	0.5	1.9	10.7	63.7	22.9
9	0.0	0.0	0.0	0.3	0.6	2.5	13.7	60.3	22.6
10	0.0	0.0	0.1	0.4	1.8	8.1	31.4	52.6	5.5
11	0.0	0.0	0.2	1.1	6.1	19.0	42.3	29.9	1.4

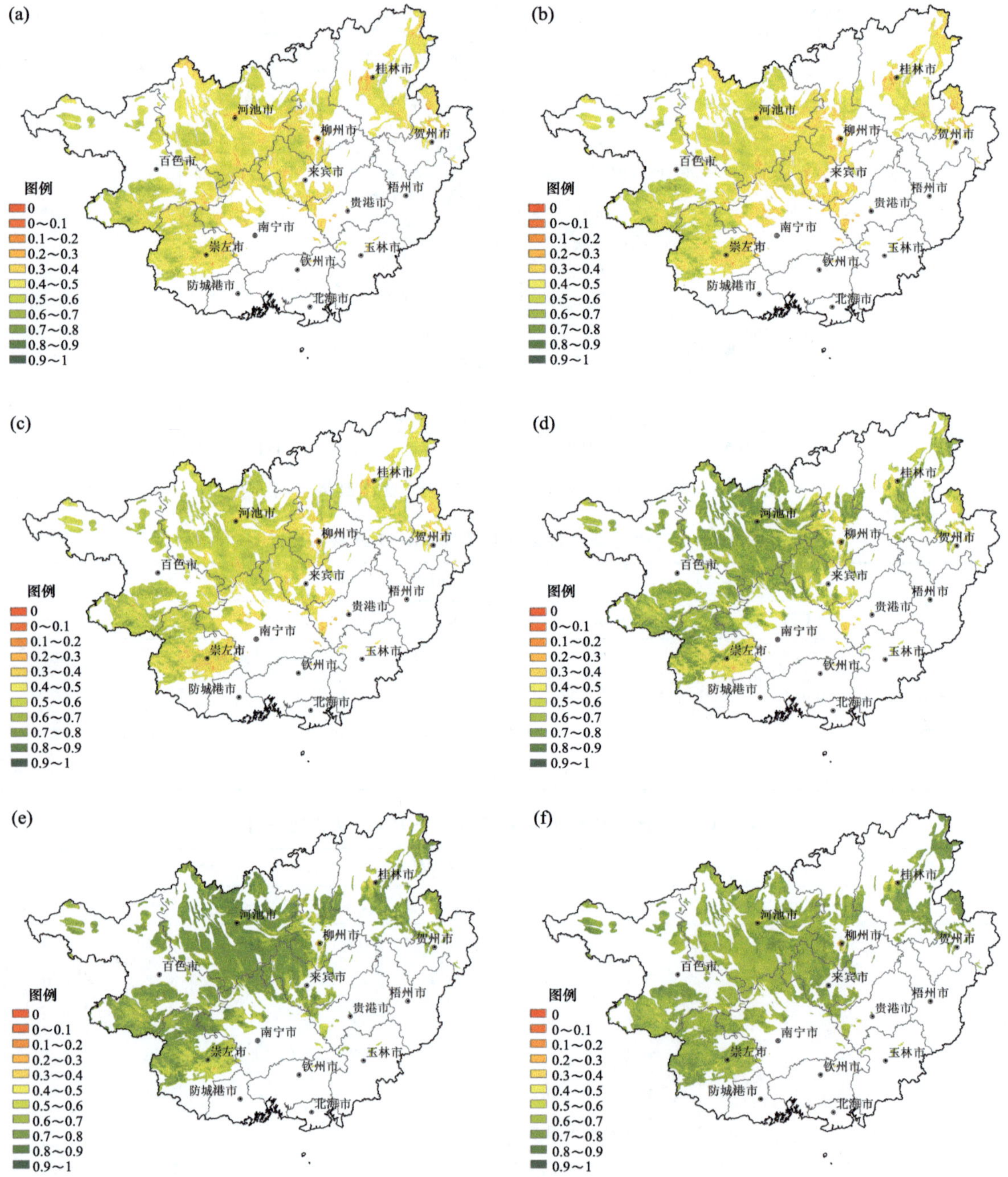
(a)
桂林市
河池市
柳州市
贺州市
百色市
来宾市
梧州市
贵港市
南宁市
崇左市
玉林市
钦州市
防城港市
北海市
图例
0
0～0.1
0.1～0.2
0.2～0.3
0.3～0.4
0.4～0.5
0.5～0.6
0.6～0.7
0.7～0.8
0.8～0.9
0.9～1
(b)
桂林市
河池市
柳州市
贺州市
百色市
来宾市
梧州市
贵港市
南宁市
崇左市
玉林市
钦州市
防城港市
北海市
图例
0
0～0.1
0.1～0.2
0.2～0.3
0.3～0.4
0.4～0.5
0.5～0.6
0.6～0.7
0.7～0.8
0.8～0.9
0.9～1
(c)
桂林市
河池市
柳州市
贺州市
百色市
来宾市
梧州市
贵港市
南宁市
崇左市
玉林市
钦州市
防城港市
北海市
图例
0
0～0.1
0.1～0.2
0.2～0.3
0.3～0.4
0.4～0.5
0.5～0.6
0.6～0.7
0.7～0.8
0.8～0.9
0.9～1
(d)
桂林市
河池市
柳州市
贺州市
百色市
来宾市
梧州市
贵港市
南宁市
崇左市
玉林市
钦州市
防城港市
北海市
图例
0
0～0.1
0.1～0.2
0.2～0.3
0.3～0.4
0.4～0.5
0.5～0.6
0.6～0.7
0.7～0.8
0.8～0.9
0.9～1
(e)
桂林市
河池市
柳州市
贺州市
百色市
来宾市
梧州市
贵港市
南宁市
崇左市
玉林市
钦州市
防城港市
北海市
图例
0
0～0.1
0.1～0.2
0.2～0.3
0.3～0.4
0.4～0.5
0.5～0.6
0.6～0.7
0.7～0.8
0.8～0.9
0.9～1
(f)
桂林市
河池市
柳州市
贺州市
百色市
来宾市
梧州市
贵港市
南宁市
崇左市
玉林市
钦州市
防城港市
北海市
图例
0
0～0.1
0.1～0.2
0.2～0.3
0.3～0.4
0.4～0.5
0.5～0.6
0.6～0.7
0.7～0.8
0.8～0.9
0.9～1

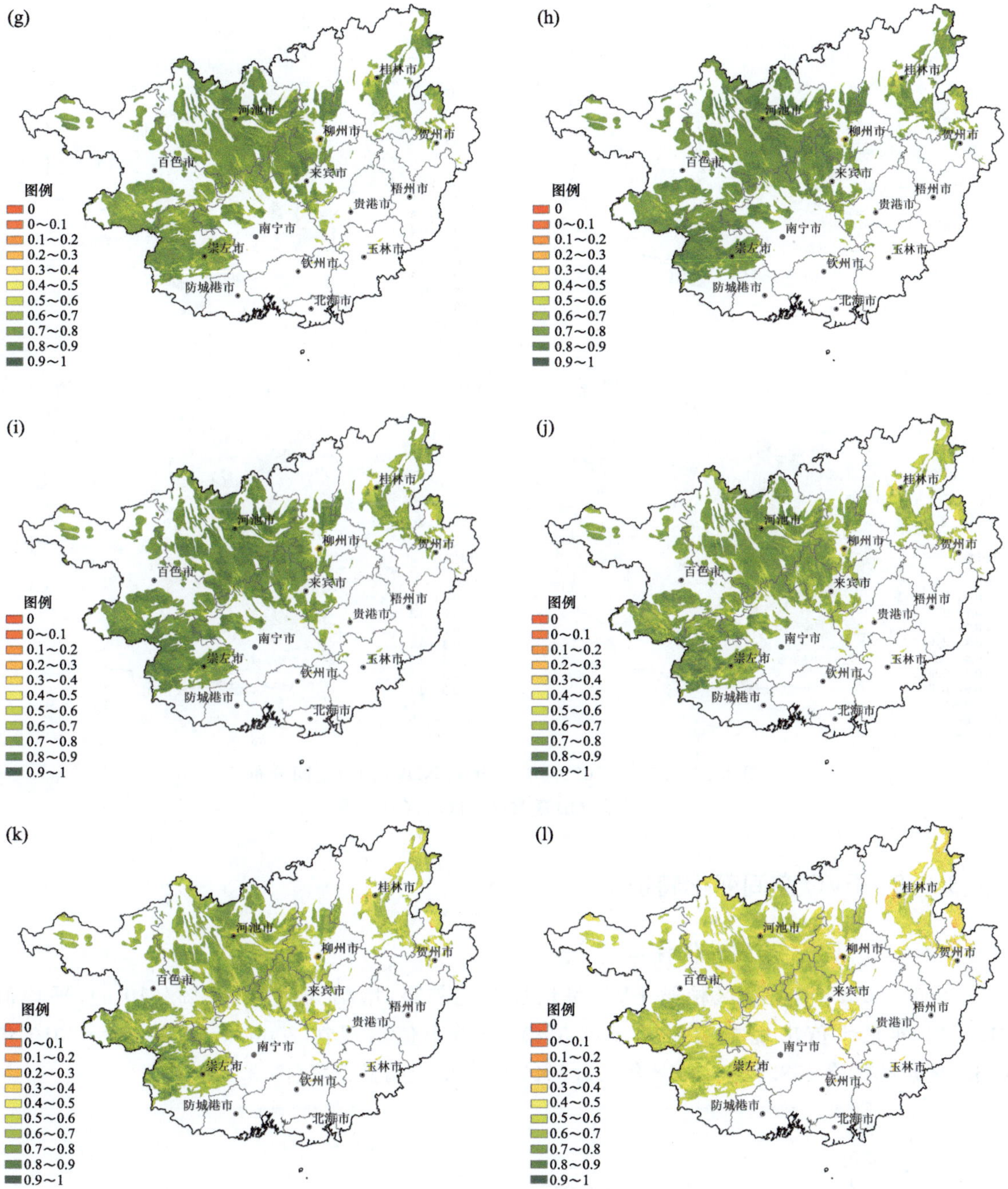

图 3.11　2000—2022 年广西植被 NDVI 月空间分布

(a)1 月，(b)2 月，(c)3 月，(d)4 月，(e)5 月，(f)6 月，(g)7 月，(h)8 月，(i)9 月，(j)10 月，(k)11 月，(l)12 月

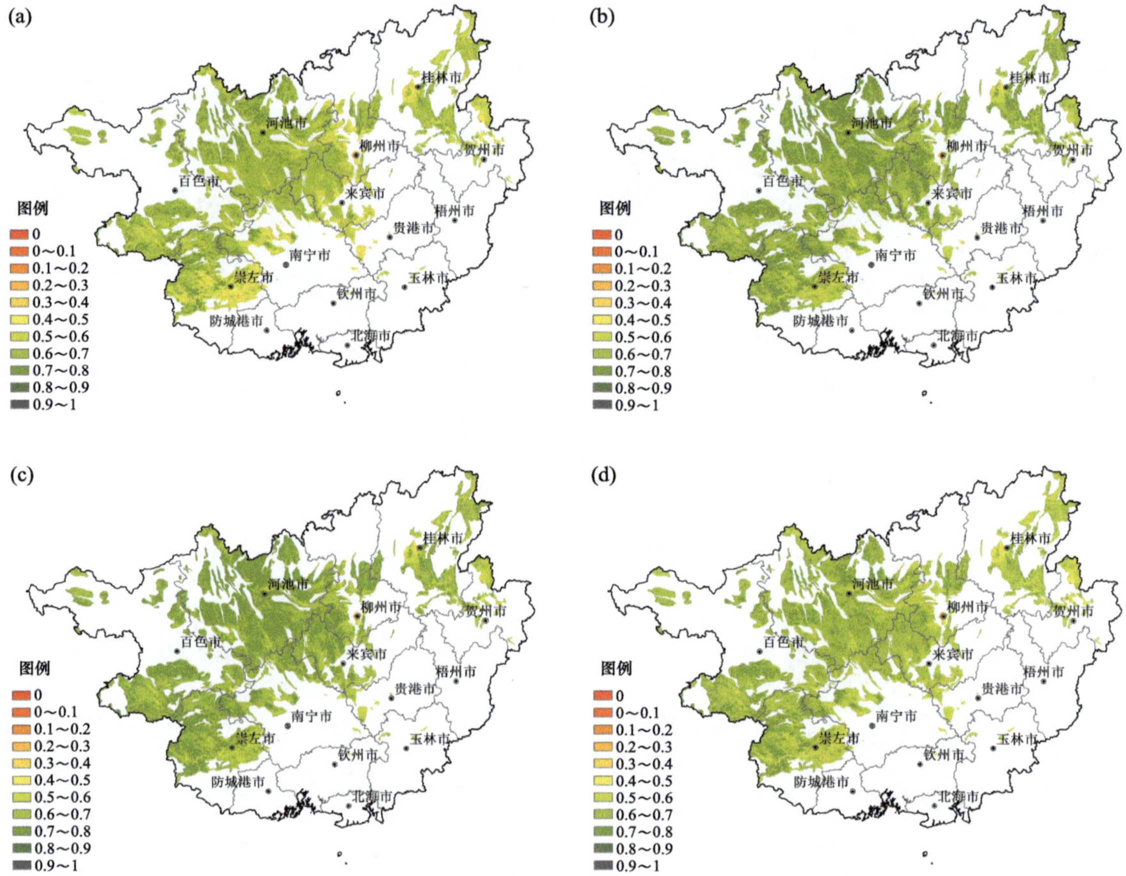

图 3.12 2000—2022 年广西植被 NDVI 四季空间分布

(a)春季,(b)夏季,(c)秋季,(d)冬季

3.2.2 FVC 空间变化特征

3.2.2.1 FVC 时间变化特征

2000—2022 年,研究区植被 FVC 呈增加变化趋势,增幅分别为 6.9%/(10 a),平均值 61.1%。年最大值出现在 2015 年(69.5%),年最小值出现在 2000 年(47.7%)。2010 年(56.6%)、2012 年(58.5%)、2018 年(59.5%)FVC 出现明显下降(图 3.13)。

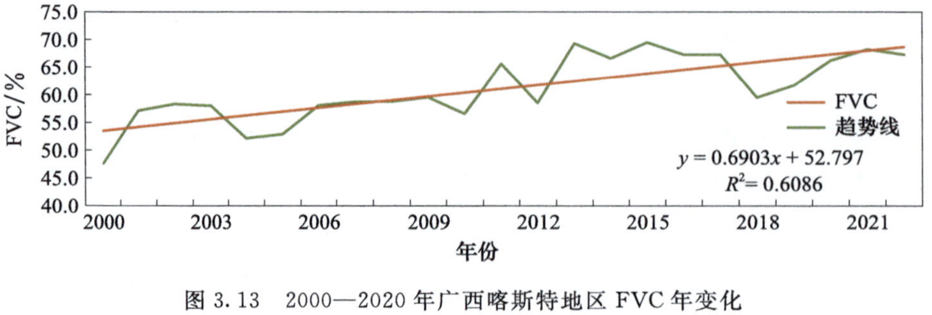

图 3.13 2000—2020 年广西喀斯特地区 FVC 年变化

各季度植被覆盖度变化监测显示(图 3.14)：广西喀斯特地区 FVC 表现为“夏秋高、冬春低”的特点，其中，秋季(7—9 月)植被覆盖度最高(67.2%)，夏季(6—8 月)次之(61.4%)，冬季(12 月—次年 2 月)最低(41.4%)。

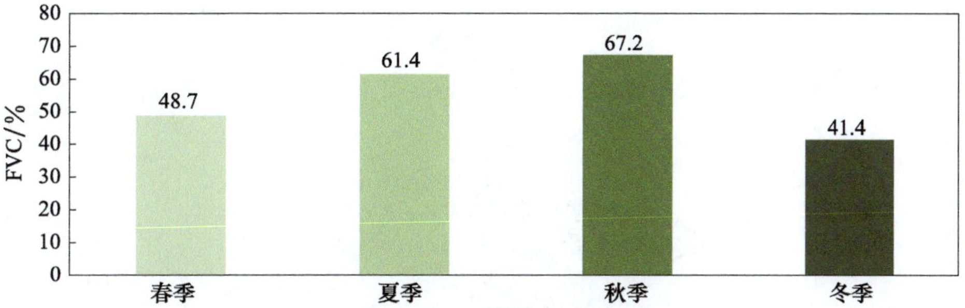

图 3.14　广西喀斯特地区 FVC 四季变化

各月植被覆盖度变化监测显示(图 3.15)：广西喀斯特地区 FVC 月差异显著，FVC 月均值为 54.7%，最高值出现在 9 月(71.6%)，最低值出现在 2 月(35.5%)。

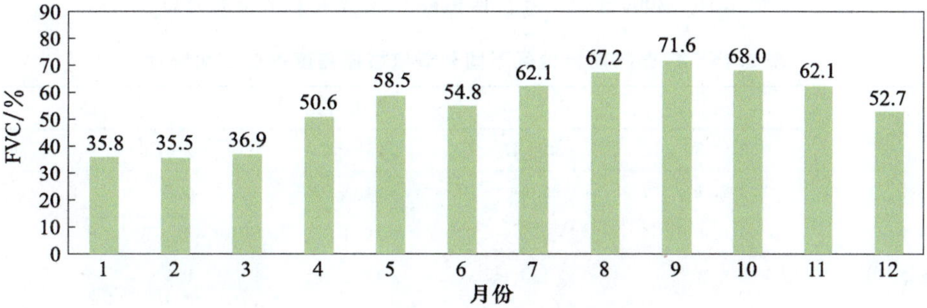

图 3.15　广西喀斯特地区植被 FVC 月变化

3.2.2.2　FVC 空间变化特征

年尺度 FVC 变化趋势监测结果显示：2000—2022 年，广西喀斯特地区 FVC 变化类型以增加为主，增加部分约占全喀斯特地区的 92.9%，表明全喀斯特地区大部分地区植被得到了改善。其中来宾市、桂林市东北部地区植被改善最明显(图 3.16)。

季节尺度 FVC 变化监测显示(表 3.16)：广西喀斯特地区植被春季以中植被覆盖度(45%～60%)为主(64.8%)，夏季(61.8%)和秋季(71.9%)以中高植被覆盖度(>60%)为主，冬季以中低植被覆盖度(<45%)为主(57.3%)，该地区四季中植被长势最旺盛的季节为秋季。地域分布上，春季广西喀斯特地区西部、西北部及中部地区植被长势较优；夏季中部、东北部、西南部植被长势较优；秋季西南至东北轴线上的崇左市西北部、南宁市西北部、河池市东南部、来宾市北部、柳州市中部喀斯特植被长势优于其他地区，冬季河池市和百色市植被优于其他地区(图 3.17)。

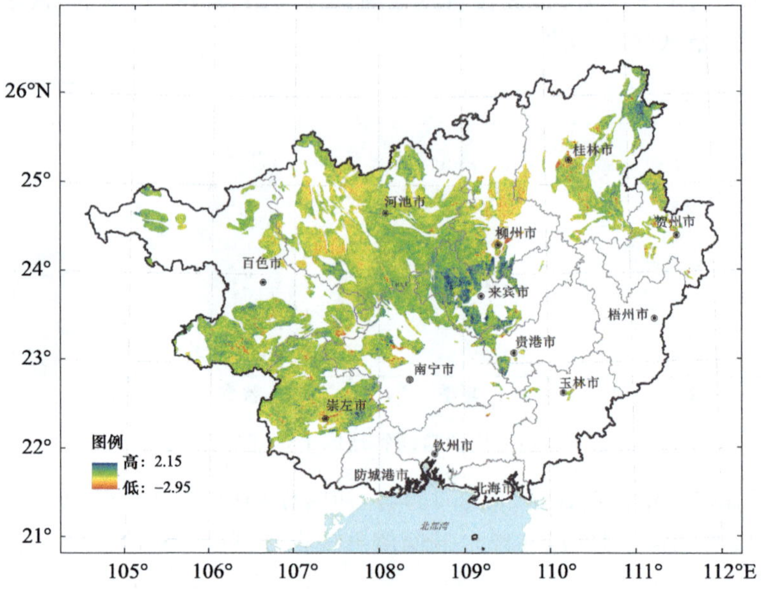

图 3.16 2000—2022 年广西植被 FVC 变化趋势空间分布

表 3.16 广西喀斯特地区不同季节植被覆盖度等级占比统计 %

季节	等级占比				
	0～30	30～45	45～60	60～75	75～100
春季	2.5	26.6	64.8	6.2	0
夏季	0.4	1.2	36.1	61.8	0.6
秋季	0.3	1.3	13.3	71.9	13.1
冬季	8.3	57.3	33.8	0.6	0

月尺度植被覆盖度变化监测（表 3.17）显示：广西喀斯特地区植被各月不同等级植被覆盖度差异显著。12 月、1—3 月以中低、低植被覆盖为主，两个等级占比和均超过 60%，其中 1 月最高（100%），3 月最低（69%）。4—11 月该地区植被以中高、高植被覆盖度为主，两个等级占比和均超过 70%，其中 8 月占比最高（99.5%），11 月占比最低（58%）。地域分布上，西南部崇左市大部分地区、南宁市、河池市、来宾市、贵港市、柳州市、桂林市、贺州市小部分地区植被返青较慢，具体表现这些地区的植被在 1—3 月处于低植被覆盖度（<30%），进入 4 月后处于中、低植被覆盖（30%～45%），比大多数喀斯特地区植被低（图 3.18）。

3.2.3 NPP 时空变化特征

3.2.3.1 NPP 时间变化特征

2000—2022 年，研究区植被 NPP 呈增加变化趋势，增幅分别为 43.3 gC·m^{-2}/(10 a)，平均值 769 gC·m^{-2}。年最大值出现在 2016 年（878.3 gC·m^{-2}），年最小值出现在 2005 年（680.0 gC·m^{-2}）。2005 年、2010 年、2014 年 NPP 出现明显下降（图 3.19）。

表 3.17　广西喀斯特地区不同月份植被覆盖度等级占比统计　　%

月份	等级占比				
	0～30	30～45	45～60	60～75	75～100
1	71.4	28.6	0	0	0
2	58.8	40.8	0.4	0	0
3	10.4	58.6	30.7	0.3	0
4	0.2	5.6	19.7	41.2	33.3
5	0.1	0.2	1.2	7.7	90.8
6	0.1	0.3	0.9	13.0	85.7
7	0.1	0.2	0.3	1.1	98.3
8	0	0.2	0.3	0.8	98.7
9	0	0.2	0.4	1.6	97.8
10	0.2	0.8	5.5	17.3	76.2
11	0.6	7.6	33.8	52.2	5.8
12	11.6	61.8	26.6	0	0

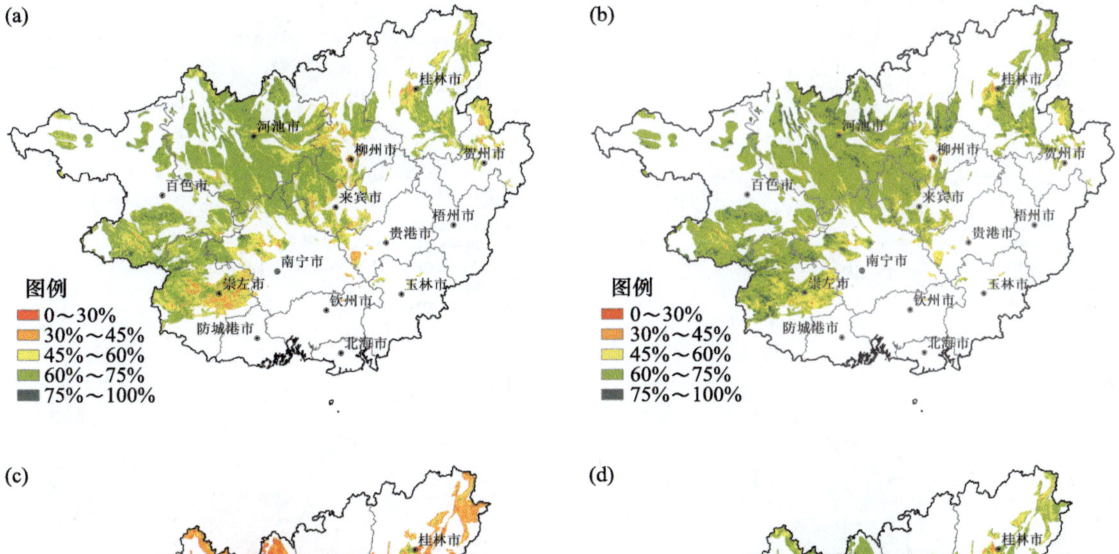

图 3.17　2000—2022 年广西植被 FVC 四季空间分布
(a)春季,(b)夏季,(c)秋季,(d)冬季

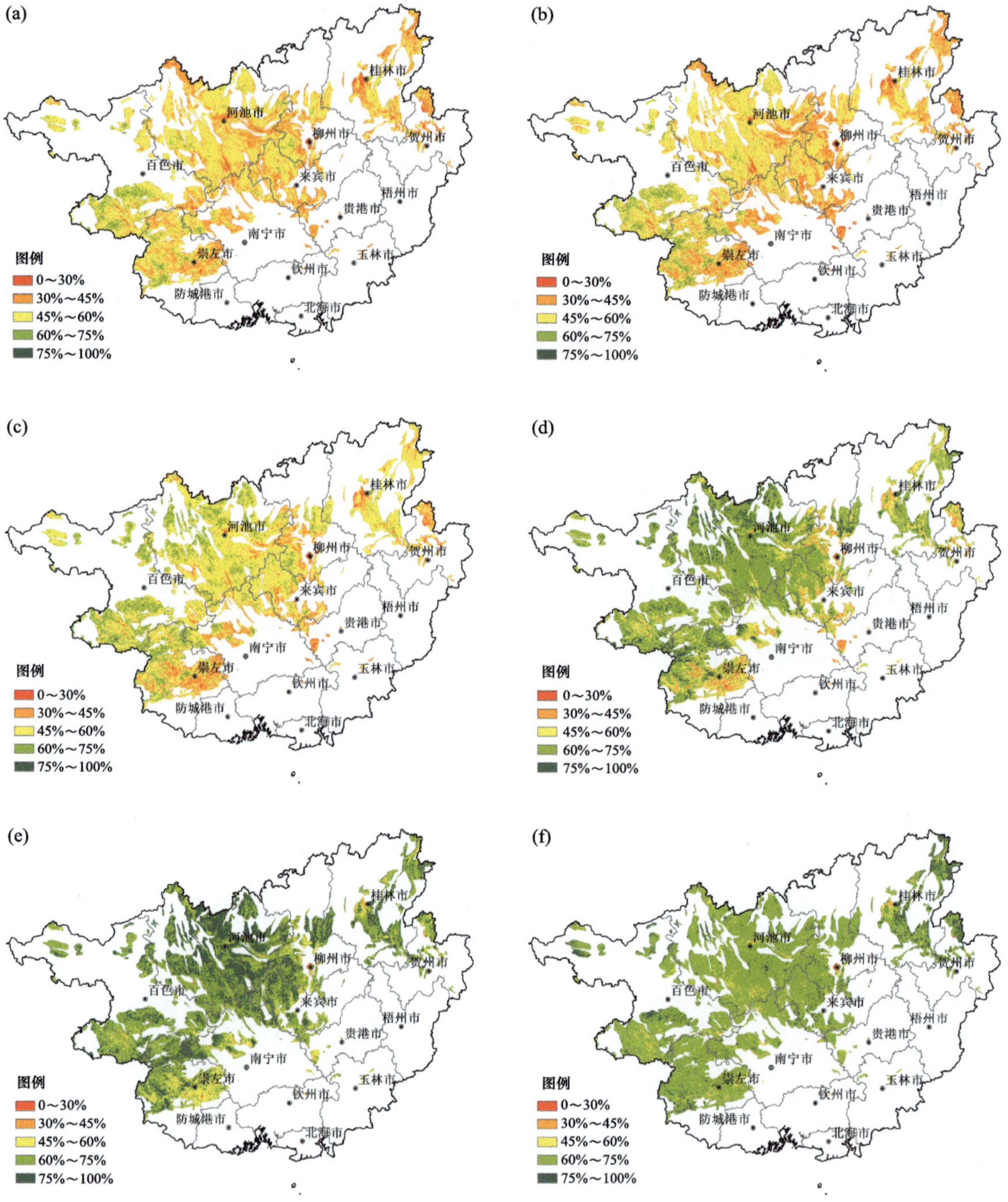
(a)
桂林市
河池市
柳州市
贺州市
百色市
来宾市
梧州市
贵港市
南宁市
崇左市
玉林市
钦州市
防城港市
北海市
图例
0～30%
30%～45%
45%～60%
60%～75%
75%～100%
(b)
(c)
(d)
(e)
(f)

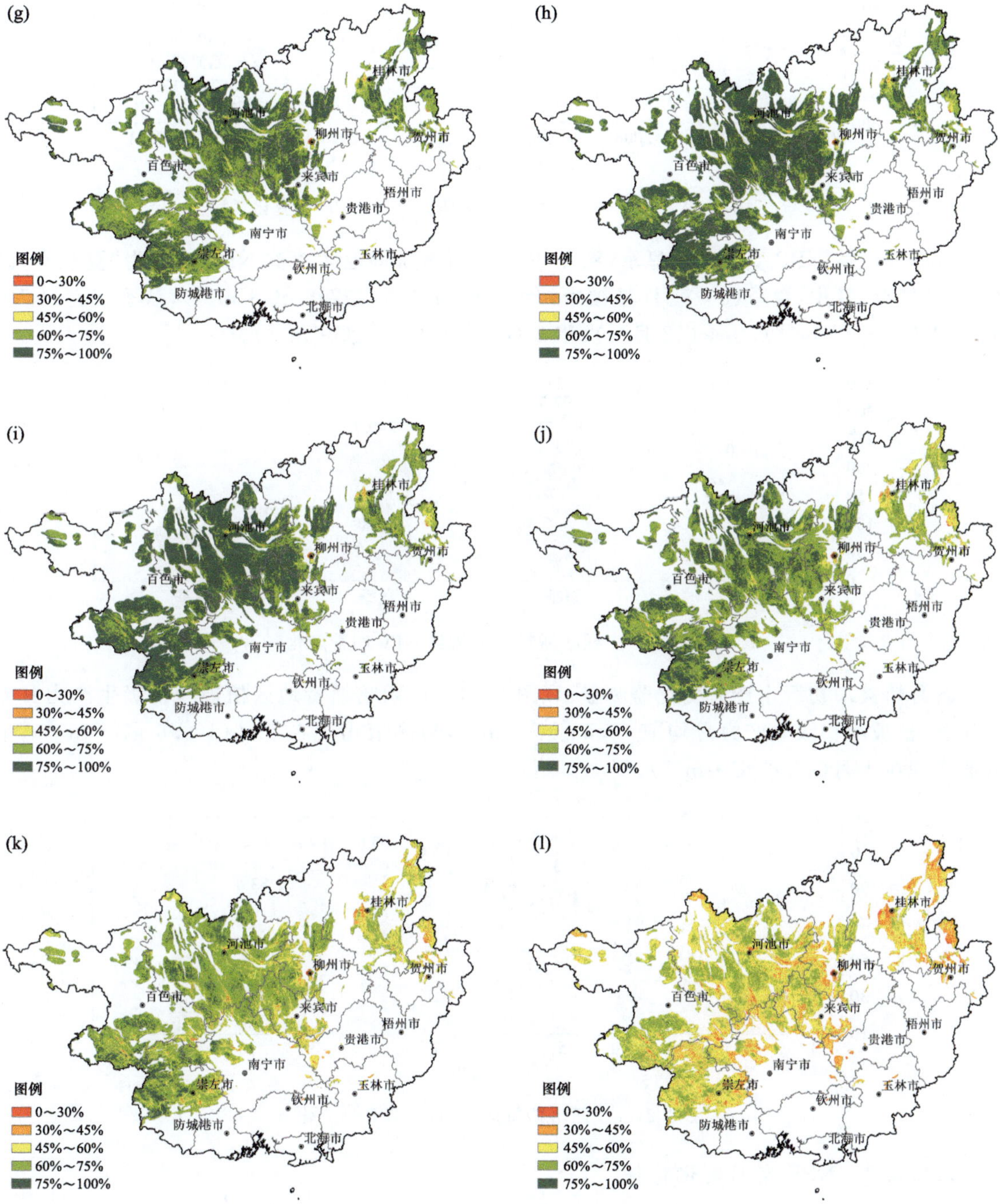

图 3.18　2000—2022 年广西植被 FVC 月空间分布

(a)1 月，(b)2 月，(c)3 月，(d)4 月，(e)5 月，(f)6 月，(g)7 月，(h)8 月，(i)9 月，(j)10 月，(k)11 月，(l)12 月

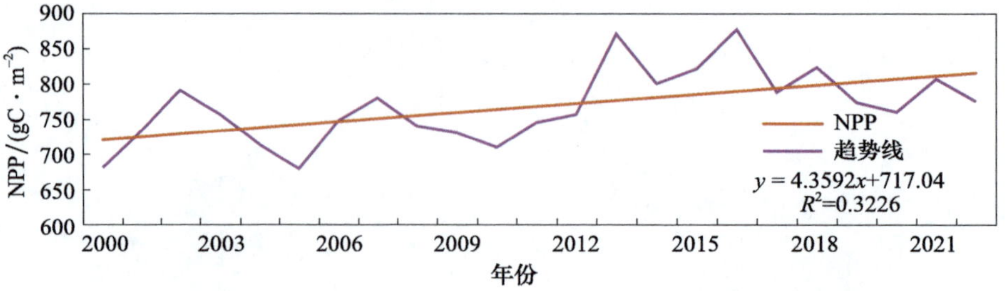

图 3.19　2000—2022 年广西喀斯特地区 NPP 年变化

各季度植被 NPP 变化监测显示(图 3.20):广西喀斯特地区植被 NPP 表现为“夏秋高、冬春低”的特点,其中,夏季(6—8 月)植被净初级生产力最高(297.5 gC・m^{-2}),秋季(9—11 月)次之(249.7 gC・m^{-2}),冬季(12 月—次年 2 月)最低(95.3 gC・m^{-2})。

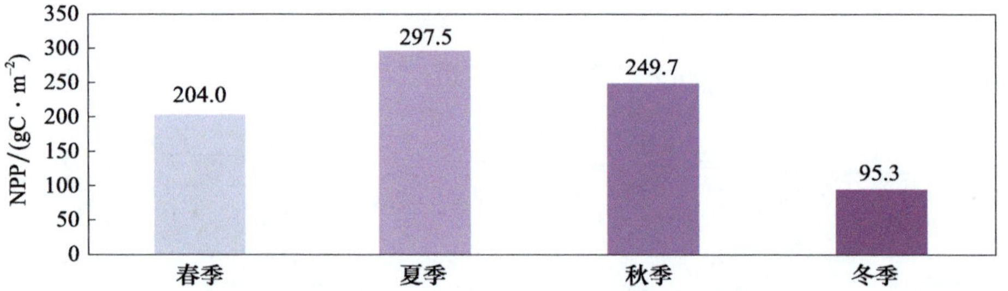

图 3.20　广西喀斯特地区植被 NPP 四季变化

各月植被净初级生产力变化监测显示(图 3.21):广西喀斯特地区植被净初级生产力月差异显著,植被净初级生产力月均值 70.54 gC・m^{-2},最高值出现在 8 月(109.6 gC・m^{-2}),最低值出现在 1 月(26.8 gC・m^{-2})。

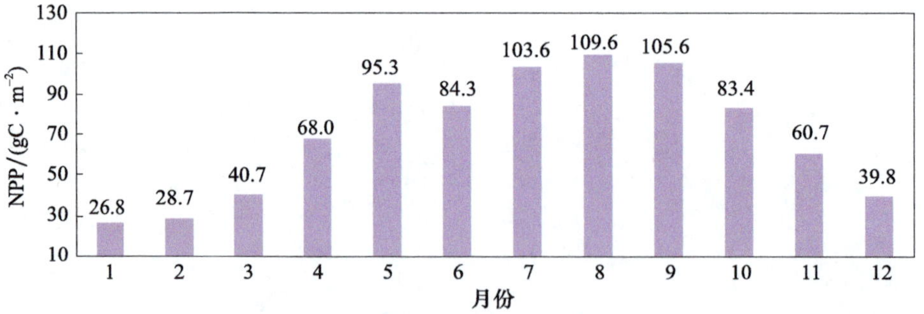

图 3.21　广西喀斯特地区植被 NPP 月变化

3.2.3.2　NPP 空间变化特征

年尺度植被变化趋势分析结果显示:2000—2022 年,广西喀斯特植被 NPP 以增加为主,增加部分约占全喀斯特地区的 90.4%。中部地区柳州市南部、来宾市西部地区植被 NPP 增加最明显(图 3.22)。

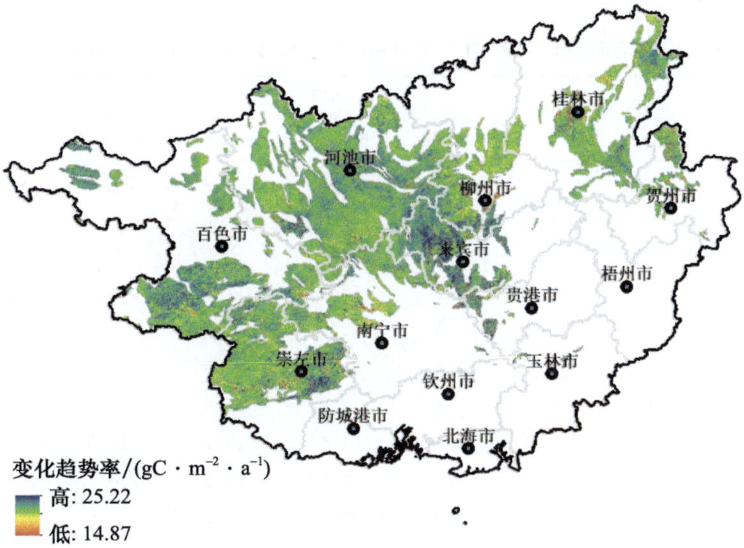

图 3.22　2000—2020 年广西植被 NPP 趋势率分布

季节尺度植被净初级生产力变化监测显示(表 3.18):广西喀斯特地区植被春季以中植被净初级生产力为主,集中在 150～250 gC・m^{-2};夏季以中偏高植被净初级生产力为主,集中在 250～350 gC・m^{-2};秋季以中高植被净初级生产力为主,集中在 200～300 gC・m^{-2};冬季以低植被净初级生产力为主,集中在 50～150 gC・m^{-2}。该地区四季中植被生产力最高的季节为夏季。地域分布上,春季广西喀斯特地区西部、西北部及中部地区植被净初级生产力较高;夏季中部、东北部、西南部植被净初级生产力较高;秋季崇左市北部、东部、南宁市西北部植被净初级生产力较高,冬季百色市、河池市、崇左北部植被净初级生产力略高于其他地区(图 3.23)。

表 3.18　广西喀斯特地区不同季节植被 NPP(单位:gC・m^{-2})等级占比统计　　%

季节	NPP 等级占比							
	0～50	50～100	100～150	150～200	200～250	250～300	300～350	350～400
春季	0	0.4	7.0	30.8	57.7	4.1	0	0
夏季	0	0.1	0.3	0.6	3.5	47.1	46.1	2.3
秋季	0	0.3	0.9	7.5	34.9	52.7	3.7	0
冬季	1	57.7	41.3	0	0	0	0	0

月尺度植被净初级生产力变化监测显示(表 3.19):广西喀斯特地区植被各月不同等级植被净初级生产力差异显著。以占比超过 50%的植被净初级生产力值域进行分析,1 月和 2 月植被净初级生产力主要集中在 20～40 gC・m^{-2},占比分别为 87.2%、88.5%;3 月和 12 月植被净初级生产力主要集中在 40～60 gC・m^{-2},占比分别为 56.4%、51.9%;4 月和 11 月植被净初级生产力主要集中在 60～80 gC・m^{-2},占比分别为 57.2%、56.6%,6 月和 10 月植被净初级生产力主要集中在 80～100 gC・m^{-2},占比分别为 62.8%、59.2%,7—9 月植被净初级生产力主要集中在 100～120 gC・m^{-2},占比分别为 56.9%、64.5%、66.1%。相对而言,1—4 月和 12 月,广西喀斯特地区植被净初级生产力较低,5—9 月较高。地域分布上,崇左市西南部、河池北部、桂林市辖区及东北部在 1—2 月明显低于其他地区,崇左市北部、南宁市西部在 9 月

明显高于其他地区(图 3.24)。

表 3.19　广西喀斯特地区不同月份植被 NPP(单位:gC · m^{-2})等级占比统计　　%

月份	NPP 等级占比							
	<20	20～40	40～60	60～80	80～100	100～120	120～140	≥140
1	11.9	87.2	0.9	0.0	0.0	0.0	0.0	0.0
2	7.5	88.5	4.0	0.0	0.0	0.0	0.0	0.0
3	0.7	42.6	56.4	0.3	0.0	0.0	0.0	0.0
4	0.0	2.4	23.1	57.2	17.3	0.0	0.0	0.0
5	0.0	0.2	1.3	12.4	44.3	40.8	1.0	0.0
6	0.0	0.2	1.0	30.5	62.8	5.5	0.0	0.0
7	0.0	0.2	0.4	2.4	32.8	56.9	7.3	0.0
8	0.0	0.1	0.4	1.5	15.7	64.5	17.7	0.1
9	0.0	0.2	0.5	2.9	22.5	66.1	7.8	0.0
10	0.0	0.5	6.0	27.4	59.2	6.9	0.0	0.0
11	0.1	3.6	38.3	56.6	1.4	0.0	0.0	0.0
12	0.9	47.0	51.9	0.2	0.0	0.0	0.0	0.0

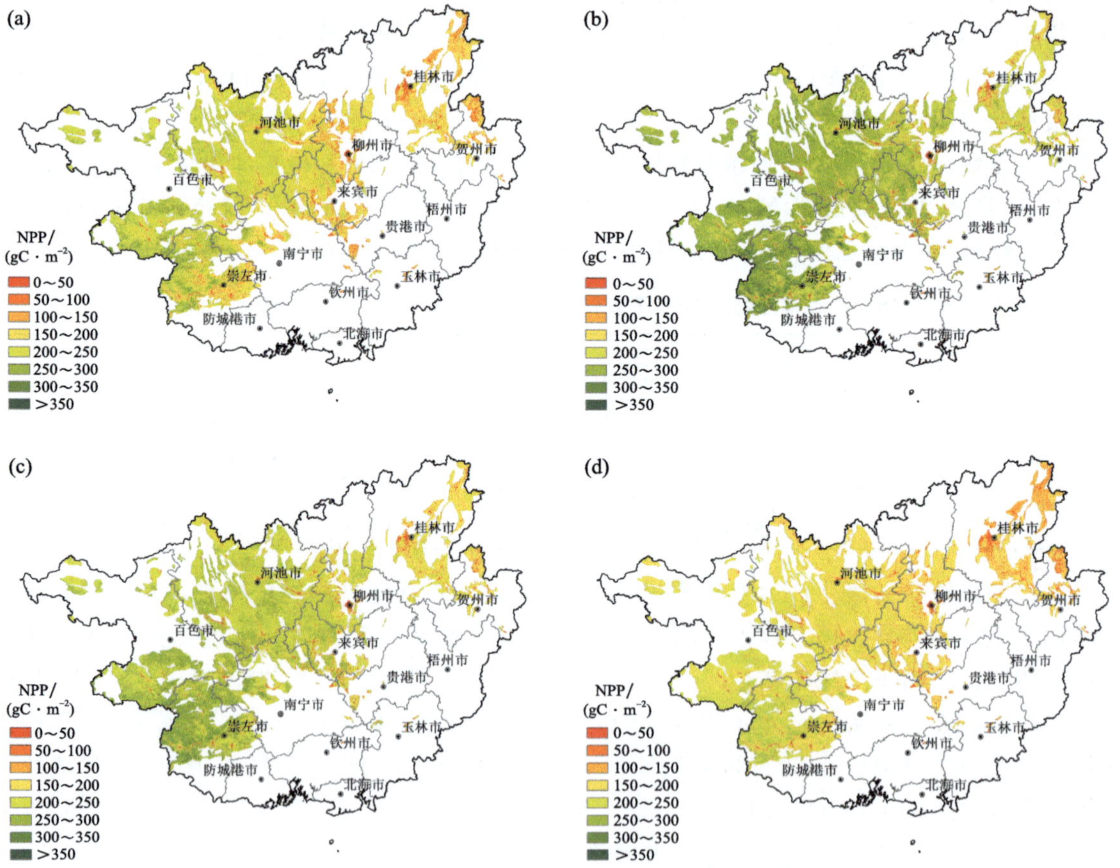

图 3.23　2000—2022 年广西植被 NPP 四季空间分布

(a)春季,(b)夏季,(c)秋季,(d)冬季

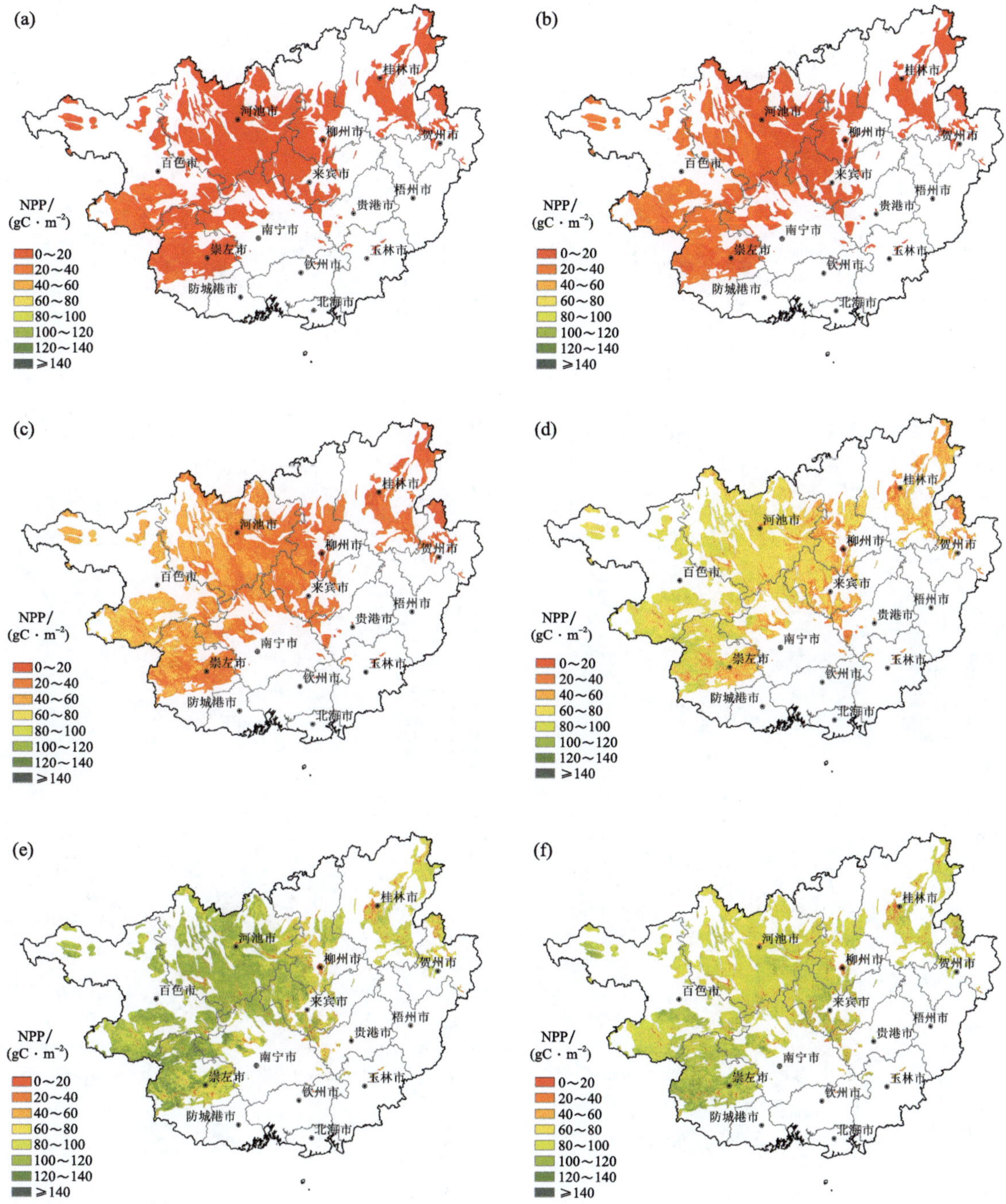
(a)
桂林市
河池市
柳州市
贺州市
百色市
来宾市
梧州市
贵港市
南宁市
崇左市
玉林市
钦州市
防城港市
北海市
NPP/
(gC · m^{-2})
0～20
20～40
40～60
60～80
80～100
100～120
120～140
≥140
(b)
桂林市
河池市
柳州市
贺州市
百色市
来宾市
梧州市
贵港市
南宁市
崇左市
玉林市
钦州市
防城港市
北海市
NPP/
(gC · m^{-2})
0～20
20～40
40～60
60～80
80～100
100～120
120～140
≥140
(c)
桂林市
河池市
柳州市
贺州市
百色市
来宾市
梧州市
贵港市
南宁市
崇左市
玉林市
钦州市
防城港市
北海市
NPP/
(gC · m^{-2})
0～20
20～40
40～60
60～80
80～100
100～120
120～140
≥140
(d)
桂林市
河池市
柳州市
贺州市
百色市
来宾市
梧州市
贵港市
南宁市
崇左市
玉林市
钦州市
防城港市
北海市
NPP/
(gC · m^{-2})
0～20
20～40
40～60
60～80
80～100
100～120
120～140
≥140
(e)
桂林市
河池市
柳州市
贺州市
百色市
来宾市
梧州市
贵港市
南宁市
崇左市
玉林市
钦州市
防城港市
北海市
NPP/
(gC · m^{-2})
0～20
20～40
40～60
60～80
80～100
100～120
120～140
≥140
(f)
桂林市
河池市
柳州市
贺州市
百色市
来宾市
梧州市
贵港市
南宁市
崇左市
玉林市
钦州市
防城港市
北海市
NPP/
(gC · m^{-2})
0～20
20～40
40～60
60～80
80～100
100～120
120～140
≥140

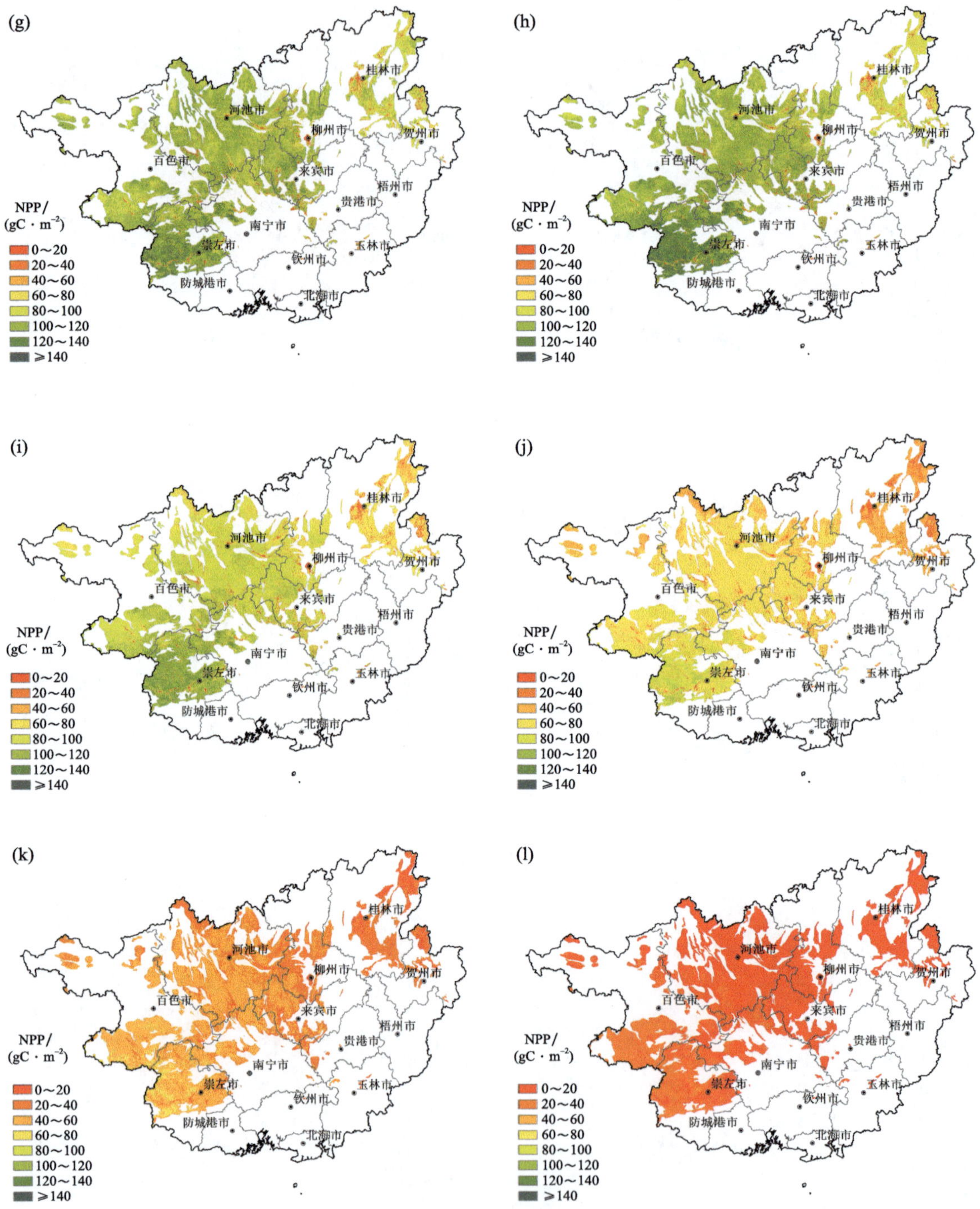

图 3.24　2000—2022 年广西植被 NPP 逐月空间分布

(a)1 月，(b)2 月，(c)3 月，(d)4 月，(e)5 月，(f)6 月，(g)7 月，(h)8 月，(i)9 月，(j)10 月，(k)11 月，(l)12 月

3.2.4　QI 时空变化特征

3.2.4.1　QI 时间变化特征

2000—2022 年，研究区植被 QI（无量纲）呈增加趋势，增幅为 5.2/(10 a)，平均值 62.8。年最大值出现在 2013 年(71.2)，年最小值出现在 2000 年(52.4)。2005 年、2010 年、2014 年 NPP 出现明显下降(图 3.25)。

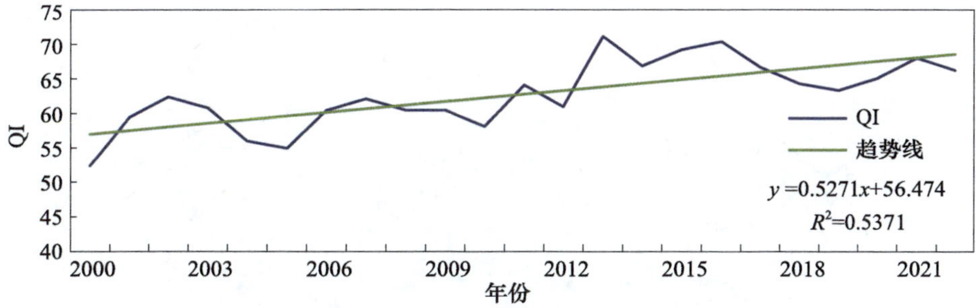

图 3.25　2000—2022 年广西喀斯特地区 QI 年变化

各季度植被 QI 监测显示(图 3.26)：广西喀斯特地区 QI 表现为"夏秋高、冬春低"的特点，其中，夏季(6—8 月)植被 QI 最高(49.7)，秋季(7—9 月)次之(43.7)，冬季(12 月—次年 2 月)最低(27.6)。

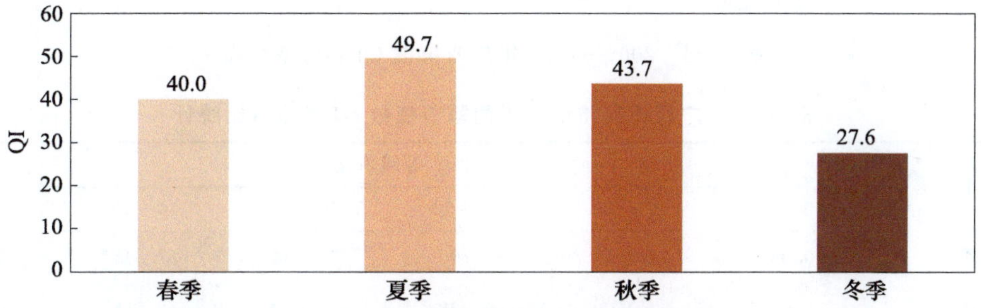

图 3.26　广西喀斯特地区植被 QI 四季变化

各月植被 QI 监测显示(图 3.27)，广西喀斯特地区 QI 月差异显著，QI 月均值 34.8，最高值出现在 8 月(42.6)，最低值出现在 1 月(25.5)。

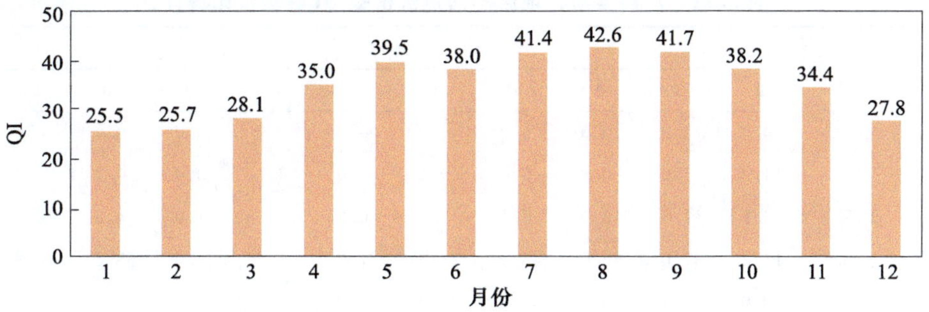

图 3.27　广西喀斯特地区植被 QI 月变化

3.2.4.2 QI空间变化特征

年尺度QI变化趋势监测结果显示：2000—2022年，广西喀斯特地区QI以增加为主，增加部分约占全喀斯特地区的98.1%，表明全喀斯特地区大部分地区植被得到了改善(图3.28)。其中来宾市、桂林市东北部地区植被改善最明显。四季植被QI均在40～50占比最大(表3.20，图3.29)，不同月份QI集中区间有较大差异，其中7—9月QI集中在40～50较高值区间(表3.21，图3.30)。

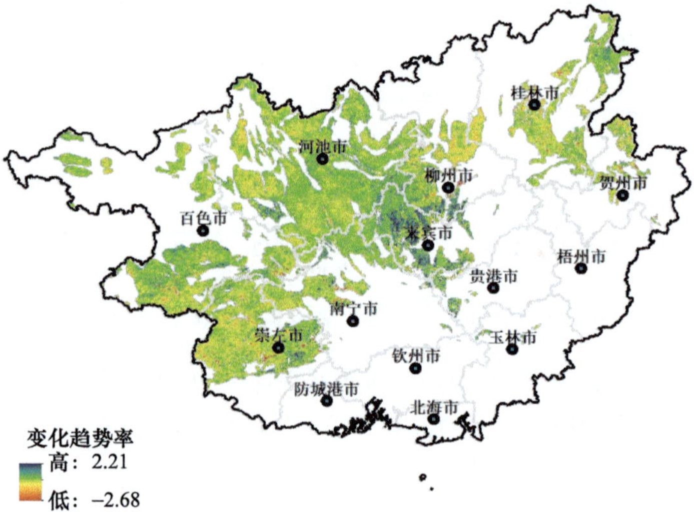

图3.28 2000—2022年广西植被QI趋势率分布

表3.20 广西喀斯特地区不同季节植被QI等级占比统计 %

季节	等级占比					
	0～10	10～20	20～30	30～40	40～50	50～60
春季	0.002	0.063	5.795	35.754	57.848	0.538
夏季	0.001	0.022	0.392	13.652	79.516	6.417
秋季	0.001	0.024	0.468	14.897	79.030	5.580
冬季	0.002	0.053	1.521	40.810	57.534	0.080

表3.21 广西喀斯特地区不同月份植被QI等级占比统计 %

等级	月份											
	1	2	3	4	5	6	7	8	9	10	11	12
0～10	0.0	0.0	0.0	0.0	0.0	0.0	0.0	0.0	0.0	0.0	0.0	0.0
10～20	13.1	14.9	5.6	0.8	0.0	0.1	0.0	0.0	0.0	0.1	0.5	5.0
20～30	78.6	73.9	57.3	18.0	3.1	1.1	0.9	0.5	1.0	4.5	16.4	60.2
30～40	8.3	11.2	37.0	65.0	43.0	73.5	27.9	16.2	24.0	58.3	73.9	34.8
40～50	0.0	0.0	0.1	16.2	53.9	25.3	71.2	83.3	75.0	37.1	9.2	0.0
50～60	0.0	0.0	0.0	0.0	0.0	0.0	0.0	0.0	0.0	0.0	0.0	0.0

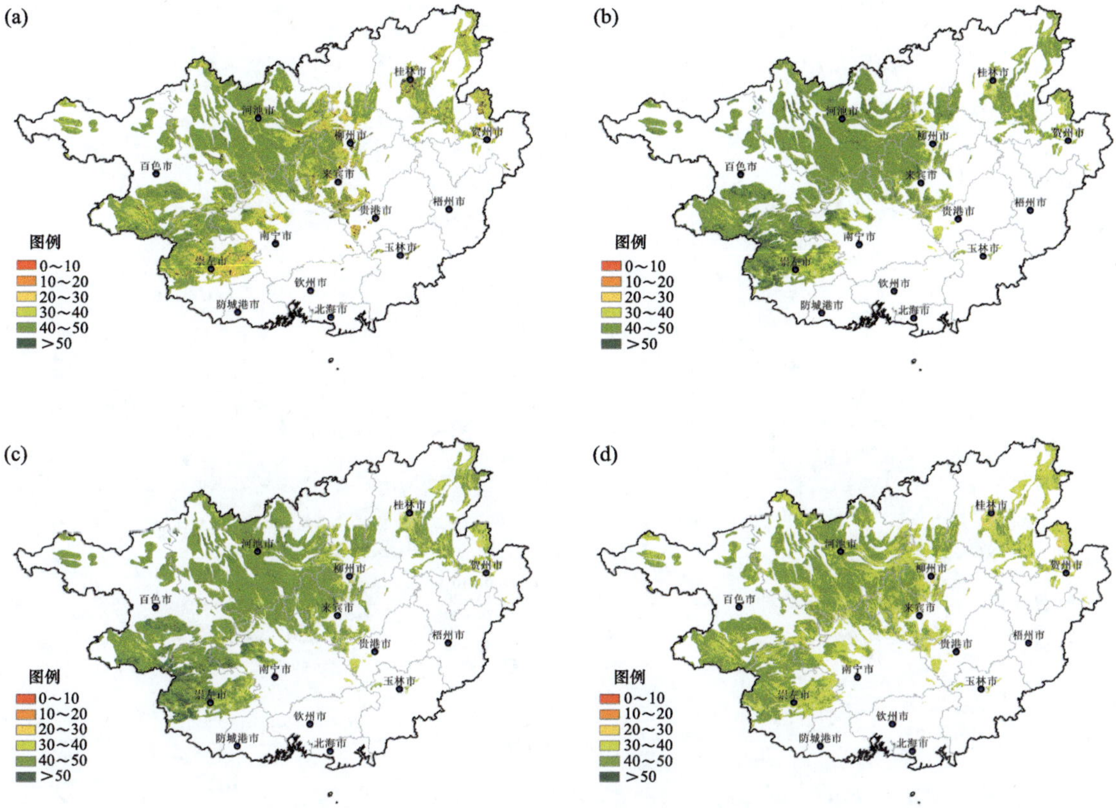

图 3.29　2000—2022 年广西植被 QI 四季空间分布

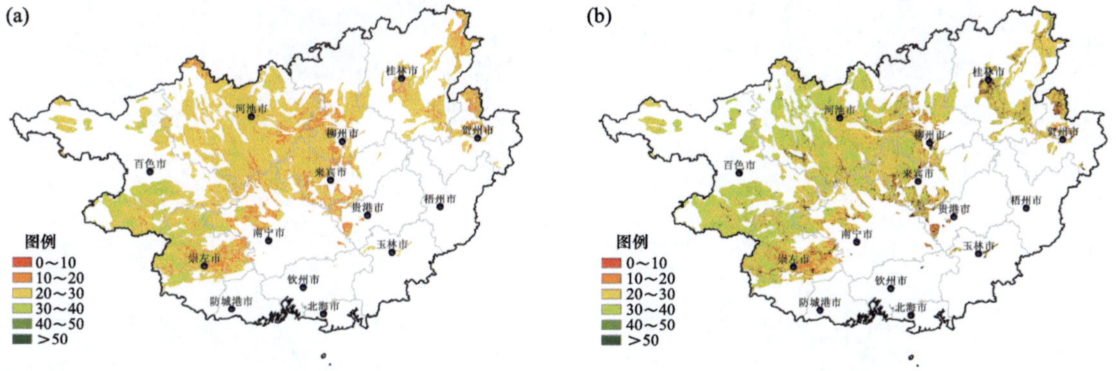

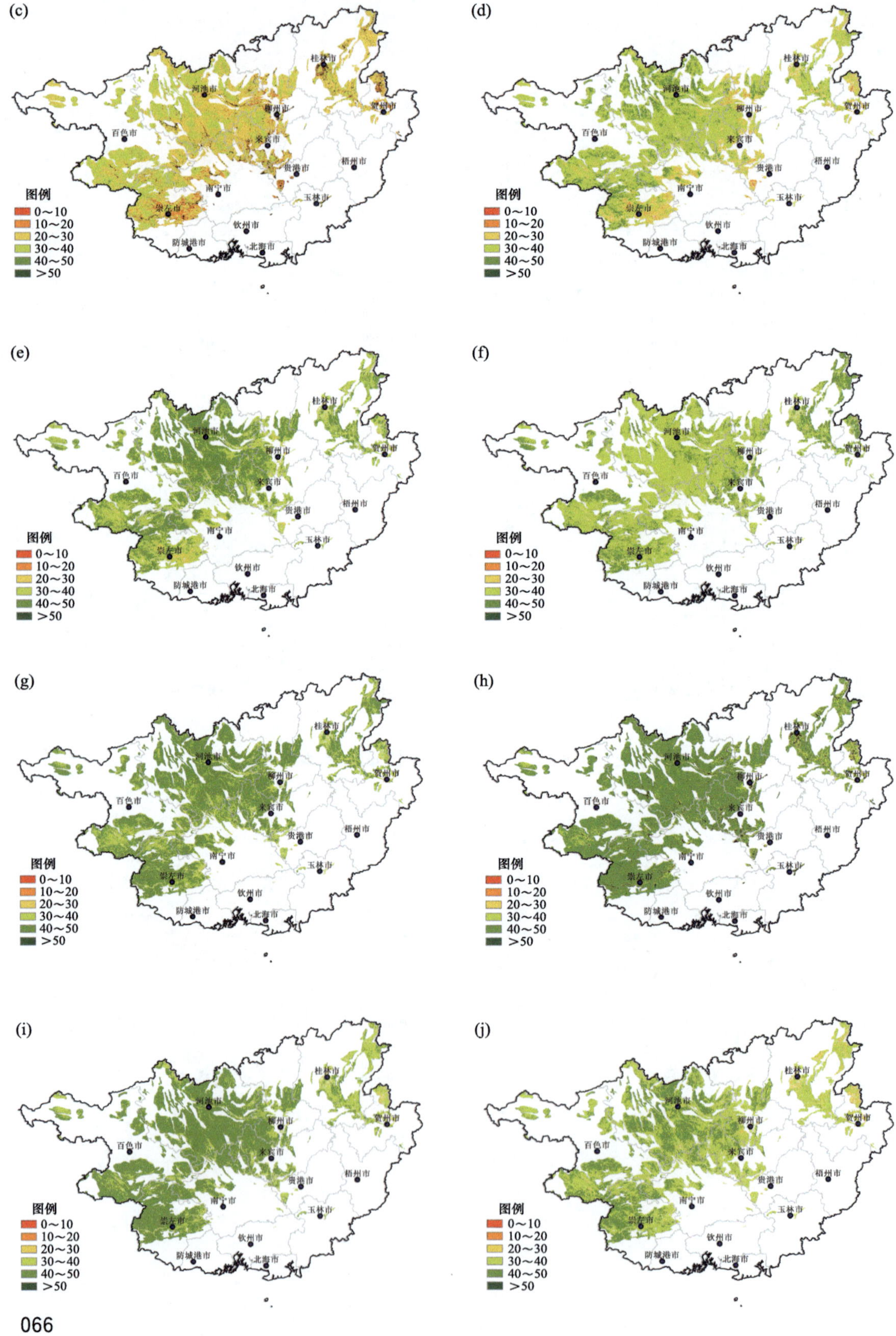
(c)
(d)
(e)
(f)
(g)
(h)
(i)
(j)
桂林市
河池市
柳州市
贺州市
百色市
来宾市
梧州市
贵港市
南宁市
玉林市
崇左市
钦州市
防城港市
北海市
图例
0～10
10～20
20～30
30～40
40～50
>50

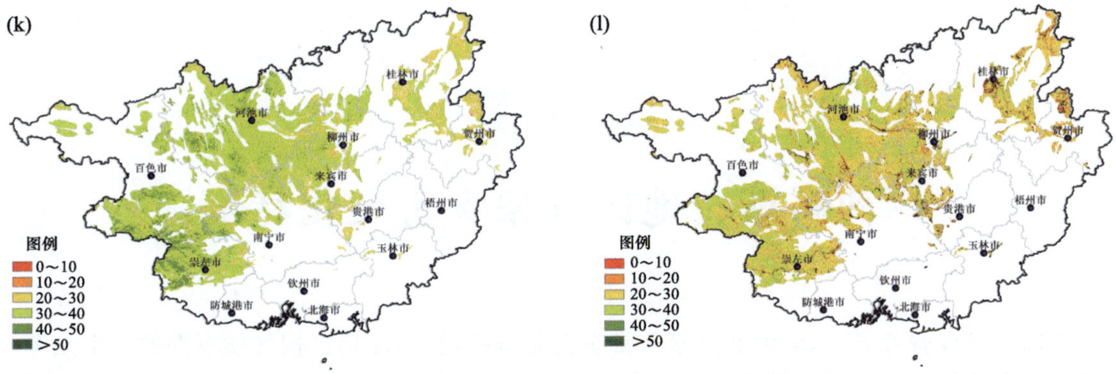

图 3.30　2000—2022 年广西植被 QI 月空间分布

第 4 章

广西喀斯特地区气象灾害变化特征

全球气候变暖背景下，气温和降水非常态变化概率增大，使得极端气候事件的发生频率和强度呈增强趋势。由于气象灾害突发性、破坏性强及可预测性差等特点（肖薇薇 等，2021），其对生态环境、生产生活甚至社会经济发展都存在较大的影响（任国玉 等，2010）。喀斯特是广西典型的脆弱生态系统，石漠化景观导致的特殊植被生境使其对气象灾害响应非常敏感且承灾能力弱。本章结从分析研究区气温、降水以及极端气温和降水的变化特征入手，在此基础上，分析研究区干旱、暴雨、高温和低温四种气象灾害在不同时间尺度（年、四季）以及空间分布和变化特征，为全面了解广西喀斯特地区气象灾害变化提供参考。

4.1 气温和降水变化特征

4.1.1 极端气温时间变化趋势

1961—2019 年广西喀斯特地区冷昼日数 TX10p 呈不显著（$p>0.05$）减少趋势，年际变化倾向率约为−0.6 d/(10 a)（图 4.1a），冷夜日数 TN10p 呈显著（$p<0.05$）变少趋势，年际变化倾向率约为−2.9 d/(10 a)（图 4.1b）。暖昼日数 TX90p 和暖夜日数 TN90p 均呈明显（$p<0.05$）增加趋势，两者年际变化倾向率分别为 2.9 d/(10 a)和 4.7 d/(10 a)（图 4.1c、4.1d）。比较发现，冷昼日数 TX10p 减少幅度较冷夜日数 TN10p 小，暖昼日数 TX90p 增加幅度较暖夜日数 TN90p 小，说明广西喀斯特地区夜间气温的增加幅度比白天气温的增加幅度大。冷持续日数 CSDI 呈显著（$p<0.05$）减少趋势，年际变化倾向率为−1.8 d/(10 a)（图 4.1e），而暖持续日数 WSDI 呈不显著（$p>0.05$）增加趋势，年际变化倾向率为 1.0 d/(10 a)（图 4.1f），说明广西喀斯特地区热天气持续日数在增加。6 个极端气温指数中，冷夜日数 TN10p、暖昼日数 TX90p、暖夜日数 TN90p 和冷持续日数 CSDI 的年际变化趋势均通过 0.05 的显著性水平，能较好地反映喀斯特地区 1961—2019 年的时间变化趋势。总体而言，广西喀斯特地区对全球变暖为正响应，其气温变化趋势以变暖为主。

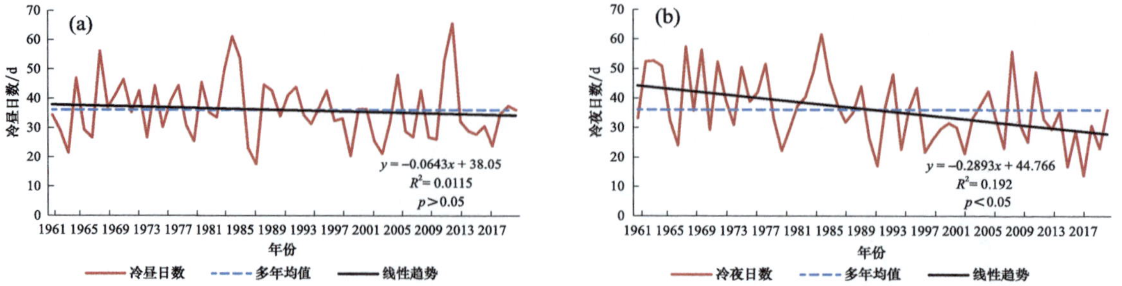

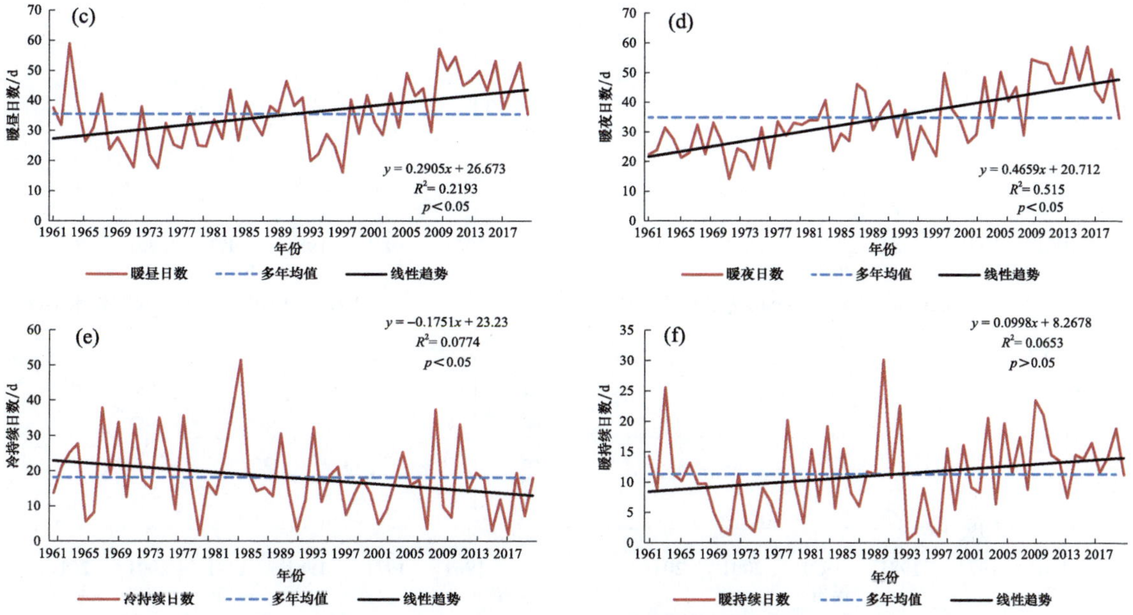

图 4.1　广西喀斯特地区极端气温指数变化趋势
(a)冷昼日数,(b)冷夜日数,(c)暖昼日数,(d)暖夜日数,
(e)冷持续日数,(f)暖持续日数

MK 检验结果表明,1961—2019 年广西喀斯特地区冷昼日数 TX10p 并未发生明显突变,UF 和 UB 曲线的交点反映了冷昼日数的随机性和不连续性,UF 和 UB 曲线在 1962—1964 年和 1996—1997 年两个时段相交,说明这期间冷昼日数发生较大变化,但并未对整体变化趋势产生较大影响,这与图 4.1a 相对应(图 4.2a)。冷夜日数 TN10p 的 UF 和 UB 曲线在 1988—1990 年期间发生突变,在此时期后 TN10p 呈明显的下降,突变前后 TN10p 分别为 41.3 d 和 31.1 d。其 UF 曲线于 1997 年后超过了 0.05 显著性水平线,说明 TN10p 呈明显的下降趋势(图 4.2b)。暖昼日数 TX90p 于 2004—2005 年发生了突变,此后 TX90p 明显上升,突变前后 TX90p 分别为 31.6 d 和 46.5 d。其 UF 曲线在 2009 年后超过了 0.05 显著性水平线,说明此后 TX90p 呈较明显的上升变化趋势(图 4.2c)。暖夜日数 TN90p 从 1982 年开始 UF 曲线超出了 0.05 显著性水平线,即 TN90p 开始明显增加,但其突变年份发生在 1996—1998 年期间,此后 TN90p 增加迅速。突变前年均 TN90p 为 29.0 d,突变后为 44.3 d(图 4.2d)。冷持续日数 CSDI 的 UF 和 UB 曲线相交于 1990—1994 年,即这个时段 CSDI 发生较大改变,但从 2017 年开始其 UF 曲线才开始超过了 0.05 显著性水平线,即此后 CSDI 才呈现明显的下降变化趋势(图 4.2e)。暖持续日数 WSDI 在 1961—1977 年呈下降变化趋势,但仅 1970—1977 年其 UF 曲线超过了 0.05 显著性水平线,说明该期间 WSDI 下降趋势显著,其余时段 UF 曲线均在 0.05 显著性水平线内,总体变化趋势不明显(图 4.2f)。

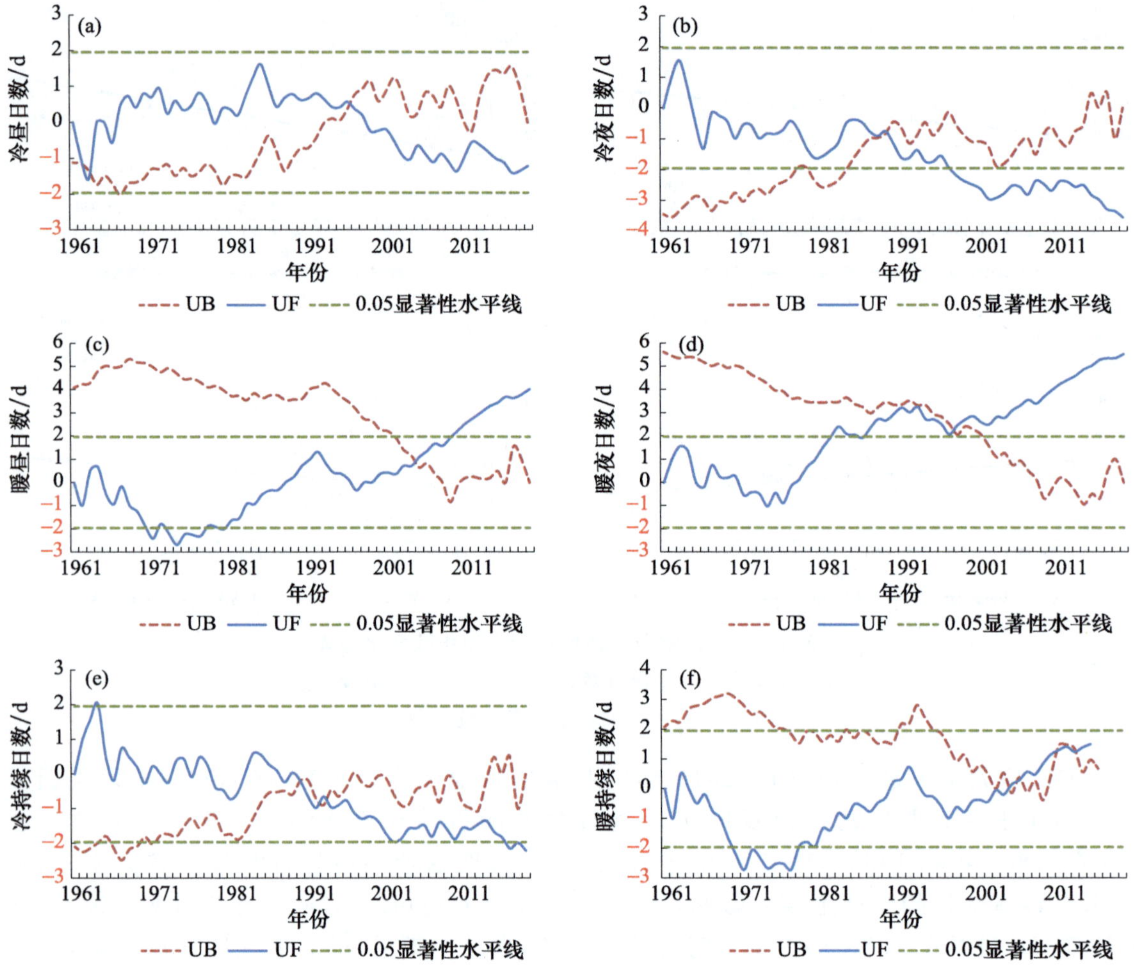

图 4.2 广西喀斯特地区极端气温指数突变特征

(a)冷昼日数,(b)冷夜日数,(c)暖昼日数,(d)暖夜日数,

(e)冷持续日数,(f)暖持续日数

4.1.2 极端气温空间变化特征

1961—2019 年广西喀斯特冷昼日数 TX10p 在空间上整体呈下降变化趋势,气候倾向率 −20.5～1.7 d/(10 a),下降站点数占比为 95.7%,约 2.9%站点通过 0.05 的显著性水平。TX10p 空间分布无明显变化规律,倾向率为正的变化区域主要分布在河池市和崇左市中部局部地区,倾向率为负的高值中心主要位于桂林市中部、东部和百色市东北部、西南部。冷夜日数 TN10p 在空间上全部呈下降变化趋势,气候倾向率 −34.5～23.3 d/(10 a),下降站点数占比达 100%,约 94.2%站点通过 0.05 的显著性水平。总体上,TN10p 中部和西南部变化趋势小于西北部和东北部,高值中心主要位于桂林市中部和百色市西北部,低值中心主要位于河池市南部、西部及崇左市西南部(图 4.3)。

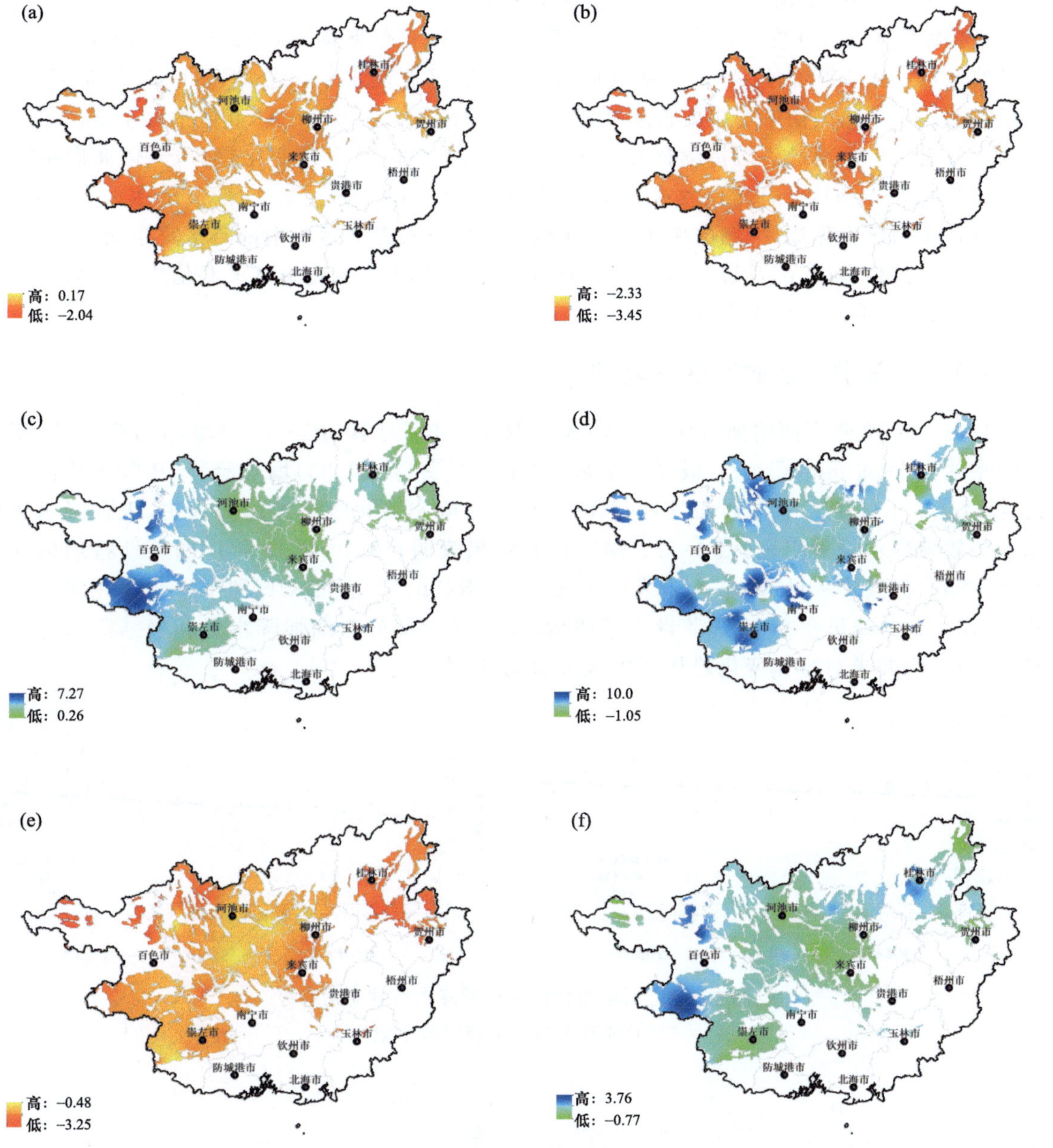

图 4.3　广西喀斯特地区极端气温指数变化趋势空间分布

(a)冷昼日数，(b)冷夜日数，(c)暖昼日数，(d)暖夜日数，(e)冷持续日数，(f)暖持续日数

暖昼日数 TX90p 在空间上全部呈上升变化趋势，气候倾向率 2.6～72.7 d/(10 a)，上升站点数占比 97.1%，约 68.1%站点通过 0.05 的显著性水平。总体上 TX90p 由西向东呈减少变化趋势，并存在一个高值和两个低值中心，高值中心主要位于百色市东北部和南部，低值中心位于桂林市东北部和贺州市中部。暖夜日数 TN90p 在空间上整体呈上升变化趋势，气候倾向率－10.5～100.0 d/(10 a)，上升站点数占比 98.6%，约 89.9%站点通过 0.05 的显著性水平。总体西部和南部 TN90p 高于中部和东部，高值中心主要位于百色市西部、东北部及东南

部和南宁市交界处，低值中心主要位于桂林市中部。

冷持续日数 CSDI 在空间上全部呈下降变化趋势，气候倾向率－32.5～－4.8 d/(10 a)，下降站点数占比 100%，约 42.0%站点通过 0.05 的显著性水平。总体西北部、东北部 CSDI 高于中部、东南部，高值中心主要位于桂林市南部和百色市西部、北部，低值中心主要位于河池市南部及崇左市西南部。暖持续日数 WSDI 在空间上整体呈上升变化趋势，气候倾向率在－7.7～37.6 d/(10 a)，上升站点数占比 84.1%，约 31.9%站点通过 0.05 的显著性水平。WSDI 空间分布无明显变化规律，倾向率为负变化地区主要分布在河池东南部与来宾市交界处、桂林市东北部、百色市东北部及崇左市南部部分地区，倾向率为正变化地区的高值中心主要位于百色市南部、东北部及桂林市中部。

4.1.3 极端降水时间变化趋势

1961—2019 年广西喀斯特地区强降水量 R95p 呈不显著($p>0.05$)增加趋势，年际变化倾向率约为 19.9 mm/(10 a)，极强降水量 R99p 呈显著($p<0.05$)增加趋势，年际变化倾向率约为 14.6 mm/(10 a)。总体而言，广西喀斯特地区降水变化以增加趋势为主，极强降水量增加趋势较强降水量更明显(图 4.4)。MK 检验结果表明，1961—2019 年广西喀斯特地区强降水量 R95p、极强降水量 R99p 均未发生明显突变，R95p、R99p 的 UF 和 UB 曲线在多个时段相交，但 UF 曲线仍在 0.05 显著性水平线内，说明尽管部分时期强降水量和极强降水量发生较大波动，但并未对整体变化趋势产生较大影响(图 4.5)。

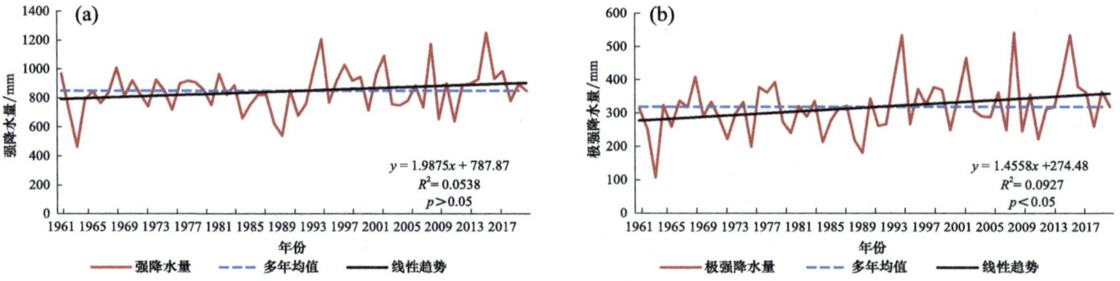

图 4.4 广西喀斯特地区极端降水指数变化趋势

(a)强降水量，(b)极强降水量

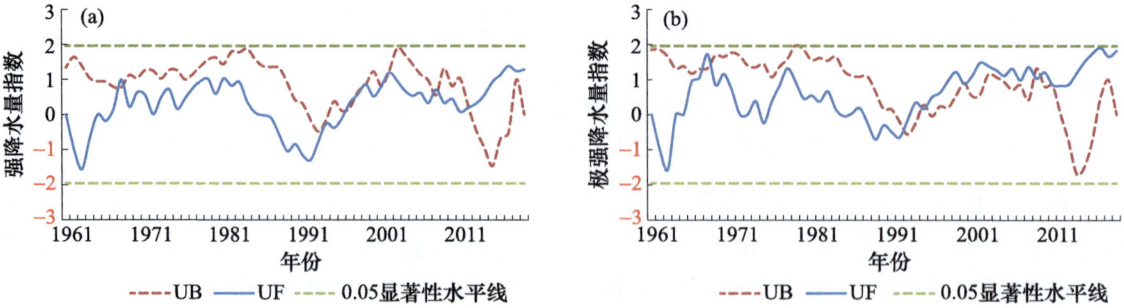

图 4.5 广西喀斯特地区极端降水指数突变特征

(a)强降水量，(b)极强降水量

4.1.4　极端降水空间变化特征

强降水量 R95p 在空间上整体呈上升变化趋势，气候倾向率 −51.8～707.0 mm/(10 a)，上升站点数占比 89.9%，但仅 11.6%站点通过 0.05 的显著性水平。总体上 R95p 由西南向东北呈增加变化趋势，高值中心主要分布在桂林市，低值中心主要分布在崇左市，其中崇左市中部及崇左市北部与南宁、百色市的交界地区，R95p 倾向率为负。极强降水量 R99p 在空间上整体呈上升变化趋势，倾向率在 −216.0～651.0 mm/(10 a)，上升站点数占比 87.0%，但仅 18.8%站点通过 0.05 的显著性水平。空间分布上 R99p 与 R95p 相似，总体上也由西南向东北呈增加变化趋势，R95p 的高值中心主要分布在桂林市中部，低值中心主要分布在崇左市南部，与 R99p 相似，但其范围明显小于 R99p(图 4.6)。

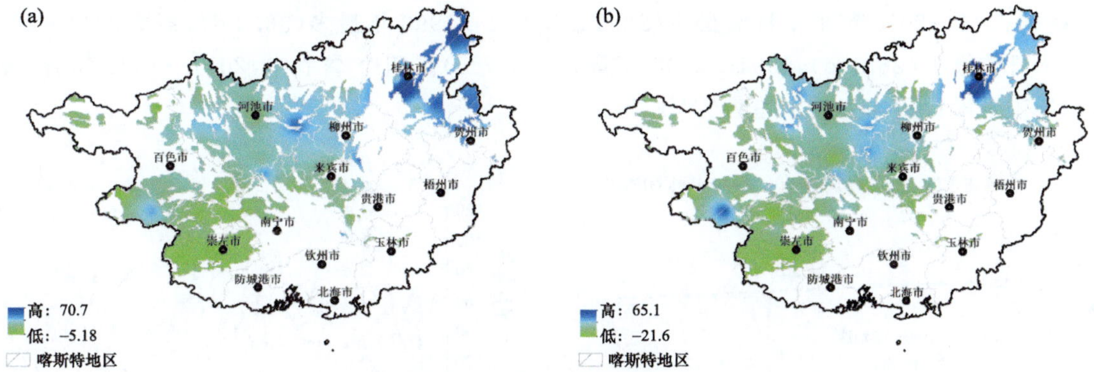

图 4.6　广西喀斯特地区极端降水指数变化趋势空间分布
(a)强降水量，(b)极强降水量

4.2　干　　旱

4.2.1　时间变化特征

4.2.1.1　季节变化

1971—2020 年广西喀斯特地区年均干旱日数 166.5 d，春、夏、秋、冬季占比分别为 21.2%、24.3%、32.6%和 21.9%，其中秋季干旱日数最多(54.3 d)，其次为夏季(40.5 d)，春季(35.2 d)和冬季(36.5 d)基本持平，春季最少。月尺度上，9 月(15.9 d)、10 月(19.8 d)、11 月(18.1 d)、12 月(19.8 d)这 4 个月干旱发生频率较高(图 4.7)。

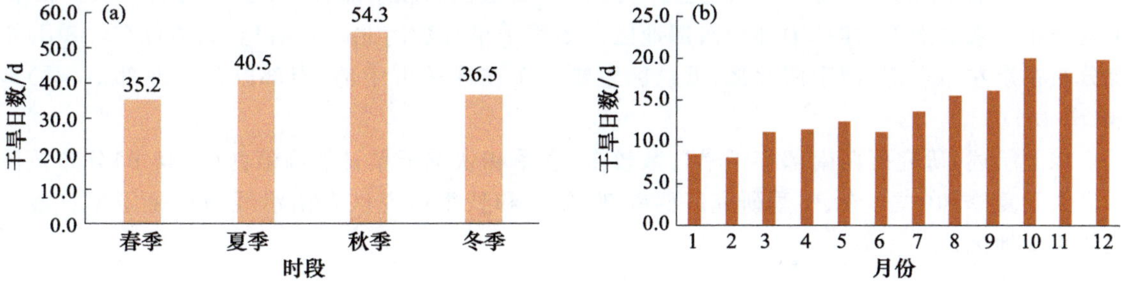

图 4.7　广西喀斯特地区干旱日数各季(a)和月均值(b)统计

4.2.1.2 年际变化

1971—2020 年广西喀斯特地区年干旱日数波动较大，总体呈减弱变化趋势，变化速率为 −7.11 d/(10 a)。各季节干旱日数波动也较大，春、夏、秋和冬季均呈减弱变化趋势，其中春季变化趋势不明显，变化速率为 −0.21 d/(10 a)，其余夏、秋、冬季变化速率分别为 −3.16 d/(10 a)、−2.48 d/(10 a)和 −1.25 d/(10 a)。逐 10 年变化分析发现，从 1981 年开始至 2000 年，研究区年干旱日数呈阶梯式增加，但 2001—2020 年明显下降。在 5 个 10 年中，2011—2020 年的年平均干旱日数最少(142.7 d)，1990—2000 年的年平均干旱日数最多(189.0 d)。对于各个季节而言，秋季干旱日数逐 10 年变化与年尺度变化趋势相似，但变化梯度年尺度更明显，1991—2000 年平均干旱日数最多(45.7 d)，2011—2020 年最少(26.1 d)。其他季节逐 10 年变化与年尺度变化差异较大，春季 1981—1990 年干旱日数最少(30.4 d)，1971—1980 年最多(37.8 d)；夏季 2011—2020 年干旱日数最少(22.9 d)，1981—1990 年最多(56.3 d)，冬季 2011—2020 年干旱日数最少(26.1 d)，1991—2000 年最多(45.7 d)。四个季节中，2011—2020 年春、夏、秋和冬季干旱日数均为减少趋势(图 4.8)。

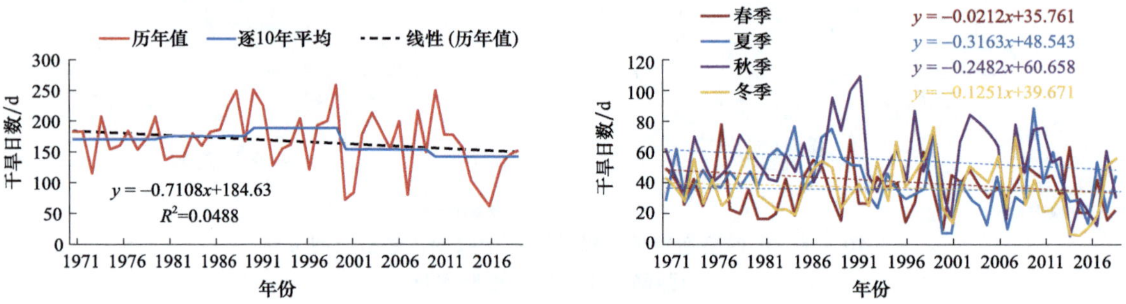

图 4.8 1971—2020 年广西喀斯特地区干旱日数变化

4.2.2 空间变化特征

4.2.2.1 年和四季干旱日数空间分布

年尺度上，研究区干旱日数总体上由南向北呈减少变化趋势，高值区主要分布在崇左市中东部、南宁市西北部，低值区主要分布在河池市北部和桂林市中部、南部和东北部。季节尺度上，春季干旱日数由西南向东北呈递减变化，高值区(>48 d)主要分布在崇左市东部，低值区(<20 d)主要分布在桂林市中部、南部和东北部。夏季干旱日数在大部分地区相差不大，高值区(>40 d)主要分布在东南沿线(崇左—来宾—柳州—桂林—贺州)局部地区，低值区(<36 d)在河池市北部的南丹和东兰县。秋季干旱日数西部和东部有明显差异，高值区(>56 d)主要分布在来宾南部、桂林中部和南部地区。冬季干旱日数南北差异明显，高值区(>38 d)主要分布在崇左市东部、南宁西北部，低值区主要分布在桂林市中部、南部以及东北部市(县)地区(图 4.9)。

综上所述，研究区西南部年干旱日数较多，春季和秋季干旱日数高值区(>48 d)分布范围明显大于夏季和冬季，春、冬季研究区西南部、夏季和秋季研究区东南沿线地市是干旱日数高值的集中地区。

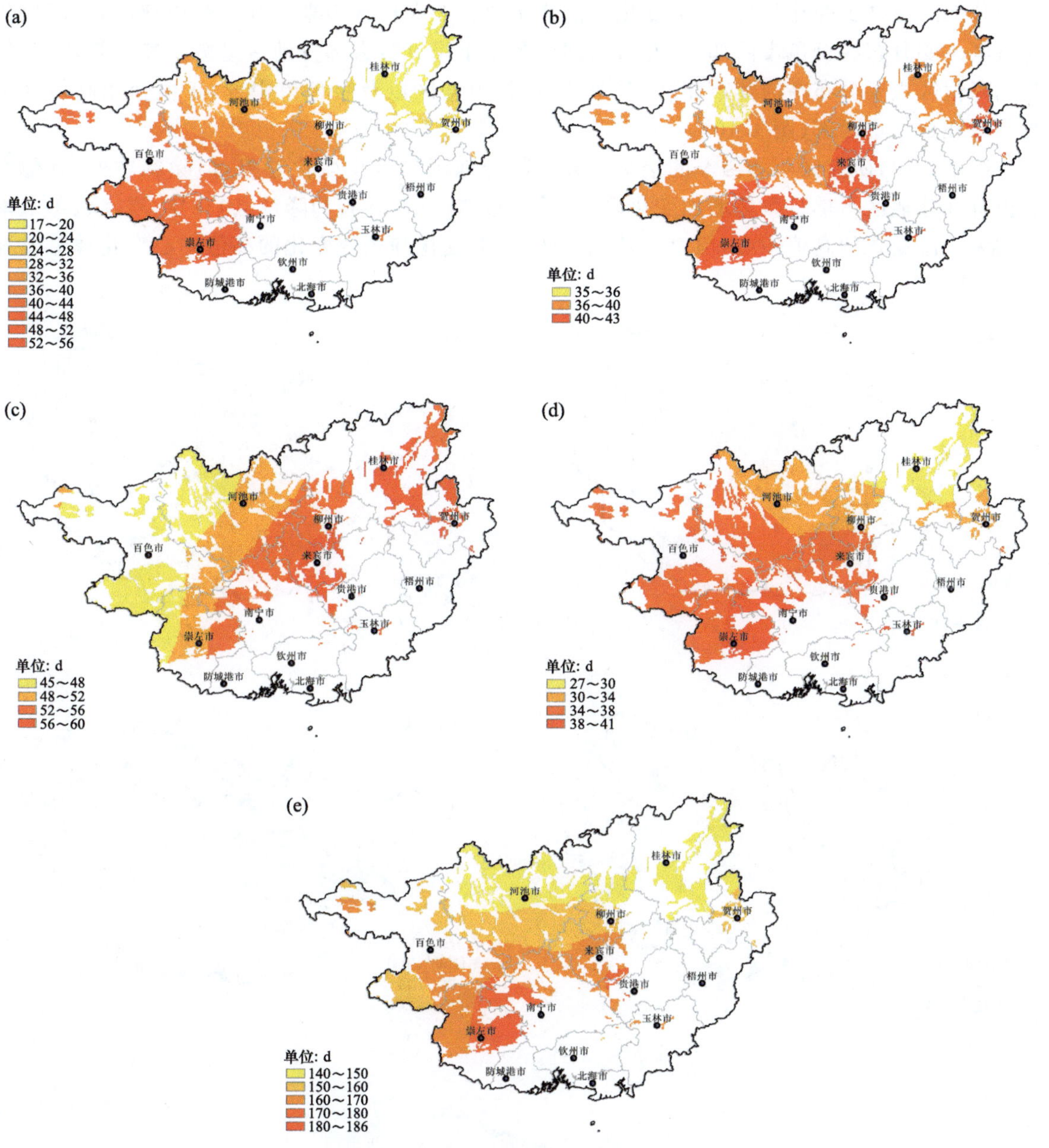

图 4.9　广西喀斯特地区不同时段干旱日数时段均值空间分布

(a)春季，(b)夏季，(c)秋季，(d)冬季，(e)年际

4.2.2.2　年和四季干旱日数空间变化趋势

年尺度上，研究区干旱日数大部分地区呈减少变化趋势，但在百色市西部（西林县和隆林县）为增加变化趋势。负值变化的高值区主要在桂林市中部和东北部、来宾市中部和贵港市，正值变化的高值区主要在百色市西部。季节尺度上，春季研究区干旱日数全部呈减少变化趋势，高值区主要在崇左市辖区，低值区主要在百色市西部和桂林市中部及南部。夏季研究区干旱日数大部分地区呈减少变化趋势，负值变化高值区主要在桂林市东北部、来宾市中南部和贵港市，正值变化高值区主要分布在百色市西部、北部以及崇左市南部零星地区。秋季干旱日数

大部分地区呈减少变化趋势，负值变化高值区主要分布在桂林市辖区和柳州市辖区，正值变化高值区主要分布在百色市西部、崇左市东部。冬季干旱日数大部分地区呈减少变化趋势，负值变化高值区主要分布在河池市北部、西南部、桂林市辖区以及百色市中部，正值变化高值区主要分布在百色市西部(图 4.10)。

综上所述，研究区年和四季的干旱日数大部分地区呈减少变化趋势，但除春季外，其他季节仍有部分地区干旱日数呈增加变化趋势，百色市西部(西林县和隆林县)在年、夏、秋、冬三季中均为正值变化的高值中心，但对于其他地区，正值变化和负值变化的高值中心变化季节差异较大(图 4.10)。

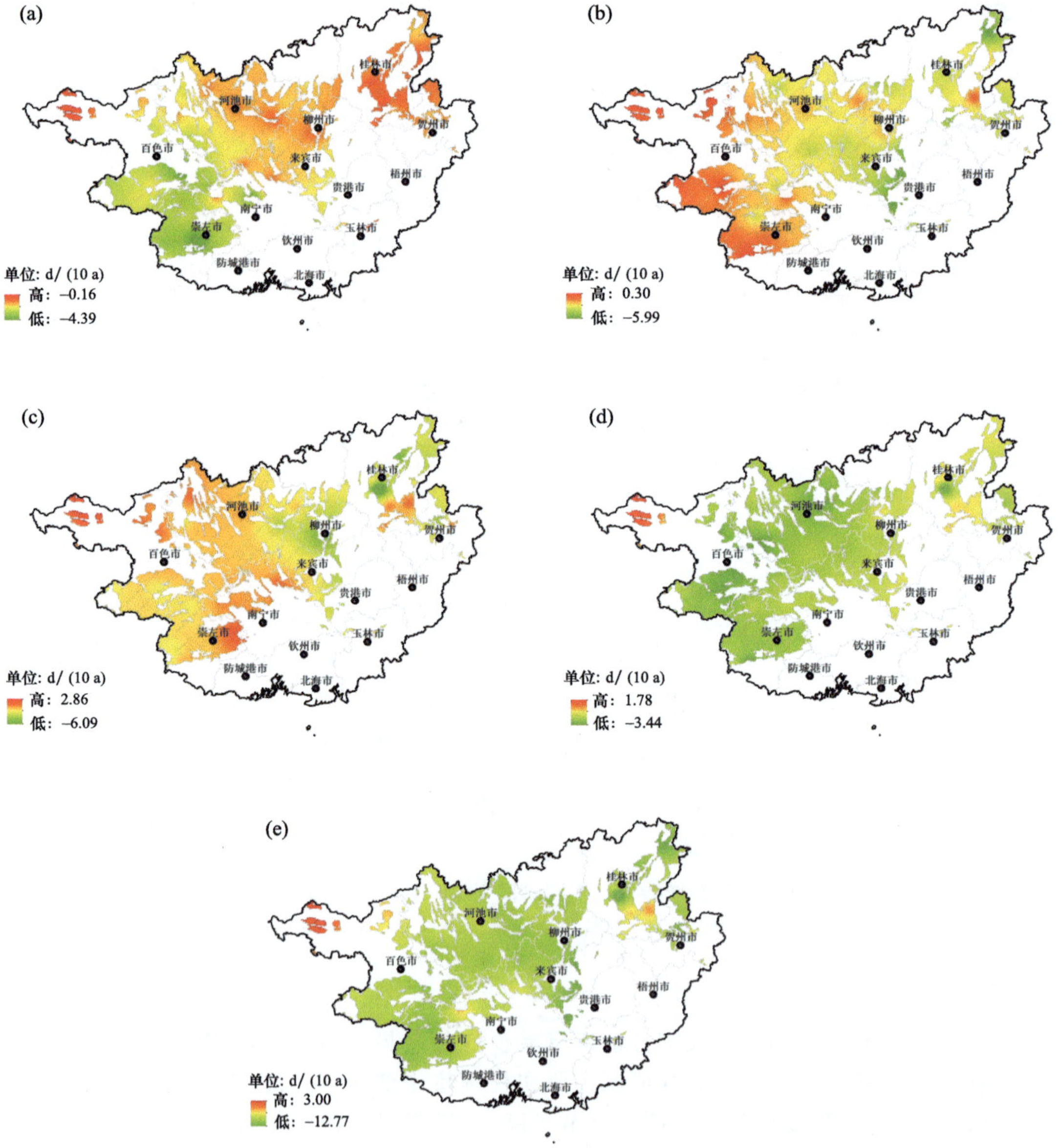

图 4.10　1971—2020 年广西喀斯特地区不同时段干旱日数变化趋势

(a)春季,(b)夏季,(c)秋季,(d)冬季,(e)年际

4.2.2.3　年和四季不同等级干旱空间分布

年尺度上，研究区轻度干旱日数整体呈由西南向东北递减的变化趋势，高值区主要分布在崇左市中东部和东北部(67 d)，低值区主要在桂林市中部、东北部。季节尺度上，春季轻度干旱日数的变化趋势和年际尺度变化相似，在四个季节中春季轻度干旱发生的日数达最大值(26 d)；夏季高值区主要在东南沿线(崇左—来宾—柳州—桂林—贺州)局部地区，河池市南部零星分布；秋季高值区主要分布在柳州南部；冬季最大值主要在河池市中西部、百色市中南部以及崇左市中东部(图 4.11)。

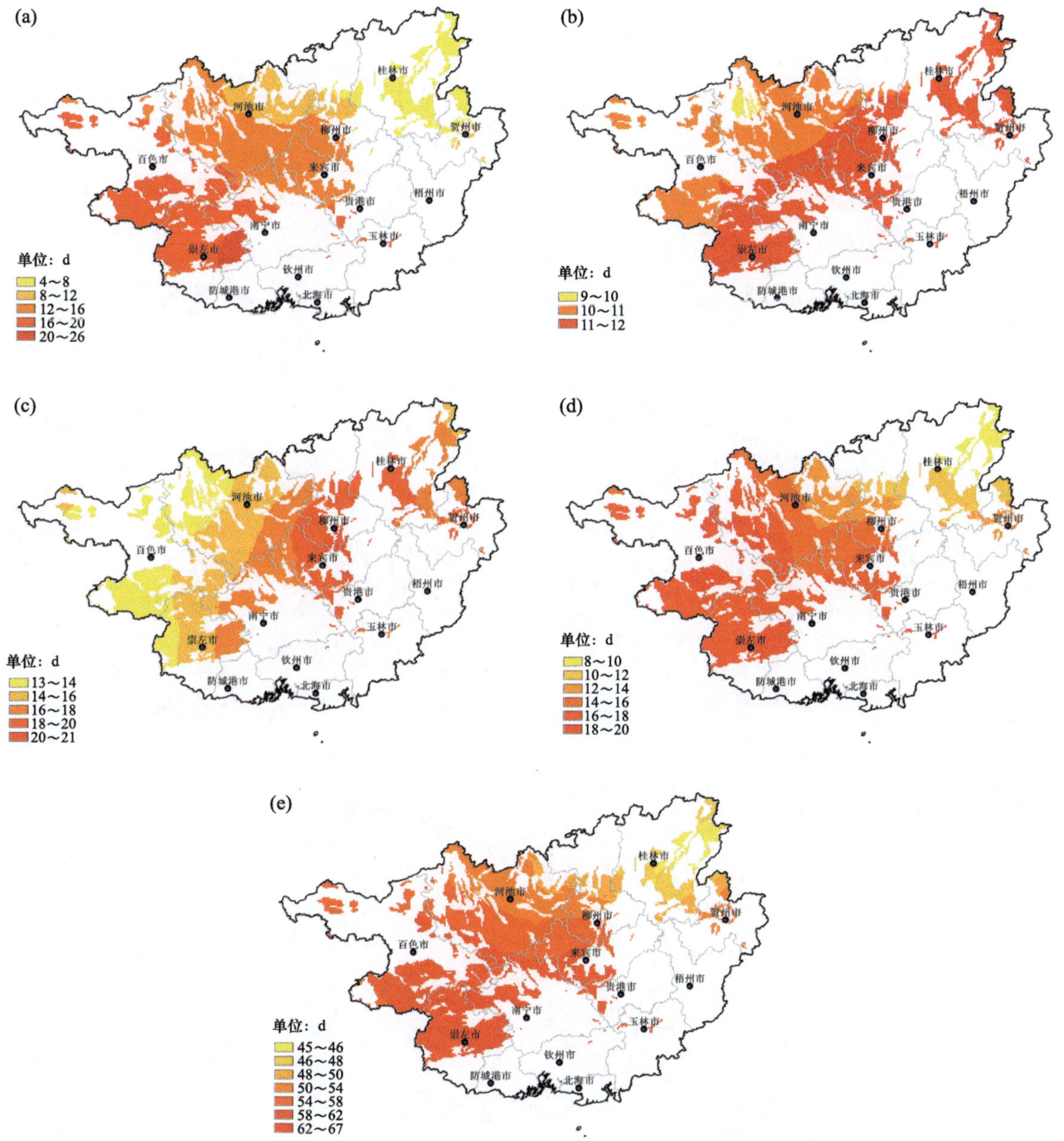

图 4.11　广西喀斯特地区不同时段轻旱日数空间分布

(a)春季，(b)夏季，(c)秋季，(d)冬季，(e)年际

年尺度上，研究区中度干旱日数整体由南部向北部呈递减的变化趋势，高值区主要在崇左市中东部(40 d)，低值区主要在河池市西北部。季节尺度上，春季中旱日数在研究区内整体由西南向东北部呈递减变化趋势，在四个季节中发生中度干旱的日数达最大值(17 d)，主要分布在崇左市中东部，低值区主要在桂林市中部、南部以及东北部，贺州北部零星分布；夏季高值区主要在柳州市南部和来宾市南部，以及崇左市中东部零星分布，低值区主要分布在河池市西北部的南丹县和东兰县等地；秋季高值区主要分布在柳州南部、来宾市南部局部地区；冬季发生中度干旱的日数最少，最大值则主要在崇左市中东部、南宁市西北部、来宾市南部地区(图 4.12)。

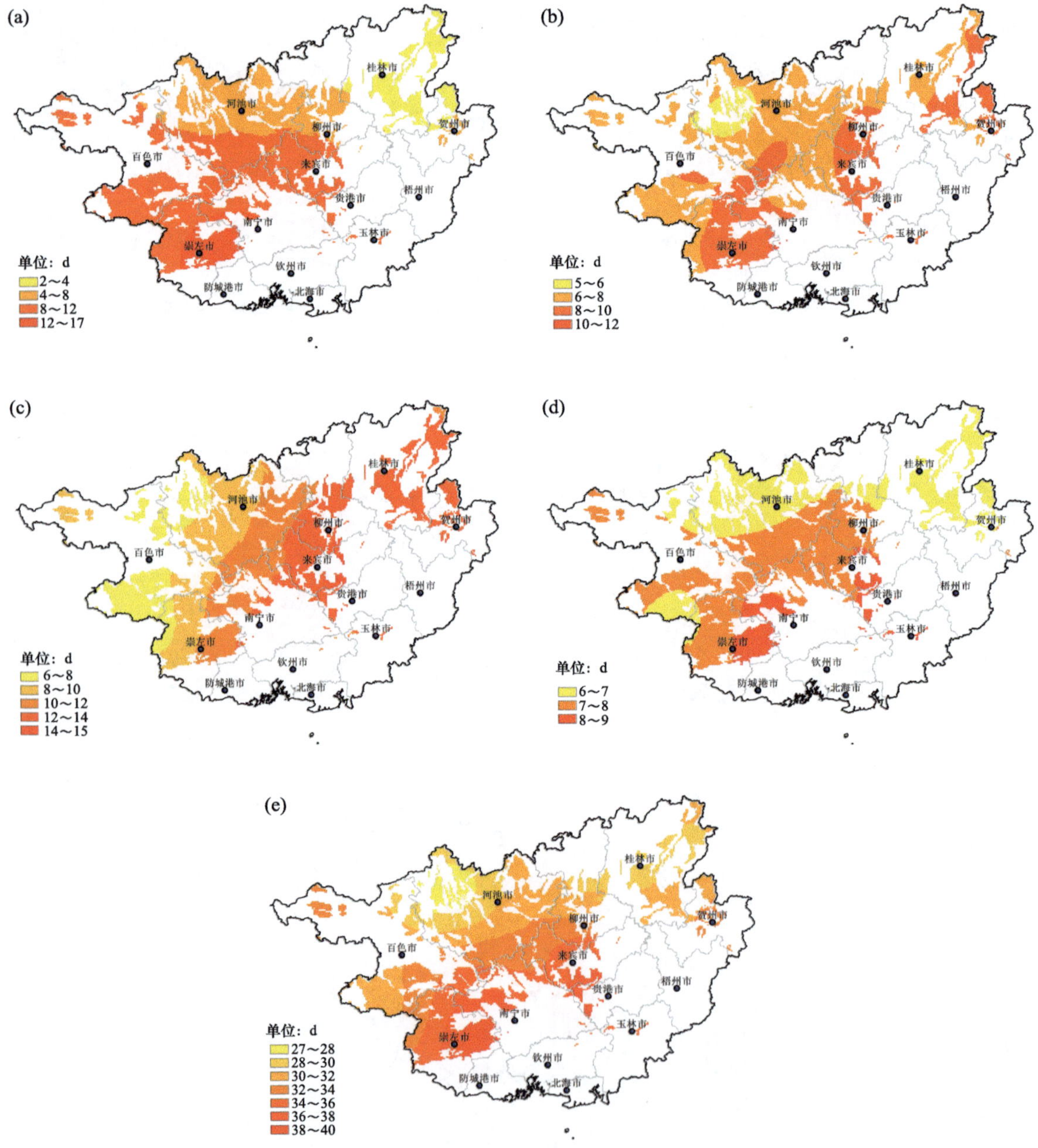

图 4.12　广西喀斯特地区不同时段中旱日数空间分布

(a)春季，(b)夏季，(c)秋季，(d)冬季，(e)年际

年尺度上，研究区重度干旱日数与中度干旱日数变化趋势相似，但变化趋势比中度干旱日数小。季节尺度上，春季中旱日数在研究区内整体由西南向东北部呈递减变化趋势，高值区主要分布在崇左市中东部、东北部，低值区主要在桂林市中南部、东北部，河池市东北部和柳州市中部；夏季大部地区重度干旱日数在 3～5 d，高值区主要在崇左市东部(8 d)；秋季发生的重度干旱日数最多(11 d)，零星分布在桂林市辖区、南部以及柳州市辖区；冬季发生重度干旱的日数最少，大部地区为 2 d(图 4.13)。

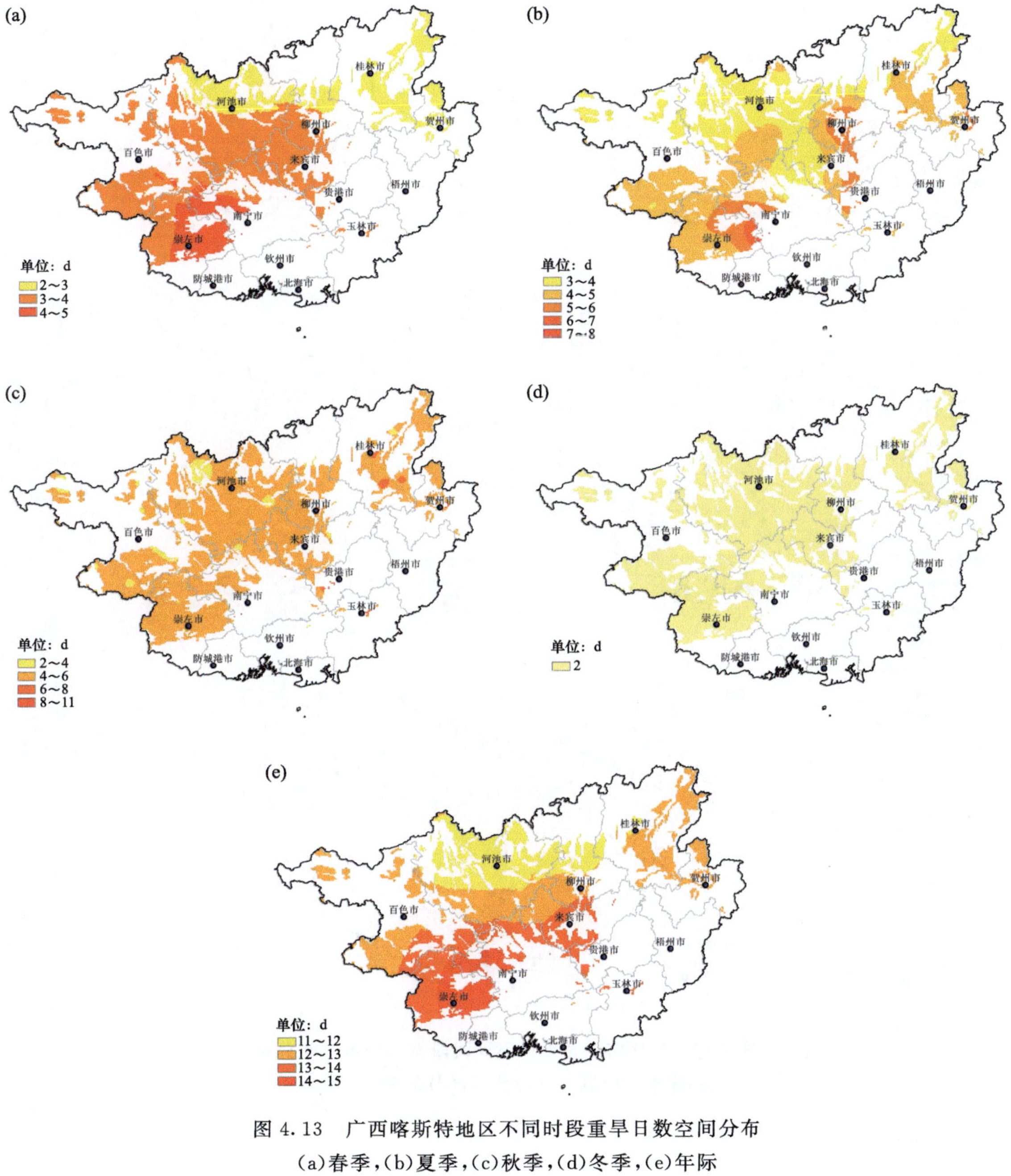

图 4.13　广西喀斯特地区不同时段重旱日数空间分布

(a)春季，(b)夏季，(c)秋季，(d)冬季，(e)年际

年尺度上，研究区发生特级干旱日数最大值为 5～6 d，主要分布在崇左市中部、北部和南宁市北部。季节尺度上，春季特旱日数除桂林市中南部、东北部和贺州市北部地区 0～1 d 外，其余大部地区发生日数为 1～2 d；夏季大部地区特级干旱日数为 2 d；秋季大部地区重度干旱日数为 1～2 d；冬季大部地区为 0～1 d，最大值为 3 d，零星分布在桂林市辖区（图 4.14）。

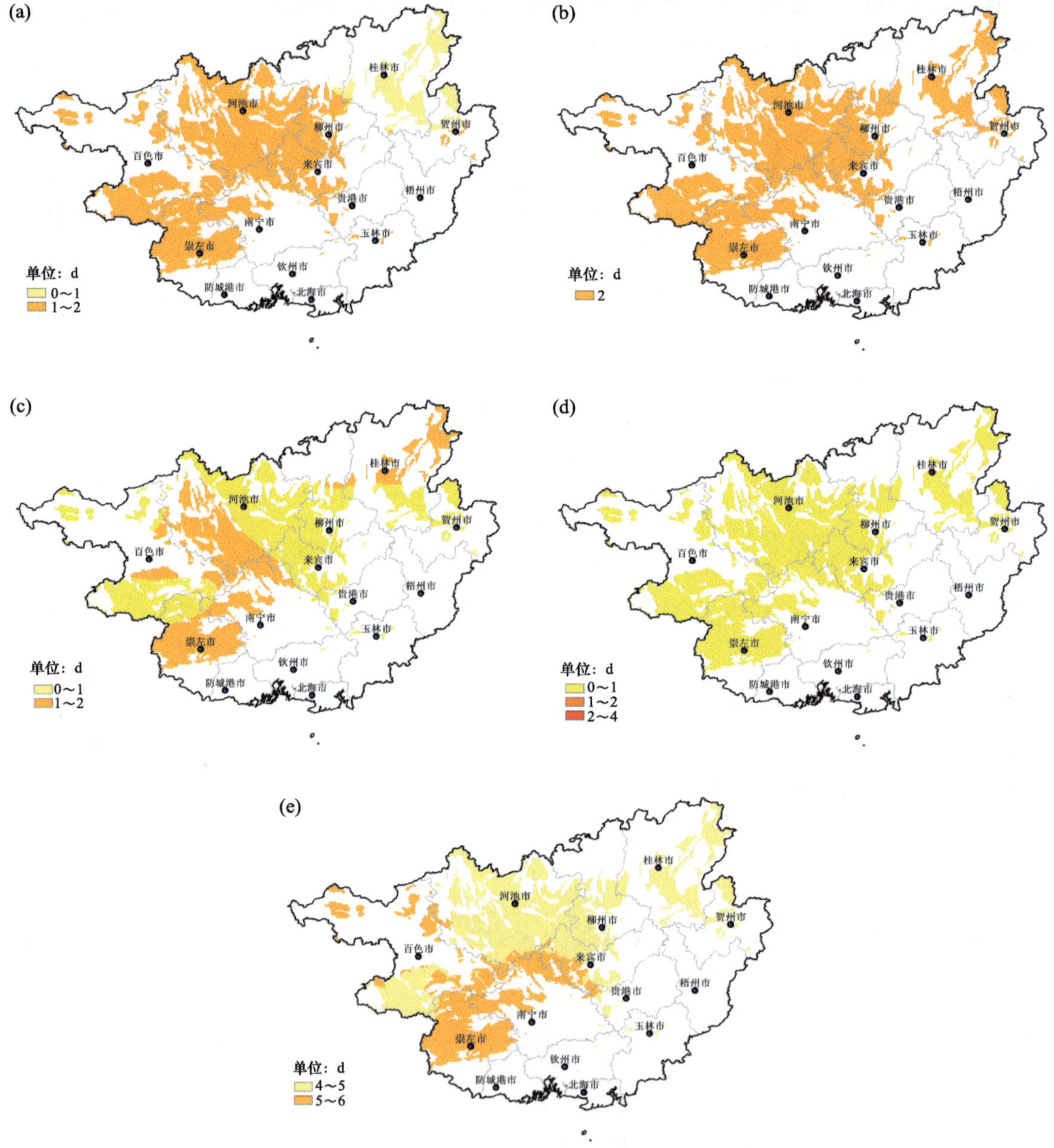

图 4.14　广西喀斯特地区不同时段特旱日数空间分布

(a)春季，(b)夏季，(c)秋季，(d)冬季，(e)年际

4.3 暴　　雨

4.3.1 时间变化特征

4.3.1.1 季节和月尺度变化

1971—2020 年广西喀斯特地区年均≥50 mm 暴雨日数 5.5 d,春、夏、秋、冬季占比分别为 29.1%、54.6%、12.7%和 3.6%,其中夏季≥50 mm 暴雨日数最多(3.0 d),春季次之(1.6 d),冬季最少(0.2 d)。月尺度上,暴雨日数、大暴雨日数和特大暴雨日数都集中在 5 月、6 月和 7 月(图 4.15)。

1971—2020 年广西喀斯特地区年均≥50 mm 暴雨累积量 150 mm,春、夏、秋、冬季占比分别为 25.9%、60.0%、12.5%和 1.6%,其中夏季≥50 mm 暴雨累积量最多(90 mm),春季次之(38.8 mm),冬季最少(2.5 mm)。月尺度上,暴雨量、大暴雨量和特大暴雨量都集中在 5 月、6 月和 7 月(图 4.16)。

综上所述,对于暴雨灾害而言,≥50 mm 暴雨日数和≥50 mm 暴雨累积量季节变化特征相似,夏季和春季是喀斯特地区暴雨的高发季节,需要重点关注的月份是 5—7 月。

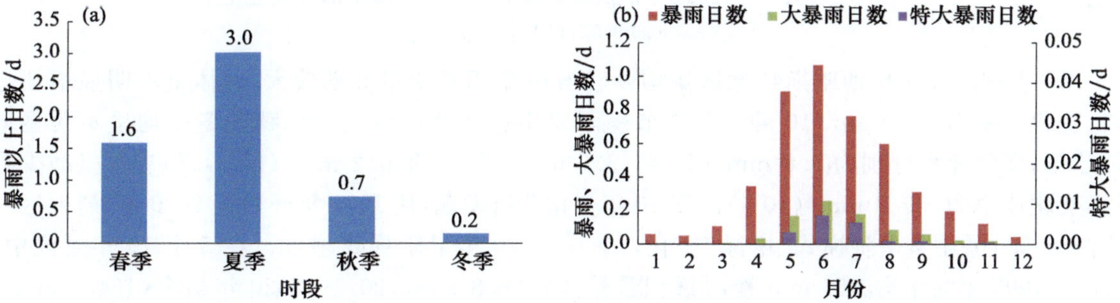

图 4.15　广西喀斯特地区≥50 mm 暴雨日数季节(a)和月均值(b)统计

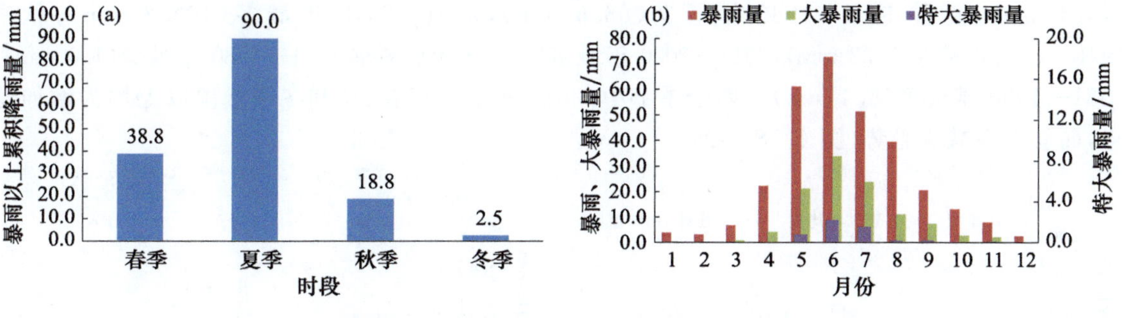

图 4.16　广西喀斯特地区≥50 mm 暴雨累积量季节(a)和月均值(b)统计

4.3.1.2 年际变化

1971—2020 年广西喀斯特地区年均≥50 mm 暴雨日数波动较大,总体呈不明显增加趋势,变化速率为 0.19 d/(10 a)。各季节≥50 mm 暴雨日数均值波动也较大,夏、秋和冬季均呈不明显增加趋势,变化速率分别为 0.11 d/(10 a)、0.09 d/(10 a)和 0.02 d/(10 a),但春季呈减少趋势,变化速率为−0.04 d/(10 a)。逐 10 年变化分析发现,从 1971 年开始至 2020 年,研究区年均

≥50 mm 暴雨日数呈阶梯式“增减”变化，2011—2020 年表现为增加。在 5 个 10 年中，1981—1990 年的年均≥50 mm 暴雨日数最多(4.8 d)，2011—2020 年最多(5.9 d)。季节尺度上，四季≥50 mm 暴雨日数逐 10 年变化与年尺度变化差异较大，夏季波动幅度最大。其中，春季 2001—2010 年≥50 mm 暴雨日数最少(1.4 d)，1971—1980 年最多(1.8 d)；夏季 1981—1990 年最少(2.4 d)，2001—2010 年最多(3.4 d)；秋季 1991—2000 年最少(0.6 d)，2011—2020 年最多(1.1 d)；冬季 1971—1980 年最少(0.08 d)，2011—2020 年最多(0.19 d)。四个季节中，2011—2020 年春、秋和冬季暴雨以上均为增加趋势，而夏季为减少趋势(图 4.17)。

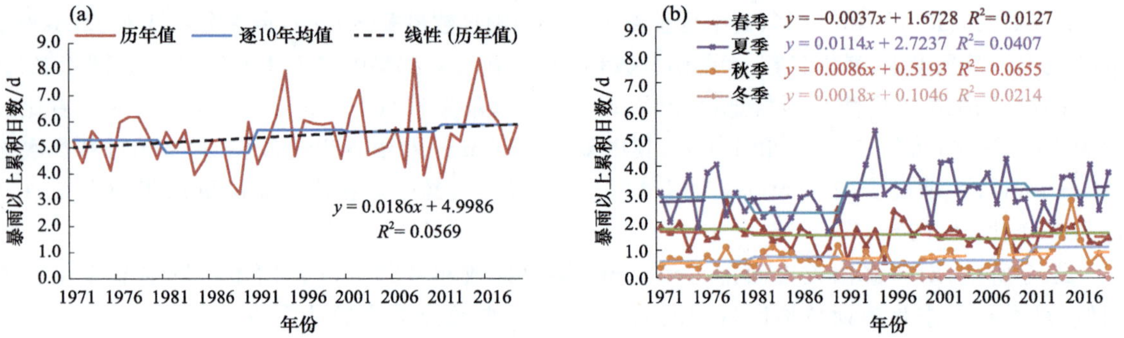

图 4.17　1971—2020 年广西喀斯特地区≥50 mm 暴雨日数变化

(a)年际，(b)各季节

1971—2020 年广西喀斯特地区年均≥50 mm 暴雨累积量波动较大，总体呈不明显增加趋势，变化速率为 9.1 mm/(10 a)。各季节暴雨累积量波动也较大，夏、秋和冬季均呈不明显增加趋势，变化速率分别为 5.8 mm/(10 a)、3.7 mm/(10 a)和 0.2 mm/(10 a)，但春季呈减少趋势，变化速率为−0.8 mm/(10 a)。逐 10 年变化分析发现，从 1971 年开始至 2020 年，研究区年均≥50 mm 暴雨量呈阶梯式“增减”变化，1981—2020 年呈阶梯式增加。在 5 个 10 年时段中，1981—1990 年的年均≥50 mm 暴雨累积量最少(126.8 mm)，2011—2020 年最多(164.2 mm)。季节尺度上，四季≥50 mm 暴雨累积量逐 10 年变化与年尺度变化差异较大，夏季和秋季波动幅度较大。其中，春季 2001—2010 年≥50 mm 暴雨累积量最少(34.5 mm)，1971—1980 年最多(44.4 mm)；夏季 1981—1990 年最少(66.6 mm)，2001—2010 年最多(108.2 mm)；秋季 1971—1980 年最少(12.2 mm)，2011—2020 年最多(32.8 mm)；冬季 1971—1980 年最少(1.0 mm)，1981—1990 年最多(3.4 mm)。四个季节中，2011—2020 年春、秋和冬季暴雨以上均为增加趋势，而夏季为减少趋势(图 4.18)。

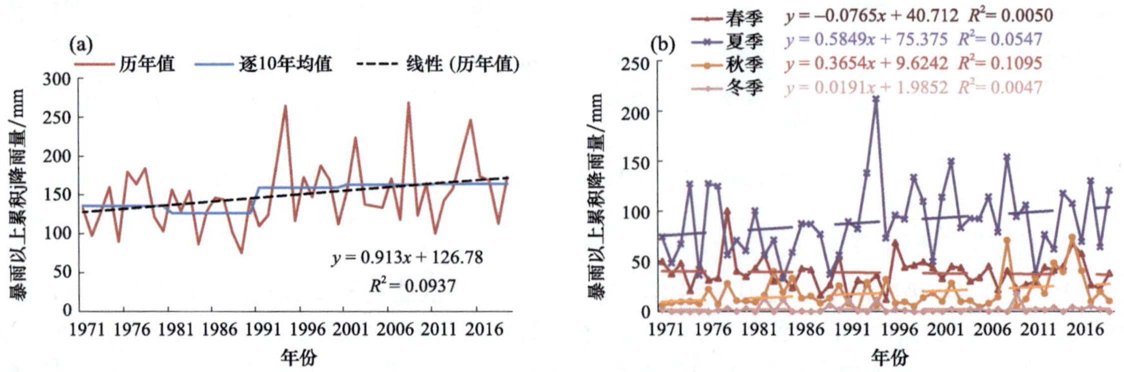

图 4.18　1971 年—2020 年广西喀斯特地区≥50 mm 暴雨累积量变化

(a)年际，(b)各季节

综上所述，≥50 mm 暴雨日数和≥50 mm 暴雨累积量变化特征相似，两者年、夏季、秋季和冬季均呈不明显增加趋势。两者的逐 10 年变化中最大值和最小值出现的时段基本相同，但秋季最少和冬季最多出现的时段有差异。

4.3.2　空间变化特征

4.3.2.1　年和四季暴雨均值空间分布

年尺度上，研究区≥50 mm 暴雨日数的高值区主要在河池西南部、柳州和桂林市中部，低值区主要在崇左市、百色市南部。季节尺度上，春季和夏季整体由南向北呈递增变化趋势，但春季是从西南向东北递增，且暴雨以上累计日数少于夏季，夏季的高值区主要在河池市南部地区（都安县）和百色市（凌云县）。秋季和冬季暴雨以上累计日数都非常少，冬季几乎为零（图 4.19）。

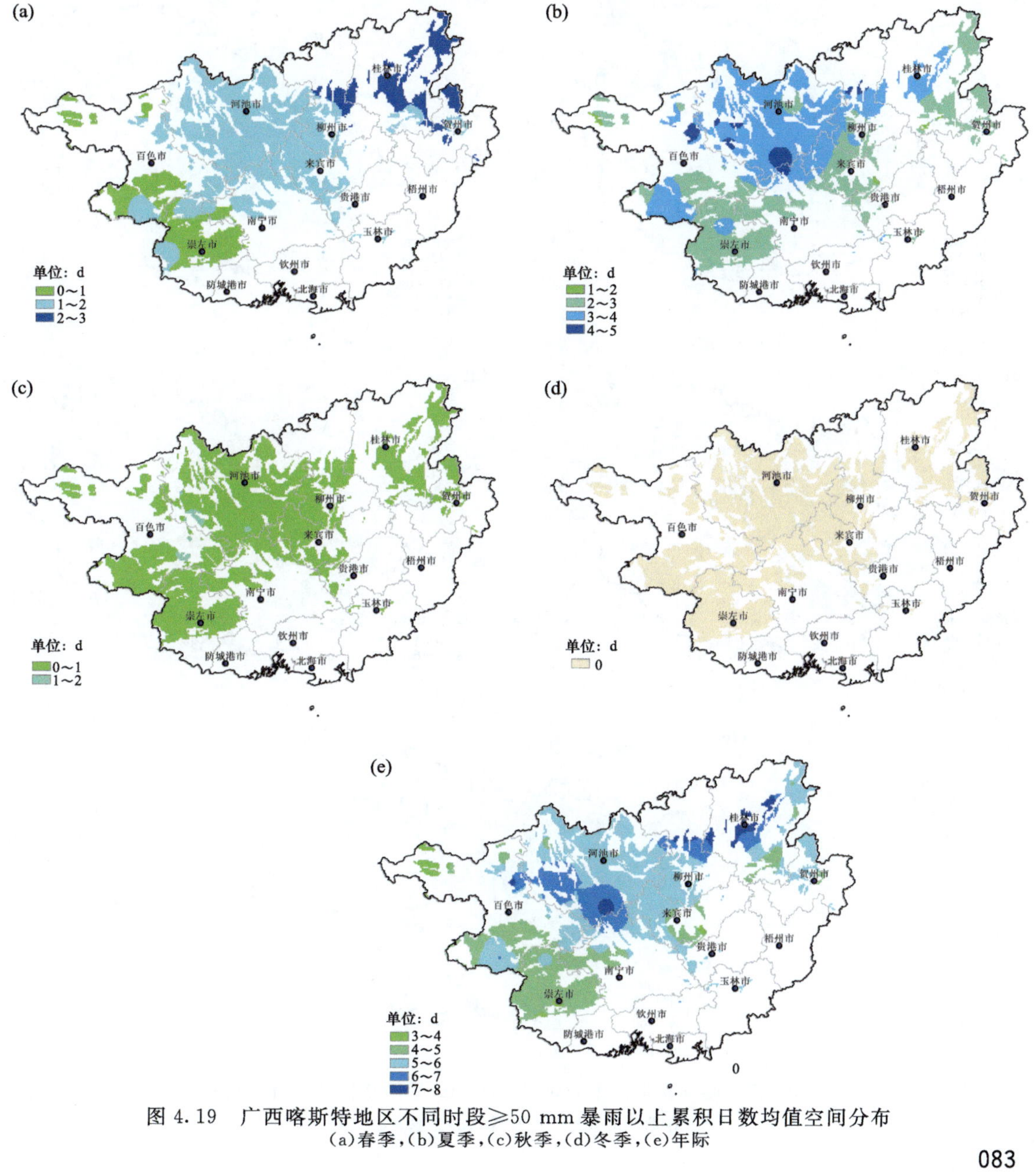

图 4.19　广西喀斯特地区不同时段≥50 mm 暴雨以上累积日数均值空间分布

(a)春季，(b)夏季，(c)秋季，(d)冬季，(e)年际

对于≥50 mm 暴雨累积量而言，其空间分布规律与≥50 mm 暴雨日数有较大差异。年尺度上，≥50 mm 暴雨累积量高值区主要在河池市东南部和桂林市中部，低值区主要在崇左市中部、百色市西北部局部地区。春季和夏季≥50 mm 暴雨累积量分布规律相似，高值区在桂林市中部地带较集中，不同的是，河池市东南部(都安县)仅在夏季是高值区。秋季≥50 mm 暴雨累积量与春季分布规律相反，总体上由西南部向东北部呈递减变化趋势，高值区主要在崇左市中东部、南宁市西北局部。冬季≥50 mm 暴雨累积量在全区都普遍很少(图 4.20)。

综上所述，研究区≥50 mm 暴雨日数、≥50 mm 暴雨累积量在不同时段空间分布有较大差异。总体而言，除秋季和冬季外，其他时段河池市西南部、桂林市东北部是高值集中地区，崇左市则相对于研究区其他地区都是低值集中区。

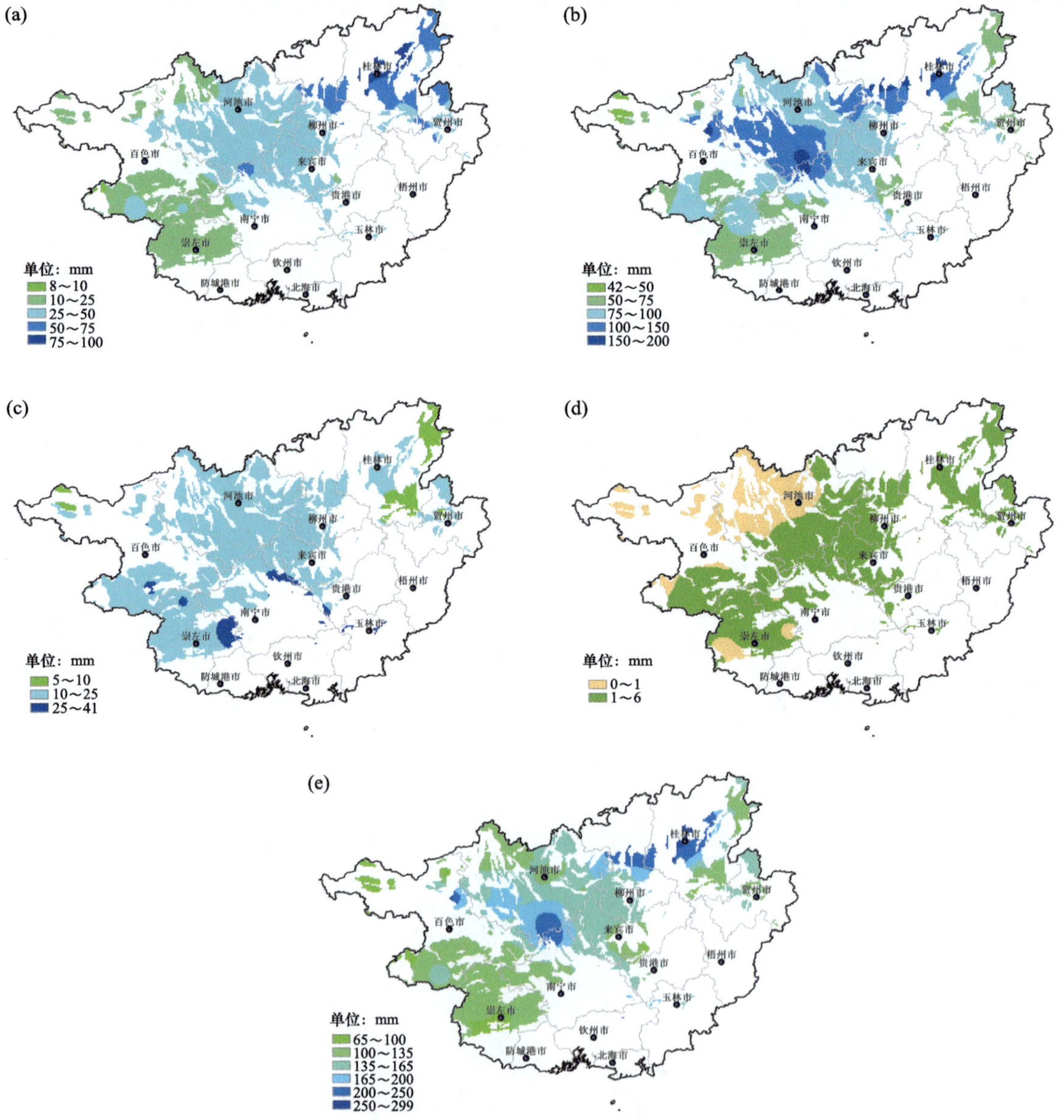

图 4.20　广西喀斯特地区不同时段≥50 mm 暴雨累积量均值空间分布

(a)春季，(b)夏季，(c)秋季，(d)冬季，(e)年际

4.3.2.2　年和四季暴雨变化趋势

年尺度上，研究区≥50 mm 暴雨日数地区主要呈增加趋势，部分地区呈减少趋势（气候倾向率−0.2 d/(10 a)），正值变化的高值区主要柳州市西南部、来宾市西北部、桂林市东北部（全州县）以及河池市西部。春季和秋季都是由南向北呈增加趋势，但不同的是，春季是从西南向东北部增加，秋季则从东南部向西北部增加，春季正值变化高值区主要在桂林市东北部，秋季在河池市西北部和百色市南部；夏季高值变化区主要在北部；冬季暴雨日数气候倾向率变幅总体较小（气候倾向率仅−0.02～0.11 d/(10 a)），正值变化高值区零星分布，主要在柳州市西南部、崇左市北部（图 4.21）。

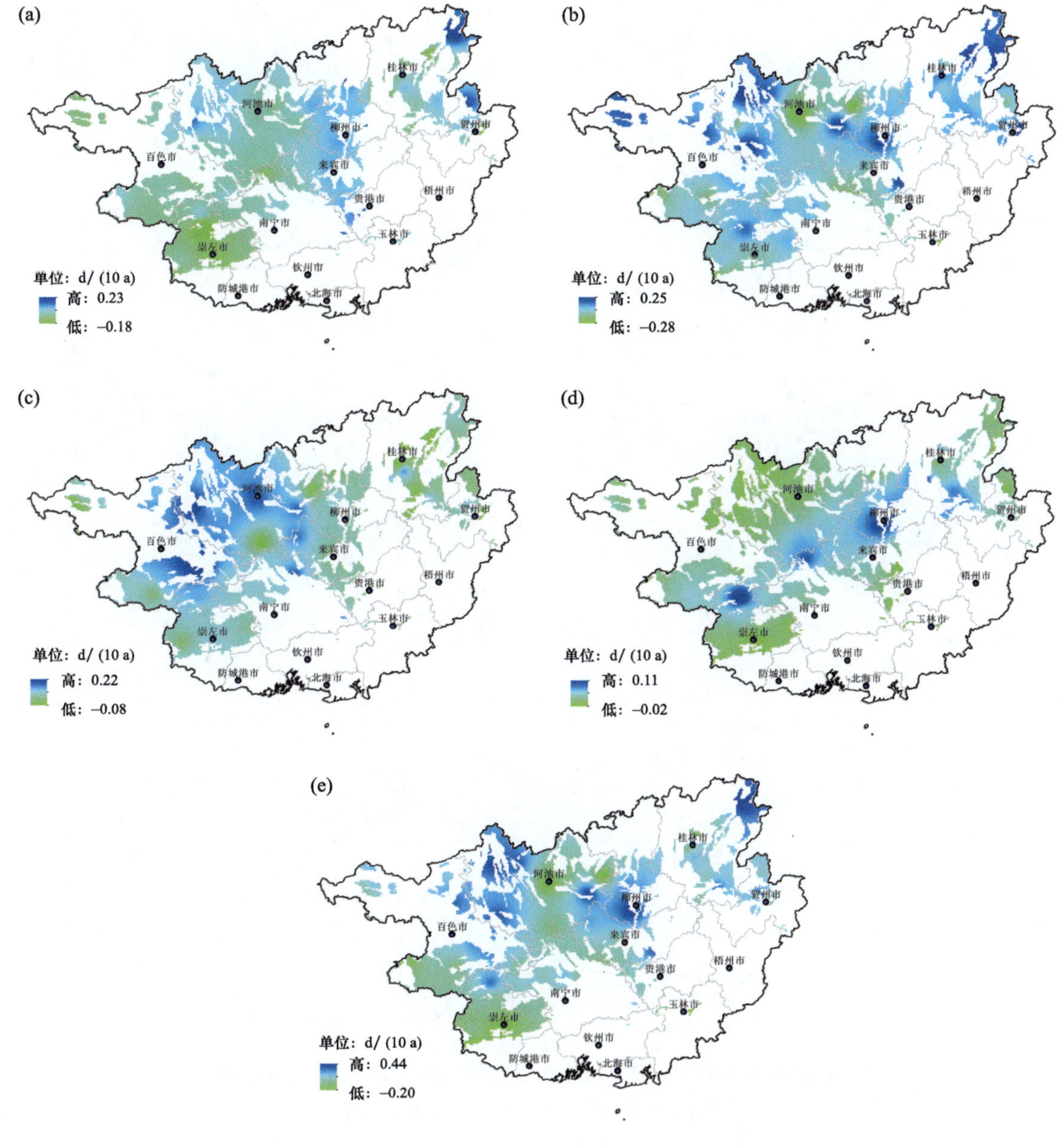

图 4.21　广西喀斯特地区不同时段暴雨日数变化趋势空间分布

(a)春季，(b)夏季，(c)秋季，(d)冬季，(e)年际

年尺度上，≥50 mm 暴雨累积量大部分地区呈减少趋势，局部地区呈增加趋势（气候倾向率 37.6 d/(10 a)），正值变化的高值区主要在桂林市中部。季节尺度上，春季和夏季与年际≥50 mm 暴雨累积量分布规律相似，主要都是以减少趋势为主，且正值变化高值区几乎一样，但春季气候倾向率变幅总体较小（气候倾向率－7.39～12.3 d/(10 a)）；秋季≥50 mm 暴雨累积量呈西南向东南递减的变化趋势，正值变化高值区主要分布在西南部（崇左市中北部、百色市南部）；冬季中南大部地区以正值变化趋势为主，但气候倾向率变幅总体较小（气候倾向率仅－1.06～1.68 d/(10 a)）（图 4.22）。

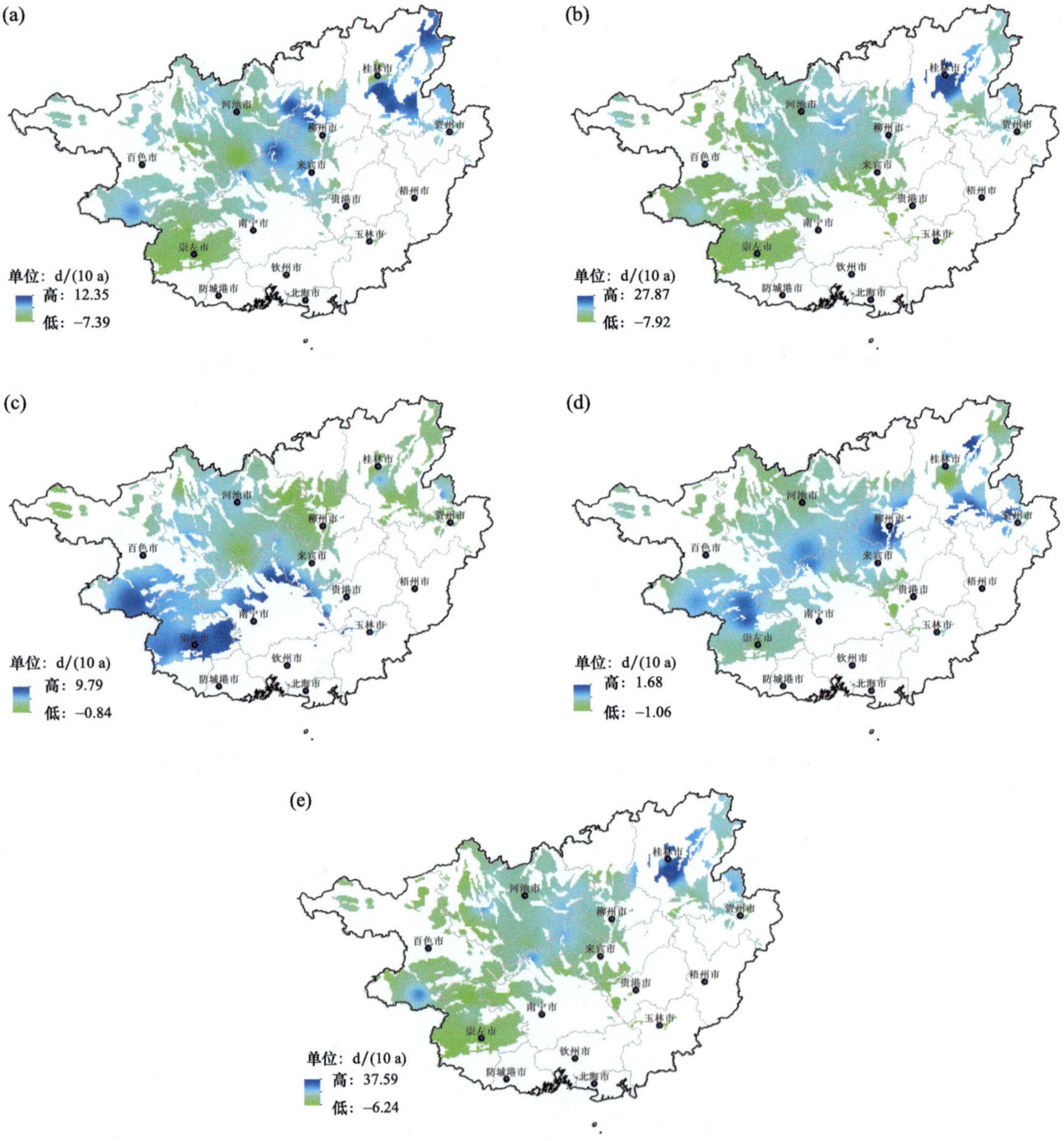

图 4.22　广西喀斯特地区不同时段≥50 mm 暴雨以上累积量变化趋势空间分布

(a)春季，(b)夏季，(c)秋季，(d)冬季，(e)年际

综上所述，研究区暴雨日数、≥50 mm 暴雨累积量变化趋势在不同时段空间分布有较大差异。但桂林市东北部在多数时段高值明显。崇左市暴雨日数变化趋势相对于研究区其他地区增加幅度较小，但其≥50 mm 暴雨累积量增幅却明显高于其他地区。

4.3.2.3　年和四季不同等级暴雨量空间分布

年尺度上，研究区暴雨的高值区主要在河池东南部、柳州和桂林市中部，低值区主要在崇左市中北部、百色市南部。季节尺度上，春季由西南向东北呈递增变化趋势，高值区主要在桂林市中部；秋季暴雨量高值区主要在河池市西南部、百色市南部地区；夏季暴雨量较大，最大值主要在河池市西部(暴雨量 275 mm/(10 a))(图 4.23)。

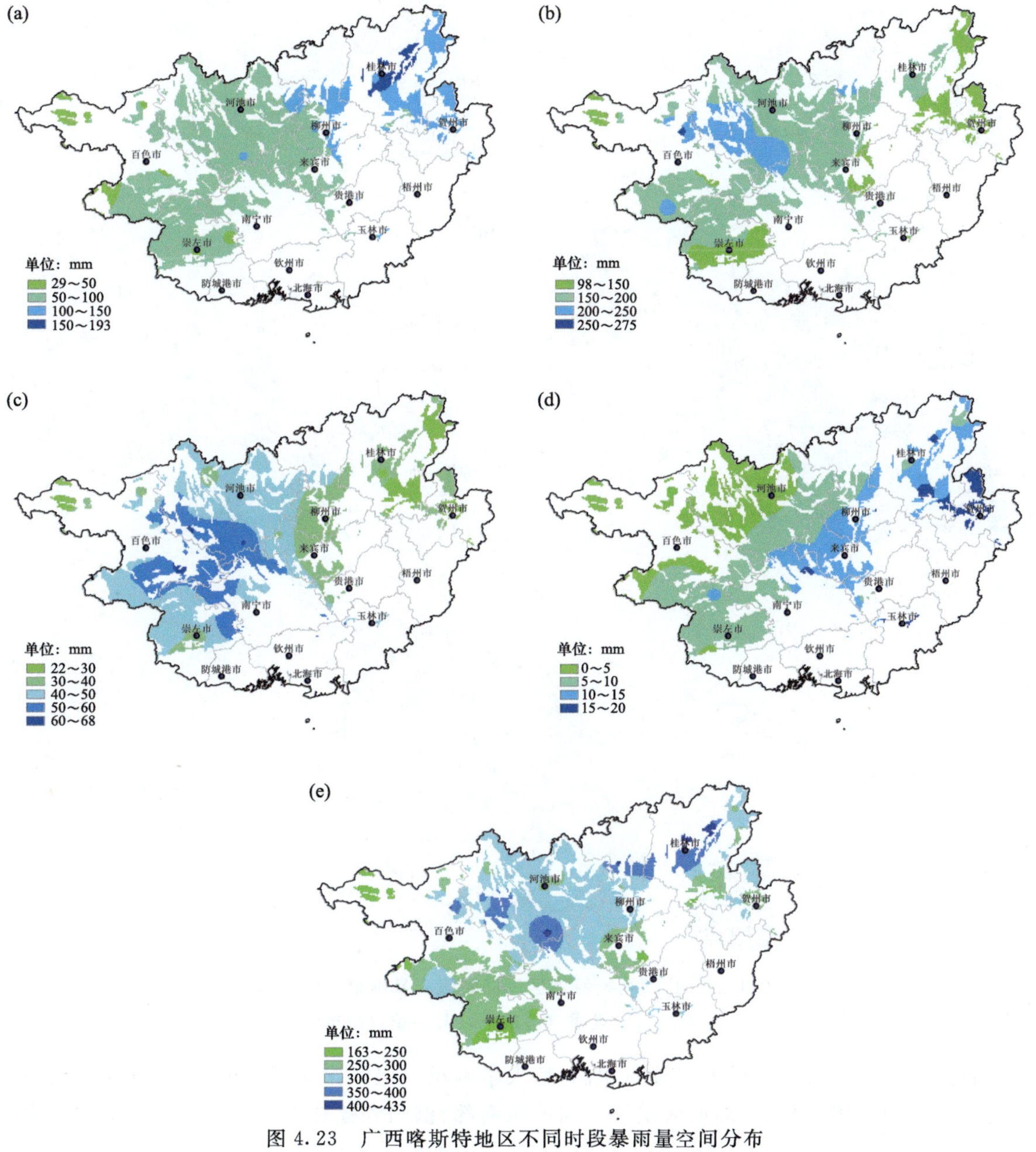

图 4.23　广西喀斯特地区不同时段暴雨量空间分布

(a)春季，(b)夏季，(c)秋季，(d)冬季，(e)年际

对于大暴雨而言，其空间分布规律与暴雨有较大差异。年尺度上，大暴雨高值区主要在桂林市、柳州市中部及河池市东南部局部地区，低值区主要在崇左市中北部、百色市南部和河池市北部。春季和夏季大暴雨分布规律相似，高值区主要河池市东南部、桂林市和柳州市中部；秋季大暴雨高值区主要在中西部；冬季大暴雨量在全区都非常少(图 4.24)。

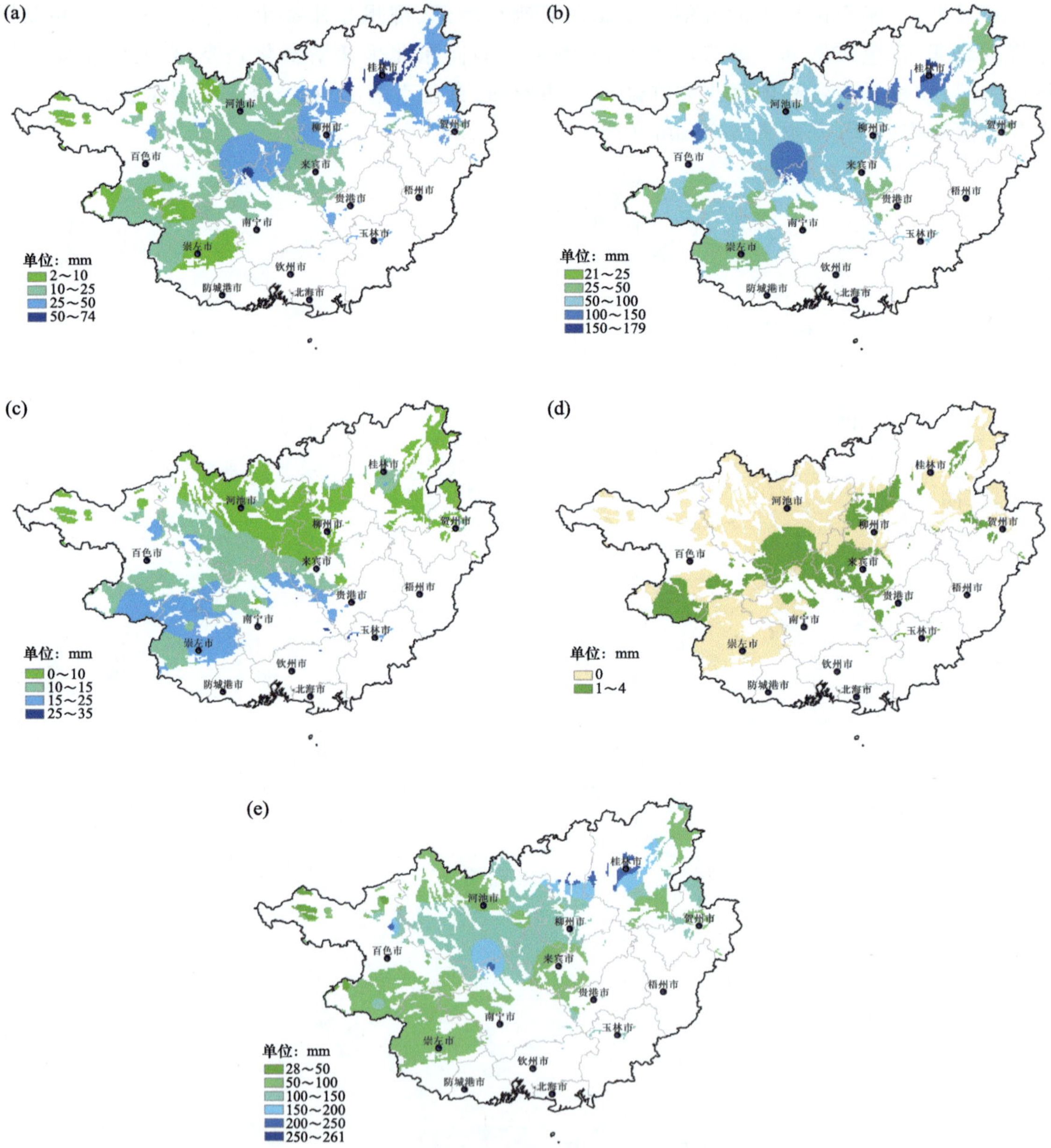

图 4.24　广西喀斯特地区不同时段大暴雨量空间分布

(a)春季，(b)夏季，(c)秋季，(d)冬季，(e)年际

特大暴雨和暴雨在年尺度上分布相似，特大暴雨量等级却比暴雨量小很多；夏季特大暴雨量与年尺度分布规律相似，高值区主要在河池东南部、柳州和桂林市中部；春季、秋季和冬季特

大暴雨量等级很小，其中冬季等级为 0(图 4.25)。

综上所述，研究区暴雨、大暴雨、特大暴雨量和特大暴雨日数在年尺度空间分布上很相似，但在量级变化上差异很大。总体而言，大部分时段河池市西南部、桂林市东北部是高值集中地区，崇左市则相对于研究区其他地区都是低值集中区。

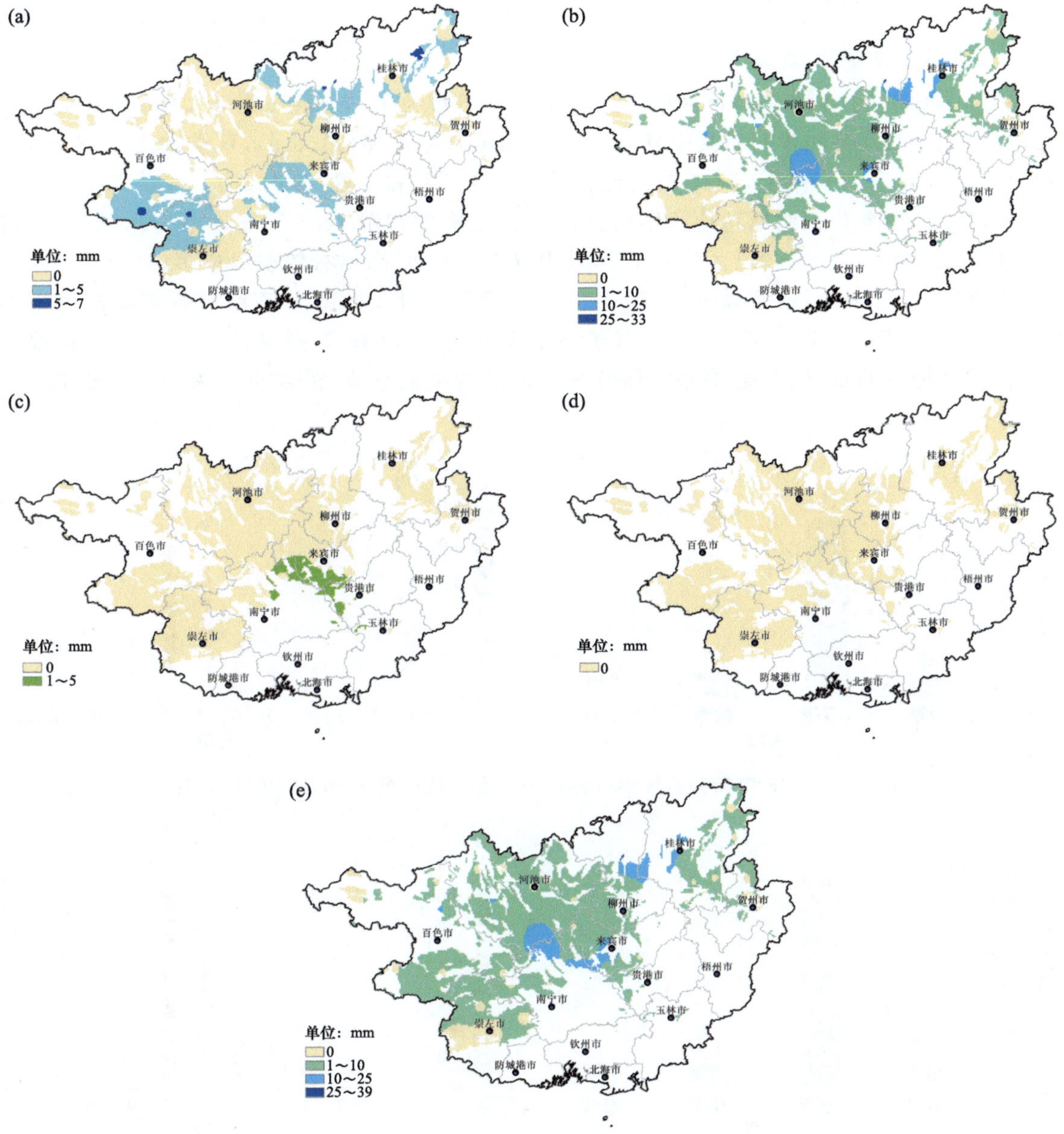

图 4.25 广西喀斯特地区不同时段特大暴雨量空间分布

(a)春季，(b)夏季，(c)秋季，(d)冬季，(e)年际

4.4 高　　温

4.4.1 时间变化特征

4.4.1.1 季节变化

1971—2020 年广西喀斯特地区年均≥35 ℃高温日数为 14.7 d,春、夏、秋、冬季占比分别为 8.8%、79.1%、12.0%和 0.1%,其中夏季≥35 ℃高温日数最多(11.6 d),秋季次之(1.8 d),冬季最少(0.01 d)。月尺度上,≥35 ℃高温日数集中在 7 月和 8 月(图 4.26)。

1971—2020 年广西喀斯特地区年均≥35 ℃高温有效积温 14.3 ℃·d,春、夏、秋、冬季占比分别为 12.9%、77.9%、9.1%和 0.1%,其中夏季≥35 ℃高温有效积温最多(14.3 ℃·d),春季次之(2.4 ℃·d),冬季最少(0.02 ℃·d)。月尺度上,≥35 ℃高温有效积温高值集中在 7 月和 8 月(图 4.27)。综上所述,对于高温灾害而言,≥35 ℃高温日数和≥35 ℃高温有效积温季节变化特征相似,夏季是喀斯特地区高温的高发季节,需要重点关注的月份是 7—8 月(图 4.27)。

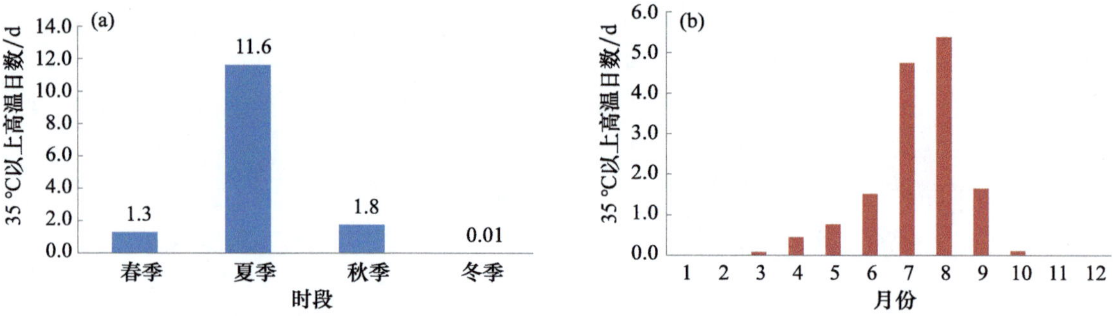

图 4.26　广西喀斯特地区年均≥35 ℃高温日数四季(a)和月均值(b)统计

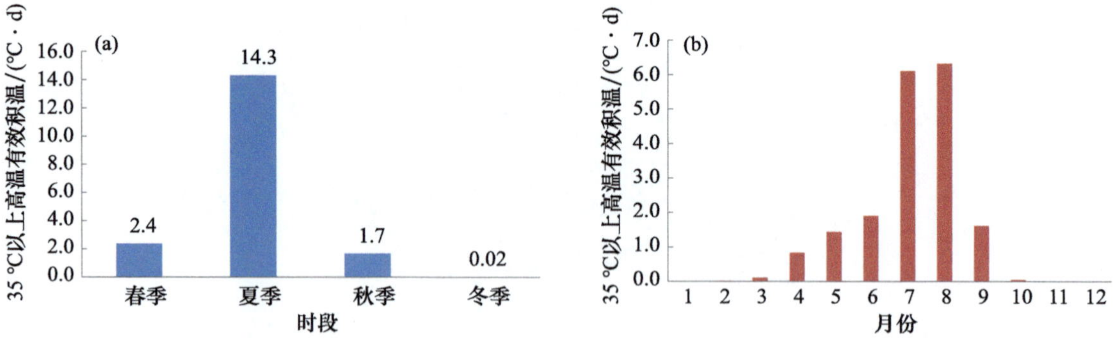

图 4.27　广西喀斯特地区年均≥35 ℃高温有效积温四季(a)和月均值(b)统计

4.4.1.2 年际变化

1971—2020 年广西喀斯特地区年≥35 ℃高温日数波动较大,总体呈极显著($p<0.01$)增加趋势,变化速率为 2.4 d/(10 a)。各季节≥35 ℃高温日数波动也较大,春、夏和秋季均呈增

加趋势，其中夏季和秋季为显著($p<0.05$)增加，此 3 个季节的变化速率分别为 0.3 ℃/(10 a)、1.6 ℃/(10 a)和 0.6 ℃/(10 a)，但冬季呈不明显减少趋势，变化速率为 0.008 ℃/(10 a)。逐 10 a 变化分析发现，从 1971—2020 年，研究区年≥35 ℃高温日数呈阶梯式增减变化，但 1991—2020 年呈阶梯式增加。在 5 个 10 年时段中，1971—1980 年的年均≥35 ℃高温日数最少(10.4 d)，2011—2020 时段最多(20.2 d)。季节尺度上，≥35 ℃高温日数逐 10 年变化与年尺度变化差异较大，各个季节的波动幅度均较大。其中，春季 1971—1980 年≥35 ℃高温日数最少(0.7 d)，2011—2020 年最多(2.1 d)；夏季 1971—1980 年最少(8.8 d)，2011—2020 年最多(15.5 d)；秋季 1971—1980 年最少(0.6 d)，2001—2010 年最多(2.8 d)；冬季 1991—2000 年最少(0.0 d)，1971—1980 年最多(0.05 d)。四个季节中，2011—2020 年春季和夏季≥35 ℃高温日数均为增加变化趋势，而秋季和冬季为减少趋势(图 4.28)。

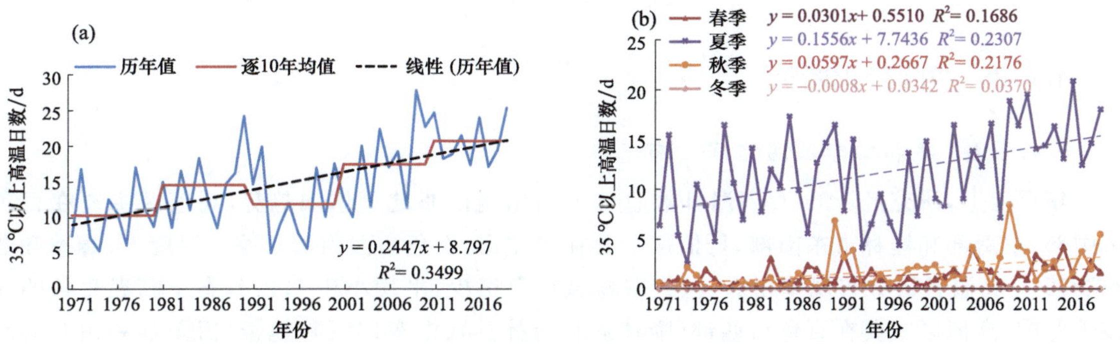

图 4.28　1971—2020 年广西喀斯特地区≥35 ℃高温日数变化

(a)年际，(b)各季节

1971—2020 年广西喀斯特地区年≥35 ℃高温有效积温波动较大，总体呈极显著($p<0.01$)增加趋势，变化速率为 3.8 ℃/(10 a)。各季节≥35 ℃有效积温波动也较大，春、夏和秋季均呈增加趋势，其中夏季为显著($p<0.05$)增加，此 3 个季节的变化速率分别为 0.6 ℃/(10 a)、2.6 ℃/(10 a)和 0.6 ℃/(10 a)，但冬季呈不明显减少趋势，变化速率为 0.01 ℃/(10 a)。逐 10 年变化分析发现，从 1971 年开始至 2020 年，研究区年≥35 ℃高温日数呈阶梯式“增减”变化，但 1981—2020 年呈阶梯式增加。在 5 个 10 年中，1971—1980 年的年均≥35 ℃高温有效积温最少(11.4 ℃·d)，2011—2020 年最多(27.6 ℃·d)。季节尺度上，夏季≥35 ℃高温日数逐 10 年变化与年尺度变化相似，其他季节差异相对较大。其中，春季 1971—1980 年≥35℃高温有效积温最少(1.1 ℃·d)，2011—2020 年最多(4.2 ℃·d)；夏季 1991—2000 年最少(9.5 ℃·d)，2011—2020 年最多(21.4 ℃·d)；秋季 1971—1980 年最少(0.3 ℃·d)，2001—2010 年最多(3.0 ℃·d)；冬季 1981—1990 年、1991—2000 年、2011—2020 年这 3 个时段的≥35 ℃高温有效积温均为 0 ℃·d，1971—1980 年最多(0.07 ℃·d)。四个季节中，2011—2020 年春季和夏季≥35 ℃高温有效积温均为增加趋势，而秋季和冬季为减少趋势(图 4.29)。

综上所述，≥35 ℃高温日数和≥35 ℃高温有效积温变化特征相似，两者年、春季、夏季和秋季均呈增加趋势，且年尺度及夏季均为显著增加。两者的逐 10 年变化中最大值和最小值出现的时段基本相同，但夏季最少和冬季最少出现的时段有差异。

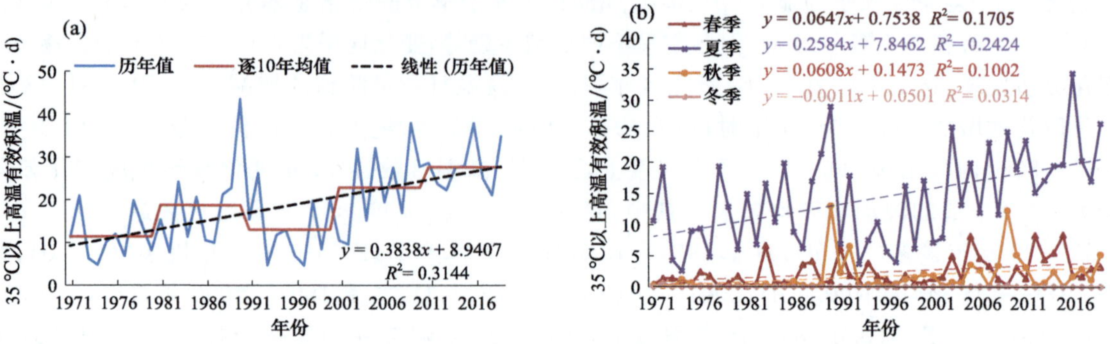

图 4.29 1971—2020 年广西喀斯特地区≥35 ℃高温有效积温变化

(a)年际,(b)各季节

4.4.2 空间变化特征

4.4.2.1 年和四季高温空间分布

年尺度上,研究区≥35 ℃高温日数总体上由西南向东北呈增加趋势,高值区主要在百色市中部、东南部和桂林市东南部,低值区主要在崇左市、百色市西南部。季节尺度上,春季和冬季≥35 ℃高温日数分布规律相似,但冬季高温日数很少,平均小于 0.2 d,春季高温日数明显多于冬季,高值区主要在百色市西部(隆林县和西林县)、中东部河谷地带(田阳县和田东县)。夏季和秋季≥35 ℃高温日数空间分布规律与年尺度相似,由西南向东北增加(图 4.30)。

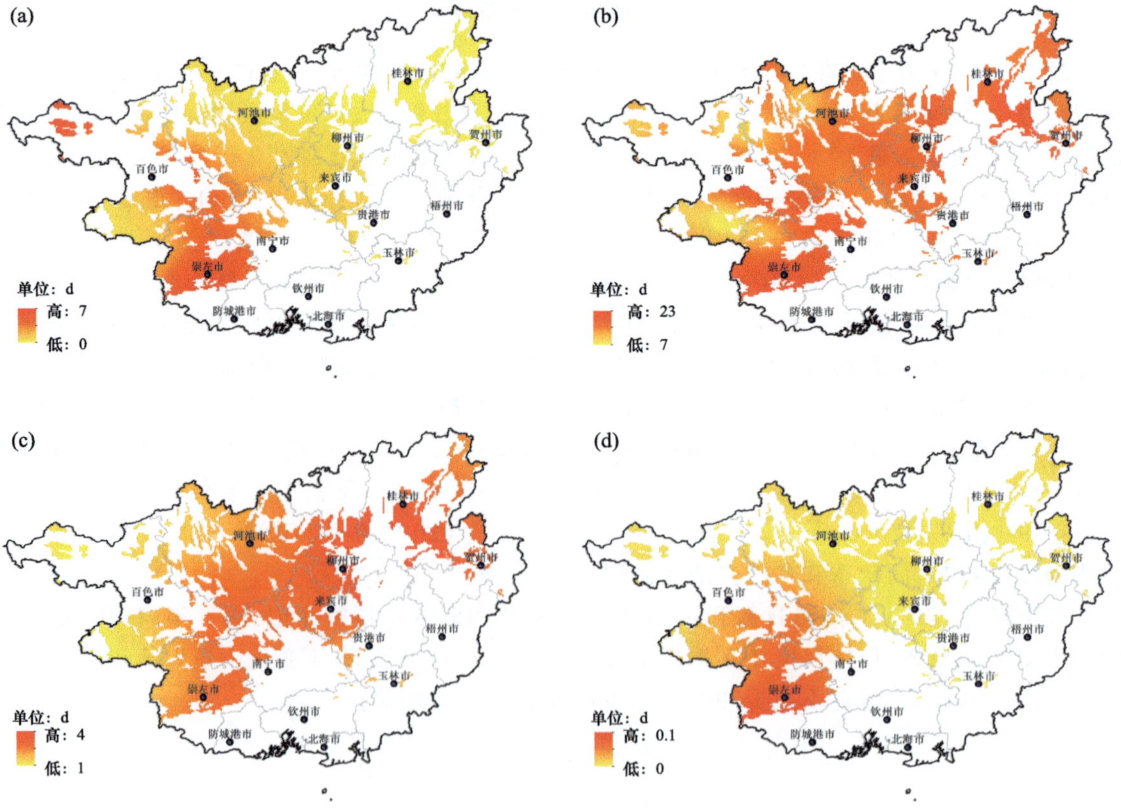

(e)

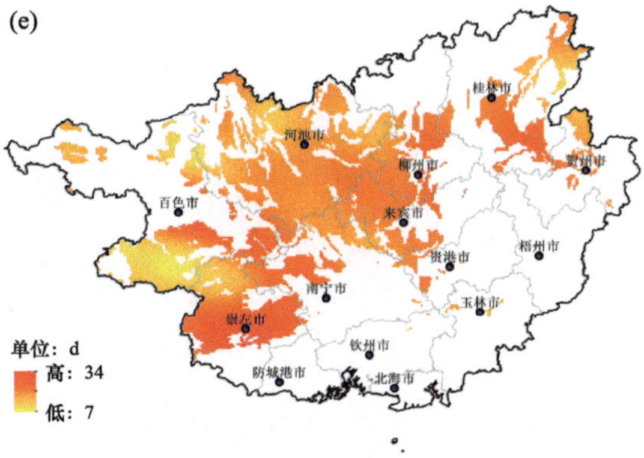

图 4.30 广西喀斯特地区不同时段≥35 ℃高温日数空间分布
(a)春季，(b)夏季，(c)秋季，(d)冬季，(e)年际

对于≥35 ℃高温有效积温(高于 35 ℃温度值与 35 ℃差值加和的平均)而言，其空间分布规律与≥35 ℃高温日数有较大差异。年尺度上，≥35 ℃高温有效积温高值区主要在崇左市中部和百色市中南部，低值区主要在百色市西南部、北部，以及河池市北部局部地区。春季和冬季≥35 ℃高温有效积温分布规律相似，高值区在崇左市中部、百色市中东部河谷地带较集中，不同的是，百色市西部(隆林县和西林县)仅在春季是高值区。夏秋季≥35 ℃高温有效积温分布规律也相似，总体上由西部向东和东南呈增加趋势，高值区主要位于崇左市中部、百色市中南部和桂林市(图 4.31)。

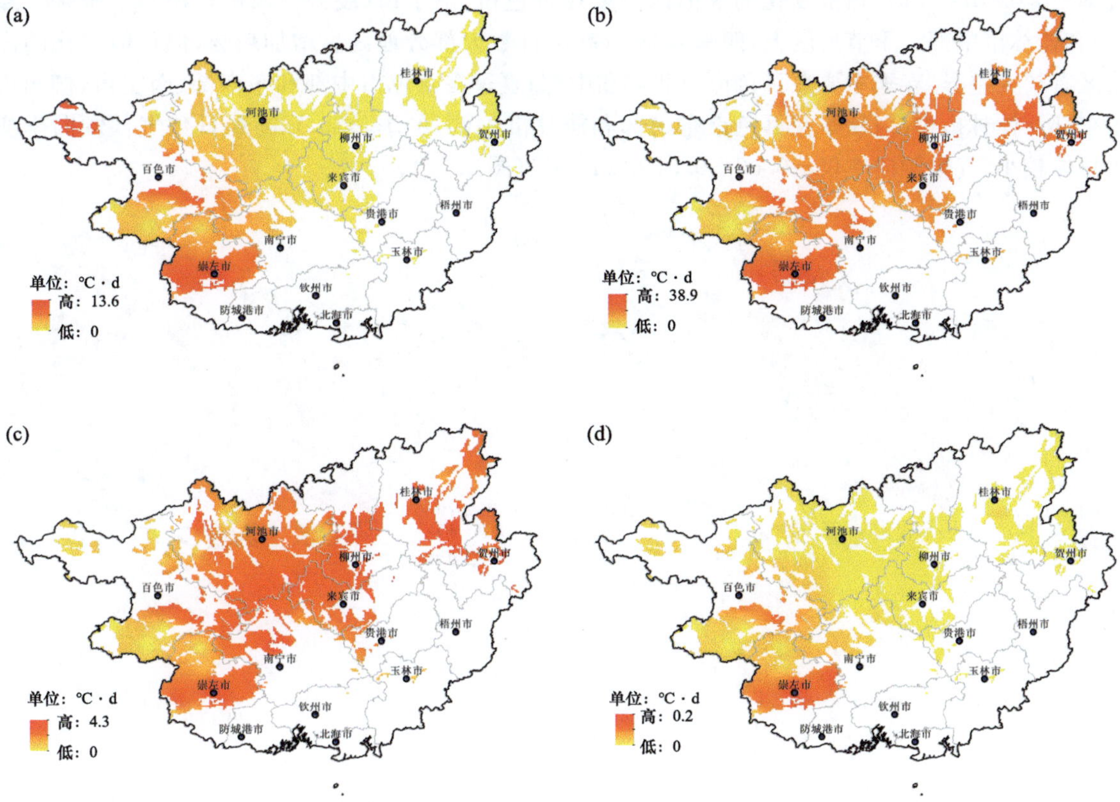

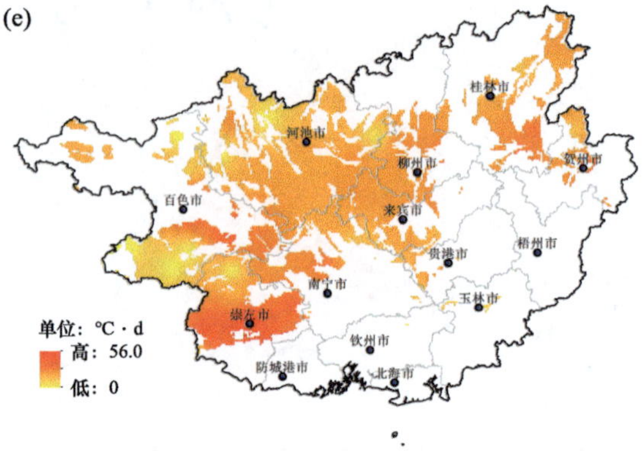

图 4.31　广西喀斯特地区不同时段≥35 ℃高温有效积温均值空间分布
(a)春季，(b)夏季，(c)秋季，(d)冬季，(e)年际

综上所述，研究区≥35 ℃高温日数、≥35 ℃高温有效积温多年均值在春冬季、夏秋季空间分布规律相似，在春、冬季，百色市西部和中东部河谷地带是高值集中地区，夏、秋季，百色市中部、东南部和桂林市东南部是高值集中地区。值得注意的是，崇左市地区的≥35 ℃高温日数相对于研究区其他地区不高，但其≥35 ℃高温有效积温却明显高于其他地区。

4.4.2.2　年和四季高温变化趋势

年尺度上，研究区≥35 ℃高温日数大部分地区呈增加趋势，部分地区呈弱减少趋势(气候倾向率−0.02 d/(10 a))正值变化的高值区主要在百色市、南宁市(凌云—田阳—田东—平果—隆安)和桂林市中部。季节尺度上，四季≥35 ℃高温日数大部分地区呈增加趋势，但正值变化的高值区有较大差异：春季主要在百色市西北部和中部；夏季在百色市中部和东南部、南宁市、柳州市中东部及桂林市中部；秋季在百色市东南部和桂林市中部；冬季≥35 ℃高温日数气候倾向率变幅总体较小(气候倾向率仅−0.02～0.01 d/(10 a))(图 4.32)。

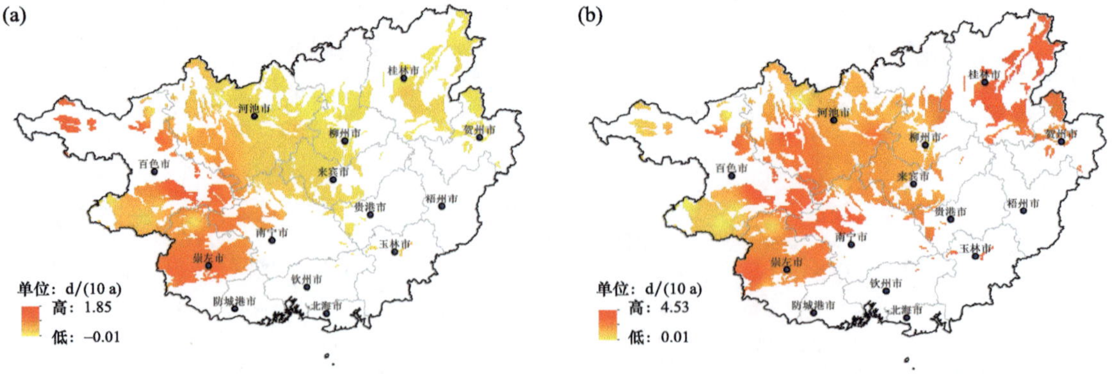

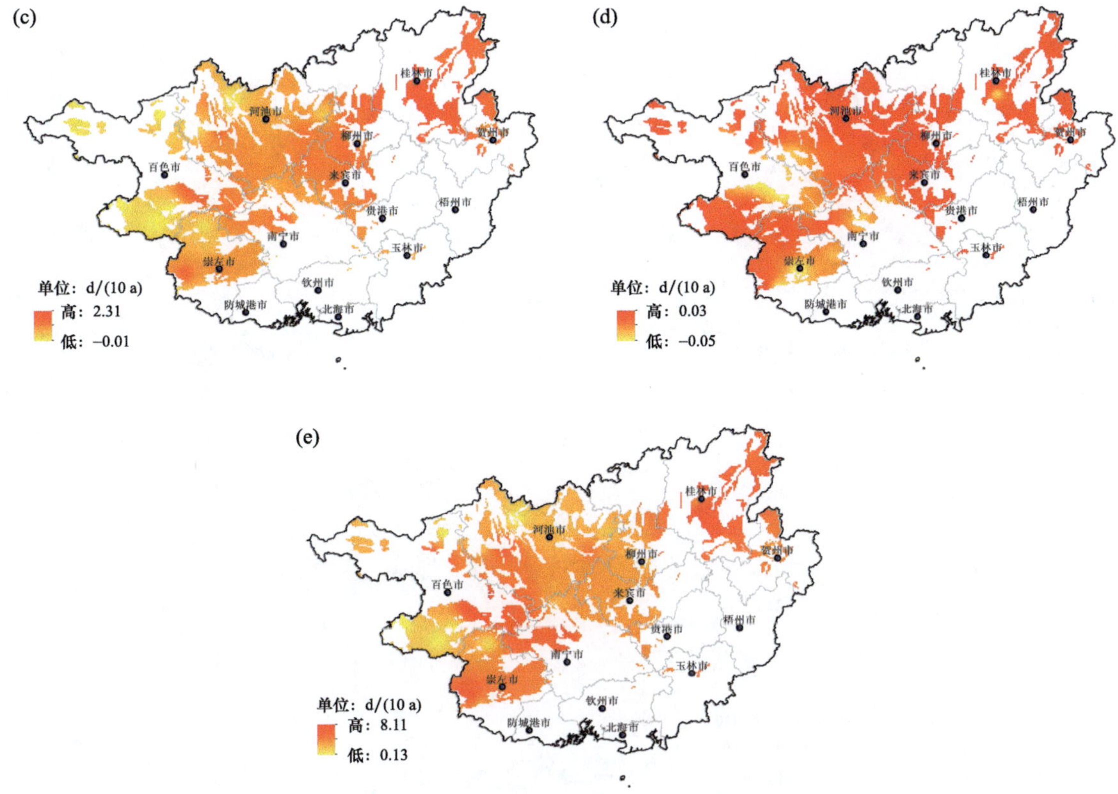

图 4.32 广西喀斯特地区不同时段≥35 ℃高温日数变化趋势
(a)春季，(b)夏季，(c)秋季，(d)冬季，(e)年际

年尺度上，研究区≥35 ℃高温有效积温大部分地区呈增加趋势，部分地区呈弱减少趋势(气候倾向率−0.38 (℃ · d)/(10 a))正值变化的高值区主要在百色市东南部、崇左市中部和桂林市中部地区。季节尺度上，四季≥35 ℃高温有效积温大部分地区呈增加趋势，但正值变化的高值区有较大差异：春季主要在百色市西北部和崇左市中部；夏季在百色市东南部、崇左市中部、柳州市东部和桂林市中部；秋季在桂林市中部；冬季≥35 ℃高温日数气候倾向率变幅总体较小(气候倾向率仅−0.04～0.03 (℃ · d)/(10 a))(图 4.33)。

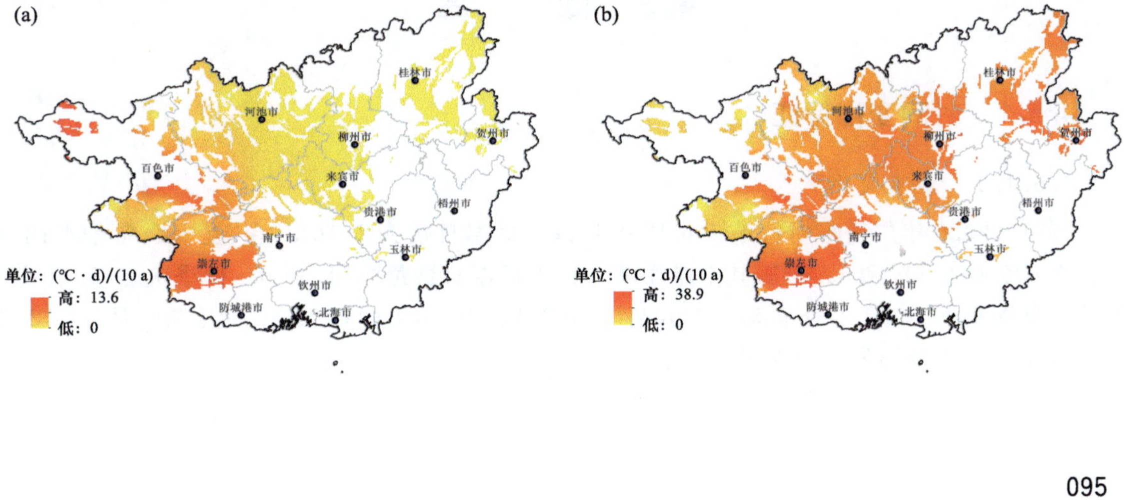

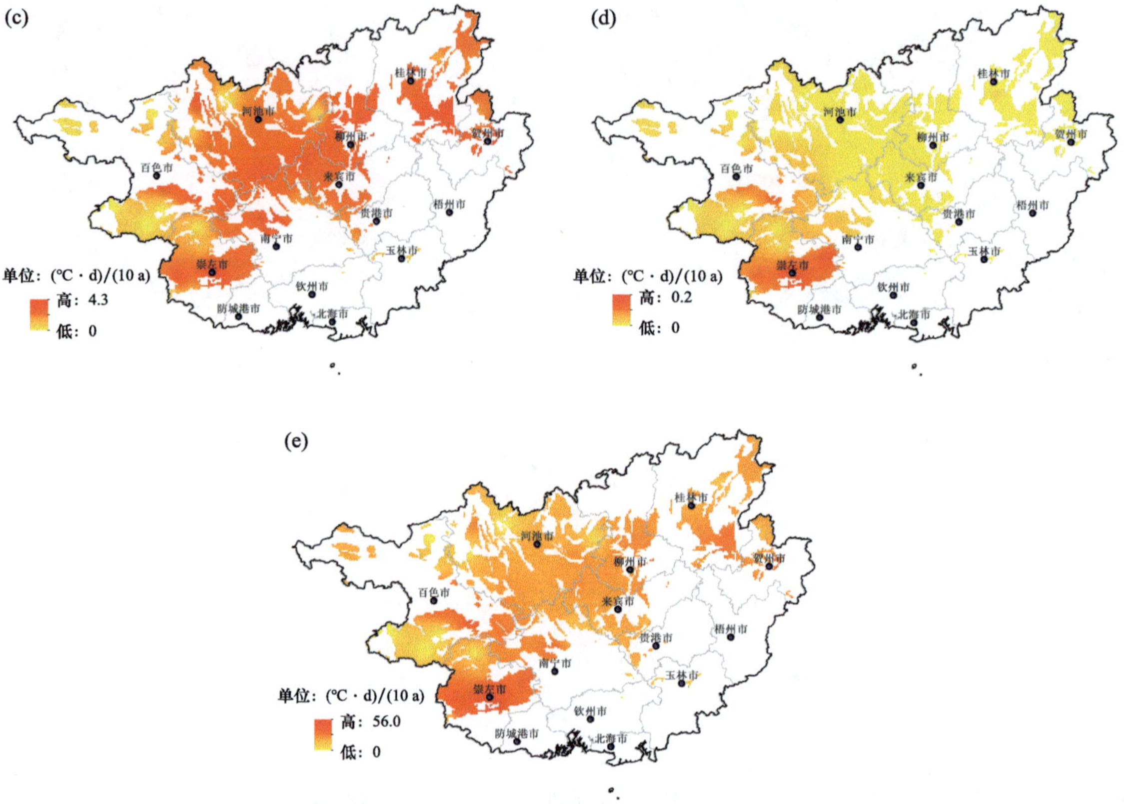

图 4.33　广西喀斯特地区不同时段≥35 ℃高温有效积温变化趋势

(a)春季,(b)夏季,(c)秋季,(d)冬季,(e)年际

综上所述,研究区≥35 ℃高温日数、≥35 ℃高温有效积温变化趋势在不同时段空间分布有较大差异。总体而言,百色市中南部、桂林市中部在多数时段高值明显。崇左市≥35 ℃高温日数变化趋势相对于研究区其他地区增加幅度较小,但其≥35 ℃高温有效积温增幅却明显高于其他地区。

4.5 低　　温

4.5.1　时间变化特征

4.5.1.1　季节变化

1971—2020 年广西喀斯特地区年均 0 ℃以下低温日数为 1.16 d,春、夏、秋、冬季占比分别为 0.4%、0、0.6%和 99.0%,其中冬季 0 ℃以下低温日数最多(1.15 d),秋季次之(0.01 d),春季和夏季基本无 0 ℃以下低温。月尺度上,0 ℃以下低温集中在 12 月、1 月和 2 月,且 12 月和 1 月 0 ℃以下低温发生频率最高(图 4.34)。

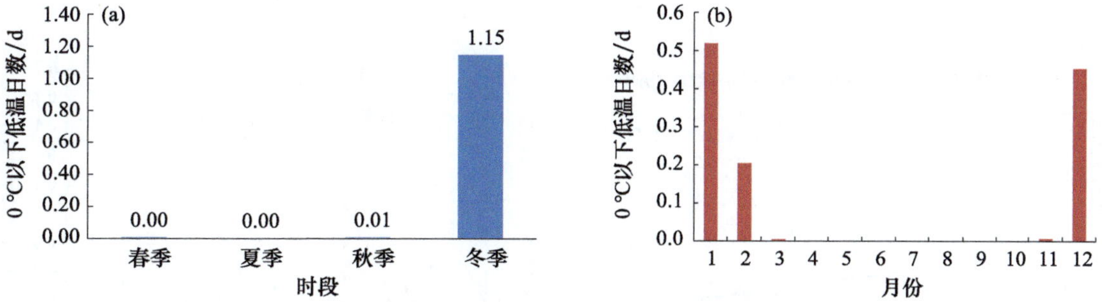

图 4.34 广西喀斯特地区年均≤0 ℃低温日数四季(a)和月均值(b)统计

1971—2020 年广西喀斯特地区年均≤0 ℃低温有效积温 1.176 ℃ · d,春、夏、秋、冬季占比分别为 0.24%、0、0.24%和 99.52%,其中冬季≤0 ℃低温有效积温最多(1.176 ℃ · d),春季和秋季次之(0.003 ℃ · d),夏季最少(0 ℃ · d)。月尺度上,≤0 ℃低温有效积温高值集中在 12 月、1 月和 2 月,且 12 月和 1 月最多(图 4.35)。综上,对于低温灾害而言,≤0 ℃低温日数和≤0 ℃低温有效积温季节变化特征相似,冬季是喀斯特地区低温灾害的高发季节,需要重点关注的月份是 12 月和 1 月。

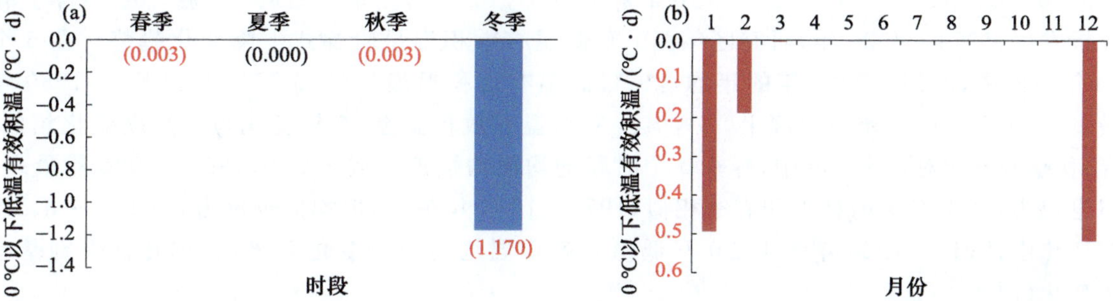

图 4.35 广西喀斯特地区年均≤0 ℃低温有效积温四季(a)和月均值(b)统计

4.5.1.2 年际变化

1971—2020 年广西喀斯特地区年≤0 ℃低温日数波动较大,总体呈极显著($p<0.01$)减少趋势,变化速率为 0.4 d/(10 a)。各季节≤0 ℃低温日数波动也较大,春、秋和冬季均呈减少趋势,其中冬季为极显著($p<0.01$)减少,秋季为显著($p<0.05$)减少,此 3 个季节的变化速率分别为−0.003 d/(10 a)、−0.004 d/(10 a)和−0.4 d/(10 a),夏季无≤0 ℃低温。逐10 年变化分析发现,从 1971—2020 年,研究区年≤0 ℃低温日数呈阶梯式下降趋势。在 5 个 10 年时段中,2011—2020 年的年均≤0 ℃低温日数最少(0.6 d),1971—1980 年最多(2.5 d)。季节尺度上,冬季≤0 ℃低温日数逐 10 年变化与年尺度变化相似,春、秋季差异相对较大。其中,春季 5 个时段的均值均接近 0 或者为 0,1981—1990 年最多,但也仅为 0.02 d;秋季和春季相似,1971—1980 年最多,但均值也仅为 0.02 d。季节变化中,2011—2020 年秋季和冬季≤0 ℃低温日数均为减少趋势,春季则基本无变化(图 4.36)。

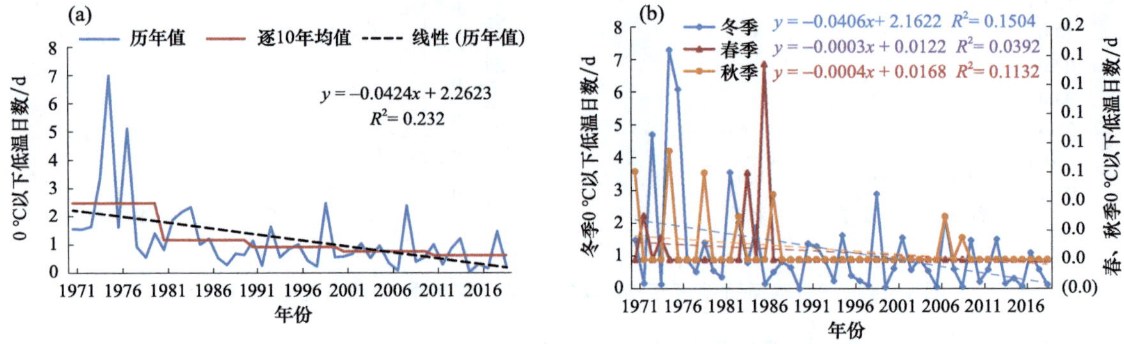

图 4.36 1971—2020 年广西喀斯特地区≤0 ℃低温日数变化

(a)年际,(b)各季节

1971—2020 年广西喀斯特地区年≤0 ℃低温有效积温波动较大,总体呈极显著($p<0.01$)减少趋势,变化速率为−0.5 ℃/(10 a)。各季节≤0 ℃低温有效积温波动也较大,春、秋和冬季均呈减少趋势,其中冬季为显著($p<0.05$)减少,此 3 个季节的变化速率分别为−0.002 ℃/(10 a)、−0.002 ℃/(10 a)和 0.5 ℃/(10 a),夏季无≤0 ℃低温。逐10 年变化分析发现,1971—2020 年,研究区年≤0 ℃低温有效积温呈阶梯式下降变化趋势。在 5 个 10 年时段中,2011—2020 年的年均≤0 ℃低温有效积温最少(0.5 ℃·d),1971—1980 年最多(3.0 ℃·d)。季节尺度上,冬季≤0 ℃低温有效积温逐 10 年变化与年尺度变化相似,春、秋季差异相对较大。其中,春季 5 个时段的均值均接近 0 或者为 0,1981—1990 年最多,但也仅为 0.01 ℃·d;秋季和春季相似,1971—1980 年最多,但均值也仅为 0.01 ℃·d。季节变化中,2011—2020 年冬季≤0 ℃低温有效积温均为减少变化趋势,春季和秋季则基本无变化(图 4.37)。

综上所述,≤0 ℃低温日数和≤0 ℃低温有效积温变化特征相似,1971—2020 年来两者年、春季和秋季均呈减少趋势,且年尺度及冬季均为显著减少。两者的逐 10 年变化中最大值和最小值出现的时段基本相同。

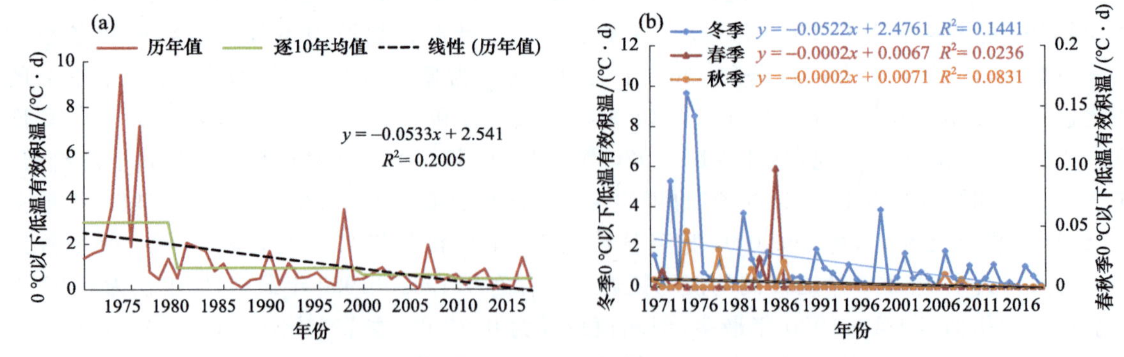

图 4.37 1971—2020 年广西喀斯特地区≤0 ℃低温有效积温变化

(a)年际,(b)各季节

4.5.2 空间变化特征

4.5.2.1 年和季节低温空间分布

年尺度上，研究区≤0 ℃低温日数总体上由南向北呈增加变化趋势，高值区主要在桂林市东北部(灌阳县和兴安县)、河池市北部(南丹县)。季节尺度上，春季、秋季和冬季≤0 ℃低温日数分布规律相似，均为南低北高，但春季和秋季≤0 ℃低温日数很少，多年均值小于 0.2 d。≤0 ℃低温日数主要集中在冬季，高值区分布与年尺度相似，主要在桂林市东北部和河池市北部山区(图 4.38)。

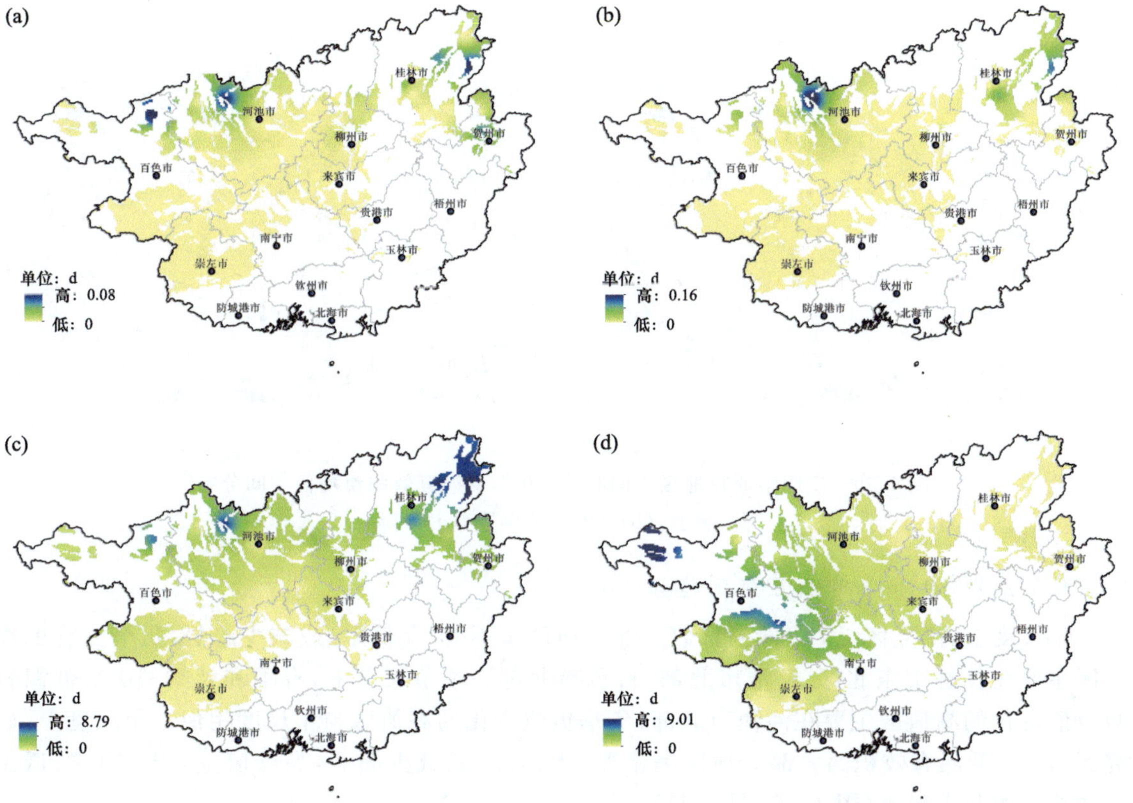

图 4.38 广西喀斯特地区不同时段≤0 ℃低温日数均值空间分布
(a)春季，(b)秋季，(c)冬季，(d)年际

对于≤0 ℃低温有效积温而言，年尺度上，≤0 ℃低温高值区主要在桂林市东北部(灌阳县和兴安县)、河池市北部(南丹县)和百色市北部(乐业县)。春季、秋季和冬季≤0 ℃低温有效积温分布规律相似度很高，高值区分布与年尺度相似，主要在桂林市东北部、河池市北部山区和百色市北部，但≤0 ℃低温有效积温以冬季为主，春季和秋季值很小，多年均值小于 0.1 ℃ · d (图 4.39)。

综上所述，研究区≤0 ℃低温日数、≤0 ℃低温有效积温多年均值在年和季节尺度空间分布规律相似，桂林市东北部和河池市北部山区是低温的集中地区，不同的是，百色市北部(乐业县)的≤0 ℃低温高值区不明显，但该地区≤0 ℃低温有效积温却明显高于其他地区。

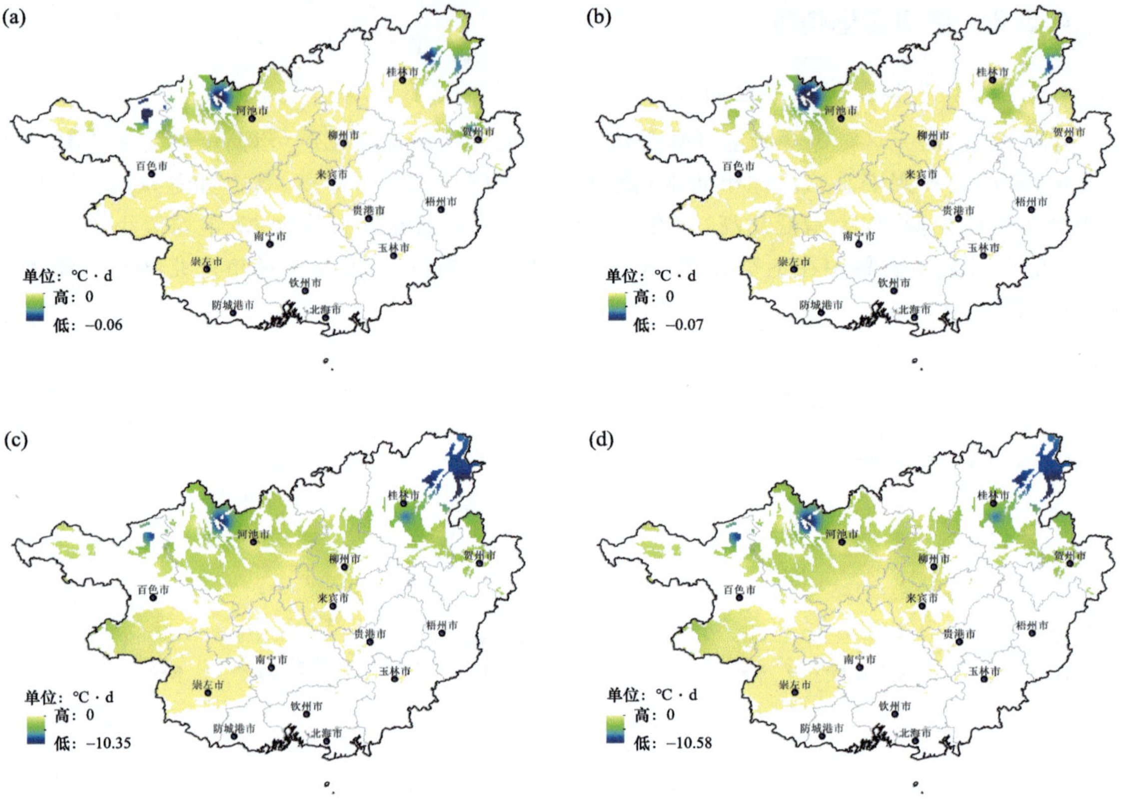

图 4.39　广西喀斯特地区不同时段≤0 ℃低温有效积温均值空间分布
(a)春季，(b)秋季，(c)冬季，(d)年际

4.5.2.2　年和季节低温变化趋势

年尺度上，研究区≤0 ℃低温日数大部分地区呈不变(无低温)或减少趋势，负值变化的高值区主要在桂林市东北部、河池市北部、百色市北部。季节尺度上，春季和秋季≤0 ℃低温日数负值变化的高值区主要在河池市北部，冬季负值变化的高值区与年尺度相似。年尺度上，研究区≤0 ℃低温有效积温大部分地区呈不变(无低温)或减少趋势，高低值分布与≤0 ℃低温日数相似但范围较小(图 4.40、图 4.41)。

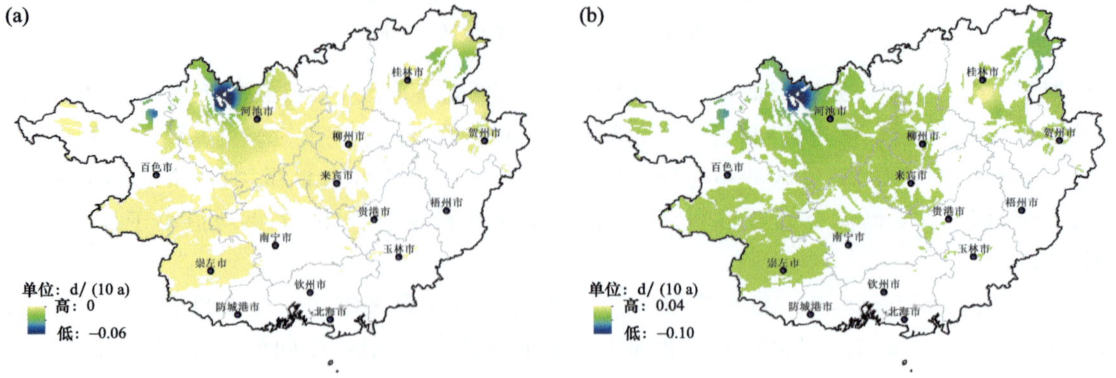

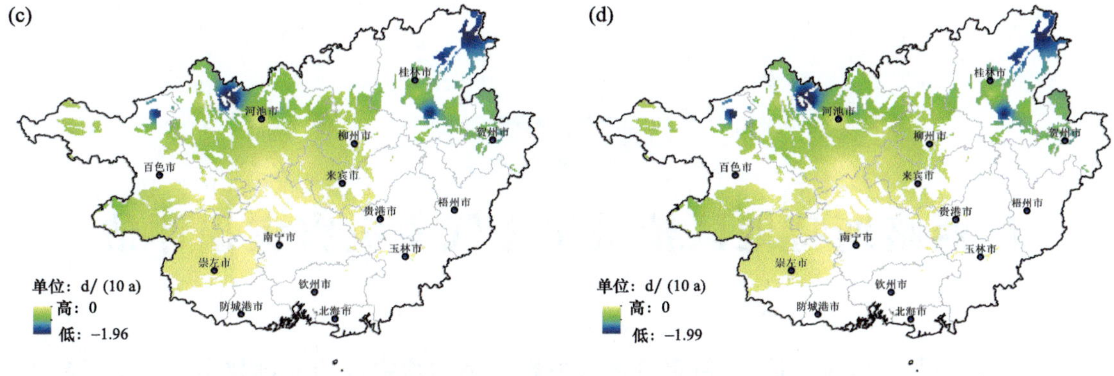

图 4.40　广西喀斯特地区不同时段≤0 ℃低温日数变化趋势

(a)春季，(b)秋季，(c)冬季，(d)年际

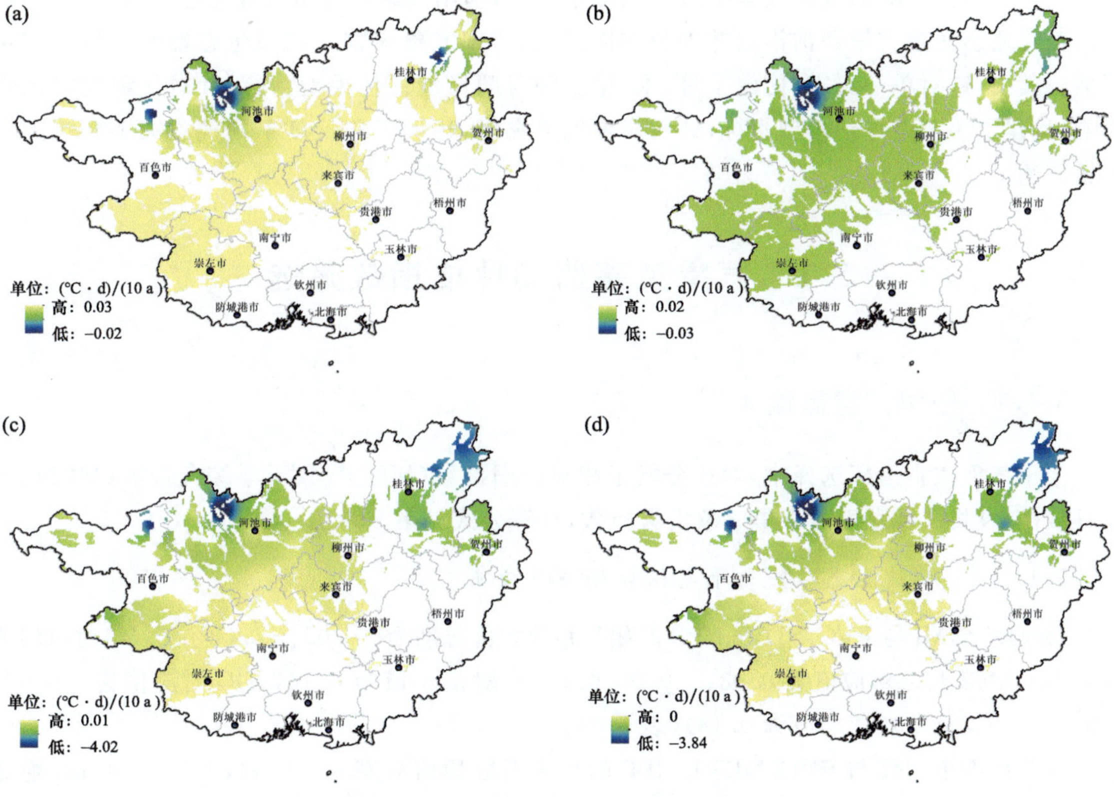

图 4.41　广西喀斯特地区不同时段≤0 ℃低温有效积温变化趋势

(a)春季，(b)秋季，(c)冬季，(d)年际

第 5 章

广西喀斯特地区植被生态气象灾害灾损评估

气象灾害会影响植被生长，如何定量化这种影响是亟须解决的关键技术。由于气象灾害的指数众多，研究从指标选取入手，通过分析表征干旱、暴雨、高温、低温的不同指数与遥感植被生态参数的相关性，以及不同林种对气象指数响应的敏感性入手，构建或筛选能较好地反映气象灾害对植被影响的气象灾害指数。在此基础上，利用气象灾害指数和遥感植被生态参数，共同构建遥感植被灾损评估指数并划分灾损标准，实现气象灾害对植被生态影响（灾损）定量评估。其中，针对单一灾害，构建了月、季、年三种时间尺度评估模型指标，针对气象灾害综合影响，构建了年尺度评估模型指标，针对多种气象灾害，建立了年尺度不同气象灾害影响大小比较方法。

5.1　气象灾害监测评估指数筛选

5.1.1　干旱灾害指数

干旱气象灾害指标选择中，对比分析了相对湿润指数（MI）、气象干旱综合指数（MCI）、干旱日数（DD）共 3 种常用的干旱气象灾害指数，计算公式见第 2 章。

5.1.1.1　植被生态参数与干旱指数相关性分析

月尺度上，MI 与 FVC、NDVI、NPP 的相关系数均值分别为－0.05、－0.03、0.09（绝对值均值为 0.18），MCI 与之对应值为 0.03、－0.02、0.18（绝对值均值为 0.16），DD 对应值为－0.07、－0.04、－0.23（绝对值均值为 0.18）（表 5.1）。

季节尺度上，MI 与 FVC、NDVI、NPP 的相关系数均值分别为－0.11、－0.08、0.12（绝对值均值为 0.17），MCI 与之对应值为 0.04、－0.04、0.26（绝对值均值为 0.19），DD 对应值为－0.07、－0.02、－0.31（绝对值均值为 0.19）（表 5.2）。

年尺度上，MI 与 FVC、NDVI、NPP 的相关系数均值分别为－0.22、－0.09、0.06（绝对值均值为 0.12），MCI 与之对应值为 0.13、0.03、0.37（绝对值均值为 0.18），DD 对应值为 0.12、－0.07、－0.41（绝对值均值为 0.20）（表 5.2）。

表 5.1　不同月份干旱指数与遥感植被参数相关性统计

时间	指数	FVC	NDVI	NPP	均值	时间	指数	FVC	NDVI	NPP	均值
1 月	MI	−0.25	−0.23	−0.13	0.20	7 月	MI	−0.04	−0.05	−0.10	0.06
	MCI	0.01	−0.06	0.15	0.07		MCI	0.03	−0.19	−0.06	0.09
	DD	−0.10	−0.04	−0.15	0.10		DD	−0.04	0.12	0.00	0.05
2 月	MI	−0.28	−0.16	−0.18	0.21	8 月	MI	0.07	0.11	0.23	0.14
	MCI	−0.11	−0.02	0.07	0.07		MCI	0.06	0.06	0.22	0.11
	DD	0.07	0.07	−0.07	0.07		DD	−0.08	−0.06	−0.26	0.13
3 月	MI	−0.35	−0.45	−0.15	0.32	9 月	MI	−0.08	−0.09	0.17	0.11
	MCI	−0.11	−0.36	0.08	0.18		MCI	−0.04	−0.05	0.24	0.11
	DD	0.14	0.22	−0.04	0.13		DD	−0.08	−0.06	−0.39	0.18
4 月	MI	−0.11	−0.19	0.02	0.11	10 月	MI	0.33	0.33	0.52	0.39
	MCI	−0.07	−0.29	0.03	0.13		MCI	0.35	0.35	0.59	0.43
	DD	0.09	0.20	−0.06	0.12		DD	−0.38	−0.38	−0.63	0.46
5 月	MI	−0.01	0.09	0.05	0.05	11 月	MI	0.06	0.07	0.44	0.19
	MCI	0.00	0.01	0.06	0.02		MCI	0.10	0.10	0.48	0.23
	DD	0.02	−0.02	−0.08	0.04		DD	−0.27	−0.27	−0.63	0.39
6 月	MI	−0.15	−0.04	−0.11	0.10	12 月	MI	0.26	0.28	0.36	0.30
	MCI	−0.15	−0.12	−0.14	0.14		MCI	0.29	0.33	0.48	0.37
	DD	0.12	0.12	0.10	0.11		DD	−0.30	−0.33	−0.50	0.38
月均值	MI	−0.05	−0.03	0.09	0.18						
	MCI	0.03	−0.02	0.18	0.16						
	DD	−0.07	−0.04	−0.23	0.18						

表 5.2　年和四季干旱指数与遥感植被参数相关性统计

时间	指数	FVC	NDVI	NPP	均值	时间	指数	FVC	NDVI	NPP	均值
春季	MI	−0.21	−0.27	−0.05	0.18	秋季	MI	0.15	0.16	0.58	0.30
	MCI	0.00	−0.29	0.09	0.13		MCI	0.19	0.20	0.60	0.33
	DD	0.03	0.13	−0.13	0.10		DD	−0.32	−0.32	−0.70	0.45
夏季	MI	−0.17	−0.02	−0.07	0.09	冬季	MI	−0.22	−0.17	0.02	0.14
	MCI	−0.11	−0.14	−0.05	0.10		MCI	0.09	0.08	0.38	0.18
	DD	0.09	0.13	0.00	0.07		DD	−0.06	−0.01	−0.40	0.16
年	MI	−0.22	−0.09	0.06	0.12	季均值	MI	−0.11	−0.08	0.12	0.17
	MCI	0.13	0.03	0.37	0.18		MCI	0.04	−0.04	0.26	0.19
	DD	−0.12	−0.07	−0.41	0.20		DD	−0.07	−0.02	−0.31	0.19

5.1.1.2　植被对干旱灾害响应特征

从灾害严重程度大小视角，利用 MCI 分析广西喀斯特地区不同植被生态参数对不同等级干旱日数的响应规律，结果表明：研究区植被 NDVI、FVC 和 NPP 与不同等级干旱日数普遍呈弱相关关系，NDVI、FVC和NPP与轻旱、中旱、重旱、特旱日数的相关系数绝对值均值在0.13～0.22，由中旱至特旱，植被NDVI、FVC和NPP与其负相关性增大；由轻旱至特旱，植被NDVI和FVC与干旱的负相关区域变小，而NPP增大。NDVI和FVC对不同等级干旱日数的响应特征在空间上具有较大的相似性，研究西北部、西南部分别是轻、中旱负相关的高值区，东南部则为重、特旱负相关高值区。NPP对不同等级干旱的响应与NDVI和FVC差异较大（图5.1—图5.3）。

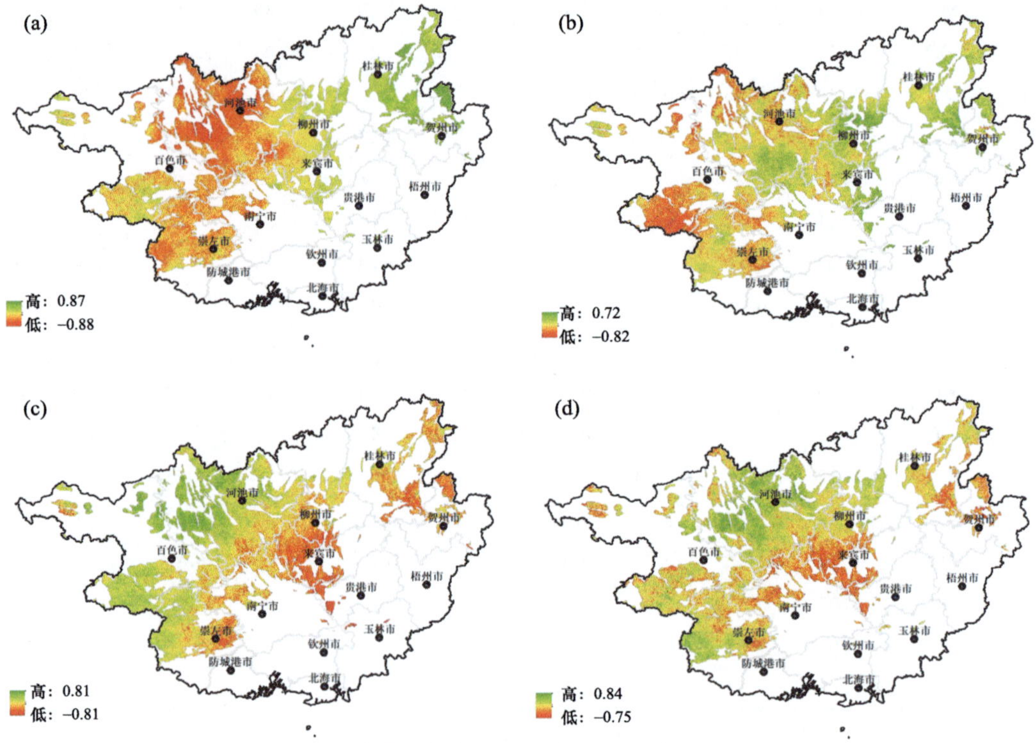

图5.1 研究区植被NDVI年值与不同等级干旱的相关性
(a)轻旱，(b)中旱，(c)特旱，(d)重旱

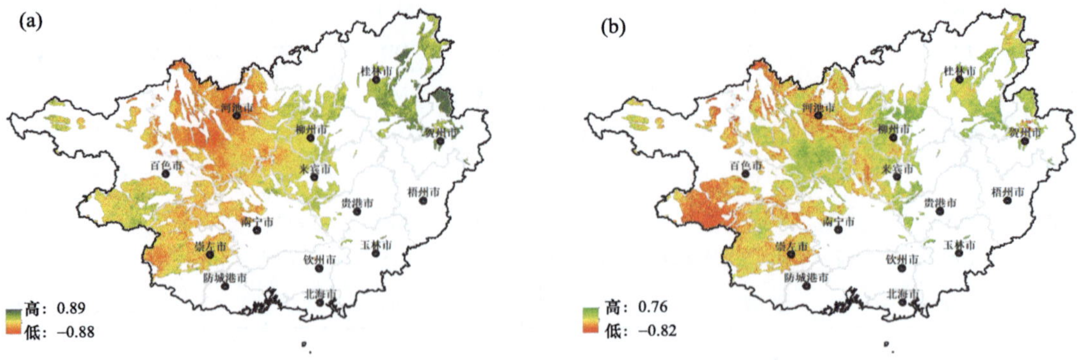

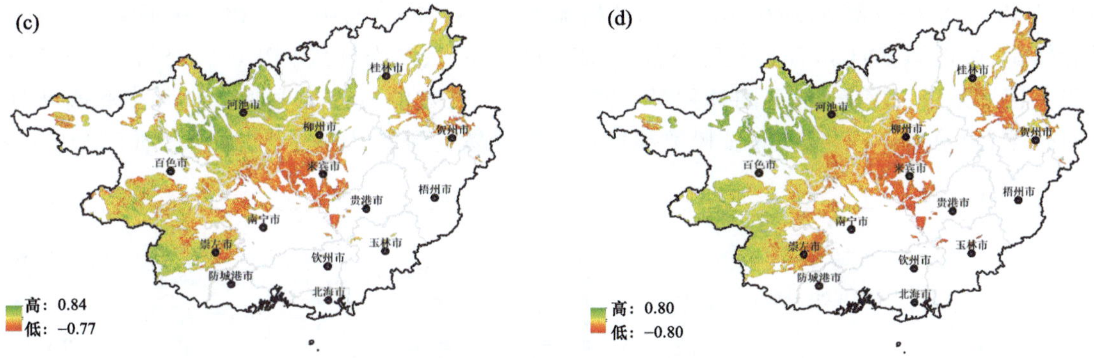

图5.2 研究区植被FVC年值与不同等级干旱的相关性

(a)轻旱，(b)中旱，(c)重旱，(d)特旱

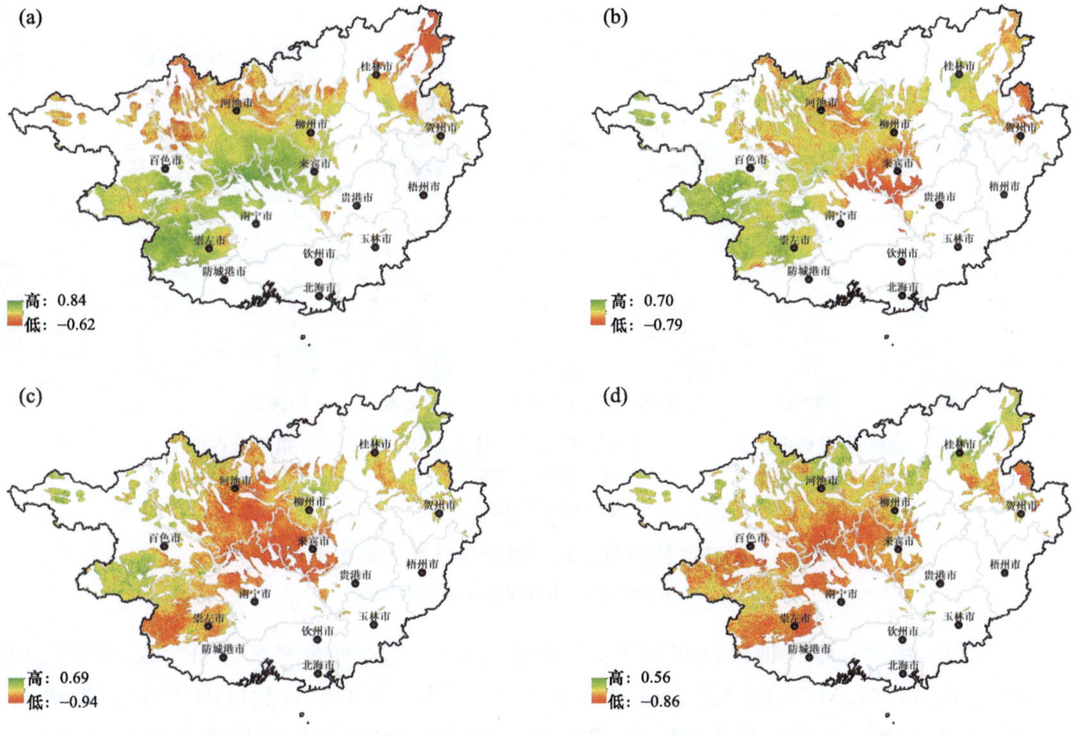

图5.3 研究区植被NPP年值与不同等级干旱的相关性空间分布

(a)轻旱，(b)中旱，(c)重旱，(d)特旱

从植被类型（林种）视角，利用MCI分析广西喀斯特地区不同林种植被对不同等级干旱的响应特征，结果表明：杉木类FVC（$R=-0.297$），NDVI（$R=-0.317$），松树类NPP（$R=-0.160$）与轻旱负相关性最强；阔叶林FVC（$R=-0.228$），NDVI（$R=-0.226$），桉树类NPP（$R=-0.309$）与中旱负相关性最强；桉树类FVC（$R=-0.275$）、NDVI（$R=-0.242$）、NPP（$R=-0.570$）与重旱负相关性均大于其他树种；对于特旱，其与桉树类FVC（$R=-0.297$）、NDVI（$R=-0.271$）的负相关性最强，但与竹林NPP（$R=-0.497$）负相关性最强。就负相关区域而言，阔叶林FVC（78.4%）和NDVI（82.6%），杉木类NPP（46.2%）与轻旱负相关区域

最大，FVC(76.3%)和 NDVI(76.9%)，桉树类 NPP(87.1%)与中旱负相关区域最大，对于重旱和特旱，桉树类 FVC(77.1%、78.2%)、NDVI(71.9%、75.6%)、NPP(99.7%、99.8%)与之负相关区域最大。简言之，不同林种对不同等级干旱日数响应差异明显。杉木类和阔叶林植被对轻旱、中旱响应较明显，而桉树类和竹林则更容易受到重旱和特旱的影响(图 5.4)。

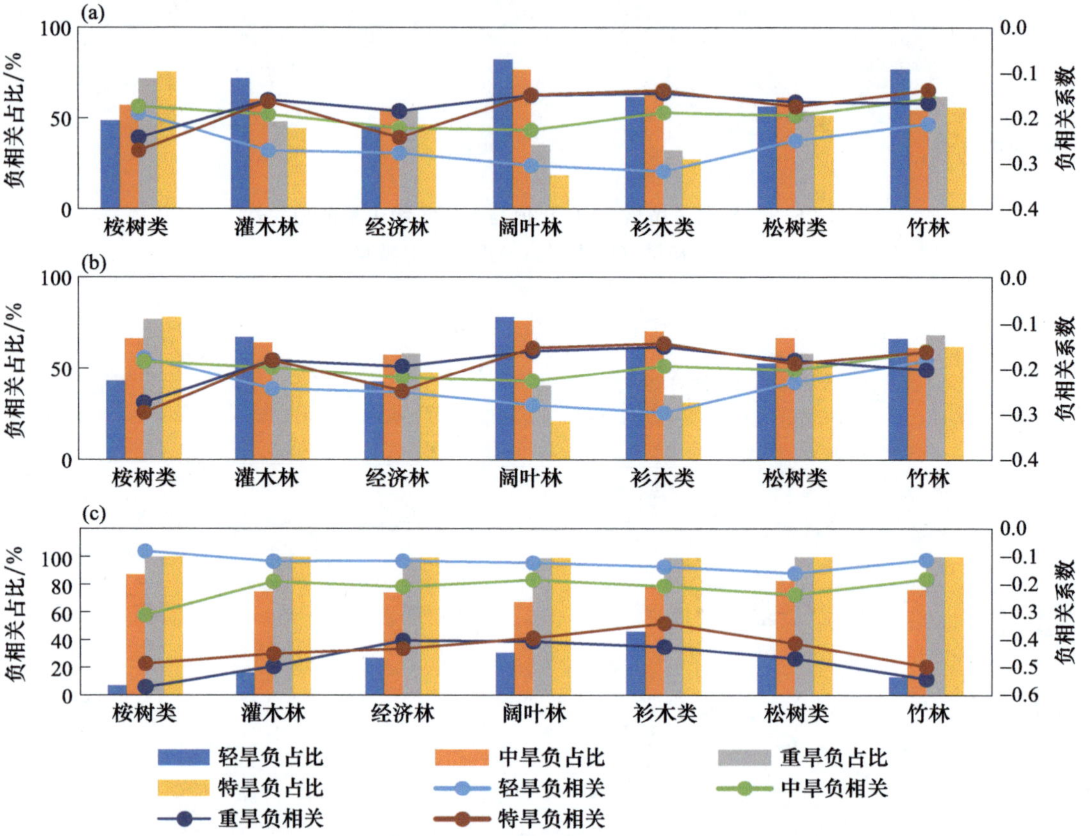

图 5.4　研究区林种与不同等级干旱日数的负相关性统计
(a)NDVI，(b)FVC，(c)NPP

综上所述，月、季、年三种时间尺度下，反映植被生长状况的遥感参数(FVC、NDVI、NPP)与干旱灾害指数(MI、MCI、DD)多数以弱负相关为主，其中与干旱日数(DD)的相关性更强，并且在不同月份、季度、年相关性差异显著，即干旱日数(DD)可以较好地反映干旱对植被在不同时段的影响差异。进一步分析发现，植被遥感参数(FVC、NDVI、NPP)与依据 MCI 划分的不同干旱等级具有良好的响应关系，表现在随着干旱等级增加和林种变化，植被生态遥感参数与干旱指数的相关性差异明显，即利用 MCI 可以较好地反映干旱对植被在不同林种、不同程度旱情条件下的影响差异。干旱日数(DD)反映了干旱影响的时长，MCI 反映了干旱程度的大小，两者结合能更全面反映干旱对植被的影响，因此在植被干旱灾损评估模型构建中，同时选择了 MCI 和 DD 两个干旱指数。

5.1.2　暴雨洪涝灾害指数

暴雨洪涝灾害指标选择中，对比分析了暴雨以上累积量(Accumulated Rainfall above

Rainstorm，ARS）、特大暴雨量（Extremely Heavy Rainstorm，EHRS）、大暴雨量（Heavy Rainstorm，HRS）、暴雨量（Rainstorm，RS）、大雨量（Heavy Rain，HR）、中雨量（Moderate Rain，MR）共 3 种干旱气象灾害指数，计算公式见第 2 章。

5.1.2.1　植被生态参数与暴雨洪涝指数相关性分析

月尺度上，暴雨以上累计雨量与 FVC、NDVI、NPP 的相关系数均值分别为－0.02、－0.05、0.03（绝对值均值为 0.08），特大暴雨与之对应值为 0.02、－0.02、0.00（绝对值均值为 0.04），大暴雨量对应值为－0.02、－0.05、－0.03（绝对值均值为 0.09），暴雨量对应值为 0.01、0.01、0.05（绝对值均值为 0.07），大雨量对应值为 0.00、－0.02、0.09（绝对值均值为 0.09），中雨量对应值为－0.01、－0.04、0.07（绝对值均值为 0.09）（表 5.3）。

季节尺度上，暴雨以上累计雨量与 FVC、NDVI、NPP 的相关系数均值分别为－0.06、－0.06、0.02（绝对值均值为 0.08），特大暴雨与之对应值为 0.04、－0.08、0.03（绝对值均值为 0.09），大暴雨量对应值为－0.02、－0.01、0.03（绝对值均值为 0.06），暴雨量对应值为－0.05、－0.06、0.05（绝对值均值为 0.08），大雨量对应值为－0.01、－0.01、0.15（绝对值均值为 0.08），中雨量对应值为 0.03、－0.04、0.17（绝对值均值为 0.11）（表 5.4）。

年尺度上，暴雨以上累计雨量与 FVC、NDVI、NPP 的相关系数均值分别为 0.02、－0.01、0.10（绝对值均值为 0.04），特大暴雨与之对应值为 0.07、－0.09、0.04（绝对值均值为 0.07），大暴雨量对应值为 0.01、0.00、0.05（绝对值均值为 0.02），暴雨量对应值为 0.02、0.02、0.15（绝对值均值为 0.06），大雨量对应值为 0.03、0.01、0.18（绝对值均值为 0.07），中雨量对应值为 0.13、0.01、0.26（绝对值均值为 0.13）（表 5.4）。

表 5.3　不同月份暴雨洪涝指数与遥感植被参数相关性统计

时间	指数	FVC	NDVI	NPP	均值	时间	指数	FVC	NDVI	NPP	均值
1 月	ARS	－0.10	－0.07	－0.06	0.08	4 月	ARS	－0.11	－0.12	－0.03	0.09
	EHRS	0.00	0.00	0.00	0.00		EHRS	0.00	0.00	0.00	0.00
	HRS	－0.09	－0.06	－0.05	0.07		HRS	－0.13	－0.14	－0.04	0.10
	RS	－0.11	－0.06	－0.05	0.07		RS	－0.09	－0.08	－0.08	0.08
	HR	－0.09	－0.02	0.07	0.06		HR	－0.08	－0.18	0.01	0.09
	MR	－0.07	－0.10	0.07	0.08		MR	－0.01	－0.19	0.04	0.08
2 月	ARS	－0.02	－0.22	－0.08	0.10	5 月	ARS	－0.04	－0.02	－0.03	0.03
	EHRS	0.00	0.00	0.00	0.00		EHRS	0.07	－0.29	－0.11	0.16
	HRS	－0.02	－0.22	－0.08	0.10		HRS	－0.07	0.00	－0.03	0.03
	RS	0.00	0.00	0.00	0.00		RS	－0.01	0.01	－0.01	0.01
	HR	0.05	－0.16	0.07	0.09		HR	－0.06	0.06	－0.01	0.04
	MR	0.08	－0.08	0.14	0.10		MR	－0.06	0.04	－0.01	0.04
3 月	ARS	0.15	0.05	0.22	0.14	6 月	ARS	－0.11	－0.07	－0.11	0.10
	EHRS	0.00	0.00	0.00	0.00		EHRS	－0.06	－0.01	－0.05	0.04
	HRS	0.15	0.05	0.23	0.15		HRS	－0.14	－0.10	－0.15	0.13
	RS	0.11	0.07	0.09	0.09		RS	－0.05	－0.03	－0.06	0.05
	HR	0.10	0.01	0.24	0.12		HR	－0.11	－0.08	－0.12	0.11
	MR	0.02	－0.12	0.21	0.12		MR	－0.20	－0.17	－0.22	0.20

续表

时间	指数	FVC	NDVI	NPP	均值	时间	指数	FVC	NDVI	NPP	均值
7月	ARS	0.07	−0.11	−0.04	0.07	10月	ARS	0.00	−0.01	0.20	0.07
	EHRS	0.02	−0.14	−0.08	0.08		EHRS	0.00	0.00	0.00	0.00
	HRS	0.08	−0.12	−0.05	0.09		HRS	−0.01	−0.02	0.20	0.08
	RS	0.06	−0.06	−0.01	0.04		RS	0.05	0.05	0.14	0.08
	HR	0.07	−0.06	−0.04	0.05		HR	0.03	0.03	0.27	0.11
	MR	0.06	−0.02	−0.03	0.03		MR	0.03	0.03	0.24	0.10
8月	ARS	0.02	0.03	0.05	0.04	11月	ARS	−0.16	−0.15	0.02	0.11
	EHRS	0.15	0.18	0.04	0.12		EHRS	0.07	0.08	0.15	0.10
	HRS	0.07	0.07	0.10	0.08		HRS	−0.19	−0.19	0.02	0.13
	RS	−0.03	0.00	−0.01	0.01		RS	−0.09	−0.09	0.03	0.07
	HR	0.04	0.10	0.08	0.08		HR	−0.12	−0.11	0.15	0.13
	MR	0.10	0.08	0.10	0.09		MR	−0.03	−0.02	0.21	0.09
9月	ARS	0.05	0.05	0.14	0.08	12月	ARS	0.04	0.05	0.13	0.07
	EHRS	0.00	0.00	0.00	0.00		EHRS	0.00	0.00	0.00	0.00
	HRS	0.03	0.06	0.10	0.06		HRS	0.04	0.04	0.13	0.07
	RS	0.03	0.01	0.11	0.05		RS	0.27	0.26	0.49	0.34
	HR	0.01	0.03	0.09	0.05		HR	0.12	0.14	0.23	0.16
	MR	−0.09	−0.04	−0.04	0.06		MR	0.05	0.06	0.17	0.09
月均值	ARS	−0.02	−0.05	0.03	0.08						
	EHRS	0.02	−0.02	0.00	0.04						
	HRS	−0.02	−0.05	0.03	0.09						
	RS	0.01	0.01	0.05	0.07						
	HR	0.00	−0.02	0.09	0.09						
	MR	−0.01	−0.04	0.07	0.09						

表 5.4 年和四季暴雨洪涝指数与遥感植被参数相关性统计

时间	指数	FVC	NDVI	NPP	均值	时间	指数	FVC	NDVI	NPP	均值
春季	ARS	−0.09	−0.10	−0.09	0.09	秋季	ARS	0.01	0.01	0.26	0.09
	EHRS	0.12	−0.35	0.03	0.17		EHRS	0.08	0.11	0.16	0.12
	HRS	−0.06	−0.05	−0.07	0.06		HRS	0.00	−0.02	0.15	0.06
	RS	−0.11	−0.11	−0.09	0.10		RS	0.02	0.03	0.29	0.11
	HR	−0.05	−0.08	−0.02	0.05		HR	0.04	0.06	0.32	0.14
	MR	0.13	−0.07	0.17	0.12		MR	0.07	0.10	0.27	0.15
夏季	ARS	−0.07	−0.09	−0.05	0.07	冬季	ARS	−0.08	−0.07	−0.03	0.06
	EHRS	−0.05	−0.06	−0.09	0.07		EHRS	0.00	0.00	0.00	0.00
	HRS	−0.05	−0.05	−0.03	0.04		HRS	0.03	0.07	0.06	0.06
	RS	−0.04	−0.07	−0.02	0.04		RS	−0.08	−0.08	0.00	0.05
	HR	−0.02	−0.03	0.02	0.02		HR	−0.01	0.01	0.26	0.09
	MR	−0.04	−0.08	−0.01	0.04		MR	−0.05	−0.11	0.26	0.14

续表

时间	指数	FVC	NDVI	NPP	均值	时间	指数	FVC	NDVI	NPP	均值
年	ARS	0.02	−0.01	0.10	0.04	季均值	ARS	−0.06	−0.06	0.02	0.08
	EHRS	0.07	−0.09	0.04	0.07		EHRS	0.04	−0.08	0.03	0.09
	HRS	0.01	0.00	0.05	0.02		HRS	−0.02	−0.01	0.03	0.06
	RS	0.02	0.02	0.15	0.06		RS	−0.05	−0.06	0.05	0.08
	HR	0.03	0.01	0.18	0.07		HR	−0.01	−0.01	0.15	0.08
	MR	0.13	0.01	0.26	0.13		MR	0.03	−0.04	0.17	0.11

5.1.2.2　植被对暴雨洪涝灾害响应特征

从灾害严重程度大小视角，分析广西喀斯特地区不同植被生态参数对不同等级雨量的响应规律，结果表明：研究区植被 NDVI、FVC 和 NPP 与不同等级雨量普遍呈弱相关关系，NDVI、FVC 和 NPP 与中雨量、大雨量、暴雨量、大暴雨量、特大暴雨量、暴雨以上累积雨量的相关系数绝对值均值在 0.15～0.25，负占比 1.69%～61.2%（表 5.5）。5 个等级雨量中，特大暴雨对植被 NDVI、FVC 和 NPP 的影响明显大于其他等级雨量。不同等级雨量对 NDVI 和 FVC 的影响在空间分布上具有较大相似性，植被 NPP 则与两者差异较大。不同等级雨量对 NDVI 和 FVC 负影响区域面积明显大于 NPP，且大暴雨、特大暴雨及暴雨以上累积雨量对 NDVI、FVC 负影响区域均超过 50%，而植被 NPP 与不同等级雨量以正相关为主。研究区西南部和中部分别是特大暴雨和大暴雨对 NDVI 和 FVC 高负影响的集中区域，中部地区同时也是特大暴雨对植被 NPP 高负影响的集中分布区（图 5.5—图 5.7）。

表 5.5　暴雨洪涝指数与遥感植被参数相关性统计

	NDVI			FVC			NPP		
指数	ABS 均值	负占比/%	显著占比/%	ABS 均值	负占比/%	显著占比/%	ABS 均值	负占比/%	显著占比/%
ARS	0.16	58.2	2.48	0.18	58.3	2.92	0.19	15.7	0.03
EHRS	0.23	60.6	26.43	0.24	53.0	23.30	0.23	40.7	0.44
HRS	0.15	61.2	1.25	0.19	61.3	1.58	0.19	21.1	0.29
RS	0.17	36.6	0.44	0.17	39.8	0.61	0.22	7.5	0.01
HR	0.18	39.2	0.83	0.17	41.1	1.16	0.21	7.3	0.00
MR	0.17	48.8	0.73	0.19	44.5	1.00	0.27	1.7	0.00

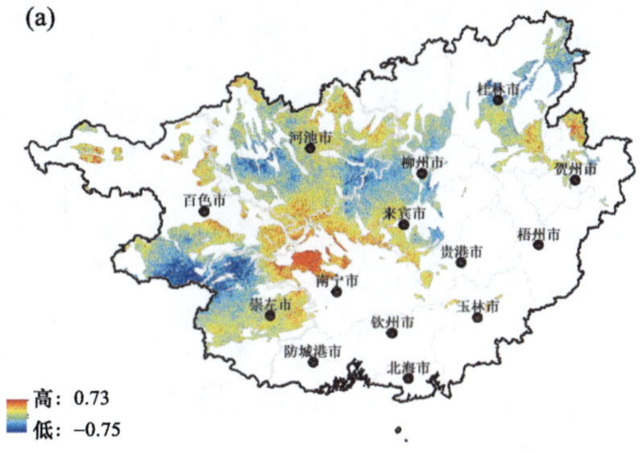

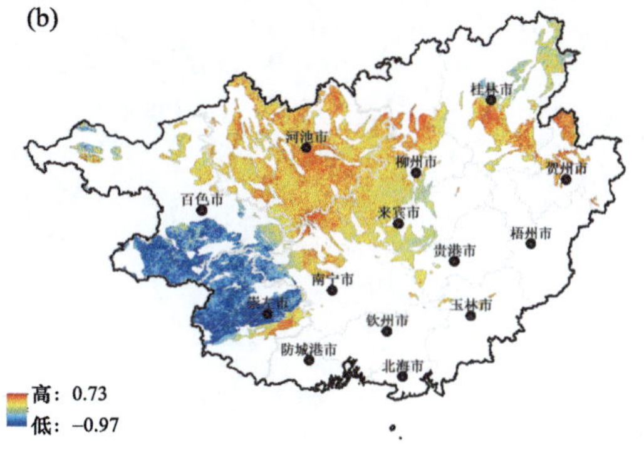

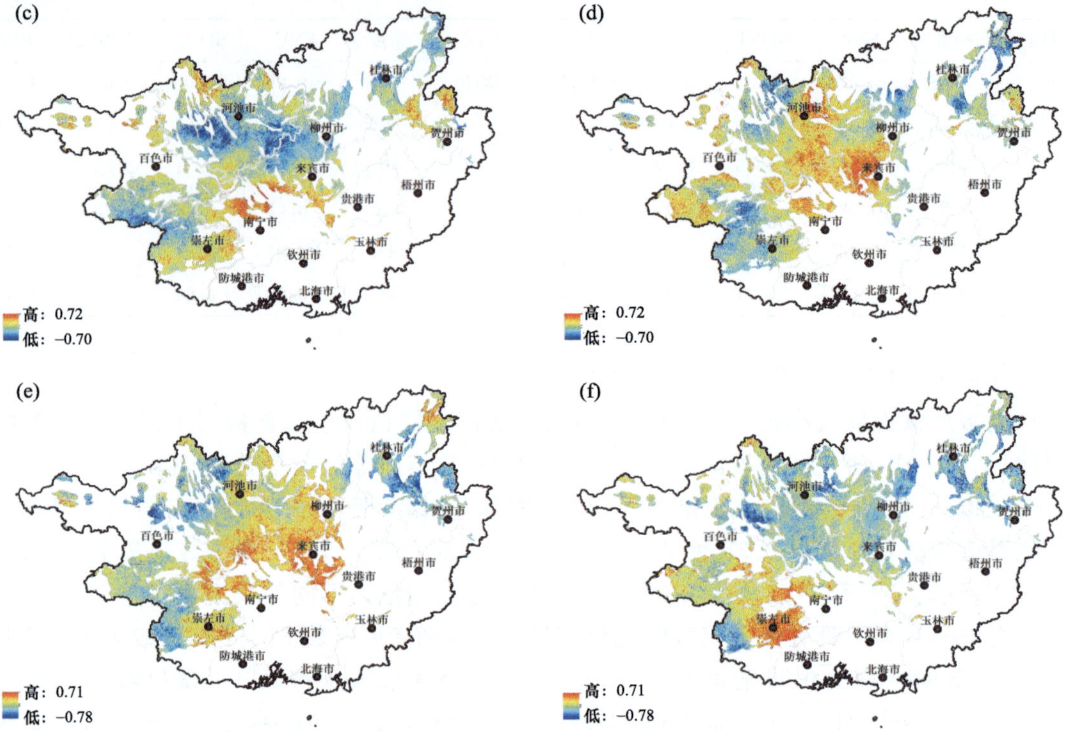

图 5.5　研究区植被 NDVI 与降雨灾害指数的相关性

(a)暴雨以上累积雨量，(b)特大暴雨量，(c)大暴雨量，(d)暴雨量，(e)大雨量，(f)中雨量

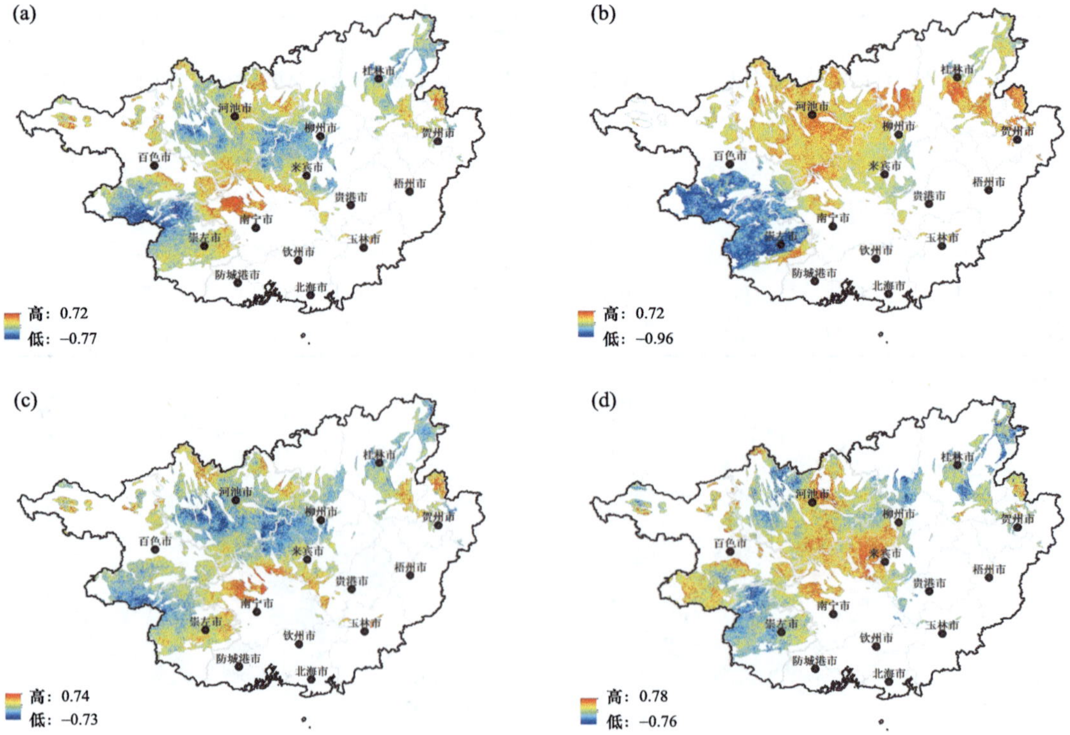

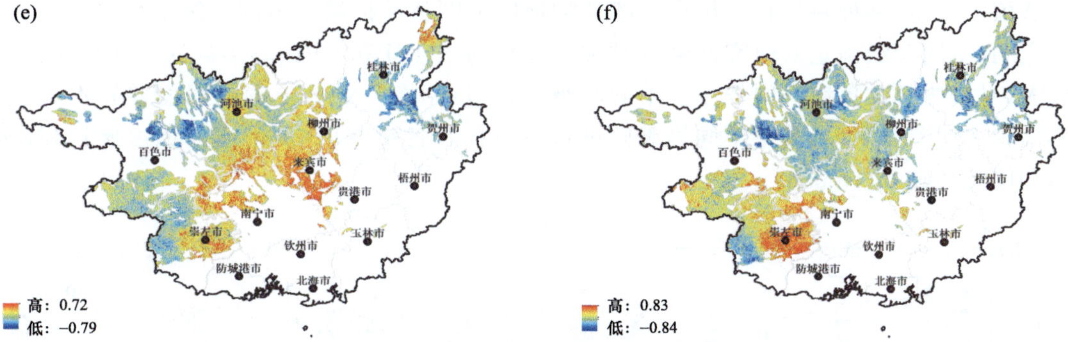

图 5.6　研究区植被 FVC 与 6 种降雨灾害指数的相关性空间分布

(a)暴雨以上累积雨量，(b)特大暴雨量，(c)大暴雨量，(d)暴雨量，(e)大雨量，(f)中雨量

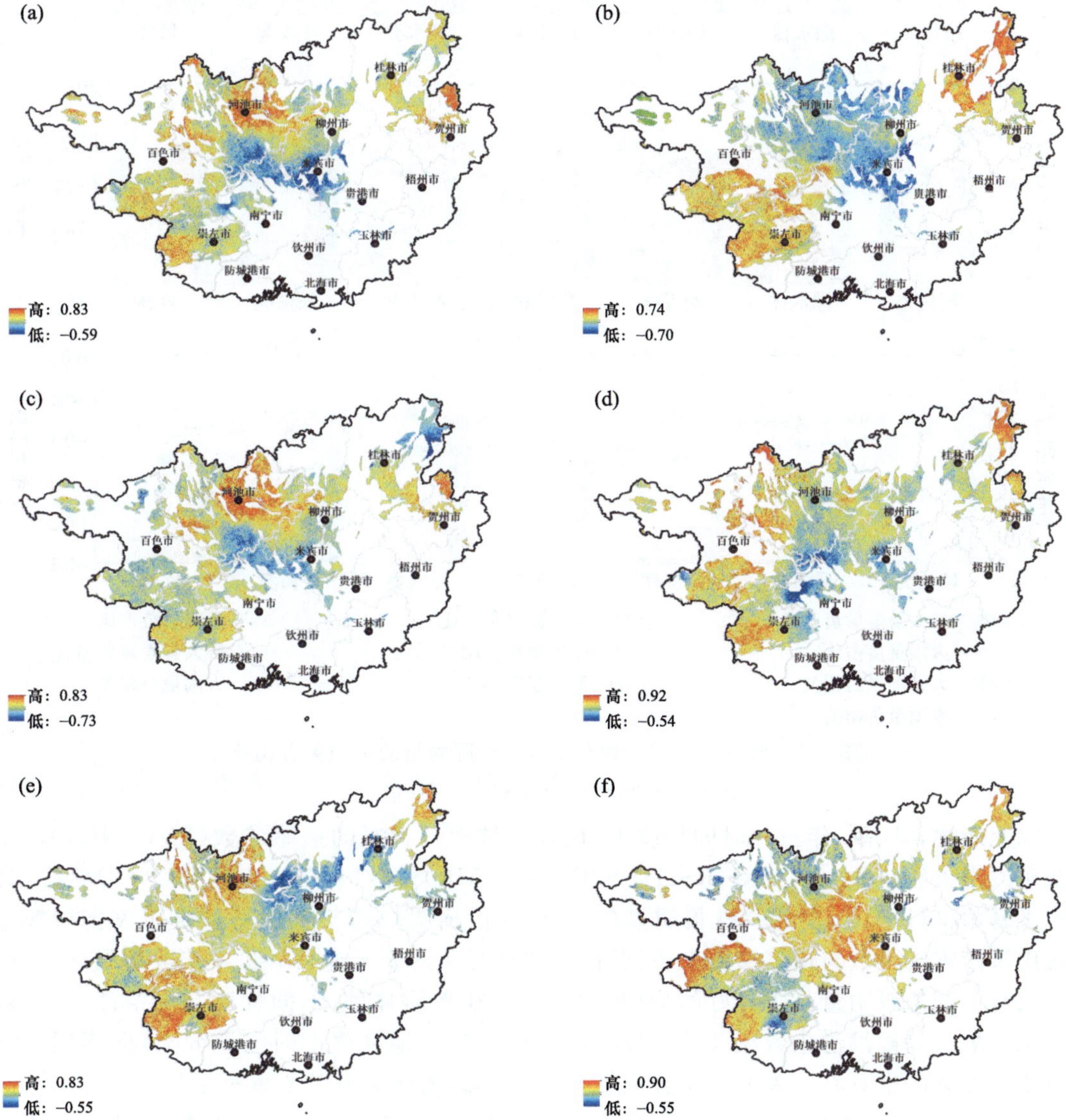

图 5.7　研究区植被 NPP 与 6 种降雨灾害指数的相关性空间分布

(a)暴雨以上累积雨量，(b)特大暴雨量，(c)大暴雨量，(d)暴雨量，(e)大雨量，(f)中雨量

从植被类型(林种)视角,分析广西喀斯特地区不同林种植被对不同等级雨量的响应特征,结果表明:不同等级雨量对研究区经济林和阔叶林的 NDVI 和 FVC 负影响的强度和面积占比均较大,对桉树林的负影响则较小。不同等级雨量对各林种 NPP 负影响强度差异不大,但负影响面积占比差异明显,其中不同等级雨量对桉树林和竹林 NPP 负影响面积占比较高,而经济林和阔叶林较低(图 5.8)。

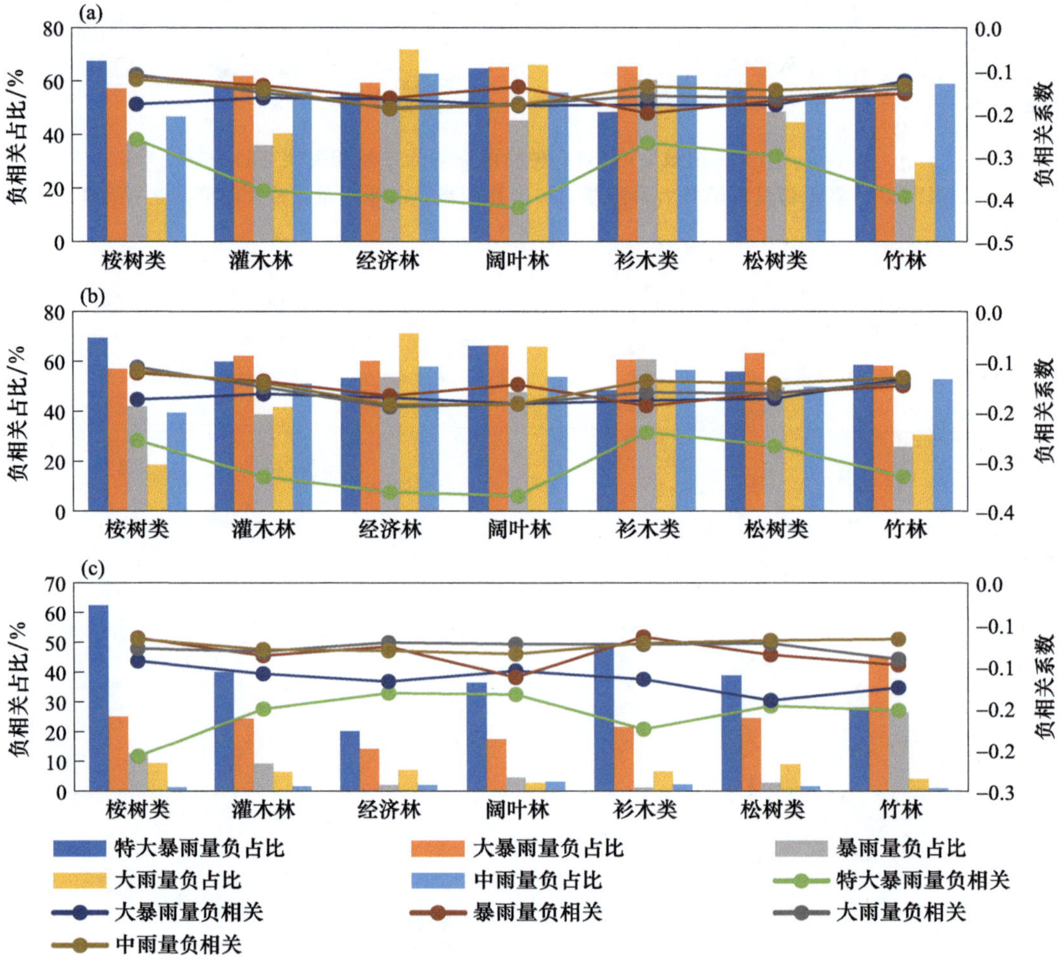

图 5.8 研究区不同林种与不同等级降雨量的负相关占比统计

(a)NDVI,(b)FVC,(c)NPP

综上所述,月、季、年三种时间尺度下,反映植被生长状况的遥感参数(FVC、NDVI、NPP)与暴雨洪涝灾害指数(ARS、RHRS、HRS、RS、HR、MR)多数以弱负相关($R<0.3$)为主,其中与特大暴雨量(RHRS)的相关性最明显($p<0.05$ 占比明显高于其他暴雨洪涝灾害指数),不同暴雨洪涝灾害指数与遥感参数在不同月份、季度相关性差异显著。进一步分析发现,植被遥感参数与不同等级雨量具有良好的响应关系,表现在不同林种、不同程度暴雨条件下,植被生态遥感参数与暴雨洪涝指数相关性差异明显。由于广西地区降雨时空差异大,而不同等级暴雨对植被的影响也具有较大的时空异质性,综合考虑,选择暴雨以上累积雨量作为暴雨洪涝灾害指标,其可以综合考虑≥50 mm 降雨量对植被的影响,即暴雨、大暴雨、特大暴雨对植被的影响可以通过该指标进行综合考虑。

5.1.3　高温灾害指数

高温气象灾害指标选择中，对比分析了≥35 ℃日数(35D)、≥37 ℃日数(37D)、≥35 ℃积温(35AT)、≥37 ℃积温(37AT)和最高气温(T_{max})5 个高温气象灾害指数，计算方法见第 2 章。

5.1.3.1　植被生态参数与高温指数相关性分析

月尺度上，≥35 ℃日数与 FVC、NDVI、NPP 的相关系数均值分别为 0.09、0.08、0.01(绝对值均值为 0.14)，≥37 ℃日数与之对应值为 0.10、0.01、0.11(绝对值均值为 0.14)，最高气温对应值为 0.09、0.07、0.04(绝对值均值为 0.21)，≥35 ℃积温对应值为 0.08、0.07、−0.04(绝对值均值为 0.15)，≥37 ℃积温对应值为 0.07、0.08、−0.08(绝对值均值为 0.13)(表 5.6)。

表 5.6　不同月份高温指数与遥感植被参数相关性统计

时间	指数	FVC	NDVI	NPP	均值
1 月	35D	—	—	—	—
	37D	−0.01	—	0.08	0.04
	T_{max}	0.40	0.38	0.48	0.42
	35AT	—	—	—	—
	37AT	—	—	—	—
2 月	35D	0.11	0.14	−0.04	0.10
	37D	0.37	−0.35	0.39	0.37
	T_{max}	0.32	0.24	0.31	0.29
	35AT	0.14	0.18	−0.03	0.11
	37AT	—	—	—	—
3 月	35D	0.14	0.10	−0.20	0.15
	37D	0.25	0.21	0.23	0.23
	T_{max}	0.25	0.19	0.15	0.20
	35AT	0.19	0.18	−0.14	0.17
	37AT	0.17	0.21	−0.12	0.17
4 月	35D	0.13	0.17	0.03	0.11
	37D	0.03	0.03	−0.07	0.04
	T_{max}	0.16	0.14	0.12	0.14
	35AT	0.15	0.19	0.01	0.12
	37AT	0.15	0.22	−0.15	0.18
5 月	35D	−0.19	−0.15	−0.17	0.17
	37D	−0.12	−0.09	−0.10	0.10
	T_{max}	−0.14	−0.15	−0.14	0.15
	35AT	−0.22	−0.16	−0.22	0.20
	37AT	−0.18	−0.14	−0.22	0.18
6 月	35D	0.17	0.14	0.21	0.17
	37D	0.06	0.06	0.11	0.07
	T_{max}	0.20	0.16	0.23	0.20
	35AT	0.14	0.14	0.18	0.15
	37AT	0.08	0.08	0.13	0.10
7 月	35D	0.08	0.19	0.23	0.16
	37D	0.10	0.18	0.08	0.12
	T_{max}	0.14	0.26	0.17	0.19
	35AT	0.08	0.24	0.16	0.16
	37AT	0.06	0.18	0.06	0.10
8 月	35D	0.22	−0.02	0.12	0.12
	37D	0.19	−0.03	0.09	0.11
	T_{max}	0.16	0.05	0.02	0.08
	35AT	0.22	−0.05	0.08	0.12
	37AT	0.11	−0.05	0.00	0.05
9 月	35D	0.25	0.22	−0.14	0.20
	37D	0.06	0.05	−0.16	0.09
	T_{max}	0.31	0.28	0.08	0.22
	35AT	0.14	0.10	−0.19	0.14
	37AT	0.07	0.03	−0.23	0.11
10 月	35D	−0.08	−0.10	−0.12	0.10
	37D	−0.08	−0.09	0.19	0.12
	T_{max}	−0.20	−0.22	−0.21	0.21
	35AT	−0.14	−0.15	−0.21	0.17
	37AT	—	—	—	—
11 月	35D	0.07	0.09	0.13	0.10
	37D	0.15	0.14	0.29	0.20
	T_{max}	−0.26	−0.25	−0.33	0.28
	35AT	—	—	—	—
	37AT	—	—	—	—
12 月	35D	—	—	—	—
	37D	0.13	0.13	0.32	0.19
	T_{max}	−0.17	−0.20	−0.14	0.17
	35AT	—	—	—	—
	37AT	—	—	—	—
月均值	35D	0.09	0.08	0.01	0.14
	37D	0.10	0.01	0.11	0.14
	T_{max}	0.09	0.07	0.04	0.21
	35AT	0.08	0.07	−0.04	0.15
	37AT	0.07	0.08	−0.08	0.13

季节尺度上，≥35 ℃日数与FVC、NDVI、NPP的相关系数均值分别为0.04、0.00、−0.11(绝对值均值为0.09)，≥37 ℃日数与之对应值为0.02、−0.01、−0.11(绝对值均值为0.08)，最高气温对应值为0.07、0.05、−0.01(绝对值均值为0.12)，≥35 ℃积温对应值为0.01、−0.03、−0.15(绝对值均值为0.10)，≥37 ℃积温对应值为0.00、−0.02、−0.19(绝对值均值为0.11)(表5.7)。

年尺度上，≥35 ℃日数与FVC、NDVI、NPP的相关系数均值分别为−0.05、−0.04、−0.11(绝对值均值为−0.05)，≥37 ℃日数与之对应值为−0.03、0.05、0.08(绝对值均值为−0.03)，最高气温对应值为0.01、−0.07、0.04(绝对值均值为0.01)，≥35 ℃积温对应值为−0.04、−0.05、0.10(绝对值均值为−0.04)，≥37 ℃积温对应值为−0.01、−0.05、0.04(绝对值均值为−0.01)(表5.7)。

表5.7 年和四季高温指数与遥感植被参数相关性统计

时间	指数	FVC	NDVI	NPP	均值	时间	指数	FVC	NDVI	NPP	均值
春季	35D	−0.04	−0.02	−0.05	0.04	秋季	35D	0.14	0.12	−0.27	0.18
	37D	−0.03	−0.02	−0.06	0.04		37D	0.14	0.11	−0.21	0.16
	T_{max}	−0.10	−0.08	−0.12	0.10		T_{max}	0.15	0.14	−0.09	0.13
	35AT	−0.09	−0.04	−0.12	0.08		35AT	0.08	0.06	−0.30	0.15
	37AT	−0.13	−0.05	−0.22	0.13		37AT	0.06	0.04	−0.31	0.14
夏季	35D	0.08	−0.14	−0.02	0.08	冬季	35D	−0.01	0.04	−0.10	0.05
	37D	0.04	−0.10	−0.02	0.06		37D	−0.06	−0.01	−0.13	0.07
	T_{max}	0.03	−0.04	−0.05	0.04		T_{max}	0.19	0.18	0.24	0.21
	35AT	0.09	−0.12	−0.03	0.08		35AT	−0.06	−0.01	−0.13	0.07
	37AT	0.06	−0.05	−0.03	0.05		37AT	0.00	0.00	0.00	0.00
季均值	35D	0.04	0.00	−0.11	0.09	年	35D	−0.05	−0.04	0.11	−0.05
	37D	0.02	−0.01	−0.11	0.08		37D	−0.03	0.05	0.08	−0.03
	T_{max}	0.07	0.05	−0.01	0.12		T_{max}	0.01	−0.07	0.04	0.01
	35AT	0.01	−0.03	−0.15	0.10		35AT	−0.04	−0.05	0.10	−0.04
	37AT	0.00	−0.02	−0.14	0.08		37AT	−0.01	−0.05	0.04	−0.01

5.1.3.2 植被对高温灾害响应特征

从灾害严重程度大小视角，分析广西喀斯特地区不同植被生态参数对不同高温灾害指数的响应规律，结果表明：研究区植被NDVI、FVC和NPP与不同高温灾害多数呈弱相关关系，NDVI、FVC和NPP与≥35 ℃日数、≥37 ℃日数、≥35 ℃积温、≥37 ℃积温和最高气温相关系数绝对值均值在0.04～0.42，负占比39.3%～89.9%。5个高温指标中，≥35 ℃日数和≥35 ℃积温与植被NDVI、FVC和NPP相关系数最大值、最小值范围大于其他指数，即这两个指数与遥感植被参数的相关性的显著程度超过其他指数。不同高温灾害指数与NDVI和FVC的相关性在空间分布上具有较大相似性，植被NPP则与两者差异较大：研究区中部为高温对植被NDVI和FVC正影响的高值区，同时也是高温对植被NPP负影响的高值区(图5.9—图5.11)。

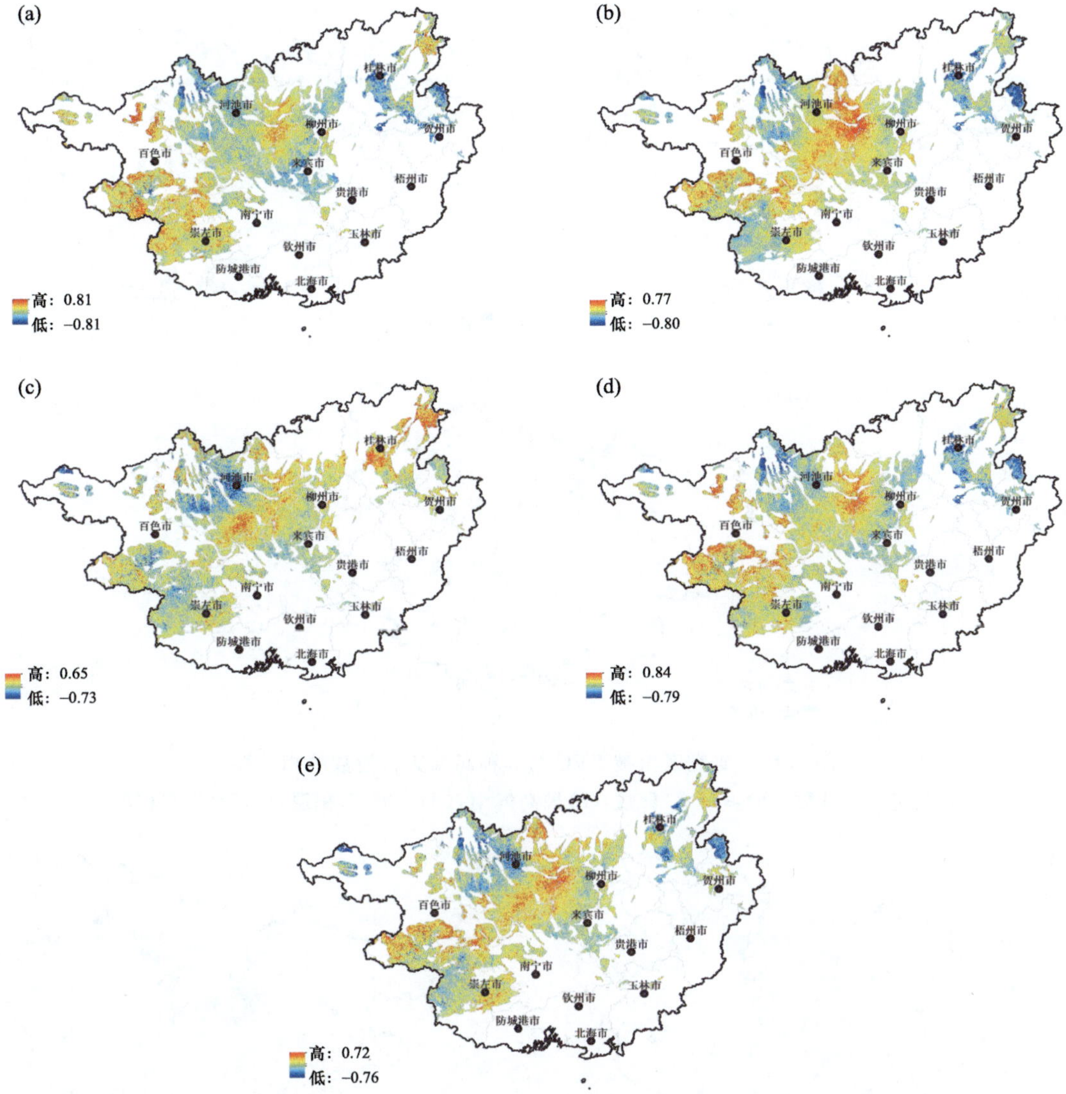

图 5.9　研究区植被 NDVI 与 5 种高温灾害指数的相关性

(a)≥35 ℃日数，(b)≥37 ℃日数，(c)最高气温，(d)≥35 ℃积温，(e)≥37 ℃积温

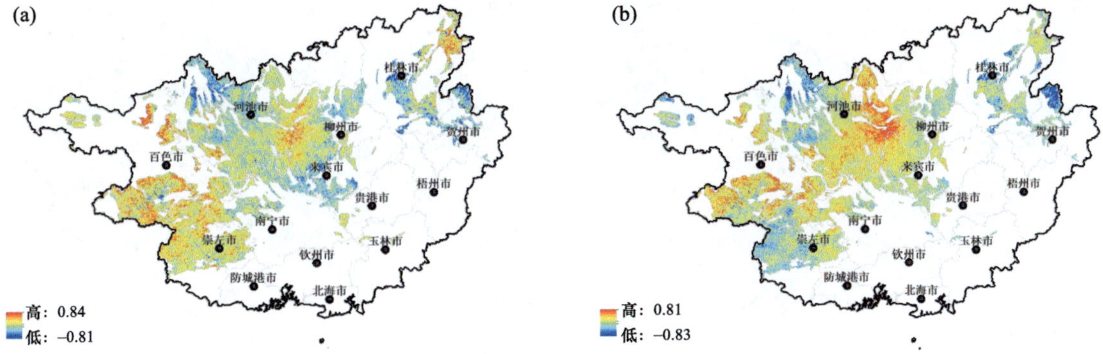

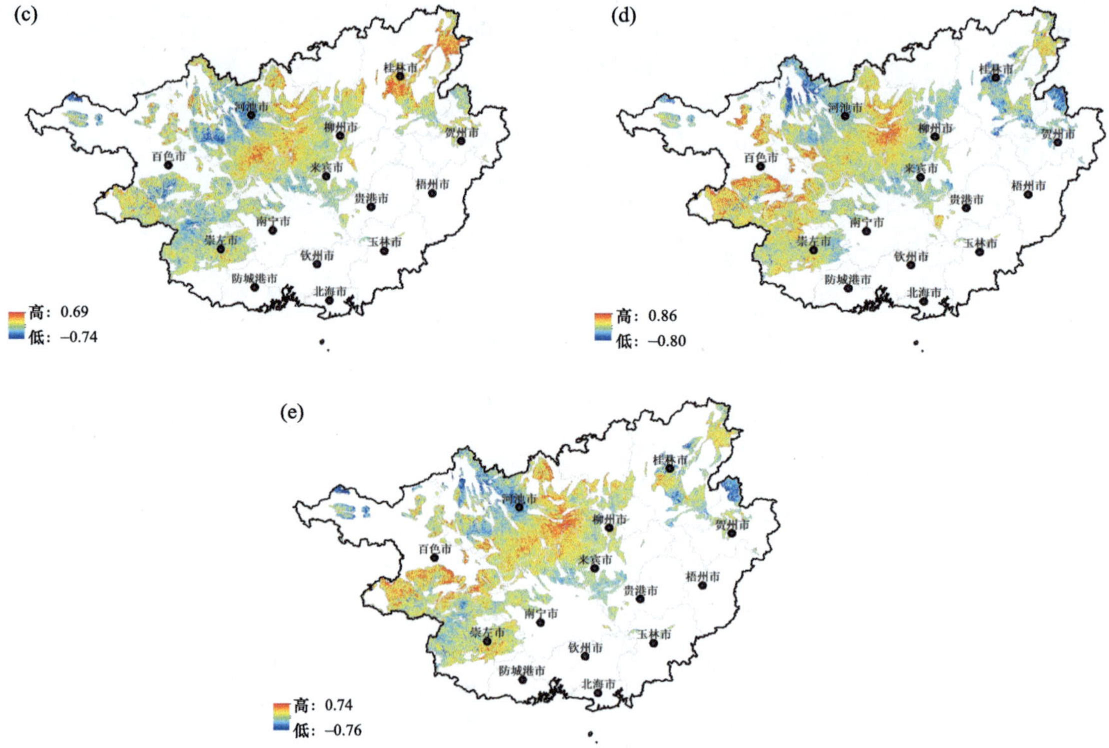

图 5.10　研究区植被 FVC 与 5 种高温灾害指数的相关性

(a)≥35 ℃日数，(b)≥37 ℃日数，(c)最高气温，(d)≥35 ℃积温，(e)≥37 ℃积温

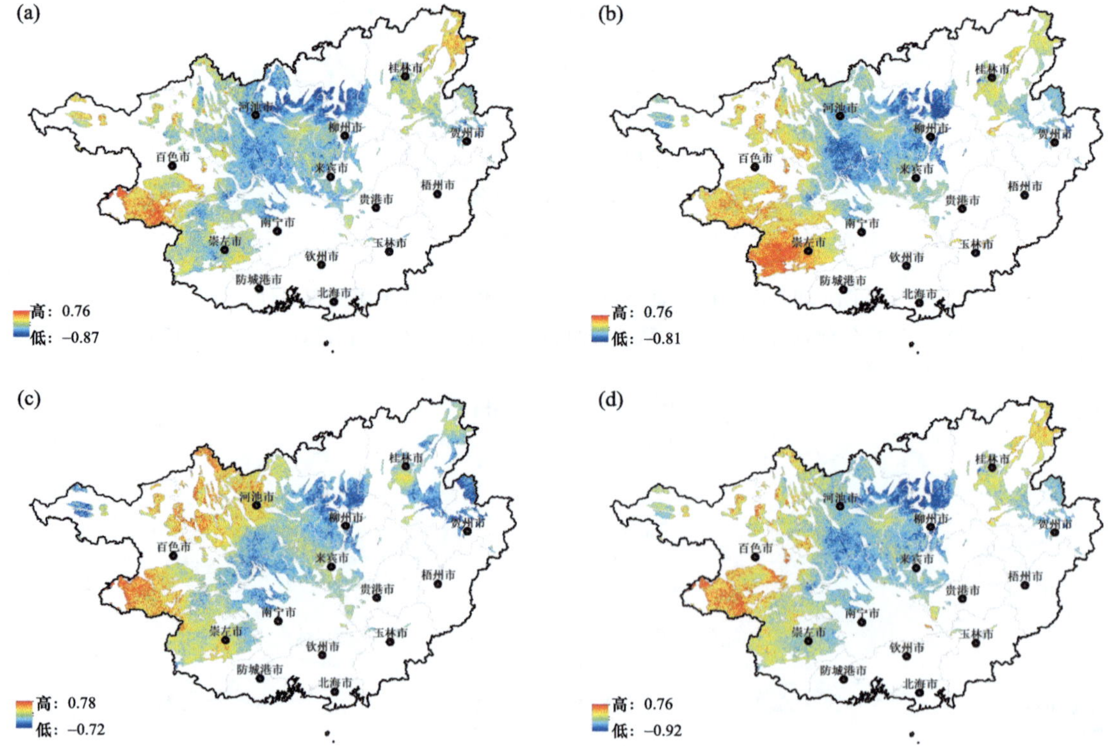

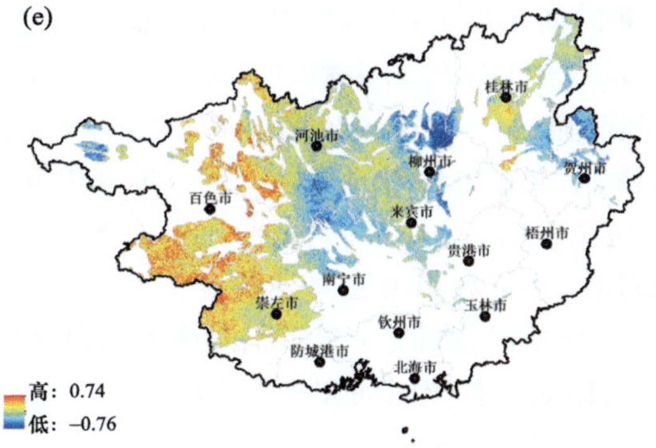

图 5.11　研究区植被 NPP 与 5 种高温灾害指数的相关性

(a)≥35 ℃日数,(b)≥37 ℃日数,(c)最高气温,(d)≥35 ℃积温,(e)≥37 ℃积温

从植被类型(林种)视角,分析广西喀斯特地区不同林种植被对不同高温灾害指数的响应特征,结果表明:发生高温气象灾害时,对经济林、杉木类 NDVI 和 FVC、竹林 NPP 的负影响程度大于其他林种,经济林 NDVI、FVC、NPP 负影响范围大于其他林种(图 5.12)。

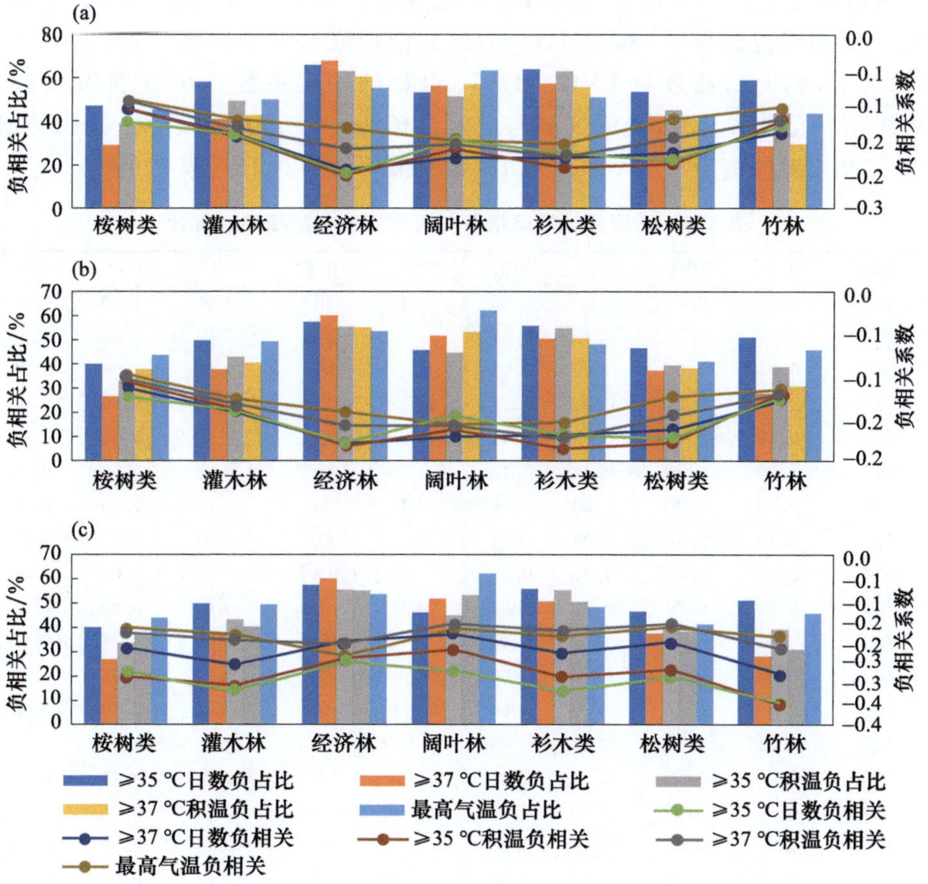

图 5.12　研究区不同林种与不同高温灾害的负相关占比统计

(a)NDVI,(b)FVC,(c)NPP

综上所述，月、季、年三种时间尺度下，反映植被生长状况的遥感参数(FVC、NDVI、NPP)与高温灾害指数(35D、37D、35AT、37AT、T_{max})多数以弱负相关($R<0.3$)为主，其中与≥35 ℃日数、≥35 ℃积温的相关性最明显($p<0.05$ 占比明显高于其他高温灾害指数)，不同高温灾害指数与遥感参数在不同月份、季度相关性差异显著。进一步分析发现，植被遥感参数与不同高温灾害指数具有良好的响应关系，表现在不同林种、不同高温(35 ℃、37 ℃、最高气温)条件下，植被生态遥感参数与高温灾害指数相关性差异明显。不同等级高温气象灾害对植被的影响具有较大的时空异质性，综合考虑，选择≥35 ℃积温作为高温灾害监测指标，其可以综合考虑≥35 ℃高温天气对植被的影响的持续时间和程度大小。

5.1.4 低温灾害指数

低温气象灾害指标选择中，对比分析了≤0 ℃日数(0D)、≤0 ℃积温(0AT)、最低气温(T_{min})3 个低温气象灾害指数，计算方法见第 2 章。

5.1.4.1 植被生态参数与低温指数相关性分析

月尺度上，≤0 ℃日数与 FVC、NDVI、NPP 的相关系数均值分别为−0.03、−0.01、−0.06(绝对值均值为 0.11)，最低气温与之对应值为−0.07、−0.08、−0.05(绝对值均值为 0.10)，≤0 ℃积温对应值为 0.03、0.01、0.07(绝对值均值为 0.11)(表 5.8)。

季节尺度上，≤0 ℃日数与 FVC、NDVI、NPP 的相关系数均值分别为 0.06、−0.15、−0.15(绝对值均值为 0.12)，最低气温与之对应值为−0.06、0.00、−0.03(绝对值均值为 0.03)，≤0 ℃积温对应值为 0.16、0.14、0.16(绝对值均值为 0.15)(表 5.9)。

表 5.8 不同月份低温指数与遥感植被参数相关性统计

时间	指数	FVC	NDVI	NPP	均值	时间	指数	FVC	NDVI	NPP	均值
1 月	0D	−0.05	0.01	−0.02	0.02	7 月	0D	0.00	0.00	0.00	0.00
	T_{min}	0.05	0.03	0.12	0.07		T_{min}	−0.21	0.06	0.02	0.10
	0AT	0.05	0.00	0.00	0.02		0AT	0.00	0.00	0.00	0.00
2 月	0D	0.17	0.22	0.04	0.14	8 月	0D	0.00	0.00	0.00	0.00
	T_{min}	−0.09	−0.21	−0.03	0.11		T_{min}	0.05	−0.04	0.00	0.03
	0AT	−0.17	−0.22	−0.04	0.14		0AT	0.00	0.00	0.00	0.00
3 月	0D	0.00	0.00	0.00	0.00	9 月	0D	0.00	0.00	0.00	0.00
	T_{min}	0.10	−0.15	0.09	0.11		T_{min}	−0.07	−0.01	−0.12	0.07
	0AT	0.00	0.00	0.00	0.00		0AT	0.00	0.00	0.00	0.00
4 月	0D	0.00	0.00	0.00	0.00	10 月	0D	0.00	0.00	0.00	0.00
	T_{min}	−0.07	−0.26	−0.07	0.13		T_{min}	−0.18	−0.17	−0.22	0.19
	0AT	0.00	0.00	0.00	0.00		0AT	0.00	0.00	0.00	0.00
5 月	0D	0.00	0.00	0.00	0.00	11 月	0D	−0.20	−0.20	−0.27	0.22
	T_{min}	−0.21	−0.10	−0.22	0.18		T_{min}	−0.06	−0.08	0.06	0.06
	0AT	0.00	0.00	0.00	0.00		0AT	0.21	0.21	0.27	0.23
6 月	0D	0.00	0.00	0.00	0.00	12 月	0D	−0.04	−0.05	0.01	0.04
	T_{min}	−0.13	−0.07	−0.19	0.13		T_{min}	−0.02	0.00	−0.05	0.02
	0AT	0.00	0.00	0.00	0.00		0AT	0.04	0.04	−0.01	0.03
月均值	0D	−0.03	−0.01	−0.06	0.11						
	T_{min}	−0.07	−0.08	−0.05	0.10						
	0AT	0.03	0.01	0.07	0.11						

年尺度上，≤0 ℃日数与 FVC、NDVI、NPP 的相关系数均值分别为−0.01、0.11、0.07（绝对值均值为 0.06），最低气温与之对应值为 0.05、−0.07、−0.08（绝对值均值为 0.07），≤0 ℃积温对应值为 0.00、−0.12、−0.08（绝对值均值为 0.07）（表 5.9）。

表 5.9　年和四季低温指数与遥感植被参数相关性统计

时间	指数	FVC	NDVI	NPP	均值	时间	指数	FVC	NDVI	NPP	均值
春季	0D	—	—	—	—	秋季	0D	−0.23	−0.23	−0.31	0.26
	T_{min}	−0.06	0.01	−0.07	0.05		T_{min}	−0.06	0.00	−0.08	0.05
	0AT	—	—	—	—		0AT	0.23	0.23	0.33	0.26
夏季	0D	—	—	—	—	冬季	0D	−0.11	−0.07	0.01	0.06
	T_{min}	−0.08	0.02	−0.08	0.06		T_{min}	−0.04	−0.04	0.11	0.06
	0AT	—	—	—	—		0AT	0.08	0.05	−0.02	0.05
年	0D	−0.01	0.11	0.07	0.06	季均值	0D	0.06	−0.15	−0.15	0.12
	T_{min}	0.05	−0.07	−0.08	0.07		T_{min}	−0.06	0.00	−0.03	0.03
	0AT	0.00	−0.12	−0.08	0.07		0AT	0.16	0.14	0.16	0.15

5.1.4.2　植被对低温灾害响应特征

从灾害严重程度大小视角，分析广西喀斯特地区不同植被生态参数对不同低温灾害指数的响应规律，结果表明：研究区植被 NDVI、FVC 和 NPP 与不同等级雨量普遍呈弱相关关系，NDVI、FVC 和 NPP 与≤0 ℃日数、≤0 ℃积温、最低气温的相关系数绝对值均值在 0.10～0.20，负占比 17.8%～78.1%。3 个低温指数中，≤0 ℃积温与植被 NDVI、FVC 和 NPP 相关系数的负占比、负显著性区域超过其他指数，即该指数更能反映低温对植被的负影响，此外，不同低温灾害指数与植被遥感参数的相关性在空间分布上具有较大差异（图 5.13—图 5.15）。

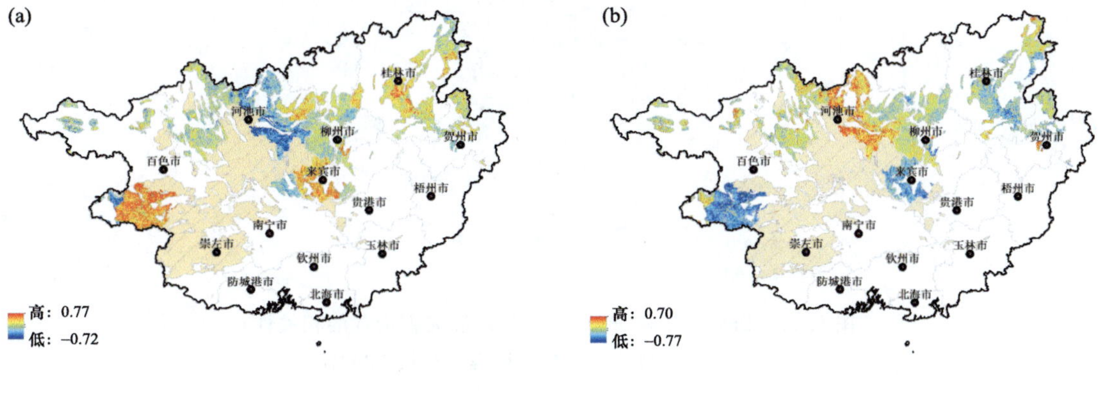

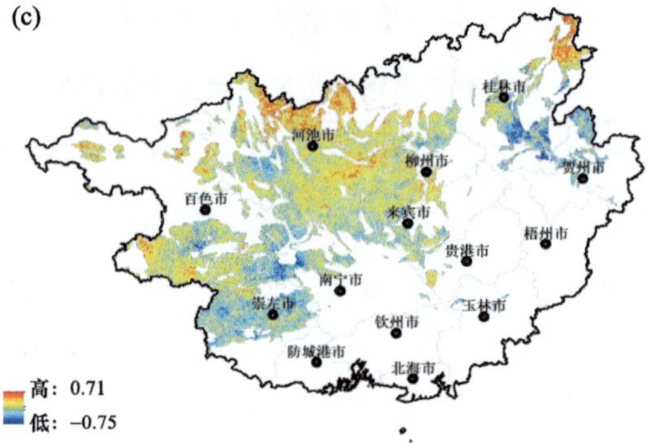

图 5.13　研究区植被 NDVI 与 3 种低温灾害指数的相关性
(a)≤0 ℃日数,(b)≤0 ℃积温,(c)最低气温

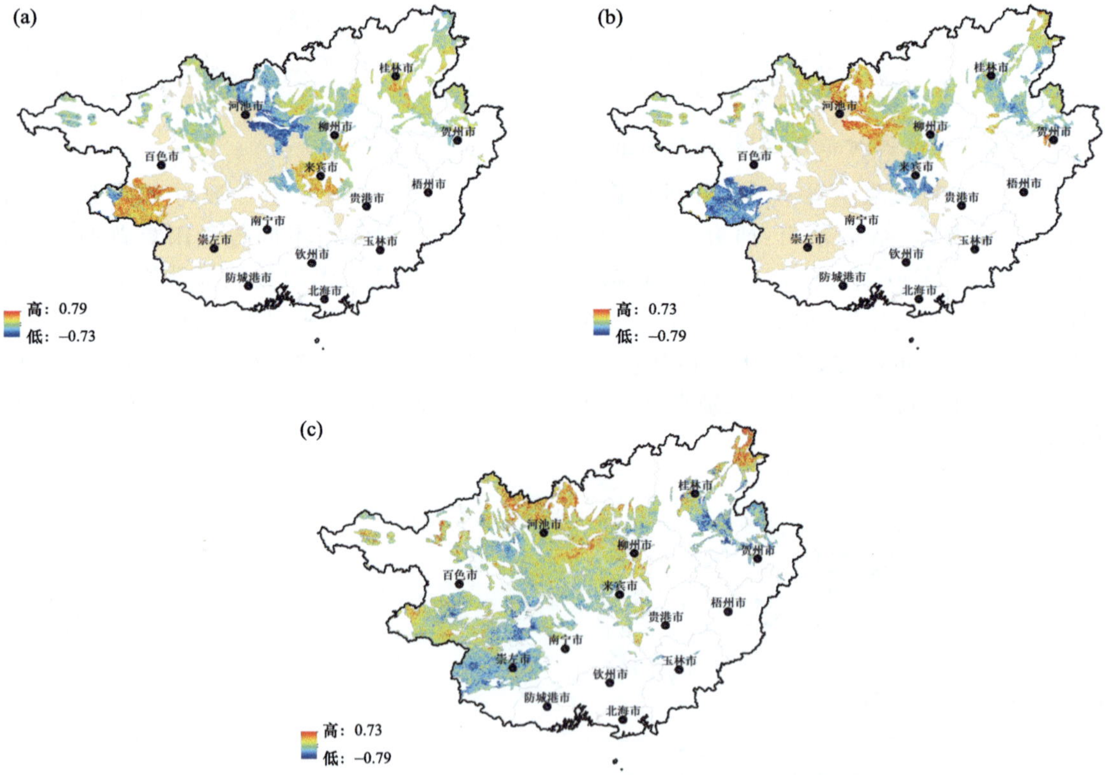

图 5.14　研究区植被 FVC 与 3 种低温灾害指数的相关性
(a)≤0 ℃日数,(b)≤0 ℃积温,(c)最低气温

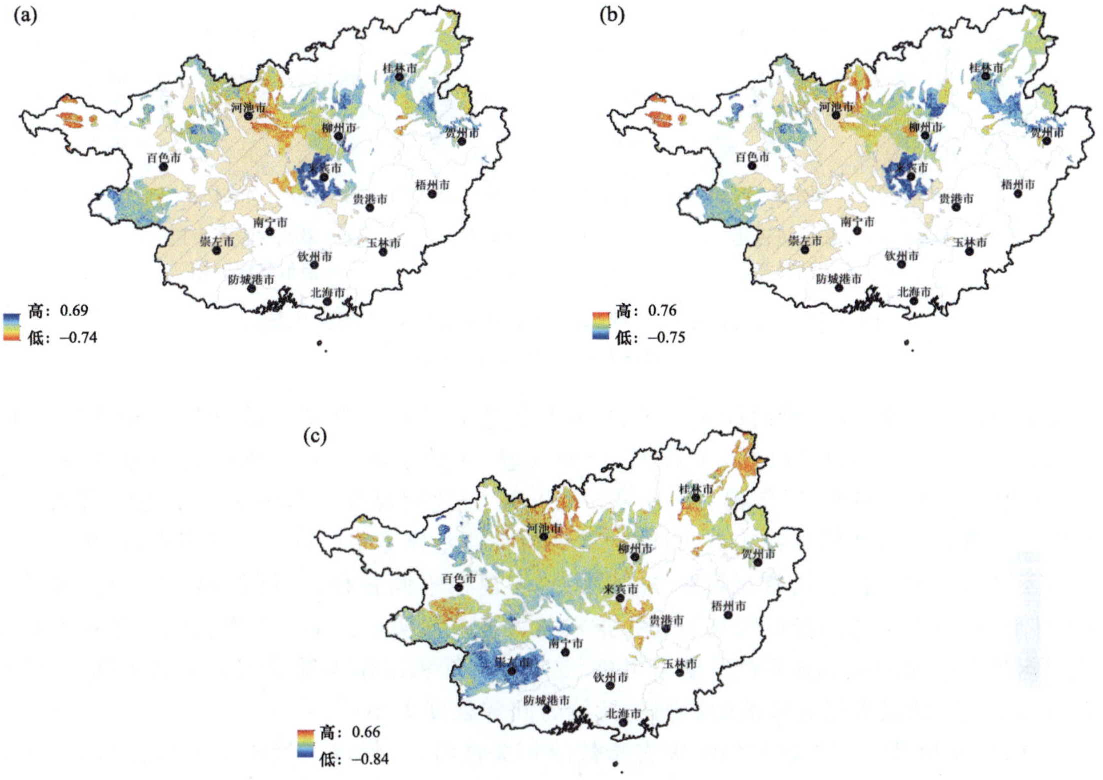

图 5.15　研究区植被 NPP 与 3 种低温灾害指数的相关性

(a)≤0 ℃日数，(b)≤0 ℃积温，(c)最低气温

从植被类型(林种)视角，分析广西喀斯特地区不同林种植被对不同低温灾害指数的响应特征，结果表明：低温灾害对研究区阔叶林的 NDVI 和 FVC、桉树类 NPP 的负影响的强度大于其他林种，对杉木类的负影响区域占比大于其他林种，除了杉木类，低温灾害与桉树类 NDVI，以及松树类 NDVI、FVC、NPP 的负影响区域均超过 50%(图 5.16)。

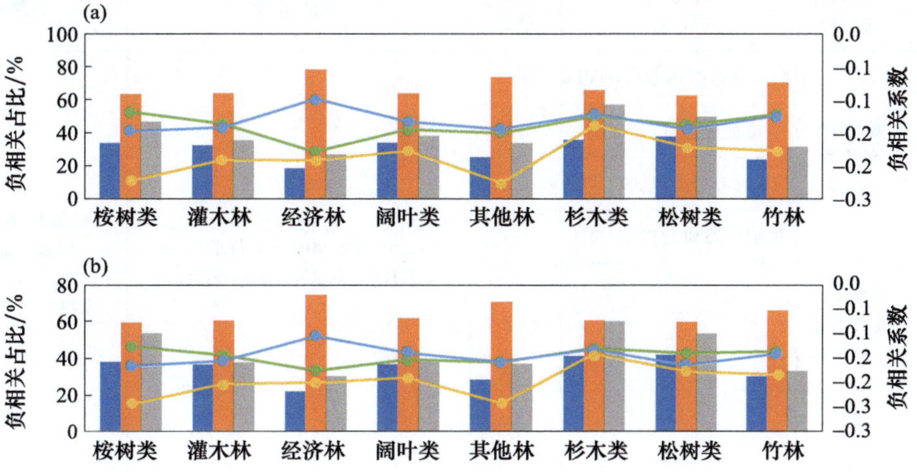

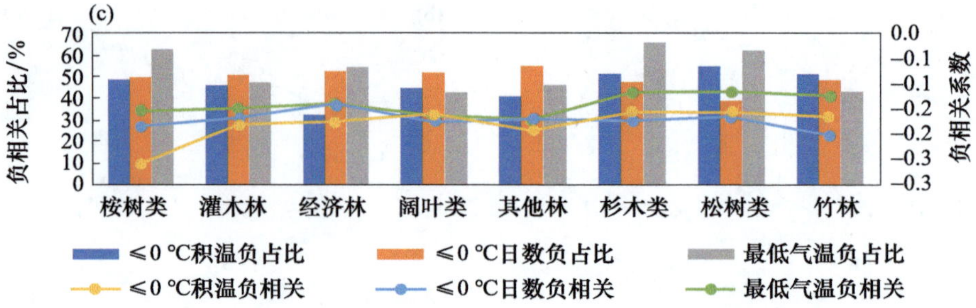

图 5.16 研究区不同林种与不同低温灾害的负相关占比统计

(a)NDVI,(b)FVC,(c)NPP

综上所述,月、季、年三种时间尺度下,反映植被生长状况的遥感参数(FVC、NDVI、NPP)与低温灾害指数(≤0 ℃日数、≤0 ℃积温、最低气温)多数以弱负相关($R<0.3$)为主,其中与≤0 ℃积温的相关性最明显(负相关占比及 $p<0.05$ 占比明显高于其他 2 个低温灾害指数),不同低温灾害指数与遥感参数在不同月份、季度相关性差异显著。进一步分析发现,植被遥感参数与不同低温灾害指数具有良好的响应关系,表现在不同林种、不同低温(≤0 ℃、最低气温)条件下,植被生态遥感参数与高温灾害指数相关性差异明显。不同等级低温气象灾害对植被的影响具有较大的时空异质性。综合考虑,选择≤0 ℃积温作为低温灾害监测指标,其可以综合考虑≤0 ℃低温天气对植被的影响的持续时间和程度大小。

因此,依据植被遥感参数和气象灾害指数的相关性特征,优选了气象干旱综合指数 MCI、干旱日数、暴雨以上累积雨量、≥35 ℃积温、≤0 ℃积温 5 个气象灾害指数,而遥感植被参数方面,由于 NDVI 可以较好地表征绿度和长势,FVC 可较好地表征植被生态功能,植被生产力表征植被生产功能,QI 是综合质量指数,四者不仅在时空变化上有一定的异质性,在植被生态表征上也有较大的差异。综合考虑,将植被遥感参数分别作为三级指标进行分别评价,最终构建植被气象灾害影响评估模型指标如下(表 5.10)。

表 5.10 广西喀斯特地区植被生态灾损评估模型和指标

<table>
<tr><th>一级指标
(符号)</th><th>二级指标
(符号)</th><th>三级指标
(符号)</th><th>指标
单位</th><th>评估模型</th><th>等级划分</th></tr>
<tr><td rowspan="6">植被干旱
影响指数
(I_{dry})</td><td rowspan="4">植被遥
感参数
(A_{rs})</td><td>归一化植被指数(NDVI)</td><td>—</td><td rowspan="6">$I_{dry}=0.7\times MCI-0.1DD/max(GHD)+0.2\times A_{rs}/max(A_{rs})$</td><td rowspan="6">无受害:$I_{max}\sim 9999$
轻度:$I_{up}\sim I_{max}$
中度:$I_{down}\sim I_{up}$
重度:$-9999\sim I_{down}$</td></tr>
<tr><td>植被覆盖度(FVC)</td><td>%</td></tr>
<tr><td>植被净初级生产力(NPP)</td><td>$gC\cdot m^{-2}$</td></tr>
<tr><td>植被生态质量指数(QI)</td><td>—</td></tr>
<tr><td>气象干旱
综合指数
(MCI)</td><td></td><td>—</td></tr>
<tr><td>干旱日数
(DD)</td><td></td><td>d</td></tr>
</table>

续表

一级指标（符号）	二级指标（符号）	三级指标（符号）	指标单位	评估模型	等级划分
植被暴雨影响指数（I_{rain}）	植被遥感参数（A_{rs}）	归一化植被指数(NDVI)	—	$I_{rain}=0.9\times HR_{\geqslant 50}/\max(HR_{\geqslant 50})-0.1\times A_{rs}/\max(A_{rs})$	无受害：$-9999\sim I_{down}$ 轻度：$I_{down}\sim I_{up}$ 中度：$I_{up}\sim I_{max}$ 重度：$-I_{max}\sim 9999$
		植被覆盖度(FVC)	%		
		植被净初级生产力(NPP)	$gC\cdot m^{-2}$		
		植被生态质量指数(QI)	—		
	暴雨以上累积雨量（$HR_{\geqslant 50}$）		mm		
植被高温影响指数（I_{heat}）	植被遥感参数（A_{rs}）	归一化植被指数(NDVI)	—	$I_{heat}=0.9\times EAT_{\geqslant 35}/\max(EAT_{\geqslant 35})-0.1\times A_{rs}/\max(A_{rs})$	无受害：$-9999\sim I_{down}$ 轻度：$I_{down}\sim I_{up}$ 中度：$I_{up}\sim I_{max}$ 重度：$-I_{max}\sim 9999$
		植被覆盖度(FVC)	%		
		植被净初级生产力(NPP)	$gC\cdot m^{-2}$		
		植被生态质量指数(QI)	—		
	≥35 ℃积温（$EAT_{\geqslant 35}$）		℃		
植被低温影响指数（I_{cold}）	植被遥感参数（A_{rs}）	归一化植被指数(NDVI)	—	$I_{cold}=0.8\times EAT_{\leqslant 0}+0.2\times A_{rs}/\max(A_{rs})$	无受害：$I_{max}\sim 9999$ 轻度：$I_{up}\sim I_{max}$ 中度：$I_{down}\sim I_{up}$ 重度：$-9999\sim I_{down}$
		植被覆盖度(FVC)	%		
		植被净初级生产力(NPP)	$gC\cdot m^{-2}$		
		植被生态质量指数(QI)	—		
	≤0 ℃积温（$EAT_{\leqslant 0}$）		℃		
气象灾害综合影响指数（Y_{rs}）	植被遥感参数（A_{rs}）	归一化植被指数(NDVI)	—	$Y_{rs}=\frac{(P_{rs}-A_{rs})}{P_{rs}}\times 100$	无受害：$-9999\sim Y_{down}$ 轻度：$Y_{down}\sim Y_{up}$ 中度：$Y_{up}\sim Y_{max}$ 重度：$Y_{max}\sim 9999$
		植被覆盖度(FVC)	%		
		植被净初级生产力(NPP)	$gC\cdot m^{-2}$		
		植被生态质量指数(QI)	—		
	潜在遥感植被参数（P_{rs}）	潜在归一化植被指数(pNDVI)	—		
		潜在植被覆盖度(pFVC)	%		
		潜在植被净初级生产力(pNPP)	$gC\cdot m^{-2}$		
		潜在植被生态质量指数(pQI)	—		

5.2 单一灾害灾损评估

5.2.1 干旱灾损评估

5.2.1.1 时间变化特征

(1)年变化

2000—2022 年尺度上,研究区植被覆盖度 FVC 干旱无灾损面积呈增大趋势,变化速率为 17883 km^2/(10 a),平均值为 24234.5 km^2,年最大值出现在 2016 年(72227.1 km^2),年最小值出现在 2019 年(0 km^2)。轻度灾损面积呈减小趋势,变化速率为−256 km^2/(10 a),平均值为 28959.2 km^2,年最大值出现在 2010 年(60226.3 km^2),年最小值出现在 2016 年(181.8 km^2)。中度灾损面积呈减小趋势,变化速率为−15155 km^2/(10 a),平均值为 18862.0 km^2,年最大值出现在 2004 年(70069.0 km^2),年最小值出现在 2008 年(0 km^2)和 2015 年(0 km^2)。重度灾损面积呈减小趋势,变化速率为−264 km^2/(10 a),平均值为 601.0 km^2,年最大值出现在 2009 年(11390.4 km^2)(图 5.17)。

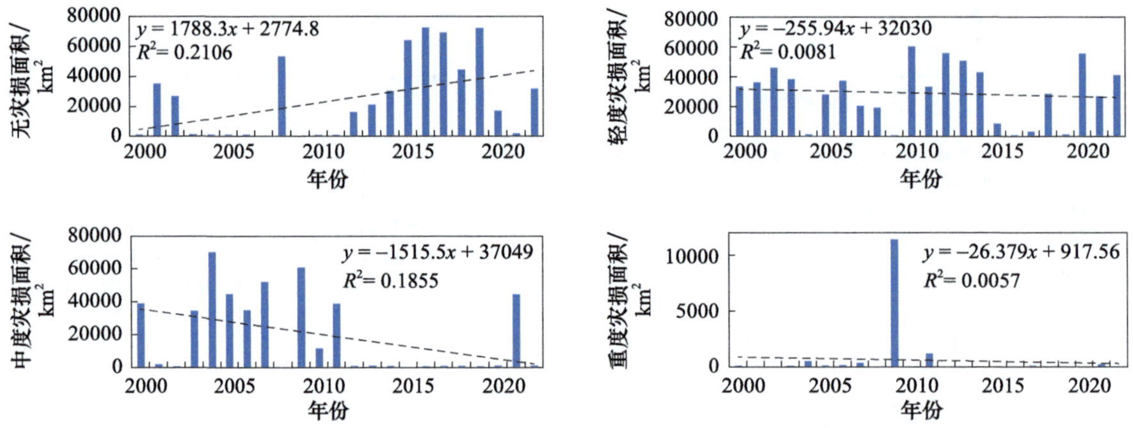

图 5.17 广西喀斯特地区年均 FVC 干旱灾损面积变化趋势

2000—2022 年研究区植被指数 NDVI 干旱无灾损面积呈增大趋势,变化速率为 17871 km^2/(10 a),平均值为 24888.2 km^2,年最大值出现在 2016 年(72235.7 km^2),年最小值出现在 2017 年(0 km^2)和 2019 年(0 km^2)。轻度灾损面积呈减小趋势,变化速率为−3616 km^2/(10 a),平均值为 29196.0 km^2,年最大值出现在 2010 年(61878.2 km^2),年最小值出现在 2016 年(174.8 km^2)。中度灾损面积呈减小趋势,变化速率为−14164 km^2/(10 a),平均值为 18107.8 km^2,年最大值出现在 2004 年(70011.2 km^2),年最小值出现在 2008 年(0 km^2)和 2015 年(0 km^2)。重度灾损面积呈减小趋势,变化速率为−186 km^2/(10 a),平均值为 456.5 km^2,年最大值出现在 2007 年(8731.3 km^2)(图 5.18)。

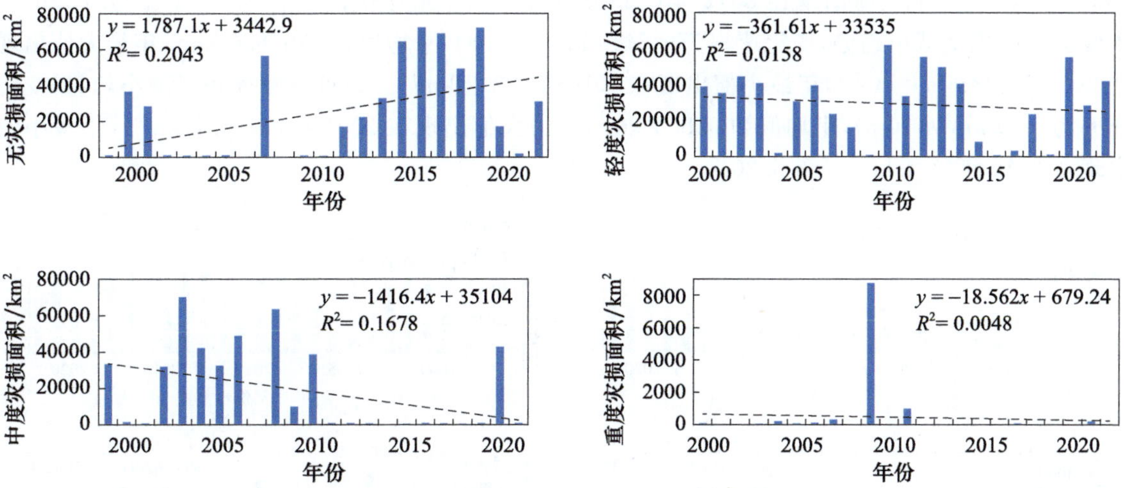

图 5.18　广西喀斯特地区年均 NDVI 干旱灾损面积变化趋势

2000—2022 年研究区植被净初级生产力 NPP 干旱无灾损面积呈增大趋势，变化速率为 16345 km^2/(10 a)，平均值为 22890.9 km^2，年最大值出现在 2016 年(69479.7 km^2)，年最小值出现在 2019 年(0 km^2)。轻度灾损面积呈减小趋势，变化速率为－3001 km^2/(10 a)，平均值为 28326.4 km^2，年最大值出现在 2020 年(56609.7 km^2)，年最小值出现在 2016 年(151.8 km^2)。中度灾损面积呈减小趋势，变化速率为－13184 km^2/(10 a)，平均值为 17987.8 km^2，年最大值出现在 2004 年(67496.2 km^2)，年最小值出现在 2008 年(0 km^2)。重度灾损面积呈减小趋势，变化速率为－313 km^2/(10 a)，平均值为 791.6 km^2，年最大值出现在 2009 年(15768.7 km^2)(图 5.19)。

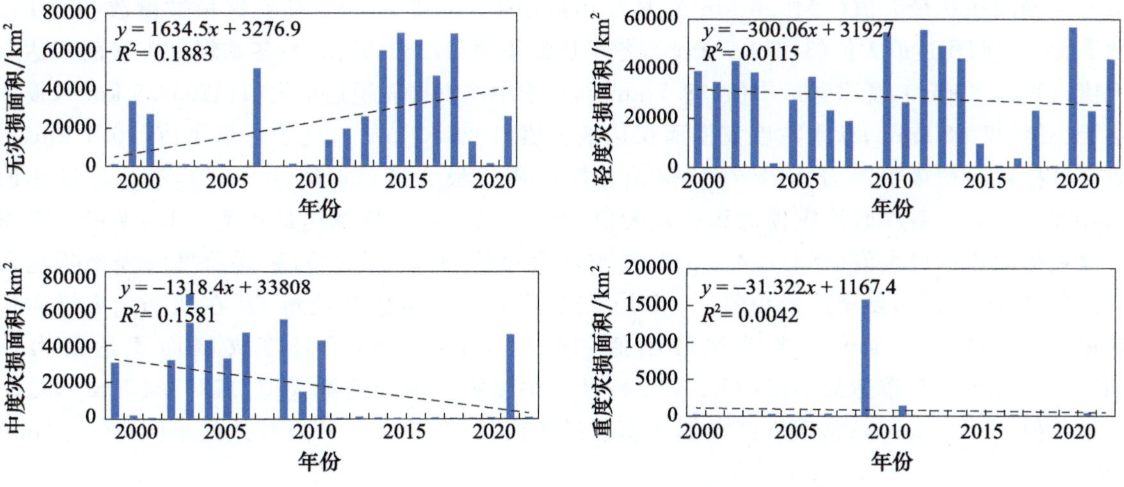

图 5.19　广西喀斯特地区年均 NPP 干旱灾损面积变化趋势

2000—2022 年研究区植被生态质量 QI 干旱无灾损面积呈增加趋势，变化速率为 10489 km^2/(10 a)，平均值为 25445.3 km^2，年最大值出现在 2016 年(60943.9 km^2)，年最小值出现在 2009

年(10010.9 km²)。轻度灾损面积呈减小趋势,变化速率为−3756 km²/(10 a),平均值为23093.0 km²,年最大值出现在2012年(36808.7 km²),年最小值出现在2016年(829.1 km²)。中度灾损面积呈减小趋势,变化速率为−6445 km²/(10 a),平均值为12558.6 km²,年最大值出现在2009年(33359.0 km²),年最小值出现在2016年(38.2 km²)。重度灾损面积呈减小趋势,变化速率为−70 km²/(10 a),平均值为958.5 km²,年最大值出现在2004年(4445.7 km²),年最小值出现在2019年(0.4 km²)(图5.20)。

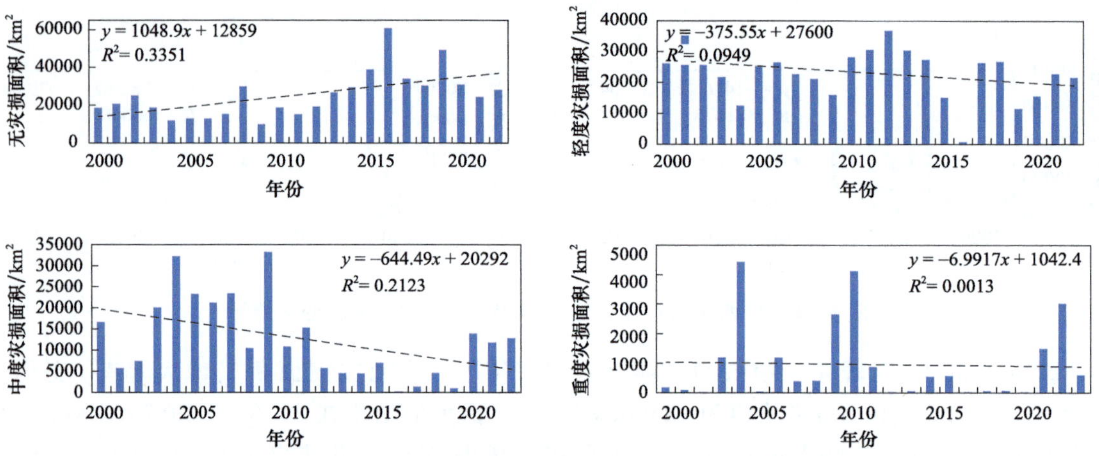

图5.20 广西喀斯特地区QI年均干旱灾损面积变化趋势

(2)季度变化

季节尺度上,研究区植被覆盖度FVC在秋季干旱无灾损面积达最大值(31289.7 km²),冬季出现最小值(17283.5 km²);冬季轻度灾损面积达最大值(40530.3 km²),夏季达最小值(38.5 km²);秋季中度灾损面积达最大值(17086.6 km²),夏季达最小值(380.0 km²);秋季重度灾损面积达最大值(1048.6 km²),夏季达最小值(10.1 km²)。研究区植被指数NDVI在秋季无灾损面积达最大值(31289.7 km²),冬季达最小值(17283.5 km²);冬季轻度灾损面积达最大值(40531.8 km²),夏季达最小值(38.7 km²);秋季中度灾损面积达最大值(17057.9 km²),夏季达最小值(377.8 km²);秋季重度灾损面积达最大值(1025.0 km²),夏季达最小值(10.1 km²)。研究区植被净初级生产力NPP在秋季无灾损面积达最大值(29161.5 km²),冬季达最小值(14929.5 km²);春季轻度灾损面积达最大值(38856.4 km²),夏季达最小值(43.8 km²);冬季中度灾损面积达最大值(18317.4 km²),夏季达最小值(450.5 km²);秋季重度灾损面积达最大值(1710.8 km²),夏季达最小值(35.5 km²)。研究区植被生态质量QI在秋季无灾损面积达最大值(30211.6 km²),冬季达最小值(16594.7 km²);春季轻度灾损面积达最大值(39191.1 km²),夏季达最小值(35.5 km²);秋季中度灾损面积达最大值(16373.4 km²),夏季达最小值(370.1 km²);秋季重度灾损面积达最大值(1070.3 km²),夏季达最小值(10.3 km²)(图5.21)。

(3)月变化

月尺度上,研究区植被覆盖度FVC在8月干旱无灾损面积达最大值(55587.2 km²),2月最小(11645.9 km²);2月轻度灾损面积最大(47707.0 km²),6月最小(15.9 km²);11月中度灾损面积最大(24707.4 km²),6月最小(636.6 km²);10月重度灾损面积最大(3521.0 km²),

6 月最小(12.1 km²)。研究区植被指数 NDVI 在 8 月无灾损面积达最大值(55565.0 km²),2 月最小(11666.2 km²);2 月轻度灾损面积最大(47722.0 km²),6 月最小(16.0 km²);11 月中度灾损面积最大(24703.7 km²),6 月最小(633.8 km²);10 月重度灾损面积最大(3519.0 km²),6 月最小(11.6 km²)。研究区植被净初级生产力 NPP 在 8 月无灾损面积达最大值(53033.9 km²),1 月最小(10277.6 km²);2 月轻度灾损面积最大(41959.7 km²),6 月最小(15.4 km²);1 月中度灾损面积最大(25074.4 km²),6 月最小(720.0 km²);10 月重度灾损面积最大(3873.2 km²),6 月最小(51.1 km²)。研究区植被生态质量 QI 在 8 月无灾损面积达最大值(53566.4 km²),1 月最小(11701.0 km²);2 月轻度灾损面积最大(46055.5 km²),6 月最小(15.1 km²);11 月中度灾损面积最大(23744.2 km²),6 月最小(617.5 km²);10 月重度灾损面积最大(3422.5 km²),6 月最小(12.7 km²)(图 5.22)。

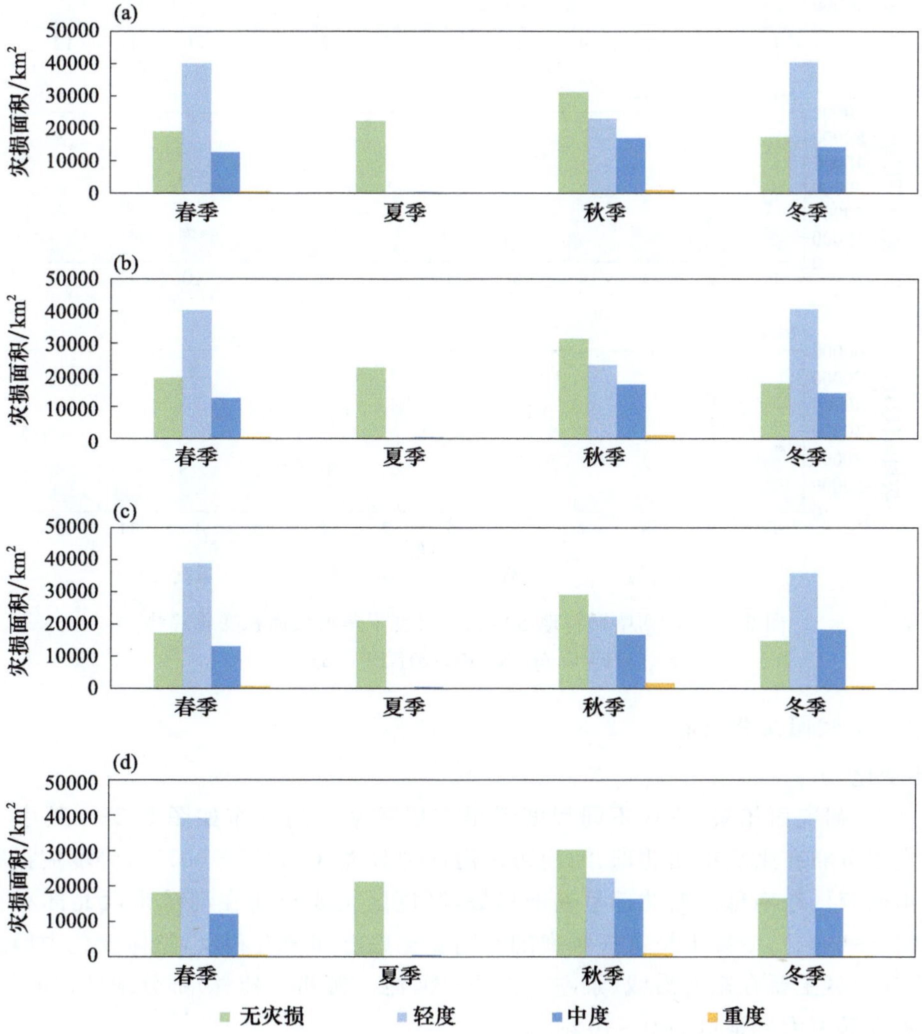

图 5.21 广西喀斯特地区四季植被干旱灾损面积变化趋势
(a)FVC,(b)NDVI,(c)NPP,(d)QI

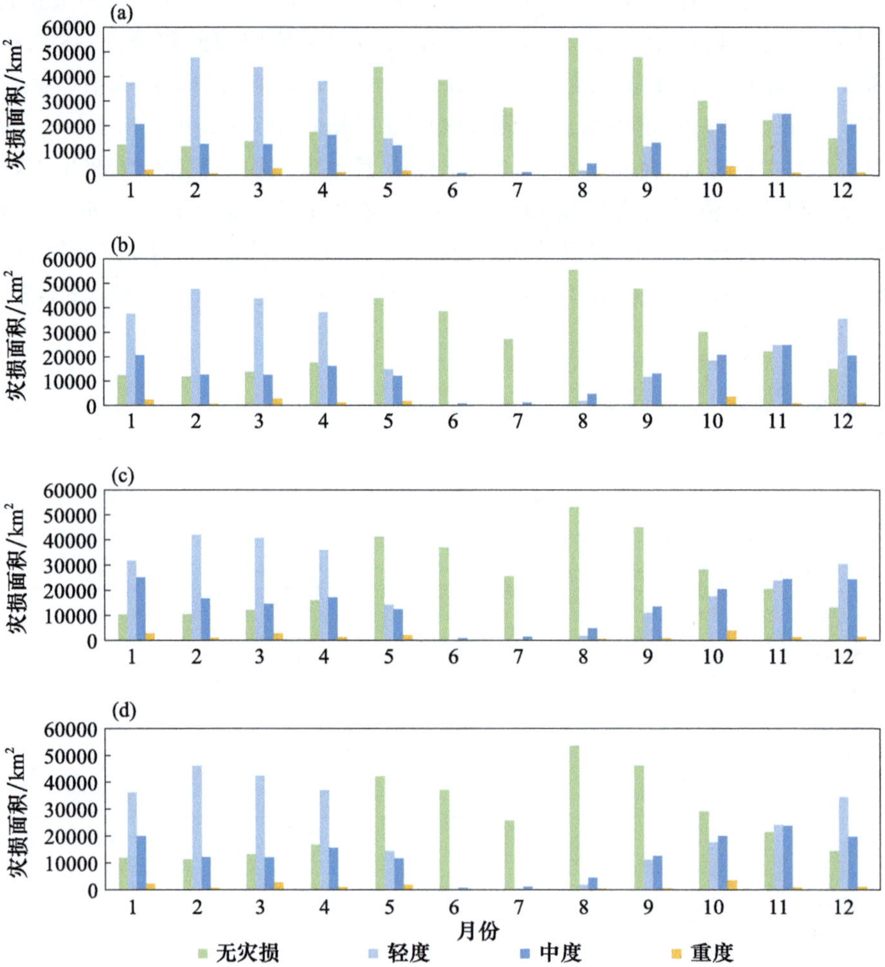

图 5.22 广西喀斯特地区植被月尺度干旱灾损面积变化趋势

(a)FVC,(b)NDVI,(c)NPP,(d)QI

5.2.1.2 空间变化特征

(1)年变化

年尺度上,研究区植被 FVC 不同程度干旱灾损频率空间分布如图 5.23。其中无灾损频率高值区主要分布在来宾市西北部、河池市东南部部分地区(50%~60%);轻度灾损频率空间分布整体由研究区东南部向西北部呈递增趋势,高值区主要分布在河池市西北部和百色市南部地区(40%~60%);中度干旱灾损频率的空间变化趋势和轻度相反,整体变化由西北部向东南部递增,高值区主要在东南沿线(崇左—来宾—河池—柳州—桂林)部分地区(30%~40%);重度干旱灾损频率大部地区为 0~10%。

研究区植被 NDVI 不同程度干旱灾损频率空间分布如图 5.23。其中无灾损频率高值区主要分布主要分布在来宾市西北部、河池市东南部部分地区(50%~60%);轻度灾损频率整体由研究区东南部向西北部呈递增趋势,高值区主要分布在河池市西部、中西部和百色市南部

(50%～70%);中度干旱灾损频率的空间分布和轻度相反,整体变化由西北部向东南部递增,高值区主要在东南沿线(崇左—来宾—河池—柳州—桂林)部分地区(30%～40%);重度干旱灾损频率大部地区为 0～10%。

研究区植被 NPP 不同程度干旱灾损频率空间分布如图 5.23。其中无灾损频率高值区零星分布在东南沿线(崇左—来宾—河池—柳州—桂林—贺州)局部地区(90%～100%);轻度灾损频率整体由研究区西北部向东南部呈递减趋势,高值区主要分布在河池市西北部和百色市南部(50%～70%);中度干旱灾损频率的空间分布和轻度相反,整体变化由西北部向东南部递增,高值区主要在东南沿线(崇左—来宾—河池—柳州—桂林)部分地区(30%～40%);重度干旱灾损频率大部地区较低(0～10%)。

研究区植被 QI 不同程度干旱灾损频率空间分布如图 5.23。其中无灾损频率高值区零星分布在崇左、来宾、柳州、桂林等局部地区(90%～100%);轻度灾损频率整体由研究区西北部向东南部呈递减趋势,高值区主要分布在河池市中西部和百色市南部(50%～70%);中度干旱灾损频率的空间分布和轻度相反,整体变化由西北部向东南部递增,高值区主要在东南沿线(崇左—来宾—河池—柳州—桂林—贺州)部分地区(30%～40%);重度干旱灾损频率大部地区较低(0～10%)。

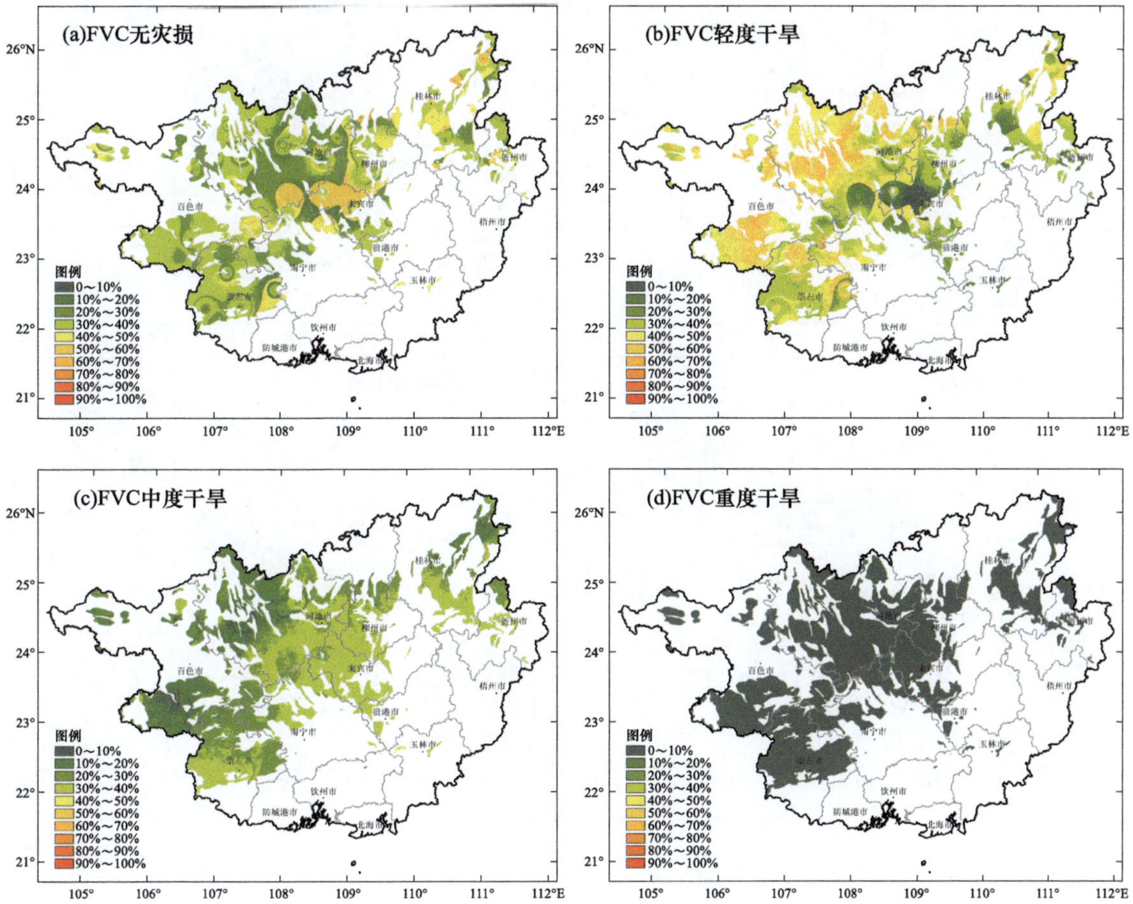

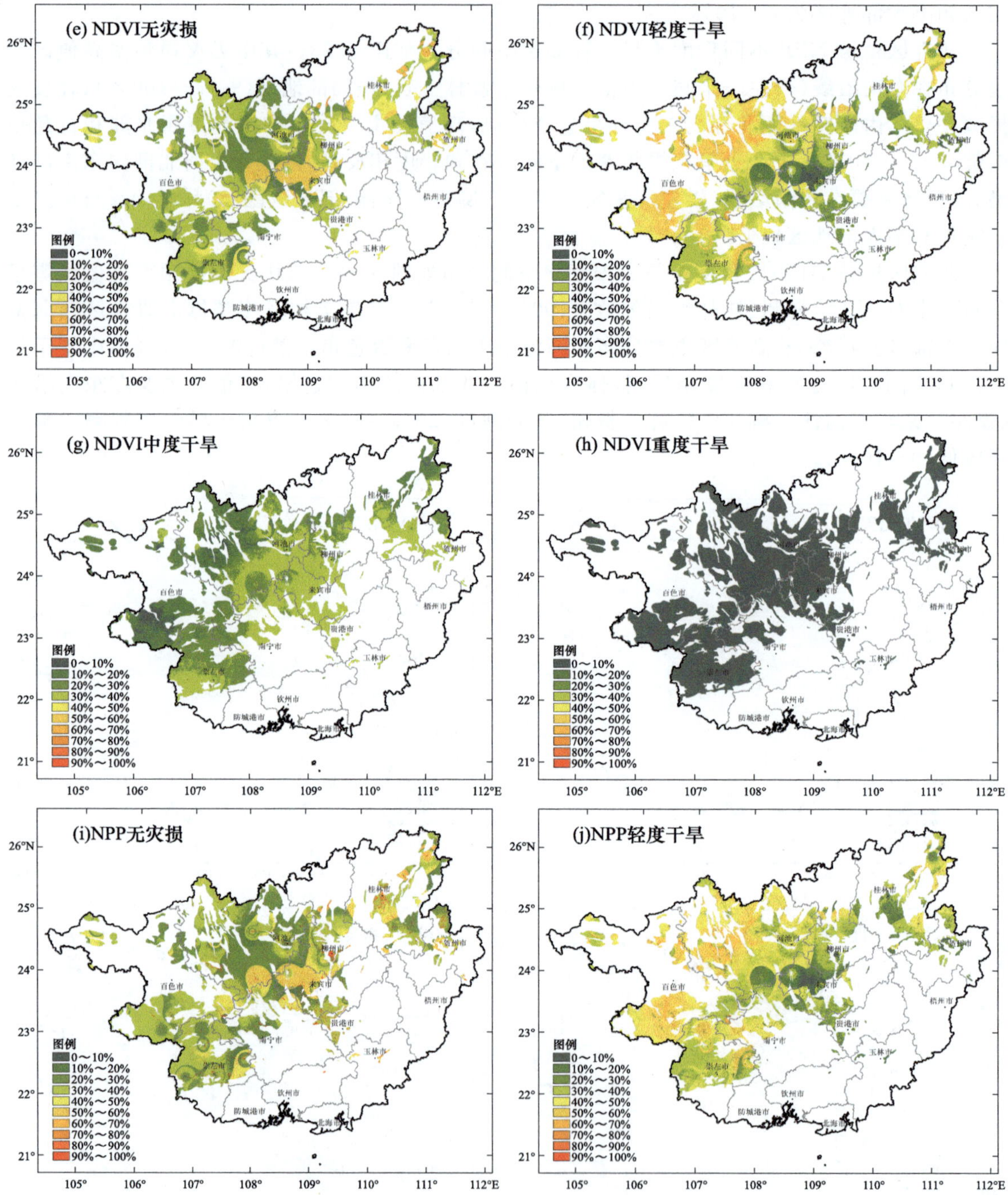
(e) NDVI无灾损
(f) NDVI轻度干旱
(g) NDVI中度干旱
(h) NDVI重度干旱
(i)NPP无灾损
(j)NPP轻度干旱
图例
0～10%
10%～20%
20%～30%
30%～40%
40%～50%
50%～60%
60%～70%
70%～80%
80%～90%
90%～100%
26°N
25°
24°
23°
22°
21°
105°
106°
107°
108°
109°
110°
111°
112°E
桂林市
河池市
柳州市
贺州市
百色市
来宾市
梧州市
贵港市
南宁市
玉林市
崇左市
钦州市
防城港市
北海市

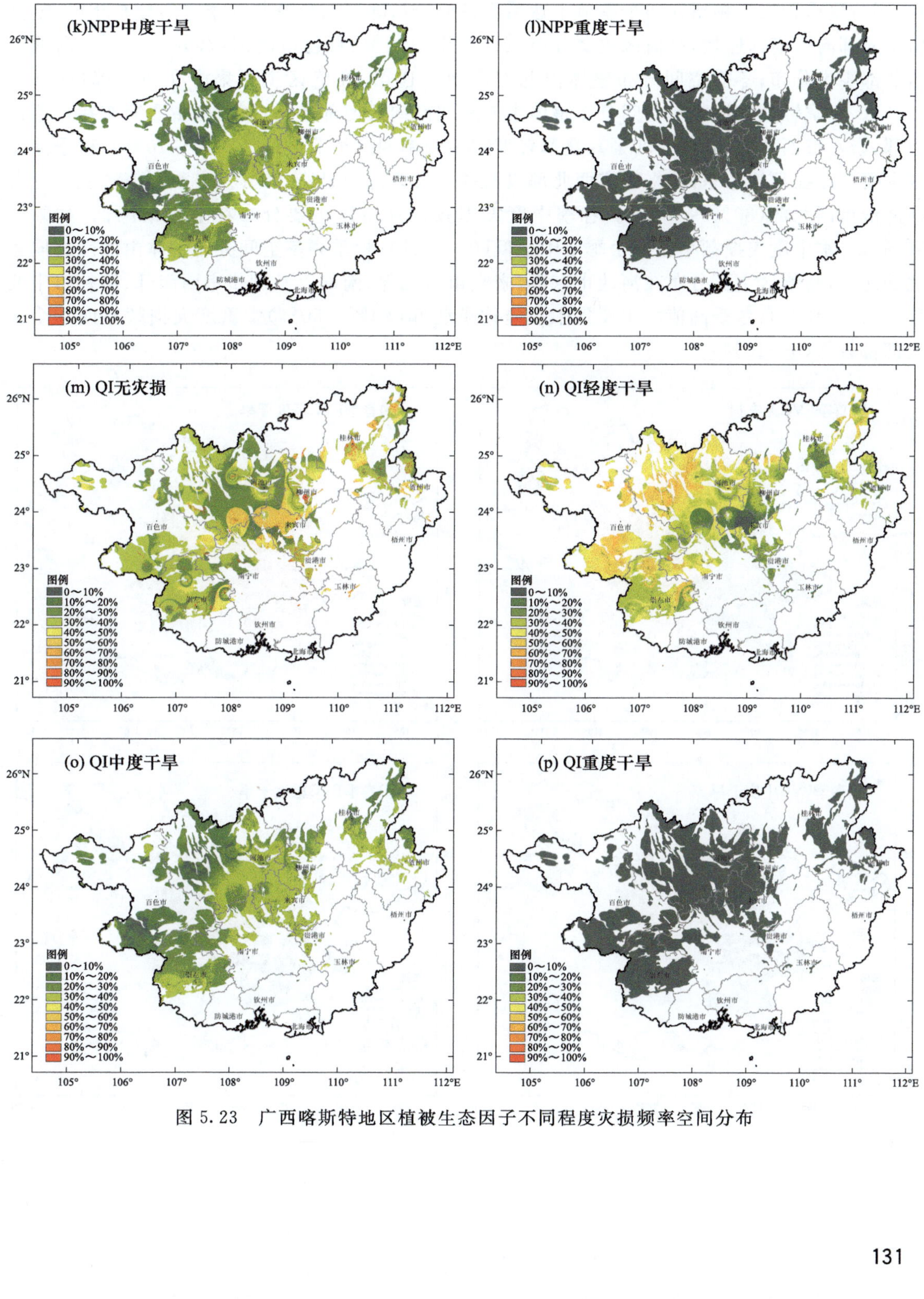

图 5.23　广西喀斯特地区植被生态因子不同程度灾损频率空间分布

(2)季节变化

季节尺度上,研究区植被 FVC 不同程度干旱灾损频率空间分布如图 5.24。其中春季无灾损频率整体由西南部向东北部递增,高值区主要分布在桂林市辖区以及东北部(90%～100%);夏季无灾损频率在四个季节中达最高(90%～100%);秋季与春季空间分布相反,整体由东北部向西南部递增,高值区主要分布在崇左市中北部、百色市南部(70%～80%),河池市西北部零星分布;冬季空间分布整体由北部向南部递增,高值区主要集中在西南部(40%～50%)。春季轻度灾损频率空间分布整体由向东北部向西南部递增,高值区主要分布在百色市南部、崇左市西北部(80%～90%);夏季轻度灾损频率四个季节中最低(0%～10%);秋季高值区主要分布在河池市东部、来宾市西北部以及桂林市南部(40%～50%);冬季高值区主要分布在河池市西北部(80%～90%)。春季中度灾损频率高值区主要分布在来宾市南部(40%～50%);夏季中度灾损频率在四个季节中最低(0～10%);秋季频率空间分布整体由西南部向东北部递增,高值区主要分布在河池市东部、来宾市西北部、南部以及柳州市西南部、桂林市中北部(30%～40%);冬季高值区主要集中在桂林东北部(40%～50%)。重度灾损频率四季全区大部都较低(0～10%)。

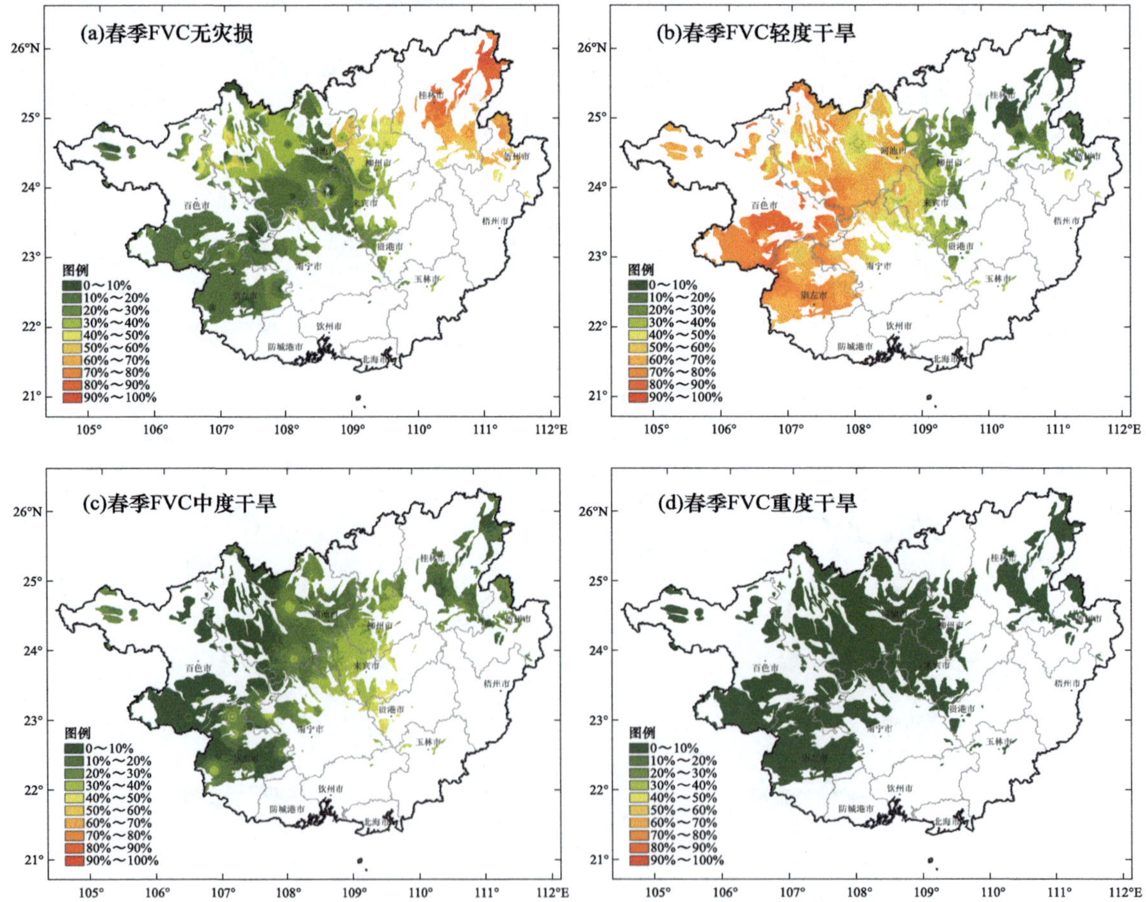

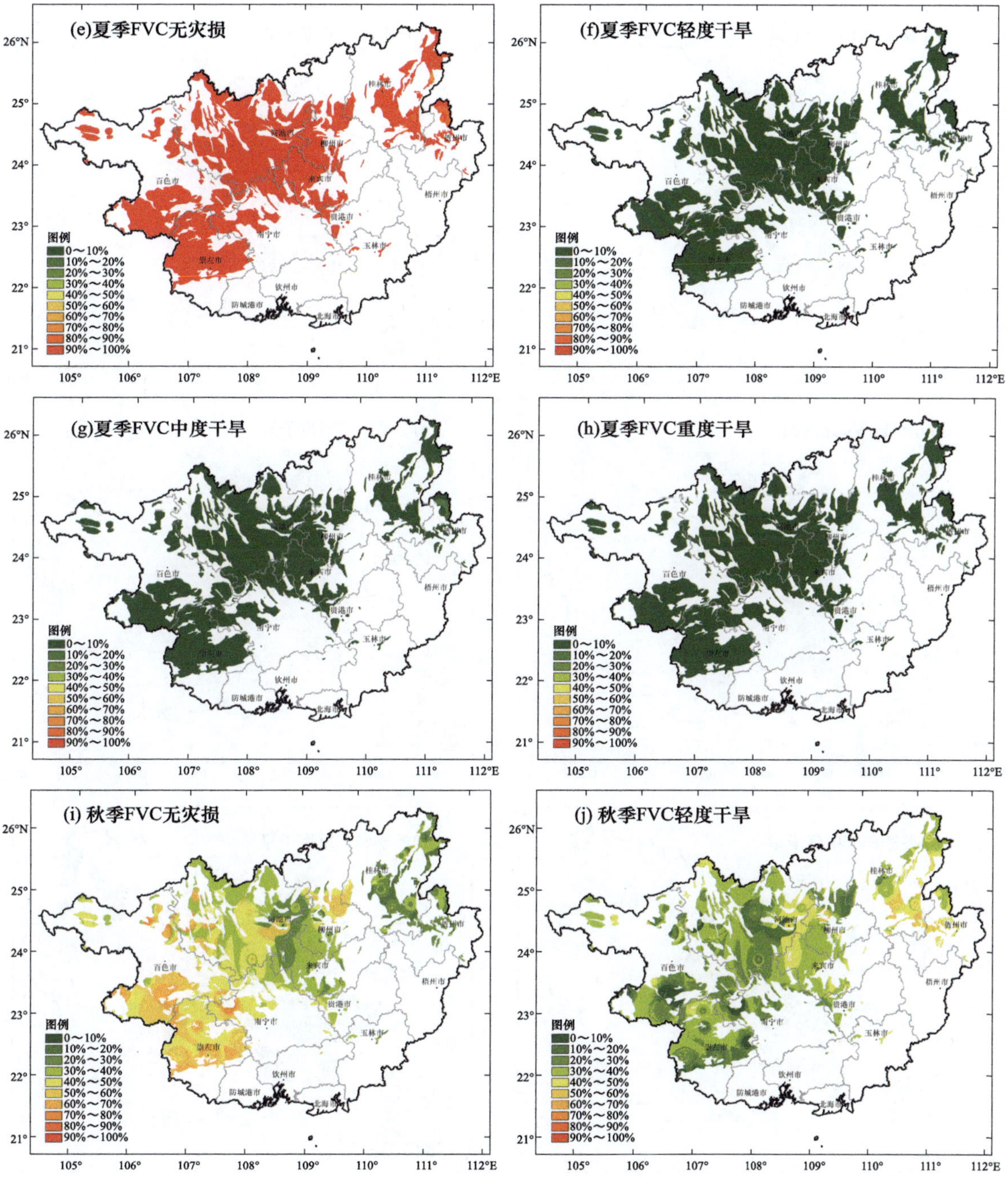
(e)夏季FVC无灾损
(f)夏季FVC轻度干旱
(g)夏季FVC中度干旱
(h)夏季FVC重度干旱
(i) 秋季FVC无灾损
(j) 秋季FVC轻度干旱
图例
0～10%
10%～20%
20%～30%
30%～40%
40%～50%
50%～60%
60%～70%
70%～80%
80%～90%
90%～100%
百色市
河池市
柳州市
桂林市
贺州市
来宾市
梧州市
贵港市
南宁市
玉林市
崇左市
钦州市
防城港市
北海市
26°N
25°
24°
23°
22°
21°
105°
106°
107°
108°
109°
110°
111°
112°E

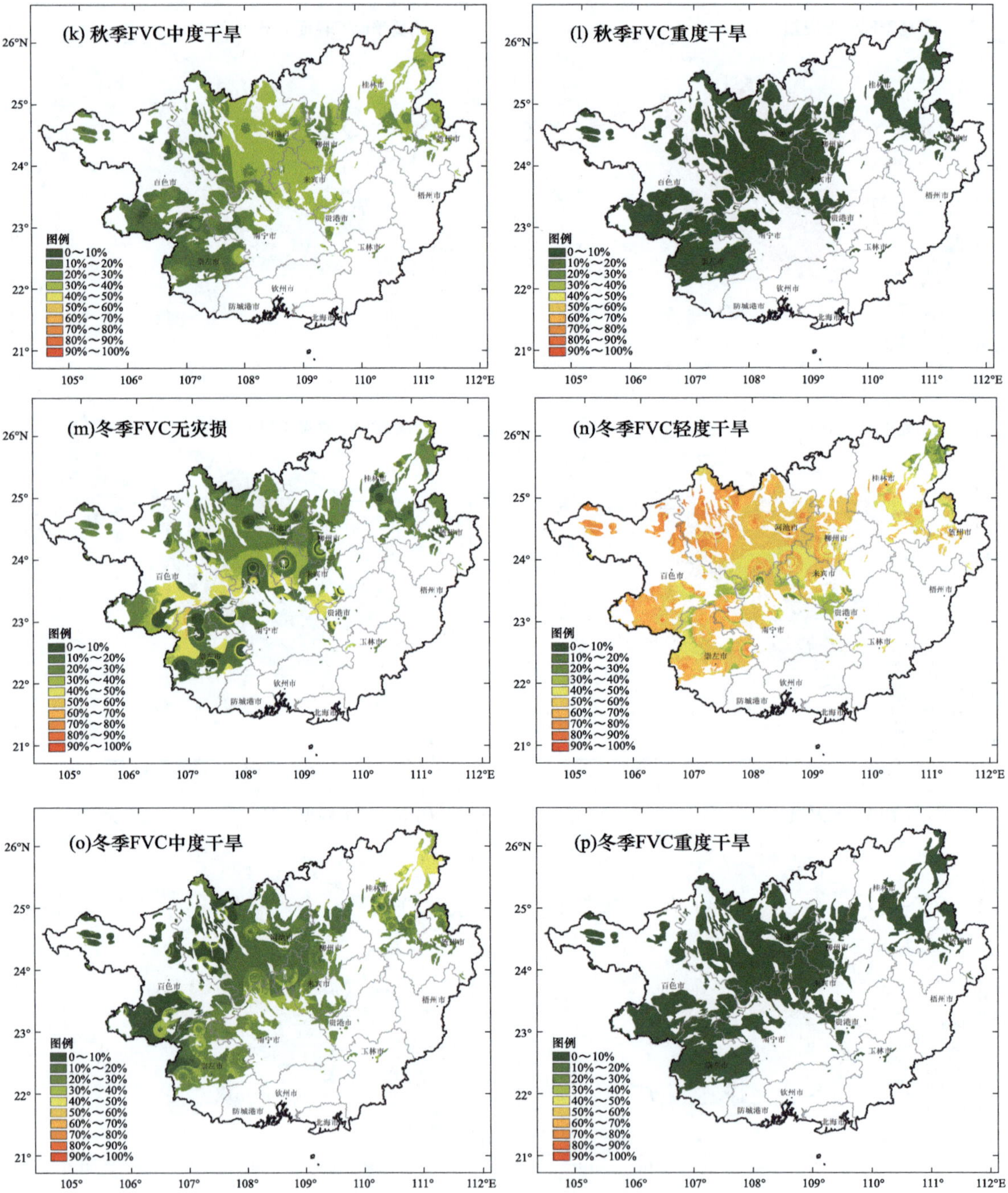

图 5.24 广西喀斯特地区植被 FVC 不同等级灾损频率空间分布

季节尺度上，研究区植被 NDVI 不同程度干旱灾损频率空间分布如图 5.25。其中春季无灾损频率整体由西南部向东北部递增，高值区主要分布在桂林东北部（90%～100%）；夏季无灾损频率在这四个季节中达最高（90%～100%）；秋季与春季空间分布相反，整体由东北部向西南部递增，高值区主要分布在崇左市中北部、百色市南部（70%～80%），零星分布在河池市西北部；冬季空间分布整体由北部向南部递增，高值区主要集中在西南部（40%～50%）。春季轻度灾损频率空间分布整体由向东部向西部递增，高值区主要分布在西南部（80%～90%）；夏季灾损频率在四个季节中最低（0～10%）；秋季高值区主要分布在桂林市南部、贺州市北部（50%～60%）；冬季高值区主要集中在河池市西北部（70%～90%）。春季中度灾损频率高值区主要分布在来宾市南部（40%～50%）；夏季灾损频率在四个季节中最低（0～10%）；秋季频率空间分布整体由西南部向东北部递增，高值区主要分布在河池市东部、来宾市西北部和南部、柳州市西南部以及桂林市辖区、东北部（30%～40%）；冬季高值区主要集中在桂林市东北部（40%～50%）。重度灾损频率四季全区大部都较低（0～10%）。

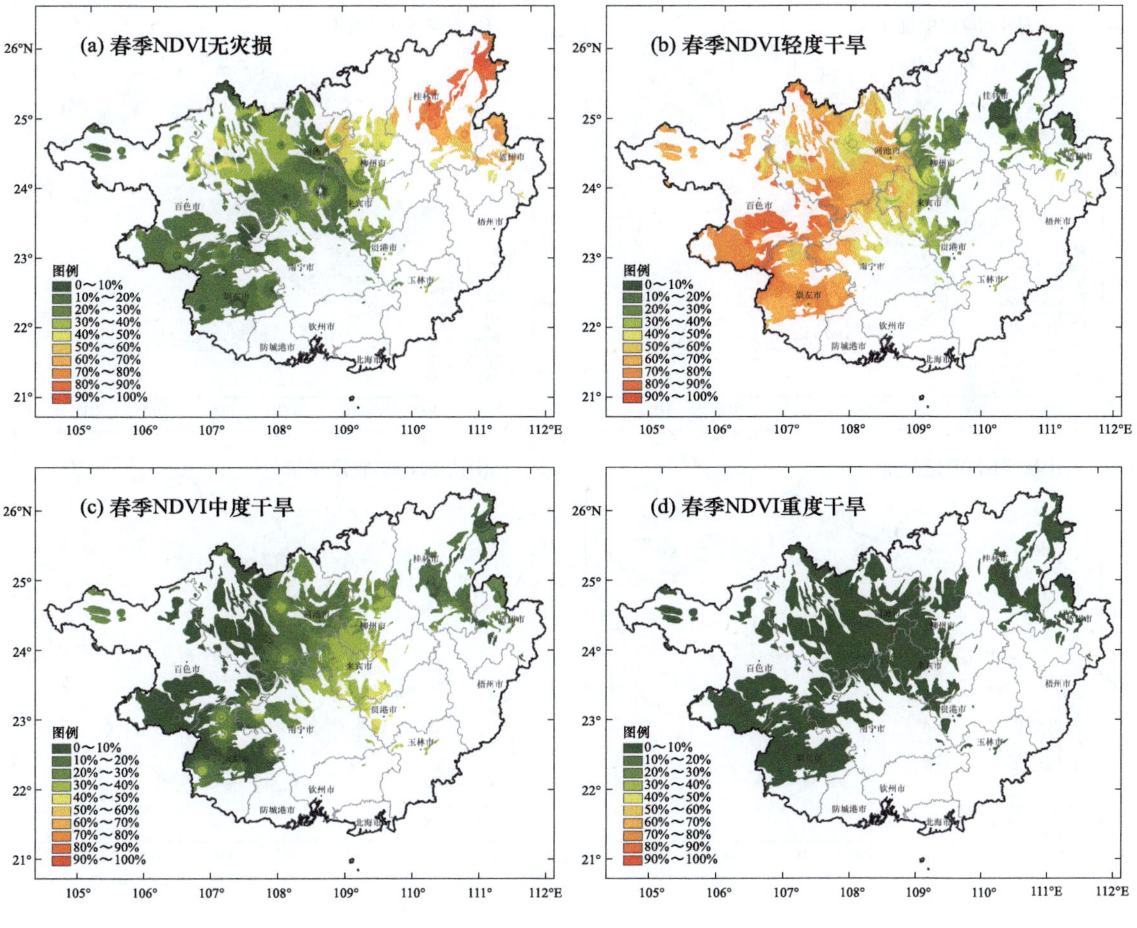

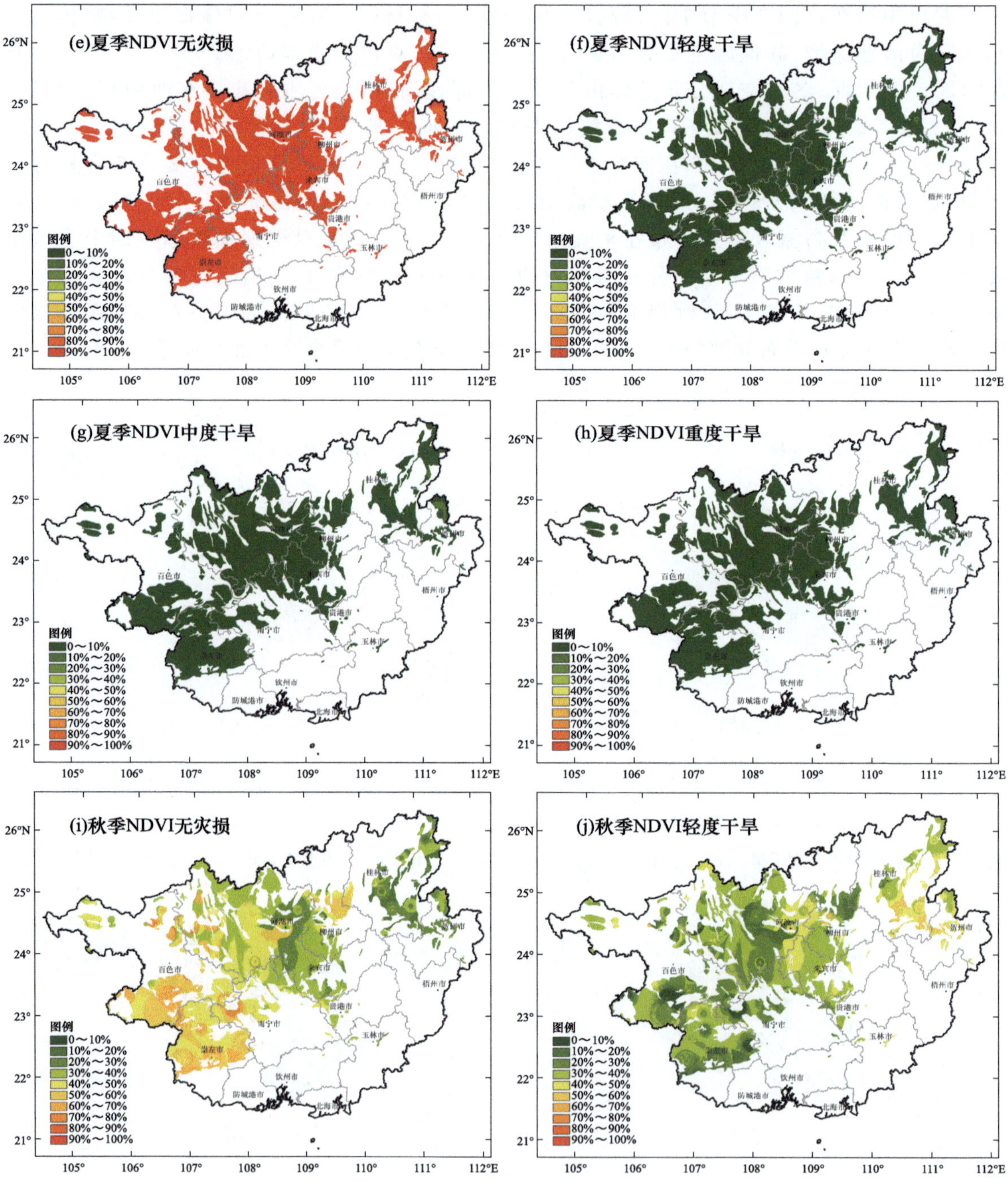
(e)夏季NDVI无灾损
(f)夏季NDVI轻度干旱
(g)夏季NDVI中度干旱
(h)夏季NDVI重度干旱
(i)秋季NDVI无灾损
(j)秋季NDVI轻度干旱
图例
0～10%
10%～20%
20%～30%
30%～40%
40%～50%
50%～60%
60%～70%
70%～80%
80%～90%
90%～100%
26°N
25°
24°
23°
22°
21°
105°
106°
107°
108°
109°
110°
111°
112°E
百色市
南宁市
柳州市
来宾市
桂林市
梧州市
贵港市
玉林市
钦州市
防城港市
北海市
崇左市
河池市

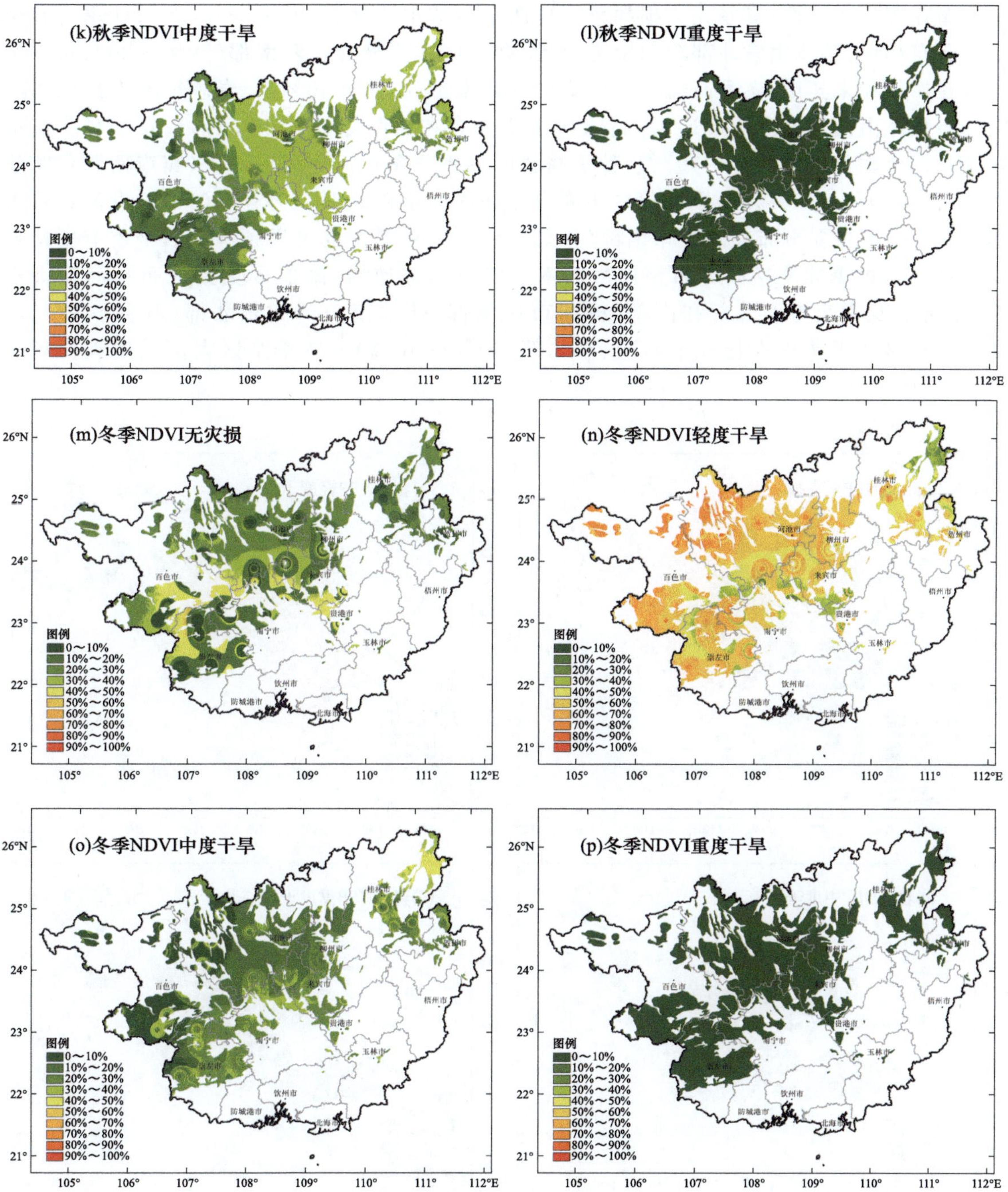

图 5.25 广西喀斯特地区植被 NDVI 不同等级灾损频率空间分布

季节尺度上，研究区植被 NPP 不同程度干旱灾损频率空间分布如图 5.26。其中春季无灾损频率整体由西南部向东北部递增，高值区主要分布在桂林东北部（90%～100%），零星分布在柳州市南部；夏季无灾损频率在这四个季节中达最高（90%～100%）；秋季与春季空间分布相反，整体由东北部向西南部递增，高值区主要分布在西南部（70%～80%），零星分布在柳州和来宾市；冬季高值区主要集中在西南部（40%～50%）。春季轻度灾损频率空间分布整体由向东部向西部递增，高值区主要分布在西南部（80%～90%）；夏季轻度灾损频率在四个季节中最低（0～10%）；秋季高值区主要分布在河池市东部、来宾市西北部和桂林市南部（40%～50%）；冬季高值区主要分布在河池市西北部（70%～90%）。春季中度灾损频率高值区主要分布在来宾市南部（40%～50%）；夏季中度灾损频率在四个季节中最低（0～10%）；秋季频率空间分布整体由西南部向东北部递增，高值区主要分布在河池市中部、东部以及来宾市西北部和南部、柳州市西南部、桂林市南部和东北部（30%～40%）；冬季高值区主要集中在桂林市辖区、东北部（40%～50%）。四季全区大部重度灾损频率都较低（0～10%）。

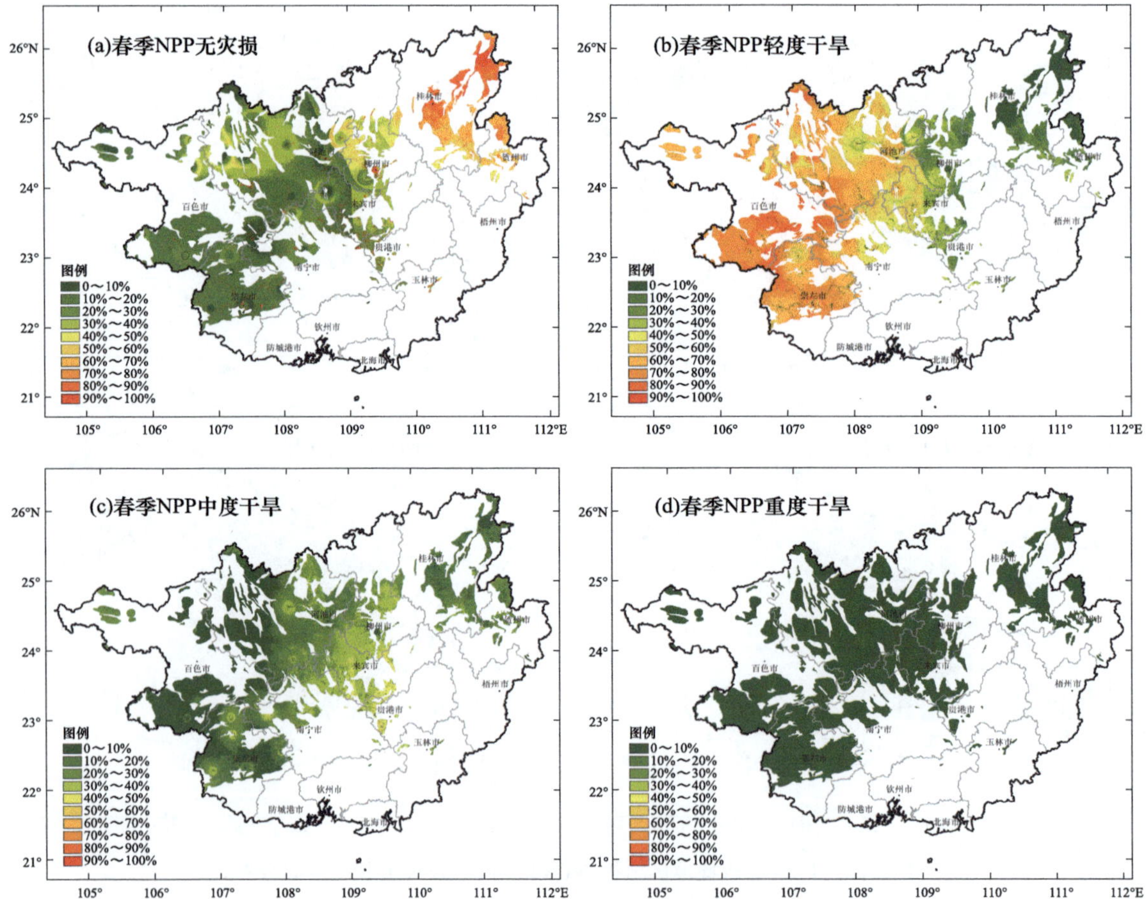

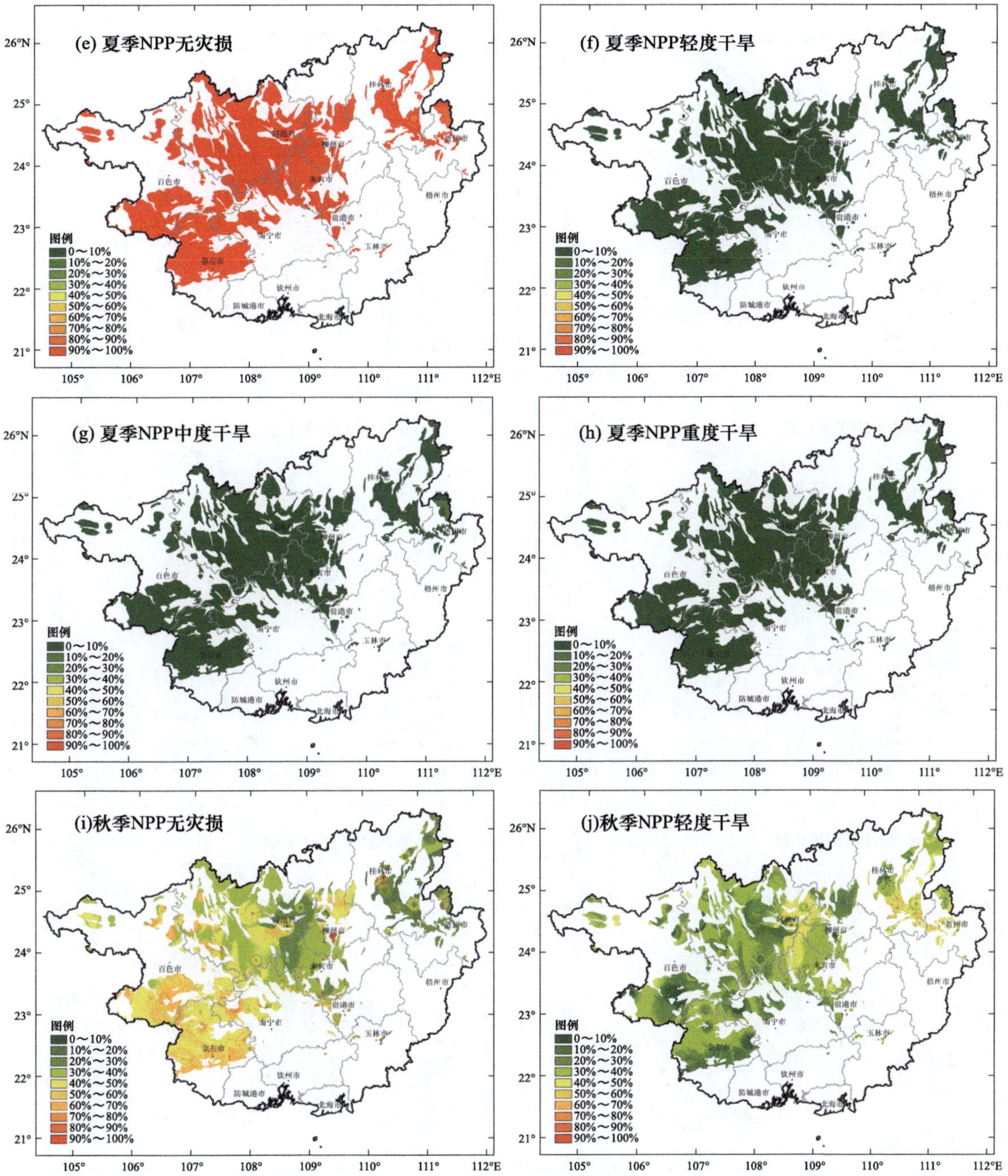
(e) 夏季NPP无灾损
(f) 夏季NPP轻度干旱
(g) 夏季NPP中度干旱
(h) 夏季NPP重度干旱
(i)秋季NPP无灾损
(j)秋季NPP轻度干旱
26°N
25°
24°
23°
22°
21°
105°
106°
107°
108°
109°
110°
111°
112°E
桂林市
河池市
柳州市
来宾市
贺州市
百色市
梧州市
贵港市
南宁市
玉林市
崇左市
钦州市
防城港市
北海市
图例
0～10%
10%～20%
20%～30%
30%～40%
40%～50%
50%～60%
60%～70%
70%～80%
80%～90%
90%～100%

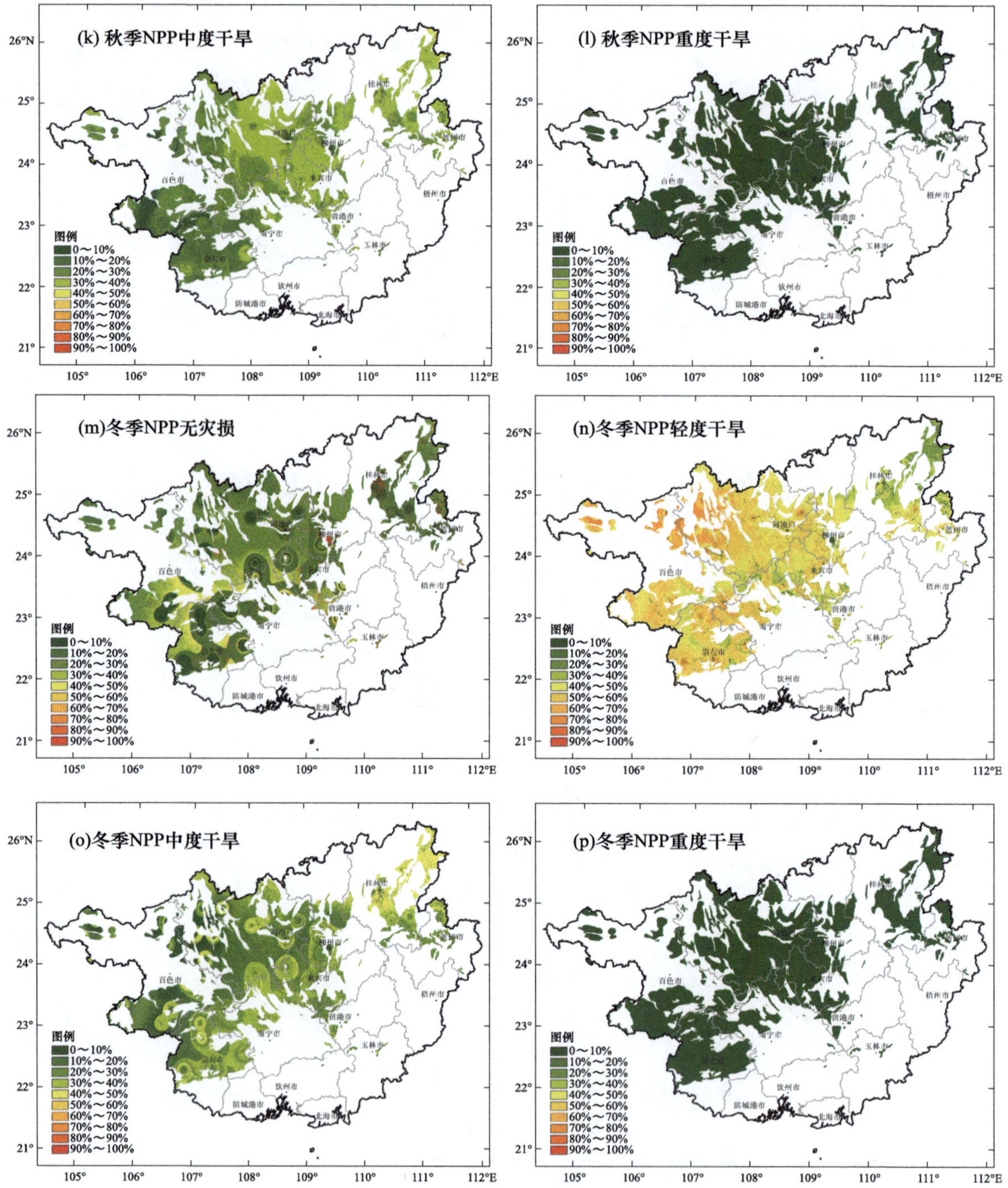

图 5.26　广西喀斯特地区植被 NPP 不同等级干旱灾损频率空间分布

季节尺度上，研究区植被 QI 不同程度干旱灾损频率空间分布如图 5.27。其中春季无灾损频率整体由西南部向东北部递增，高值区主要分布在桂林东北部(90%～100%)，零星分布在柳州市南部；夏季无灾损频率在这四个季节中达最高(90%～100%)；秋季与春季空间分布相反，整体由东北部向西南部递增，高值区主要分布在西南部(70%～80%)；冬季高值区主要集中在西南部(40%～50%)。春季轻度灾损频率空间分布整体由向东部向西部递增，高值区主要分布在西南部(80%～90%)；夏季灾损频率在四个季节中最低(0～10%)；秋季高值区主要分布桂林市南部(50%～60%)；冬季高值区主要分布在河池市西北部(70%～90%)。春季中度灾损频率高值区主要分布在来宾市南部(40%～50%)；夏季灾损频率在四个季节中最低(0～10%)；秋季高值区主要分布在河池市东北部、桂林市南部、东北部(30%～40%)；冬季高值区主要分布在桂林市东北部(40%～50%)。四季全区大部重度灾损频率都较低(0～10%)。

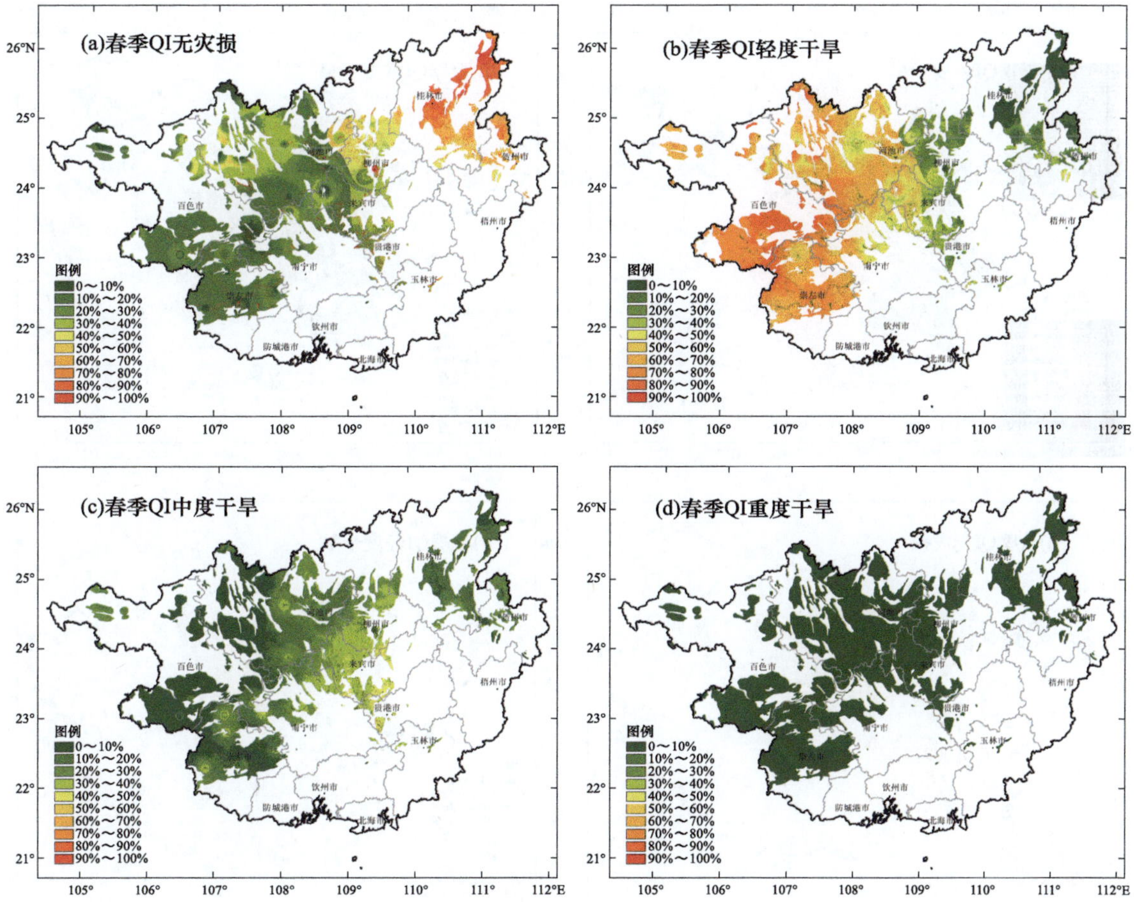

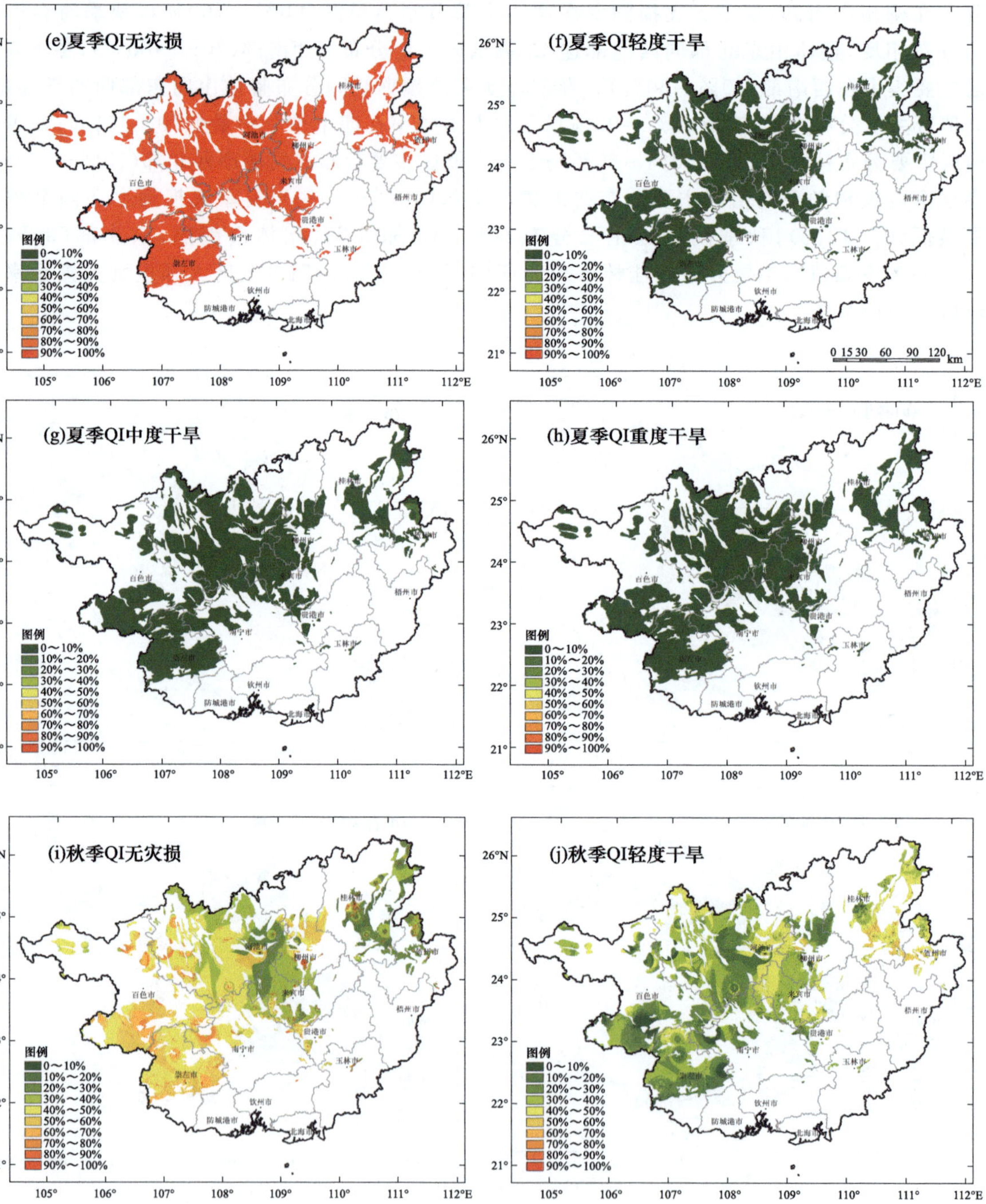
(e)夏季QI无灾损
(f)夏季QI轻度干旱
(g)夏季QI中度干旱
(h)夏季QI重度干旱
(i)秋季QI无灾损
(j)秋季QI轻度干旱
图例
0～10%
10%～20%
20%～30%
30%～40%
40%～50%
50%～60%
60%～70%
70%～80%
80%～90%
90%～100%
百色市
河池市
柳州市
桂林市
来宾市
贺州市
梧州市
贵港市
南宁市
玉林市
崇左市
钦州市
防城港市
北海市
0 15 30 60 90 120 km
26°N
25°
24°
23°
22°
21°
105°
106°
107°
108°
109°
110°
111°
112°E

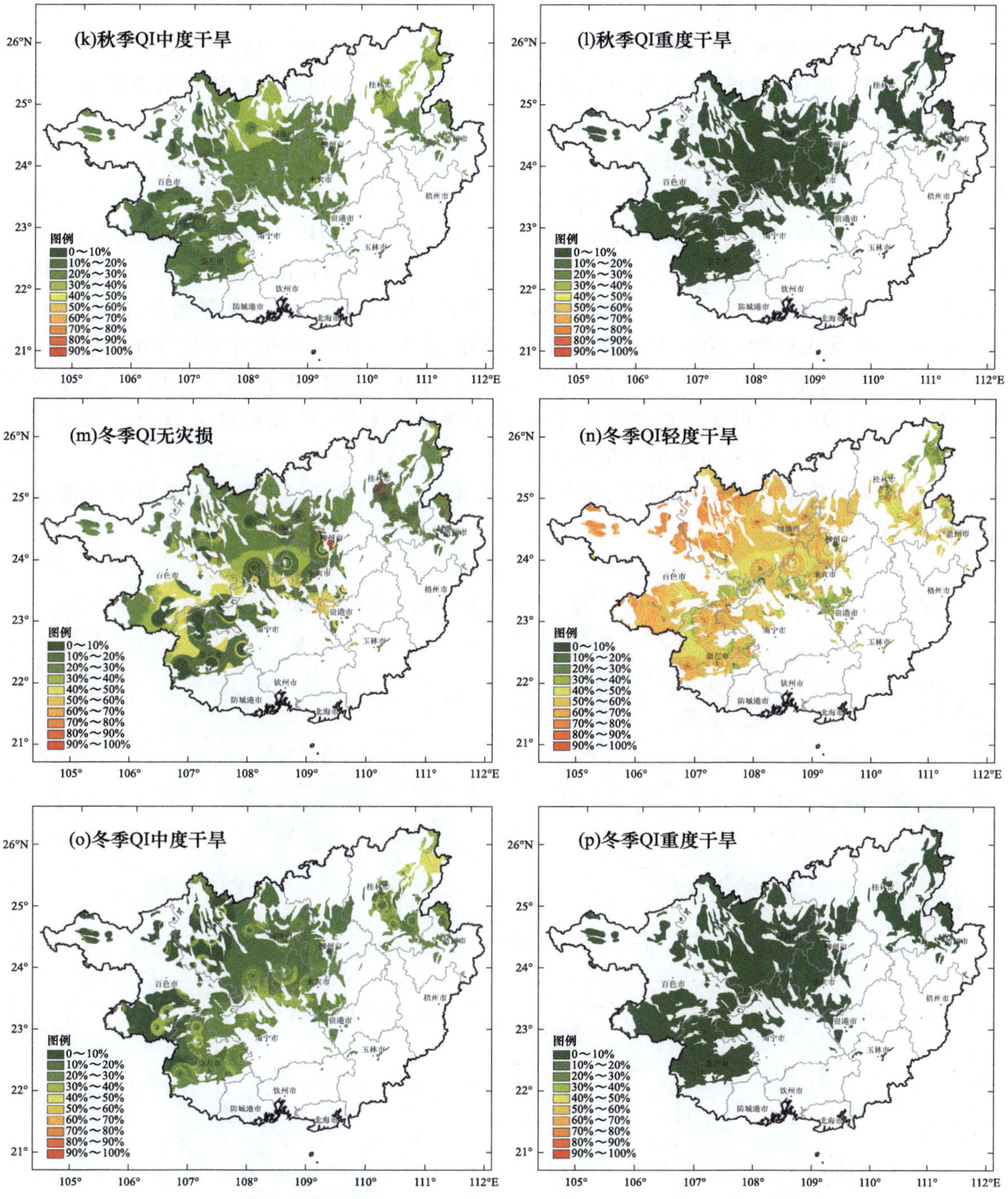

图 5.27　广西喀斯特地区植被 QI 不同等级干旱灾损频率空间分布

(3)月变化

若选择 1—12 月分别描述，图片过多，所以选择典型的 10 月进行描述。选择 10 月的原因如下。

① 10 月份通常对应植被生长的晚期阶段，如植被的成熟、衰老和落叶等物候过程。这一时期植被的生理和生态特征较为明显，适合通过遥感技术进行监测和分析。

② 10 月份的遥感数据质量相对较高，云雾干扰较少，这使得遥感数据的预处理难度降低，能够更准确地提取植被生态参数。

③ 10 月份的气象灾害对农作物和植被的生长周期有显著影响，且灾损情况在这一时期较为集中和明显。因此，选择 10 月份进行研究可以更好地评估气象灾害对植被生态系统的即时影响，为灾损评估和生态恢复提供科学依据。

10 月，研究区植被生态遥感参数不同程度干旱灾损频率空间分布如图 5.28。其中植被 FVC 无灾损频率空间分布整体由西南部向东北部递增，高值区主要分布在百色市南部、崇左市北部(70%～80%)；轻度灾损频率分布与无灾损分布相反，高值区主要分布在东北部(40%～50%)；中度灾损频率高值区主要分布在桂林市部东北部、柳州市西南部(40%～50%)；重度灾损频率大部分地区都较低(0～10%)。植被 NDVI 不同程度干旱灾损频率空间分布与 FVC 一致。植被 NPP 无灾损频率空间分布整体由东北部向西南部递增，高值区零星分布在桂林市辖区、柳州南部等局部地区(90%～100%)，其余轻度、中度和重度灾损频率与植被 FVC、NDVI 一致。植被 QI 无灾损频率高值区零星分布在柳州市南部、桂林市辖区以及来宾局部地区(90%～100%)；轻度灾损频率高值区主要分布在桂林市中南部(40%～50%)；中度灾损频率高值区主要分布在柳州市南部、桂林市东北部(40%～50%)；重度灾损频率大部分地区都较低(0～10%)。

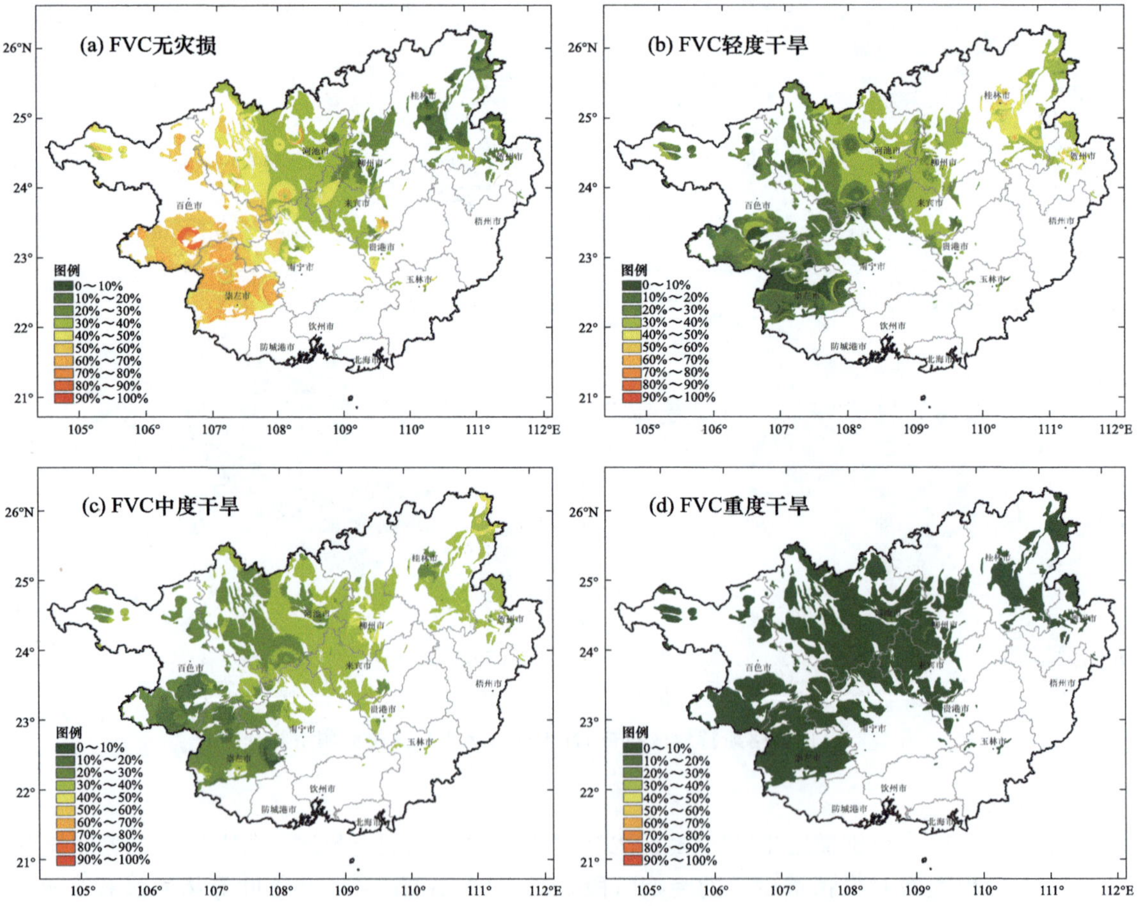

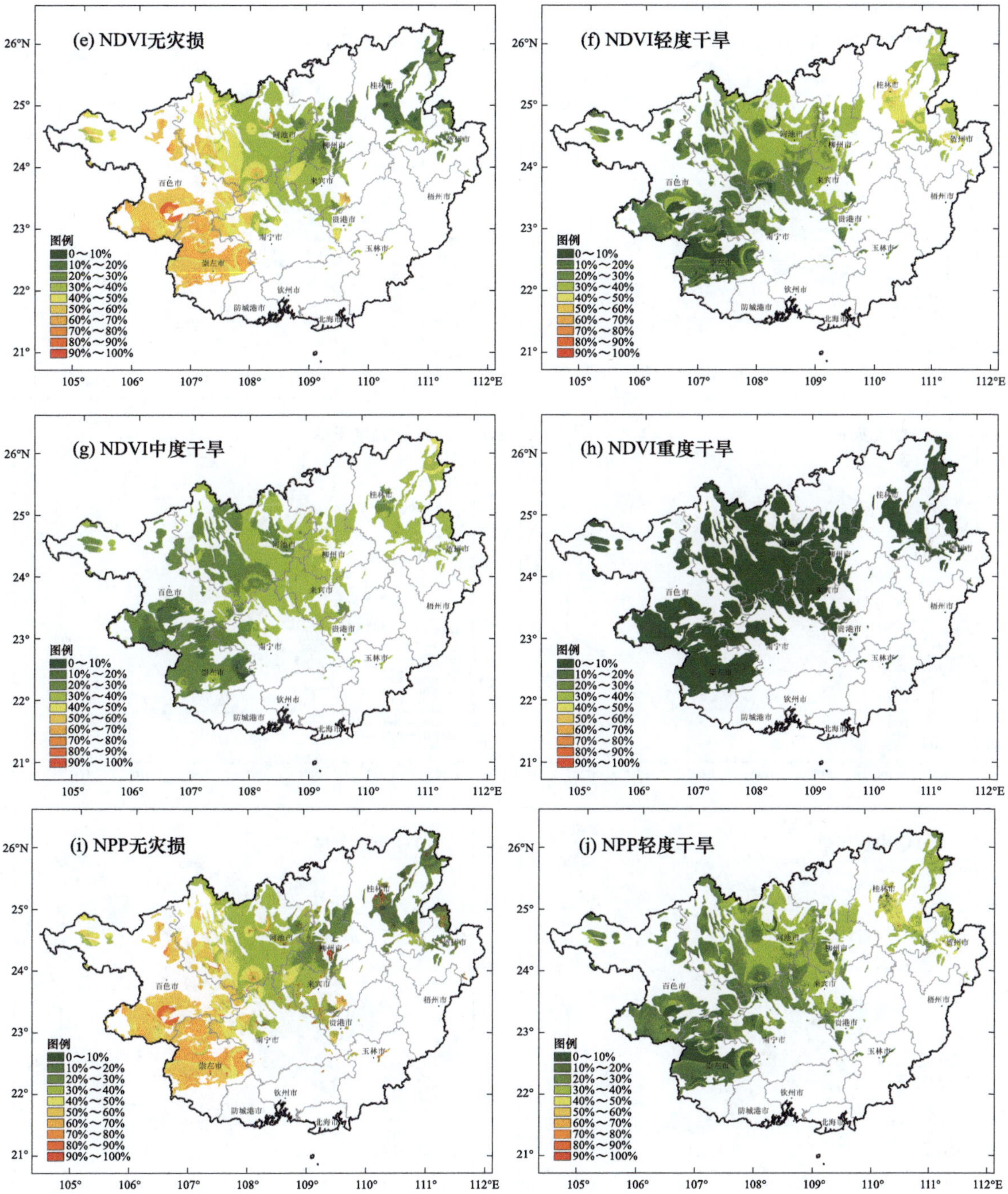
(e) NDVI无灾损
(f) NDVI轻度干旱
(g) NDVI中度干旱
(h) NDVI重度干旱
(i) NPP无灾损
(j) NPP轻度干旱
图例
0～10%
10%～20%
20%～30%
30%～40%
40%～50%
50%～60%
60%～70%
70%～80%
80%～90%
90%～100%
桂林市
河池市
柳州市
贺州市
百色市
来宾市
梧州市
贵港市
南宁市
玉林市
崇左市
钦州市
防城港市
北海市
26°N
25°
24°
23°
22°
21°
105°
106°
107°
108°
109°
110°
111°
112°E

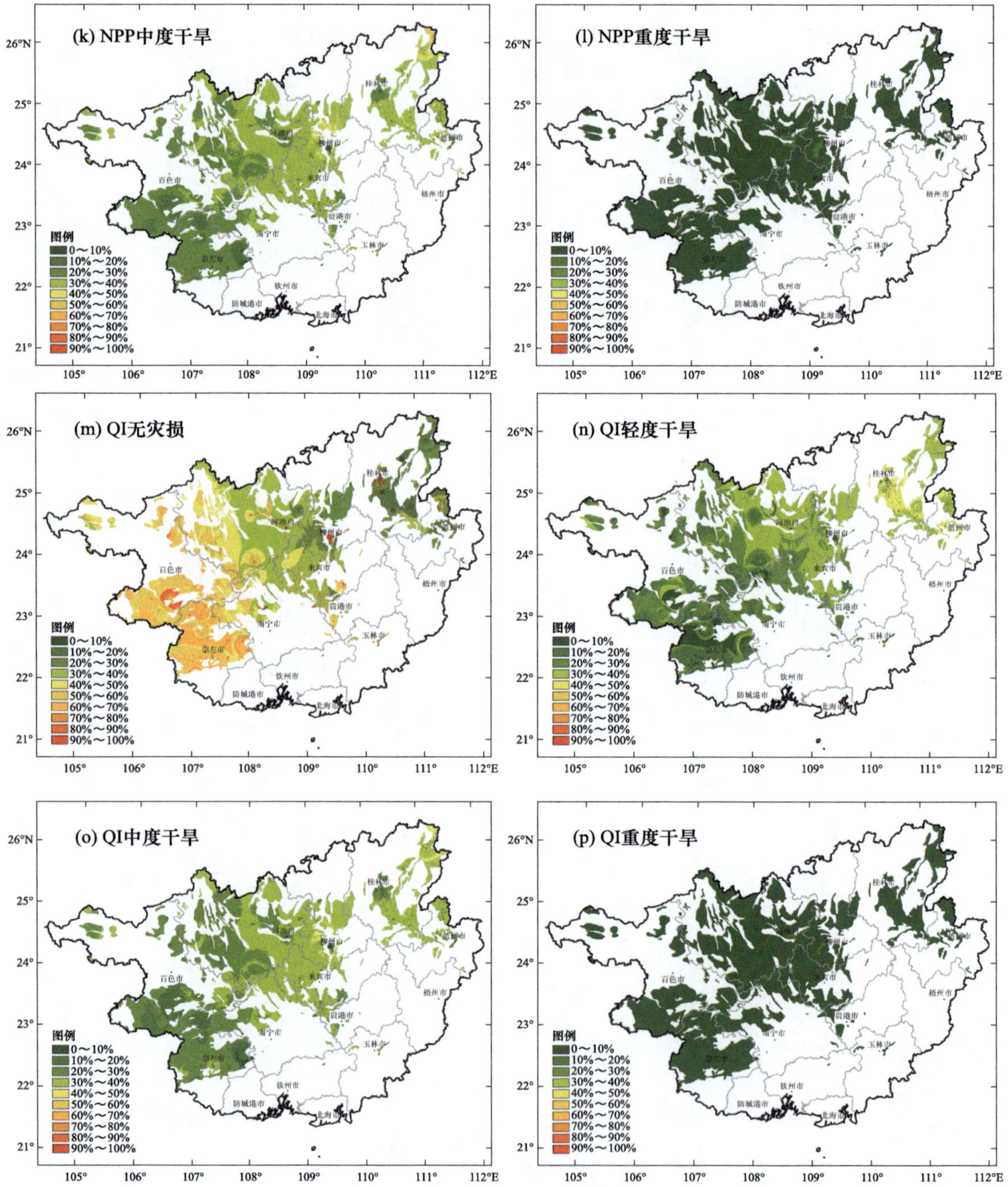

图 5.28 广西喀斯特地区 10 月植被生态因子不同等级干旱灾损频率空间分布

5.2.2 暴雨洪涝灾损评估

5.2.2.1 时间变化特征

(1)年变化

2000—2022 年，研究区植被覆盖度 FVC 暴雨无灾损面积呈增大趋势，变化速率为 5824 $km^2/(10\ a)$，平均值为 23457.5 km^2，年最大值出现在 2021 年(68506.3 km^2)，年最小值出现在 2008 年(73.1 km^2)。轻度灾损面积呈减小趋势，变化速率为−4065 $km^2/(10\ a)$，平均值为 31057.3 km^2，年最大值出现在 2012 年(54347.9 km^2)，年最小值出现在 2008 年(2085.4 km^2)。中度灾损面积呈减小趋势，变化速率为−474 $km^2/(10\ a)$，平均值为 15050.4 km^2，年最大值出现在 2014 年(53091.3 km^2)，年最小值出现在 2015 年(17.0 km^2)。重度灾损面积呈减小趋势，变化速率为−1335 $km^2/(10\ a)$，平均值为 3160.2 km^2，年最大值出现在 2008 年(47655.1 km^2)(图 5.29)。

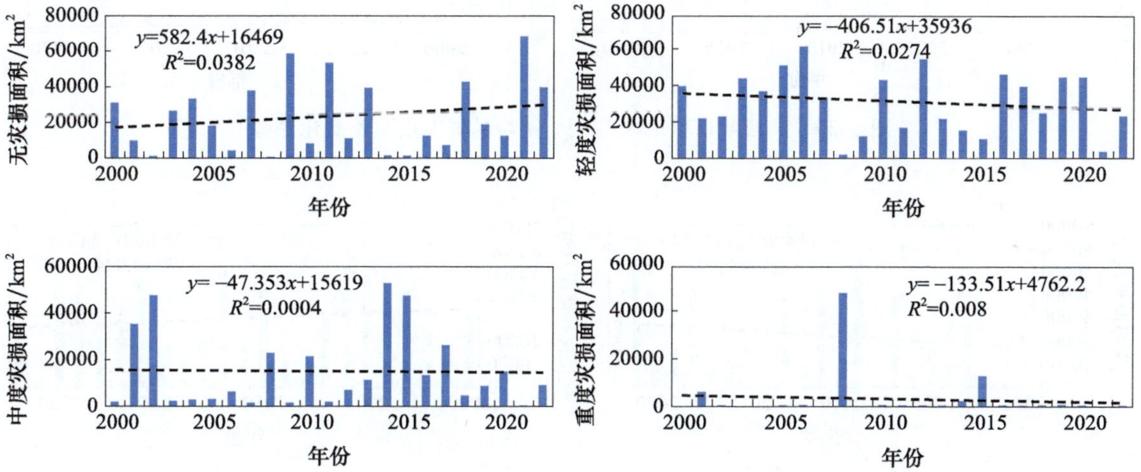

图 5.29 广西喀斯特地区 FVC 年均暴雨灾损面积变化趋势

2000—2022 年，研究区植被指数 NDVI 暴雨无灾损面积呈增大趋势，变化速率为 5478 $km^2/(10\ a)$，平均值为 23536.2 km^2，年最大值出现在 2021 年(68470.4 km^2)，年最小值出现在 2008 年(71.7 km^2)。轻度灾损面积呈减小趋势，变化速率为−3818 $km^2/(10\ a)$，平均值为 30959.3 km^2，年最大值出现在 2006 年(61793.1 km^2)，年最小值出现在 2008 年(2082.4 km^2)。中度灾损面积呈减小趋势，变化速率为−403 $km^2/(10\ a)$，平均值为 15070.0 km^2，年最大值出现在 2014 年(53049.8 km^2)，年最小值出现在 2021 年(18.3 km^2)。重度灾损面积呈减小趋势，变化速率为−1316 $km^2/(10\ a)$，平均值为 3160.3 km^2，年最大值出现在 2008 年(47663.7 km^2)(图 5.30)。

2000—2022 年，研究区植被净初级生产力 NPP 暴雨无灾损面积呈增大趋势，变化速率为 4902 $km^2/(10\ a)$，平均值为 22727.5 km^2，年最大值出现在 2021 年(65841.2 km^2)，年最小值出现在 2008 年(59.0 km^2)。轻度灾损面积呈减小趋势，变化速率为−3656 $km^2/(10\ a)$，平均值为 29898.0 km^2，年最大值出现在 2006 年(59711.3 km^2)，年最小值出现在 2008 年(2050.8 km^2)。中度灾损面积呈减小趋势，变化速率为−79 $km^2/(10\ a)$，平均值为 14445.7 km^2，年最大值出现在 2014 年(52558.1 km²),年最小值出现在 2021 年(12.7 km²)。重度灾损面积呈减小趋势,变化速率为−1243 km²/(10 a),平均值为 3046.8 km²,年最大值出现在 2008 年(46559.8 km²)(图 5.31)。

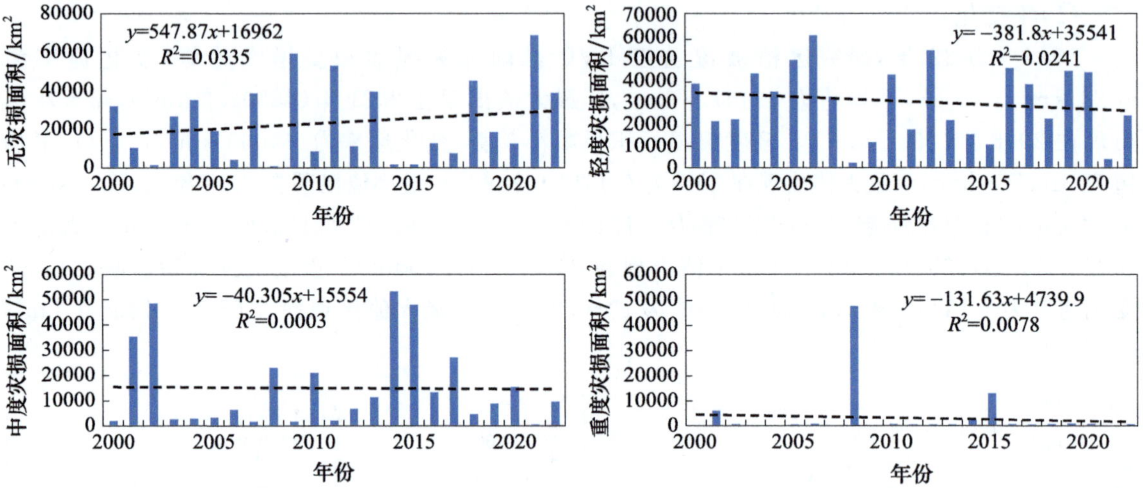

图 5.30　广西喀斯特地区 NDVI 年均暴雨灾损面积变化趋势

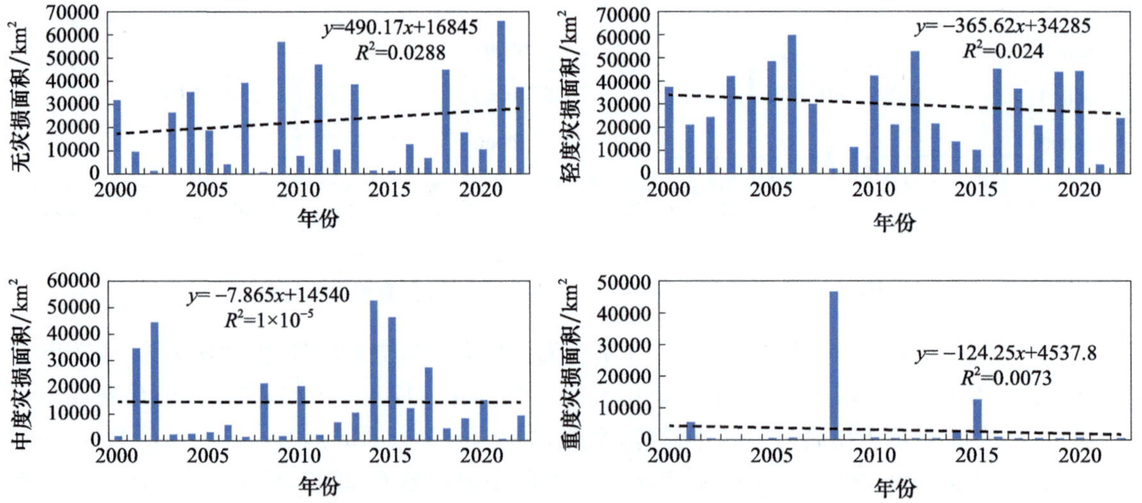

图 5.31　广西喀斯特地区 NPP 年均暴雨灾损面积变化趋势

2000—2022 年,研究区植被生态质量 QI 暴雨无灾损面积呈增大趋势,变化速率为 5312 km²/(10 a),平均值为 22670.1 km²,年最大值出现在 2021 年(65998.6 km²),年最小值出现在 2008 年(60.2 km²)。轻度灾损面积呈减小趋势,变化速率为−3829 km²/(10 a),平均值为 29948.1 km²,年最大值出现在 2006 年(59601.0 km²),年最小值出现在 2008 年(1958.3 km²)。中度灾损面积呈减小趋势,变化速率为−273 km²/(10 a),平均值为 14448.2 km²,年最大值出现在 2014 年(52076.8 km²),年最小值出现在 2021 年(13.1 km²)。重度灾损面积呈减小趋势,变化速率为−1276 km²/(10 a),平均值为 3046.7 km²,年最大值出现在 2008 年(46534.8 km²)(图 5.32)。

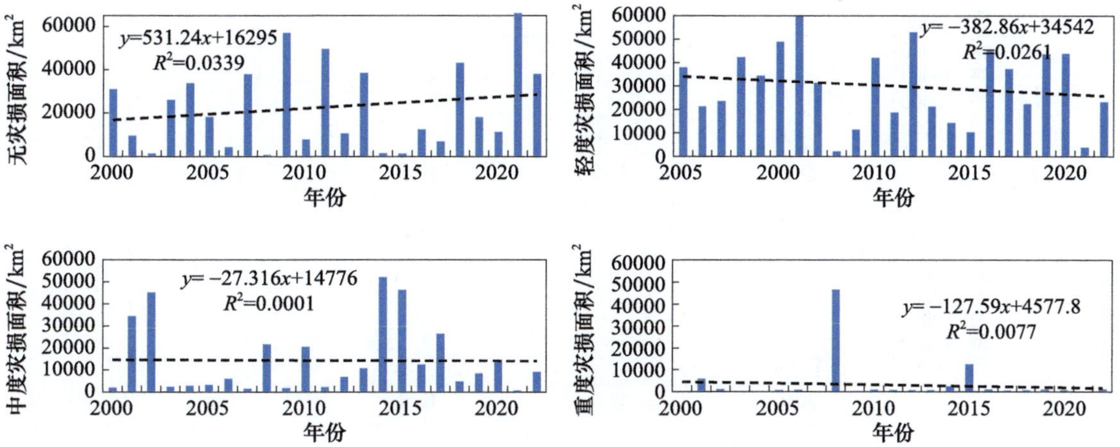

图 5.32　广西喀斯特地区 QI 年均暴雨灾损面积变化趋势

(2)季度变化

季节尺度上，研究区植被覆盖度 FVC 在冬季暴雨无灾损面积达最大值(68824.7 km²)，夏季出现最小值(22317.5 km²)；夏季轻度灾损面积出现最大值(30390.5 km²)，冬季达最小值(0.3 km²)；夏季中度灾损面积出现最大值(16928.5 km²)，冬季出现最小值(1322.1 km²)；秋季重度灾损面积出现最大值(3316.7 km²)，冬季出现最小值(2236.5 km²)。研究区植被指数 NDVI 在冬季无灾损面积达最大值(68824.7 km²)，夏季出现最小值(22340.7 km²)；夏季轻度灾损面积出现最大值(30383.7 km²)，冬季出现最小值(0.3 km²)；秋季中度灾损面积出现最大值(16916.5 km²)，冬季出现最小值(1322.1 km²)；秋季重度灾损面积出现最大值(3316.7 km²)，冬季出现最小值(2236.5 km²)。研究区植被净初级生产力 NPP 在冬季无灾损面积达最大值(66315.6 km²)，夏季出现最小值(21703.6 km²)；夏季轻度灾损面积出现最大值(29041.0 km²)，冬季出现最小值(1.7 km²)；夏季中度灾损面积出现最大值(16405.0 km²)，冬季出现最小值(1212.2 km²)；秋季重度灾损面积出现最大值(3196.6 km²)，冬季出现最小值(2136.8 km²)。研究区植被生态质量 QI 在冬季无灾损面积达最大值(66315.6 km²)，夏季出现最小值(21531.0 km²)；夏季轻度灾损面积出现最大值(29265.1 km²)，冬季出现最小值(0.2 km²)；夏季中度灾损面积出现最大值(16340.8 km²)，冬季出现最小值(1212.8 km²)；秋季重度灾损面积出现最大值(3196.6 km²)，冬季出现最小值(2137.6 km²)(图 5.33)。

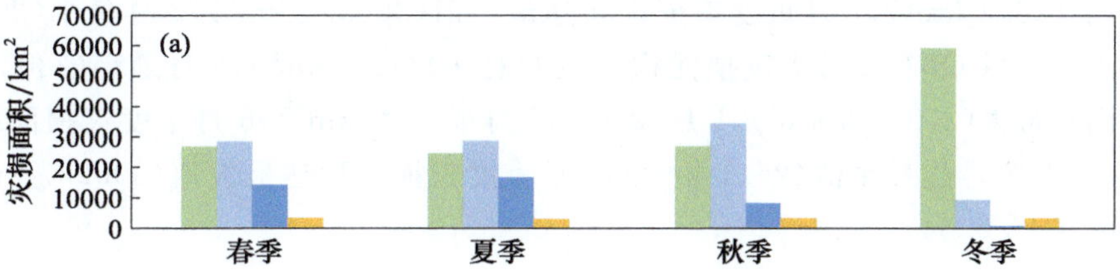

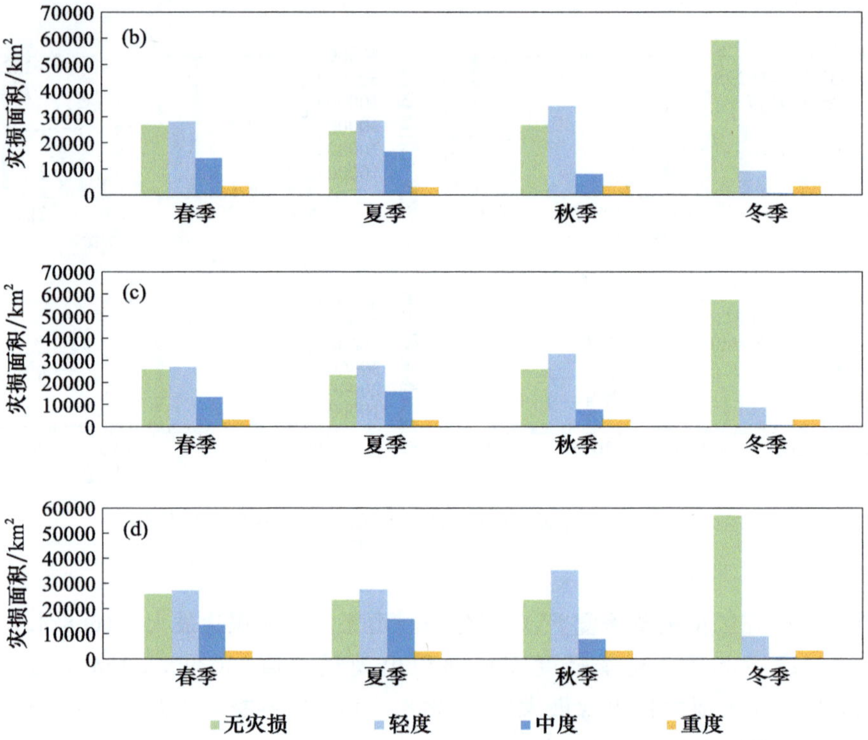

图 5.33 广西喀斯特地区四季植被暴雨灾损面积变化趋势

(a)FVC,(b)NDVI,(c)NPP,(d)QI

(3)月变化

月尺度上,研究区植被覆盖度 FVC 在 2 月暴雨无灾损面积达最大值(72026.3 km^2),6 月达最小(24720.5 km^2);6 月轻度灾损面积最大(28070.8 km^2),1 月、2 月、12 月最小(0 km^2);5 月中度灾损面积达最大值(17341.3 km^2),12 月达最小值(30.4 km^2);6 月重度灾损面积达最大值(3178.0 km^2),2 月最小(234.6 km^2)。研究区植被指数 NDVI 在 2 月无灾损面积达最大值(72026.3 km^2),6 月最小(24722.8 km^2);6 月轻度灾损面积最大(28071.2 km^2),1 月、2 月、12 月最小(0 km^2);5 月中度灾损面积达最大值(17340.8 km^2),12 月达最小值(30.4 km^2);6 月重度灾损面积达最大值(3178.0 km^2),2 月最小(234.6 km^2)。研究区植被净初级生产力 NPP 在 2 月无灾损面积达最大值(69298.3 km^2),6 月最小(23955.9 km^2);6 月轻度灾损面积最大(26859.3 km^2),1 月、2 月、12 月最小(0 km^2);5 月中度灾损面积达最大值(16620.5 km^2),12 月达最小值(26.4 km^2);7 月重度灾损面积达最大值(3063.0 km^2),2 月最小(207.7 km^2)。研究区植被生态质量 QI 在 2 月无灾损面积达最大值(69298.3 km^2),6 月最小(23820.4 km^2);6 月轻度灾损面积最大(27049.6 km^2),1 月、2 月、12 月最小(0 km^2);6 月中度灾损面积达最大值(16708.4 km^2),12 月达最小值(26.1 km^2);8 月重度灾损面积达最大值(3062.7 km^2),2 月最小(209.0 km^2)(图 5.34)。

5.2.2.2 空间变化特征

(1)年变化

年尺度上,研究区植被 FVC 不同程度暴雨灾损频率空间分布如图 5.35。其中无灾损频率高值区主要分布在百色市西南部、崇左市中东部(40%～50%);轻度灾损频率高值区主要分布在河池市西北部和百色市东南部地区(60%～70%);中度灾损频率高值区零星分布在百色南部、崇左北部、来宾西北局部地区(30%～40%);重度暴雨灾损频率大部地区都较低(0～10%)。

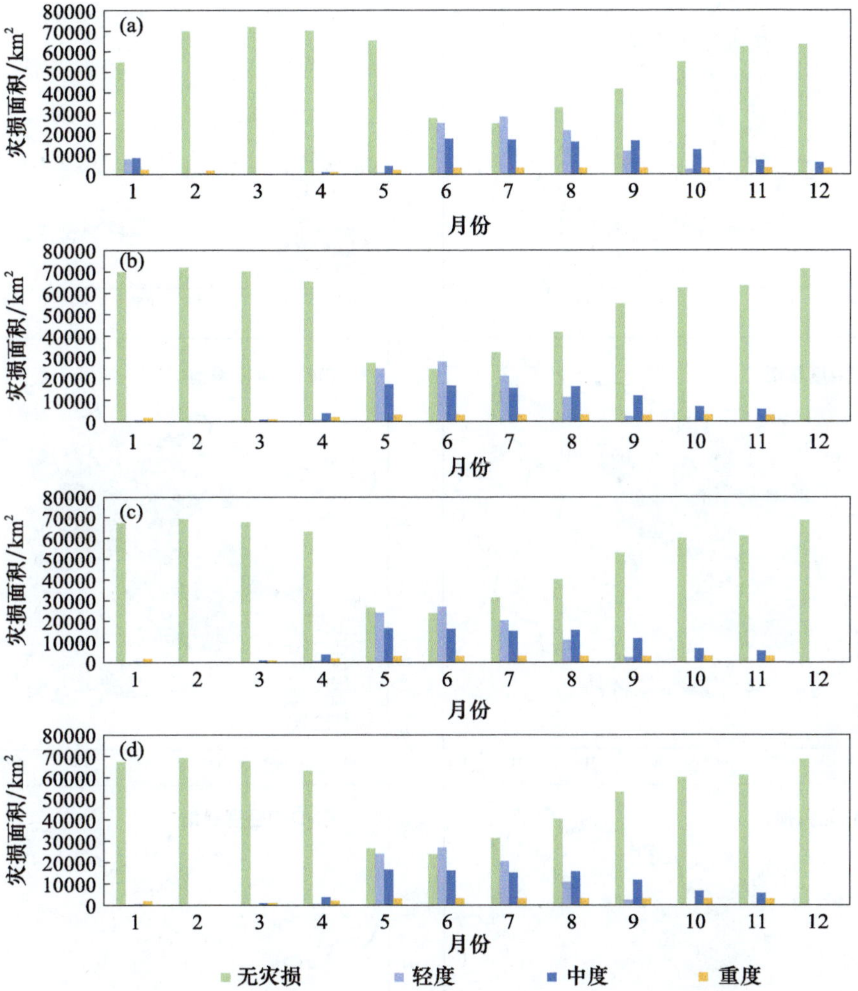

图 5.34 广西喀斯特地区月尺度植被暴雨灾损面积变化趋势

(a)FVC,(b)NDVI,(c)NPP,(d)QI

研究区植被 NDVI 不同程度暴雨灾损频率空间分布如图 5.35。其中无灾损频率高值区主要分布在百色市西南部、崇左市中东部(40%～50%);轻度灾损频率高值区主要分布在河池市西北部和百色市东南部地区(60%～70%);中度灾损频率高值区零星分布在百色南部、崇左北部、来宾西北局部地区(30%～40%);重度暴雨灾损频率大部地区较低(0～10%)。

研究区植被 NPP 不同程度暴雨灾损频率空间分布如图 5.35。其中无灾损频率高值区零星分布在崇左市中西部(90%～100%);轻度、中度和重度暴雨灾损频率空间分布与植被 FVC、NDVI 空间分布一致。

研究区植被 QI 不同程度暴雨灾损频率空间分布如图 5.35。其中无灾损频率空间分布与

NPP一致，其余不同灾损等级空间分布与以上三种植被生态参数的一致。

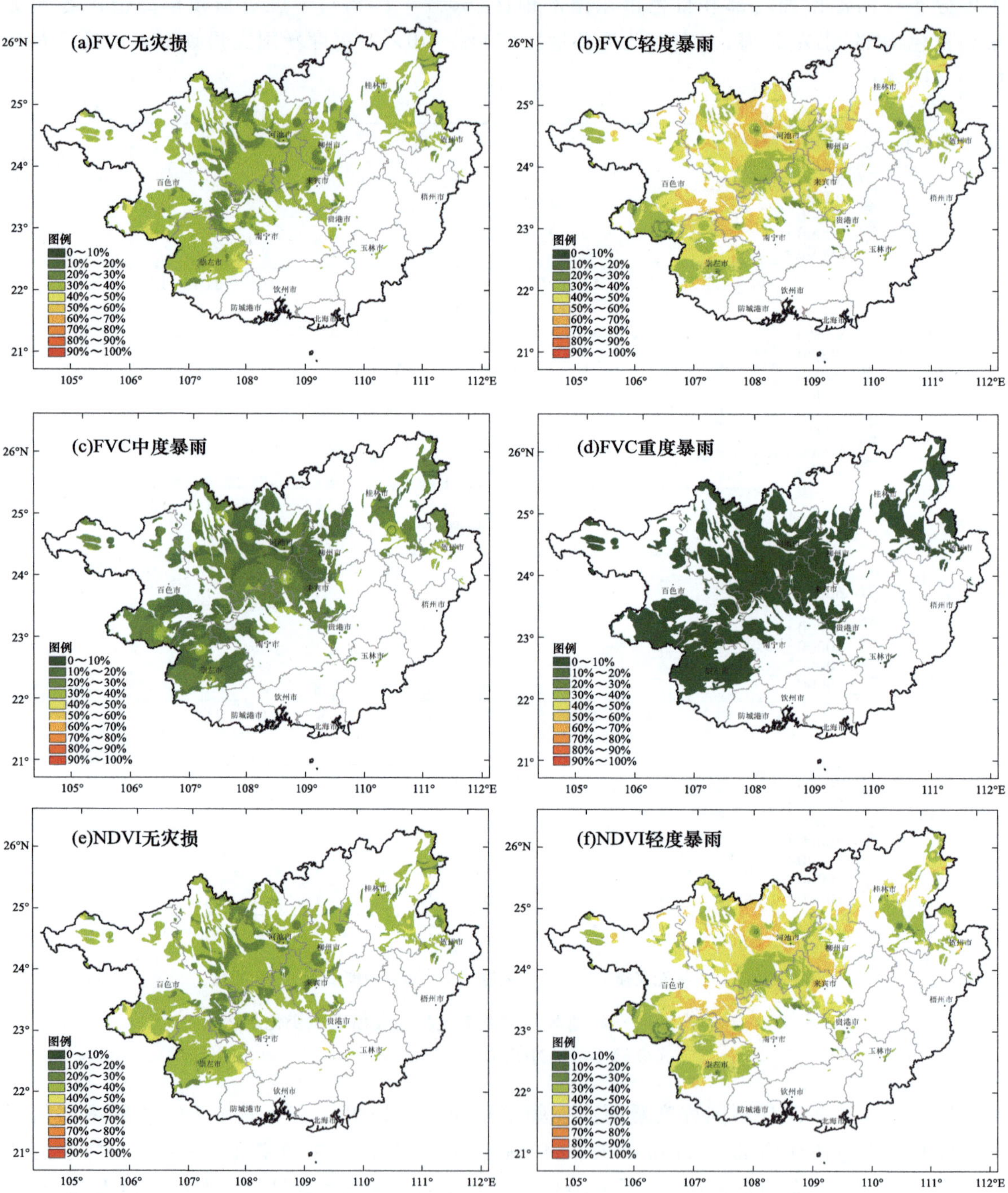

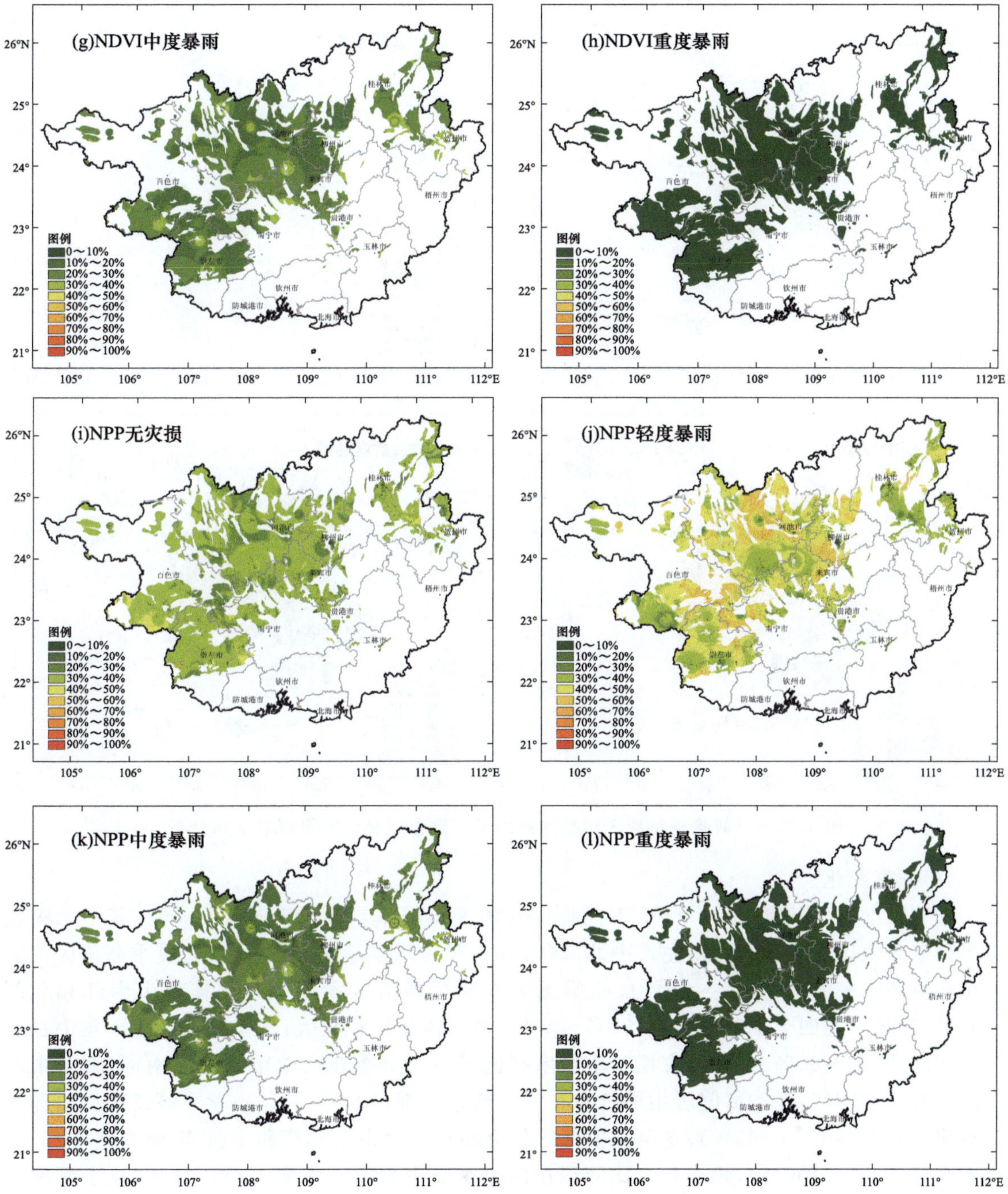
(g)NDVI中度暴雨
(h)NDVI重度暴雨
(i)NPP无灾损
(j)NPP轻度暴雨
(k)NPP中度暴雨
(l)NPP重度暴雨
图例
0～10%
10%～20%
20%～30%
30%～40%
40%～50%
50%～60%
60%～70%
70%～80%
80%～90%
90%～100%
桂林市
贺州市
河池市
柳州市
百色市
来宾市
梧州市
贵港市
南宁市
玉林市
崇左市
钦州市
防城港市
北海市
26°N
25°
24°
23°
22°
21°
105°
106°
107°
108°
109°
110°
111°
112°E

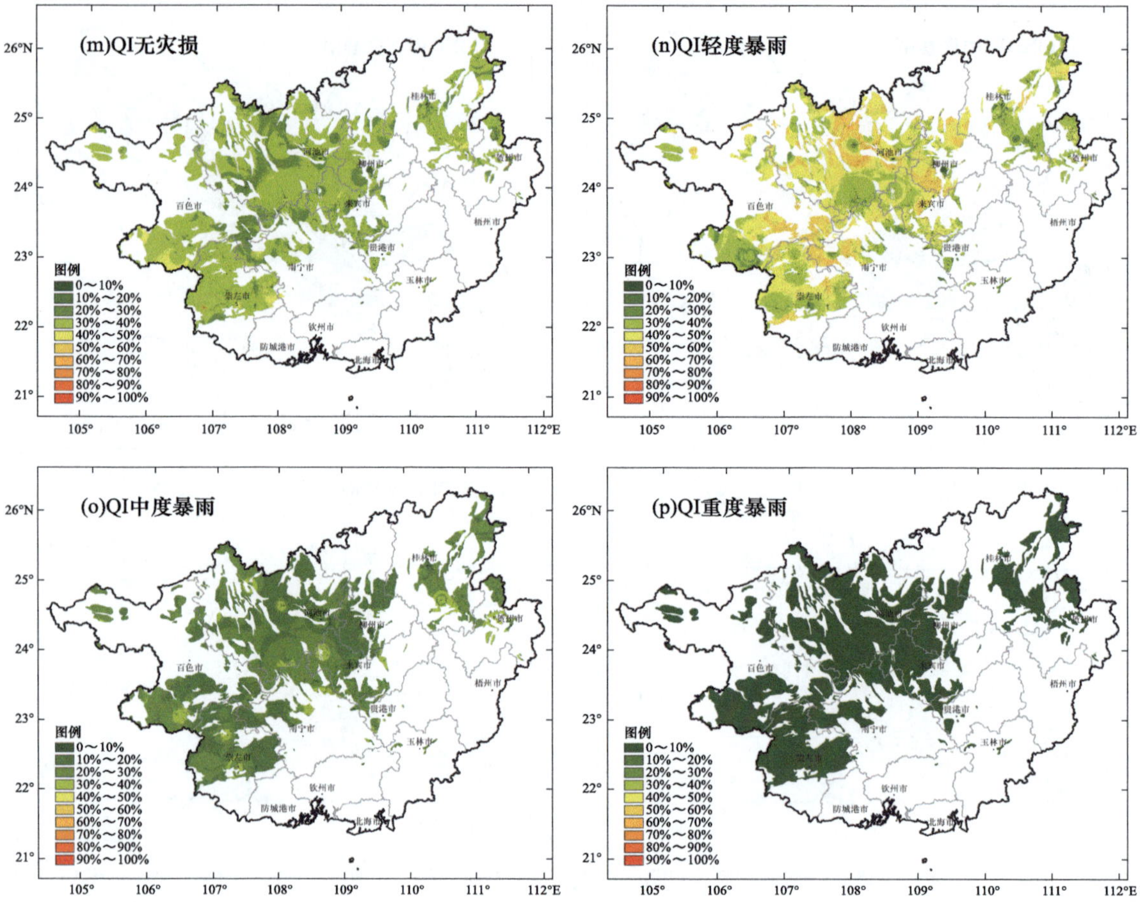

图 5.35　广西喀斯特地区植被生态因子不同程度暴雨灾损频率空间分布

(2)季度变化

季节尺度上，研究区植被 FVC 不同程度暴雨灾损频率空间分布如图 5.36。其中无灾损春季频率高值区主要分布在崇左市中北部(60%～70%)，零星分布在百色市；夏季高值区主要分布在河池市东北部(40%～50%)；秋季无灾损频率高值区零星分布在桂林市南部和北部(60%～70%)，在四个季节中频率(30%～50%)高且占比面积较大；冬季高值区主要集中在崇左市北部(50%～60%)。轻度灾损春季频率高值区主要分布在河池市北部和南部、柳州市西南部(60%～70%)；夏季高值区主要分布在河池市东北部(60%～70%)；秋季高值区主要分布在贺州市北部(90%～100%)；冬季高值区零星分布在河池市东北部和中西部、崇左市中部、百色市北部(90%～100%)，频率和占比面积在四个季节中最大。中度灾损在春季、夏季频率大部地区为 20%～40%；秋季大部地区频率为 20%～30%；冬季灾损频率较低(0～10%)。重度灾损频率大部地区都较低(0～10%)。

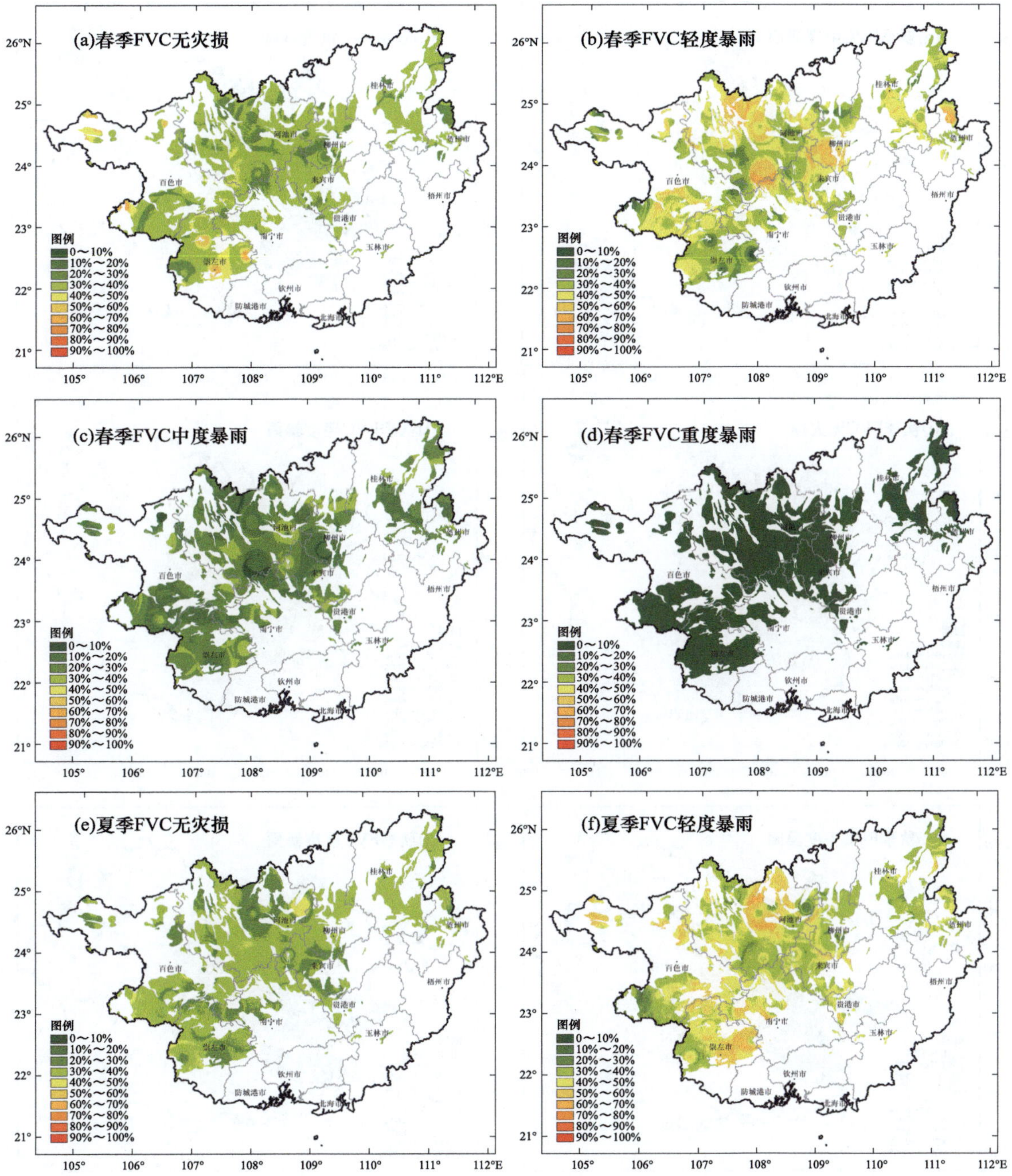
(a)春季FVC无灾损
(b)春季FVC轻度暴雨
(c)春季FVC中度暴雨
(d)春季FVC重度暴雨
(e)夏季FVC无灾损
(f)夏季FVC轻度暴雨
图例
0～10%
10%～20%
20%～30%
30%～40%
40%～50%
50%～60%
60%～70%
70%～80%
80%～90%
90%～100%
桂林市
河池市
柳州市
贺州市
百色市
来宾市
梧州市
贵港市
南宁市
玉林市
崇左市
钦州市
防城港市
北海市
26°N
25°
24°
23°
22°
21°
105°
106°
107°
108°
109°
110°
111°
112°E

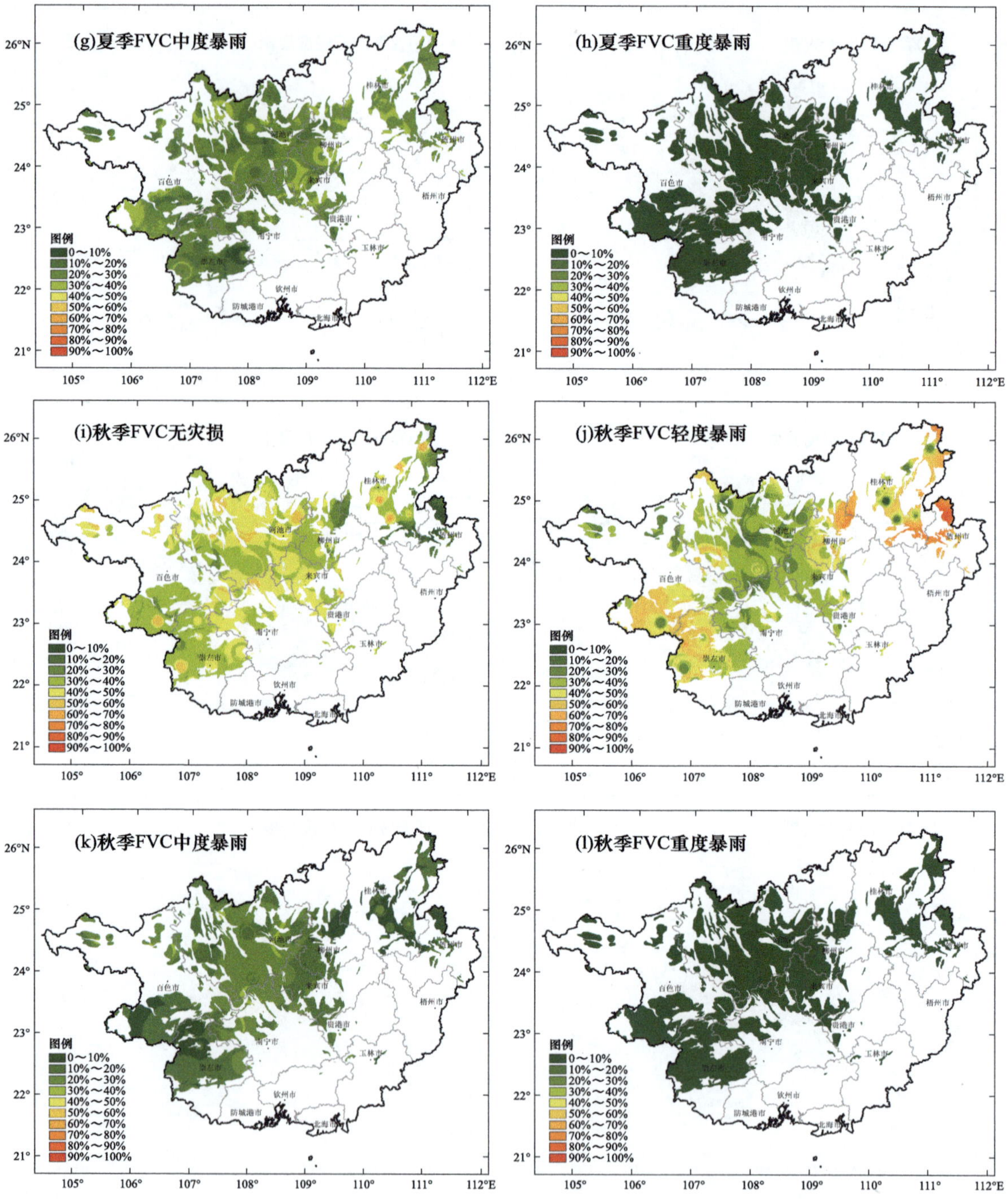
(g)夏季FVC中度暴雨
(h)夏季FVC重度暴雨
(i)秋季FVC无灾损
(j)秋季FVC轻度暴雨
(k)秋季FVC中度暴雨
(l)秋季FVC重度暴雨
图例
0～10%
10%～20%
20%～30%
30%～40%
40%～50%
50%～60%
60%～70%
70%～80%
80%～90%
90%～100%
桂林市
河池市
柳州市
贺州市
百色市
来宾市
梧州市
贵港市
南宁市
玉林市
崇左市
钦州市
防城港市
北海市
26°N
25°
24°
23°
22°
21°
105°
106°
107°
108°
109°
110°
111°
112°E

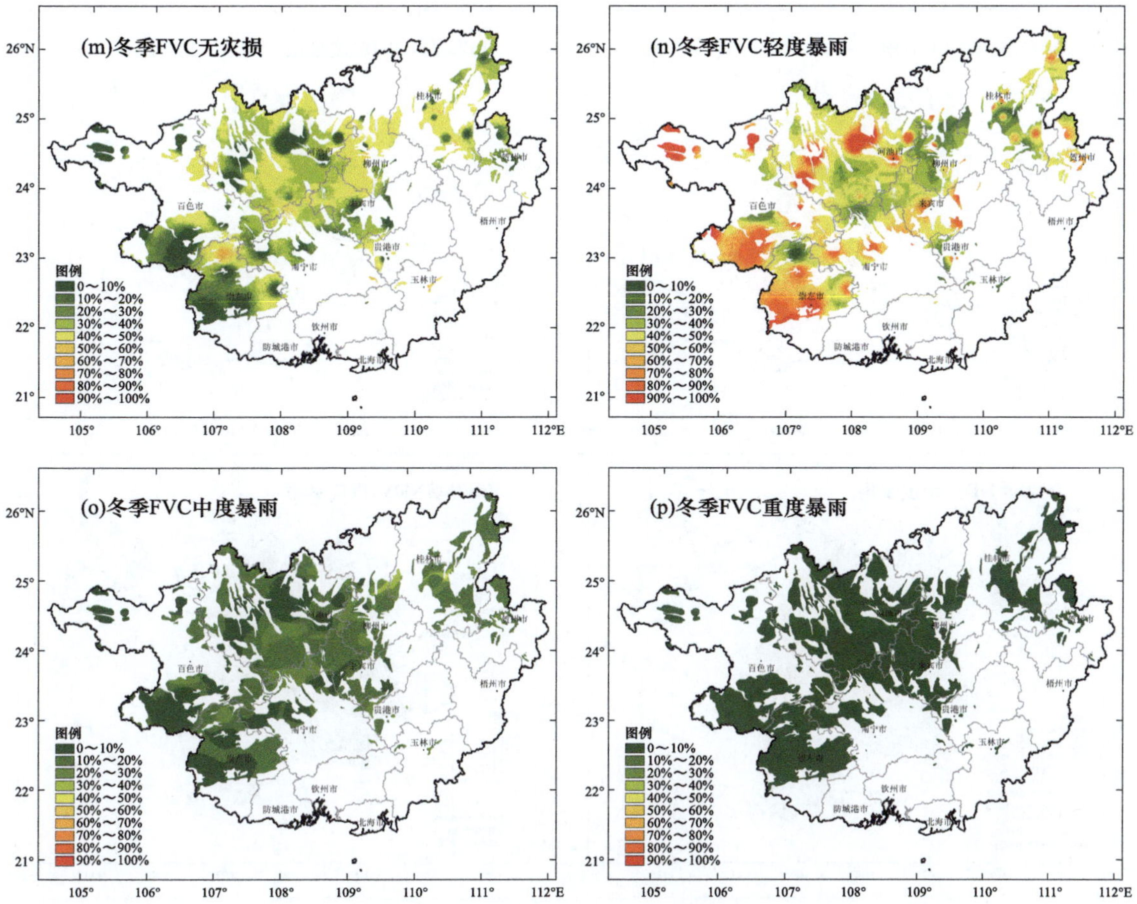

图 5.36　广西喀斯特地区植被 FVC 不同程度暴雨灾损频率空间分布

季节尺度上，研究区植被 NDVI 不同程度暴雨灾损频率空间分布如图 5.37。其中无灾损春季频率高值区主要分布在崇左市中北部(60%～70%)，零星分布在百色市；夏季高值区主要分布在河池市东北部(40%～50%)；秋季无灾损频率高值区零星分布在桂林市南部和北部(60%～70%)，在四个季节中频率(30%～50%)高且占比面积较大；冬季高值区主要集中在崇左市北部(50%～60%)。轻度灾损春季频率高值区主要分布在河池市北部和南部、柳州市西南部(60%～70%)；夏季高值区主要分布在河池市东北部(60%～70%)；秋季高值区主要分布在贺州市北部(90%～100%)；冬季高值区零星分布在河池市东北部和中西部、崇左市中部、百色市北部(90%～100%)，频率最大且占比面积在四个季节中最大。中度灾损春季、夏季大部地区频率相似(20%～40%)；秋季大部地区频率为 10%～30%；冬季灾损频率最低(0～10%)。重度灾损频率大部地区都较低(0～10%)。

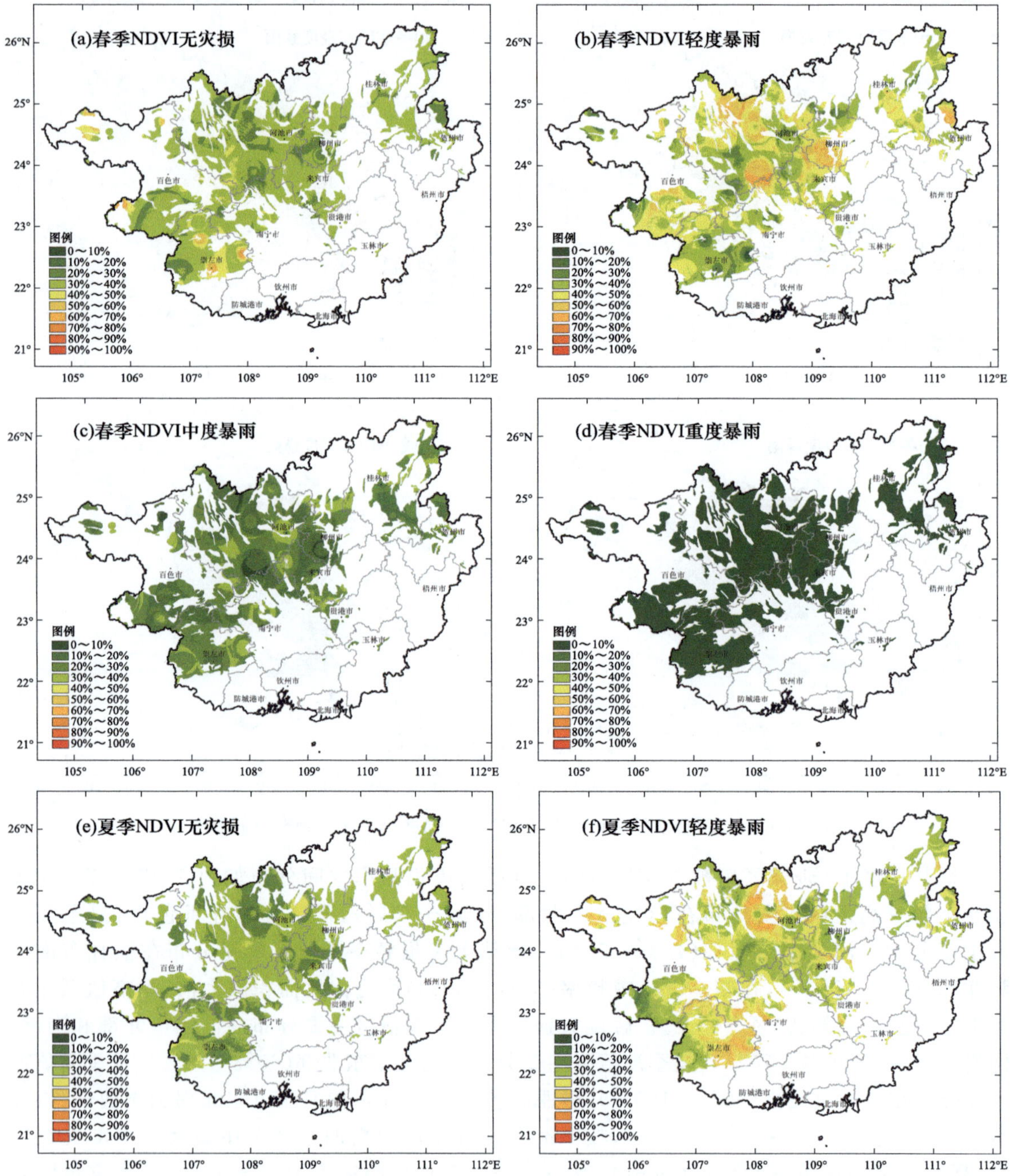
(a)春季NDVI无灾损
(b)春季NDVI轻度暴雨
(c)春季NDVI中度暴雨
(d)春季NDVI重度暴雨
(e)夏季NDVI无灾损
(f)夏季NDVI轻度暴雨
图例
0～10%
10%～20%
20%～30%
30%～40%
40%～50%
50%～60%
60%～70%
70%～80%
80%～90%
90%～100%
桂林市
河池市
柳州市
贺州市
百色市
来宾市
梧州市
贵港市
南宁市
玉林市
崇左市
钦州市
防城港市
北海市
26°N
25°
24°
23°
22°
21°
105°
106°
107°
108°
109°
110°
111°
112°E

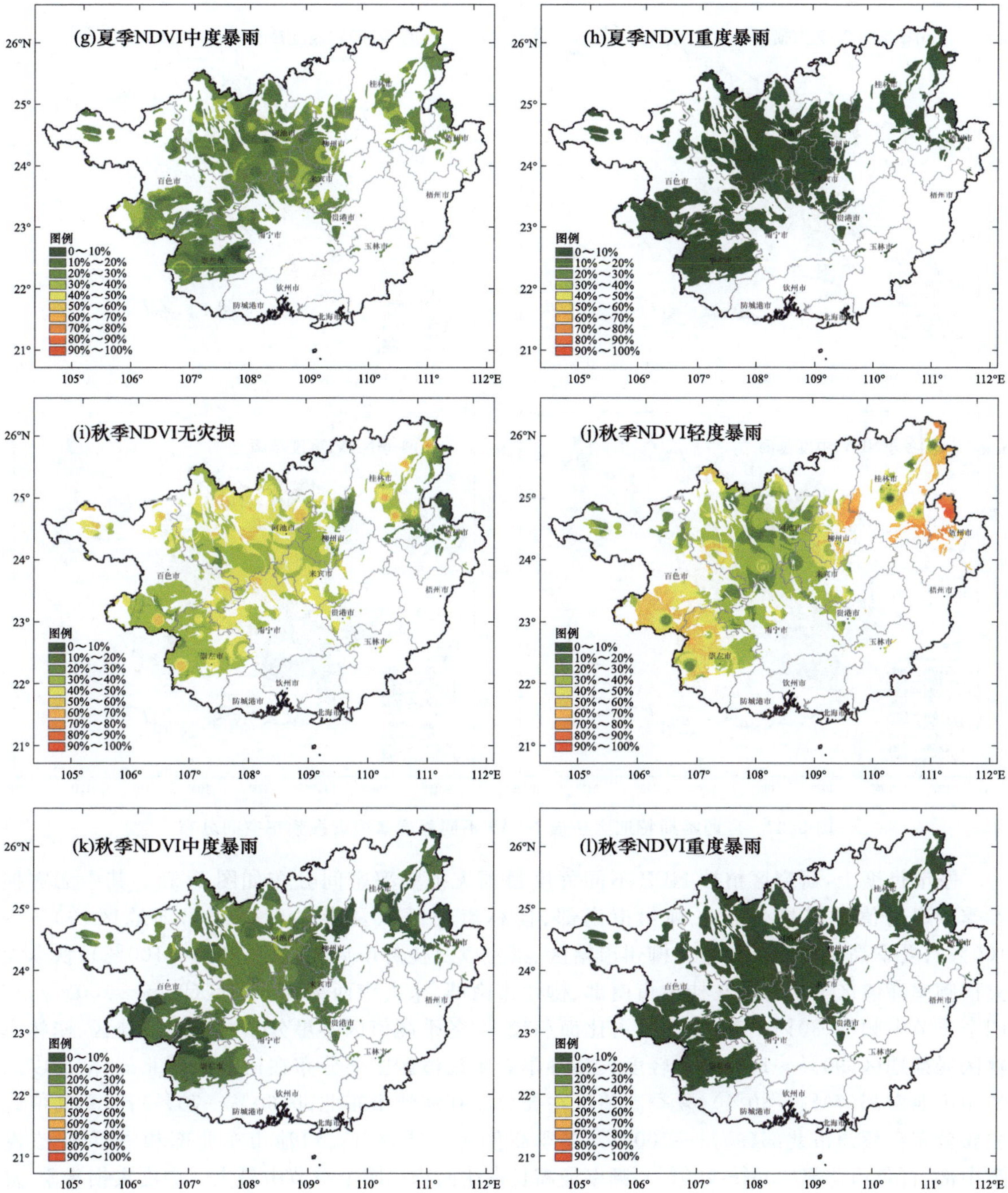
(g)夏季NDVI中度暴雨
图例
0～10%
10%～20%
20%～30%
30%～40%
40%～50%
50%～60%
60%～70%
70%～80%
80%～90%
90%～100%
(h)夏季NDVI重度暴雨
图例
0～10%
10%～20%
20%～30%
30%～40%
40%～50%
50%～60%
60%～70%
70%～80%
80%～90%
90%～100%
(i)秋季NDVI无灾损
图例
0～10%
10%～20%
20%～30%
30%～40%
40%～50%
50%～60%
60%～70%
70%～80%
80%～90%
90%～100%
(j)秋季NDVI轻度暴雨
图例
0～10%
10%～20%
20%～30%
30%～40%
40%～50%
50%～60%
60%～70%
70%～80%
80%～90%
90%～100%
(k)秋季NDVI中度暴雨
图例
0～10%
10%～20%
20%～30%
30%～40%
40%～50%
50%～60%
60%～70%
70%～80%
80%～90%
90%～100%
(l)秋季NDVI重度暴雨
图例
0～10%
10%～20%
20%～30%
30%～40%
40%～50%
50%～60%
60%～70%
70%～80%
80%～90%
90%～100%

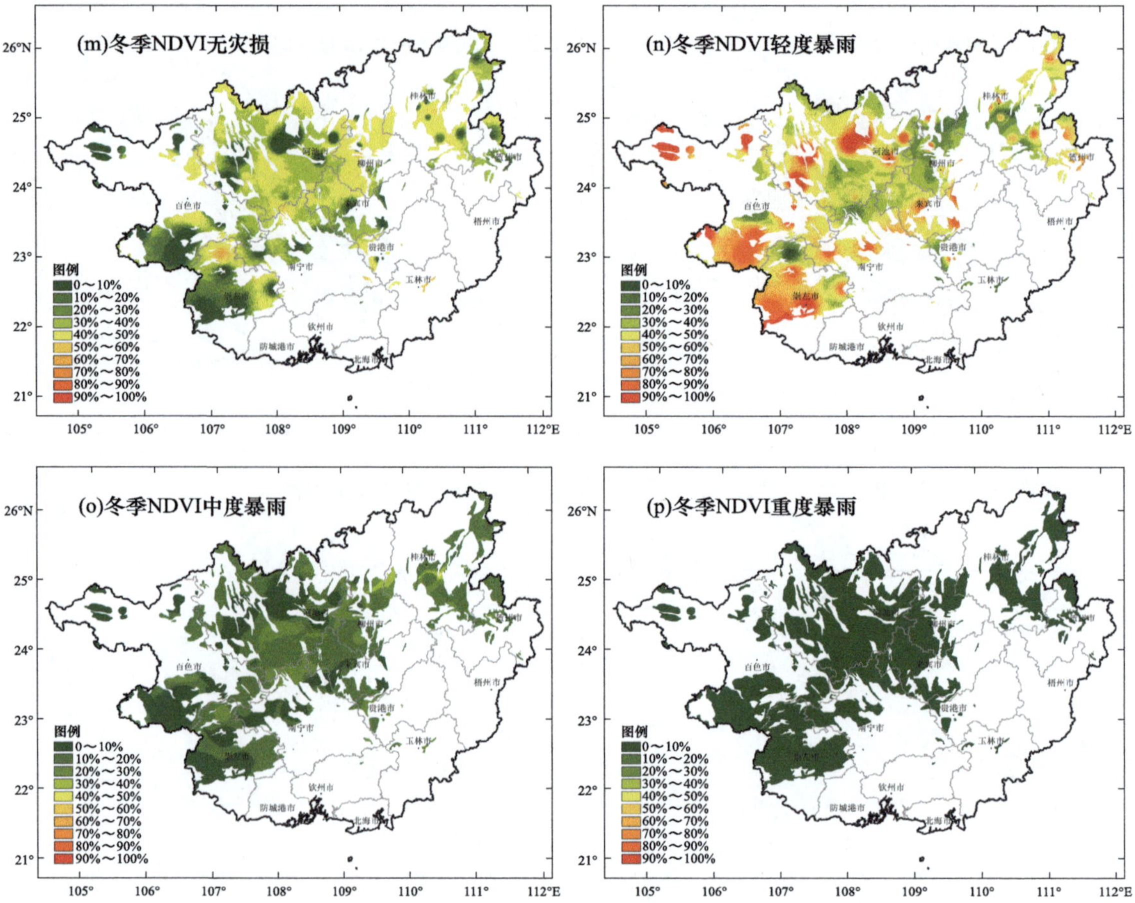

图 5.37　广西喀斯特地区植被 NDVI 不同程度暴雨灾损频率空间分布

季节尺度上，研究区植被 NPP 不同程度暴雨灾损频率空间分布如图 5.38。其中无灾损春季频率高值区零星分布在柳州市南部、桂林市辖区以及崇左市中北局部地区（90%～100%）；夏季高值区零星分布在柳州市辖区、崇左以及桂林市局部地区（90%～100%）；秋季无灾损频率高值区零星分布在桂林市南部、柳州市南部、来宾市西部局部地区（90%～100%），在四个季节中频率（30%～50%）高且占比面积较大；冬季高值区零星分布在柳州市辖区、桂林市辖区局部地区（90%～100%）。轻度灾损春季频率高值区主要分布在河池市西北部、南部以及柳州市西南部（70%～80%）；夏季高值区主要分布在河池市东北部（60%～70%）；秋季高值区主要分布在贺州市北部（90%～100%）；冬季高值区零星分布在河池市东北部和中西部、崇左市中部、百色市北部（90%～100%），频率最高且占比面积在四个季节中最大。中度灾损春季、夏季大部分地区频率相似（20%～40%）；秋季大部分地区频率为 10%～30%；冬季灾损频率最低（0～10%）。重度灾损频率大部分地区都较低（0～10%）。

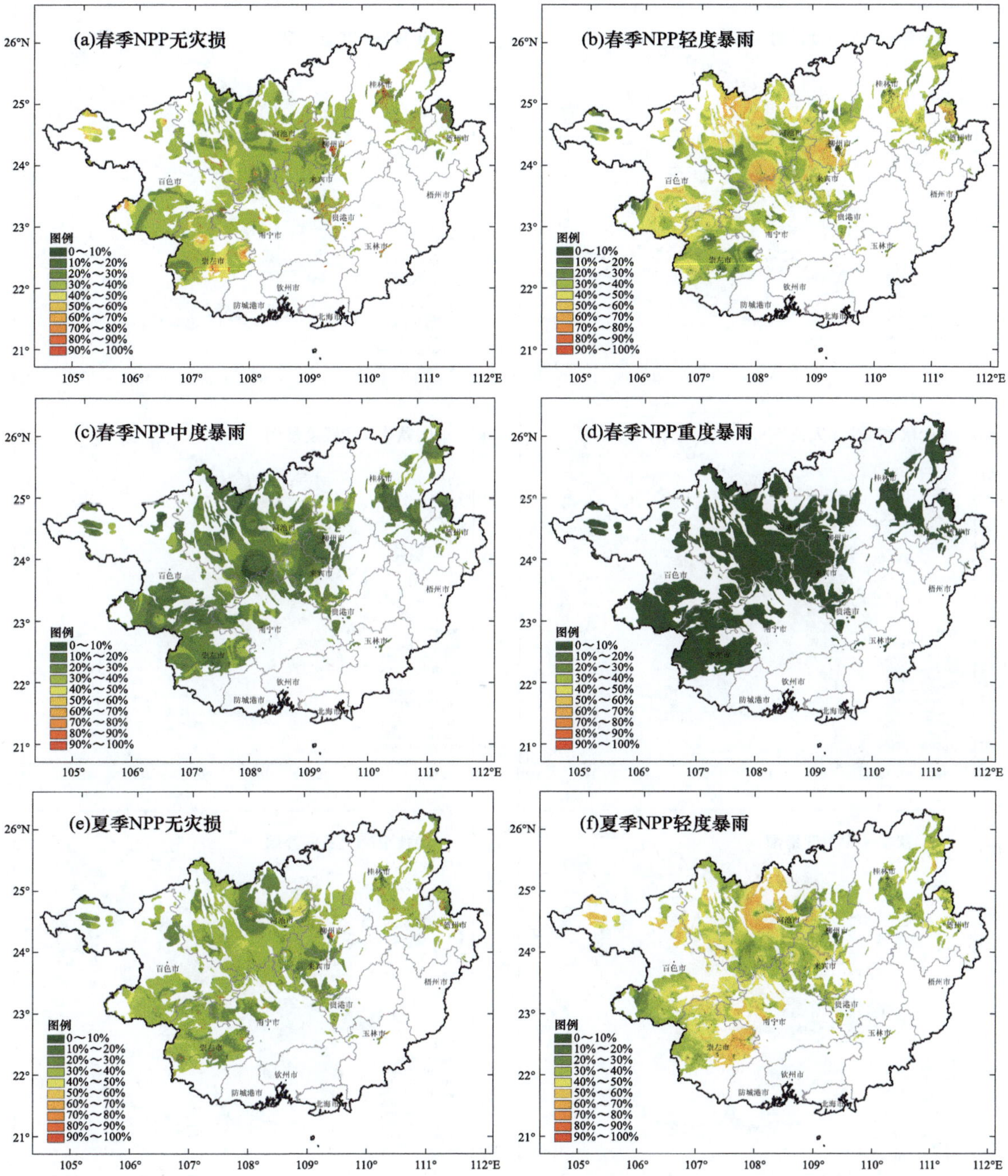
(a)春季NPP无灾损
(b)春季NPP轻度暴雨
(c)春季NPP中度暴雨
(d)春季NPP重度暴雨
(e)夏季NPP无灾损
(f)夏季NPP轻度暴雨
图例
0～10%
10%～20%
20%～30%
30%～40%
40%～50%
50%～60%
60%～70%
70%～80%
80%～90%
90%～100%
26°N
25°
24°
23°
22°
21°
105°
106°
107°
108°
109°
110°
111°
112°E
百色市
河池市
柳州市
桂林市
贺州市
来宾市
梧州市
贵港市
南宁市
玉林市
崇左市
钦州市
防城港市
北海市

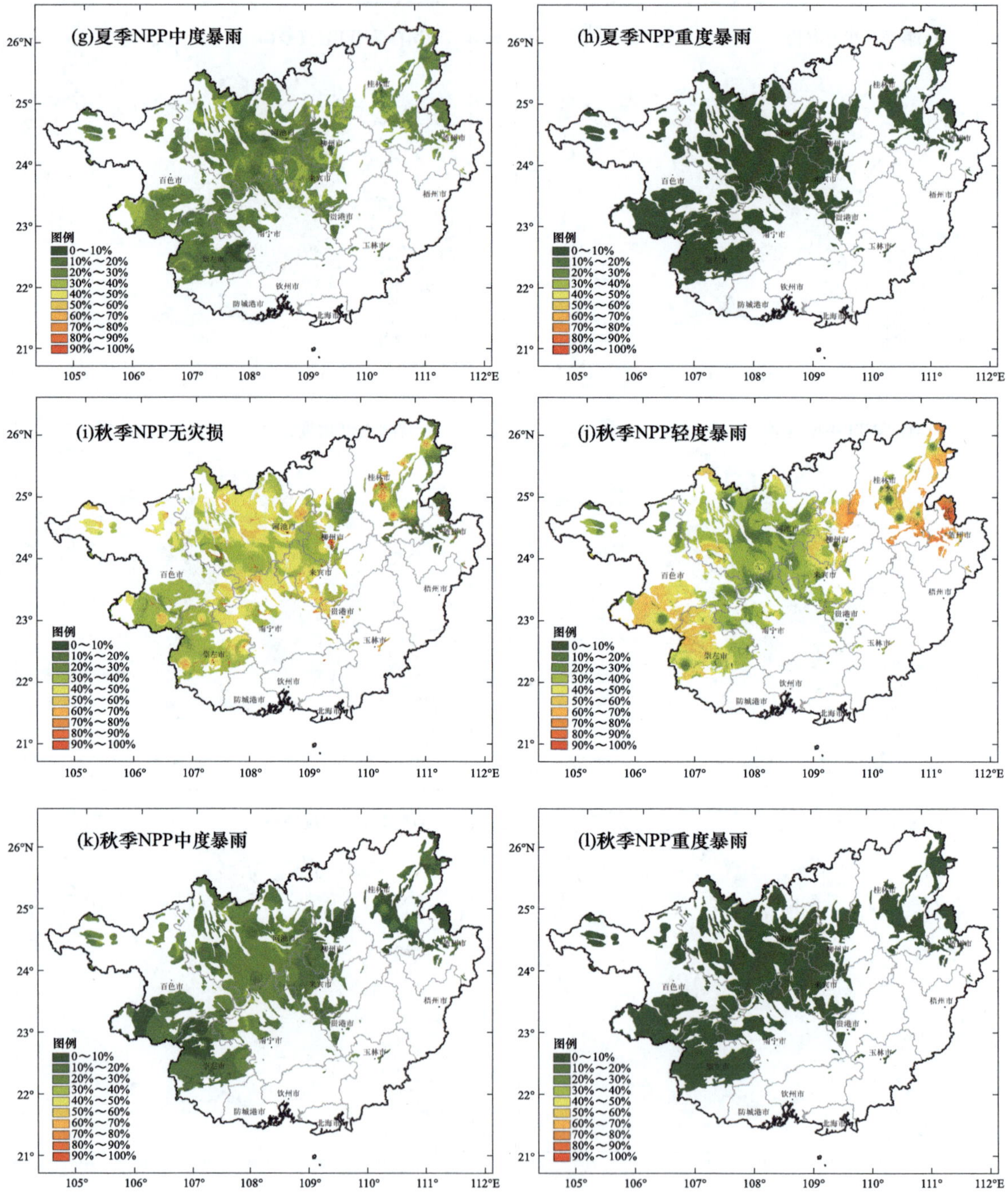
(g)夏季NPP中度暴雨
(h)夏季NPP重度暴雨
(i)秋季NPP无灾损
(j)秋季NPP轻度暴雨
(k)秋季NPP中度暴雨
(l)秋季NPP重度暴雨
图例
0～10%
10%～20%
20%～30%
30%～40%
40%～50%
50%～60%
60%～70%
70%～80%
80%～90%
90%～100%
桂林市
河池市
柳州市
贺州市
百色市
来宾市
梧州市
贵港市
南宁市
玉林市
崇左市
钦州市
防城港市
北海市
26°N
25°
24°
23°
22°
21°
105°
106°
107°
108°
109°
110°
111°
112°E

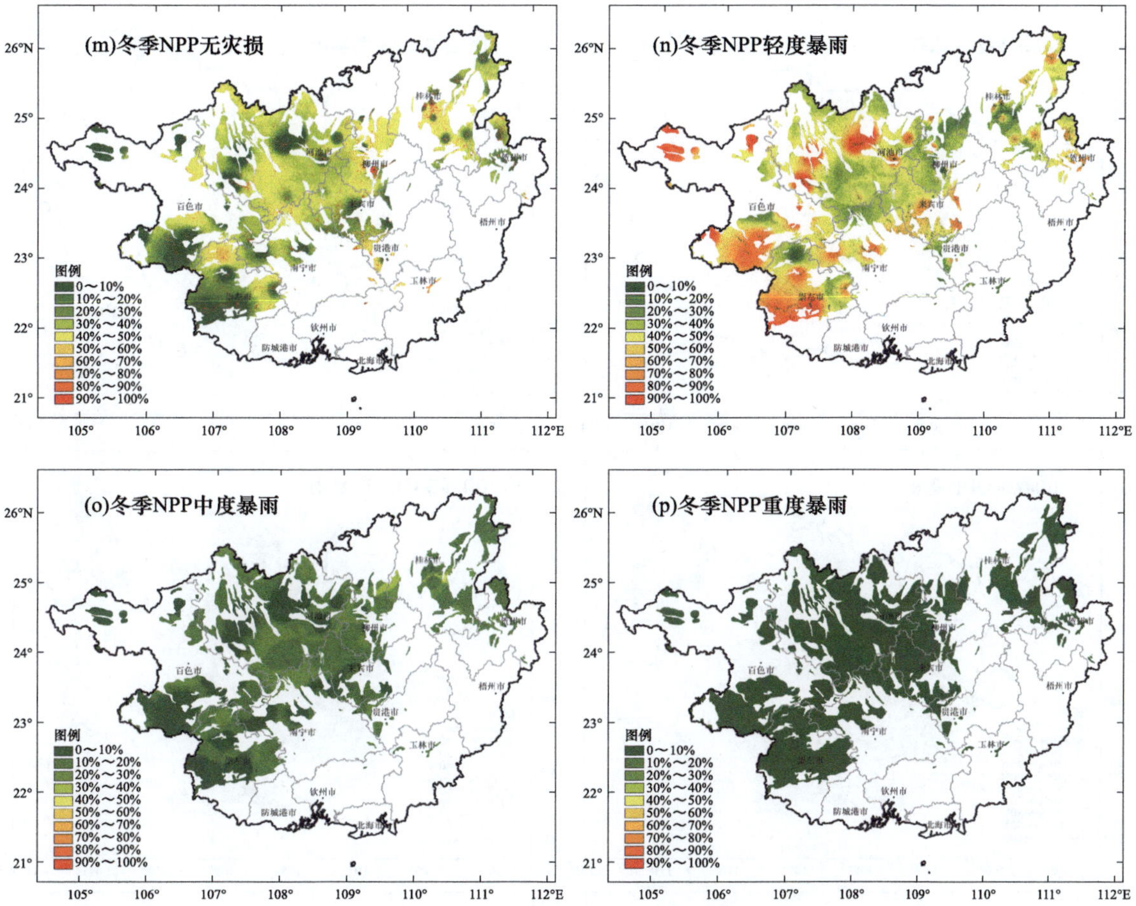

图 5.38　广西喀斯特地区植被 NPP 不同程度灾损频率空间分布

季节尺度上，研究区植被 QI 不同程度暴雨灾损频率空间分布如图 5.39。其中无灾损春季频率高值区零星分布在柳州市南部、桂林市辖区以及崇左市中北局部地区（90%～100%）；夏季高值区零星分布在柳州市辖区、崇左北局部地区（90%～100%）；秋季无灾损频率高值区零星分布在桂林市南部和东北部、柳州市南部、来宾市西部局部地区（90%～100%），在四个季节中频率（40%～50%）高且占比面积较大；冬季高值区零星分布在柳州市辖区、桂林市辖区等局部地区（90%～100%）。轻度灾损春季频率高值区主要分布在河池市西北部、南部以及柳州市西南部（70%～80%）；夏季高值区主要分布在河池市东北部、河池市中东部（60%～70%）；秋季高值区主要分布在贺州市北部（90%～100%）；冬季高值区零星分布在河池市东北部和中西部、崇左市中部、百色市北部（90%～100%），频率最高且占比面积在四个季节中最大。中度灾损在春季、夏季大部分地区频率相似（20%～40%）；秋季大部分地区频率为 10%～30%；冬季灾损频率最低（0～10%）。重度灾损频率大部分地区都较低（0～10%）。

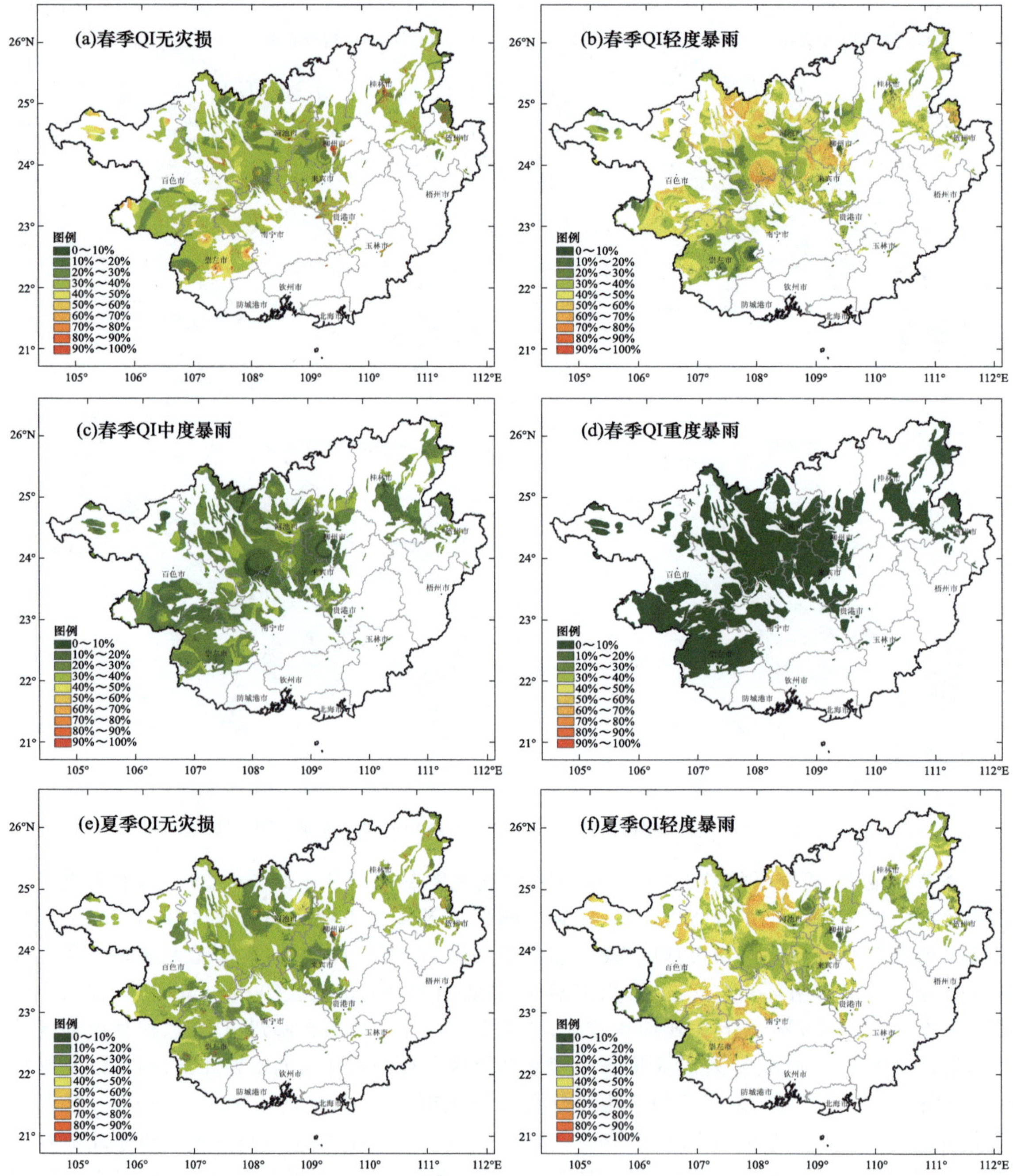
(a)春季QI无灾损
(b)春季QI轻度暴雨
(c)春季QI中度暴雨
(d)春季QI重度暴雨
(e)夏季QI无灾损
(f)夏季QI轻度暴雨
图例
0～10%
10%～20%
20%～30%
30%～40%
40%～50%
50%～60%
60%～70%
70%～80%
80%～90%
90%～100%
桂林市
河池市
柳州市
贺州市
百色市
来宾市
梧州市
贵港市
南宁市
玉林市
崇左市
钦州市
防城港市
北海市
26°N
25°
24°
23°
22°
21°
105°
106°
107°
108°
109°
110°
111°
112°E

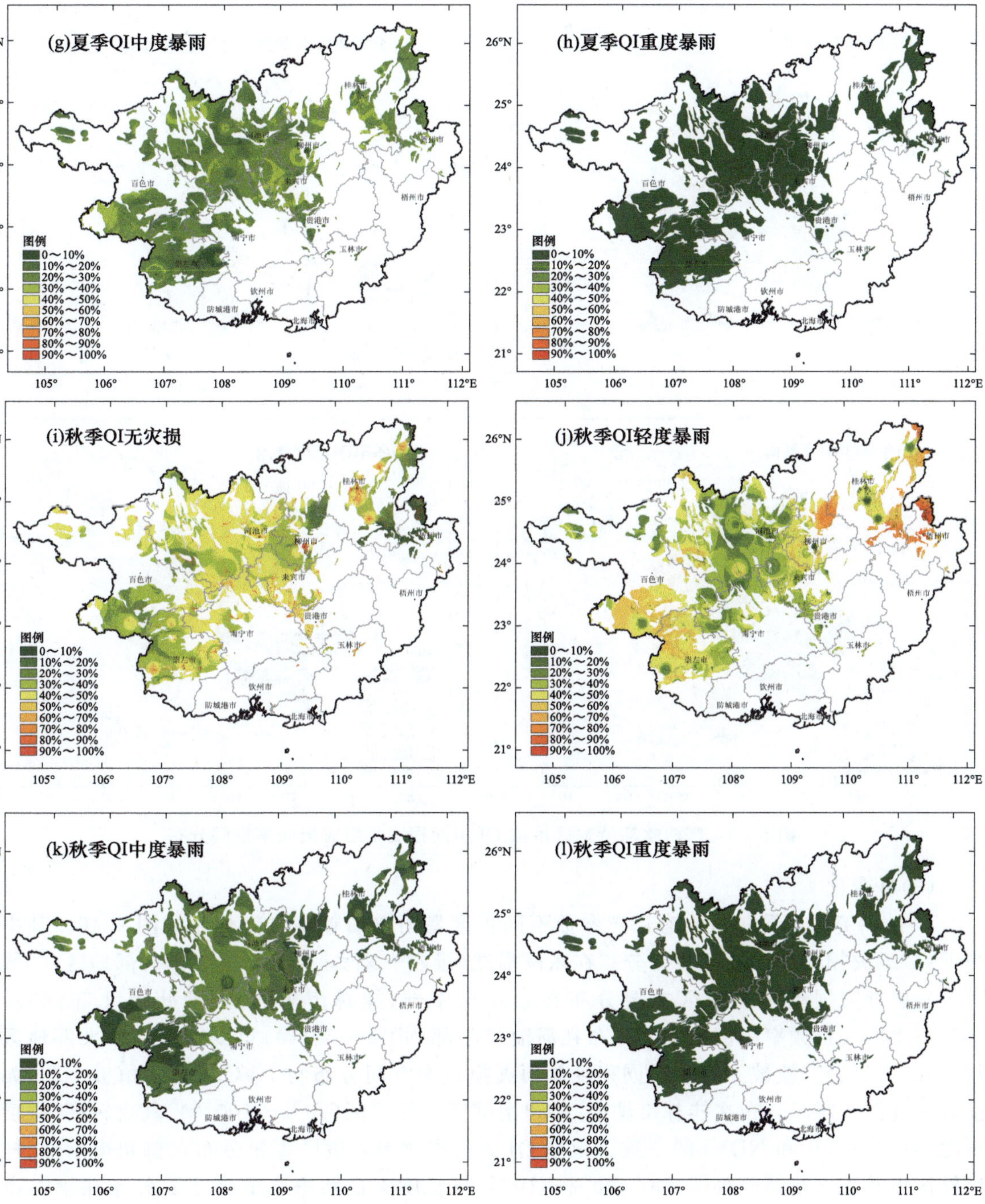
(g)夏季QI中度暴雨
(h)夏季QI重度暴雨
(i)秋季QI无灾损
(j)秋季QI轻度暴雨
(k)秋季QI中度暴雨
(l)秋季QI重度暴雨
图例
0～10%
10%～20%
20%～30%
30%～40%
40%～50%
50%～60%
60%～70%
70%～80%
80%～90%
90%～100%
百色市
河池市
柳州市
来宾市
桂林市
梧州市
贵港市
南宁市
玉林市
崇左市
钦州市
防城港市
北海市
26°N
25°
24°
23°
22°
21°
105°
106°
107°
108°
109°
110°
111°
112°E

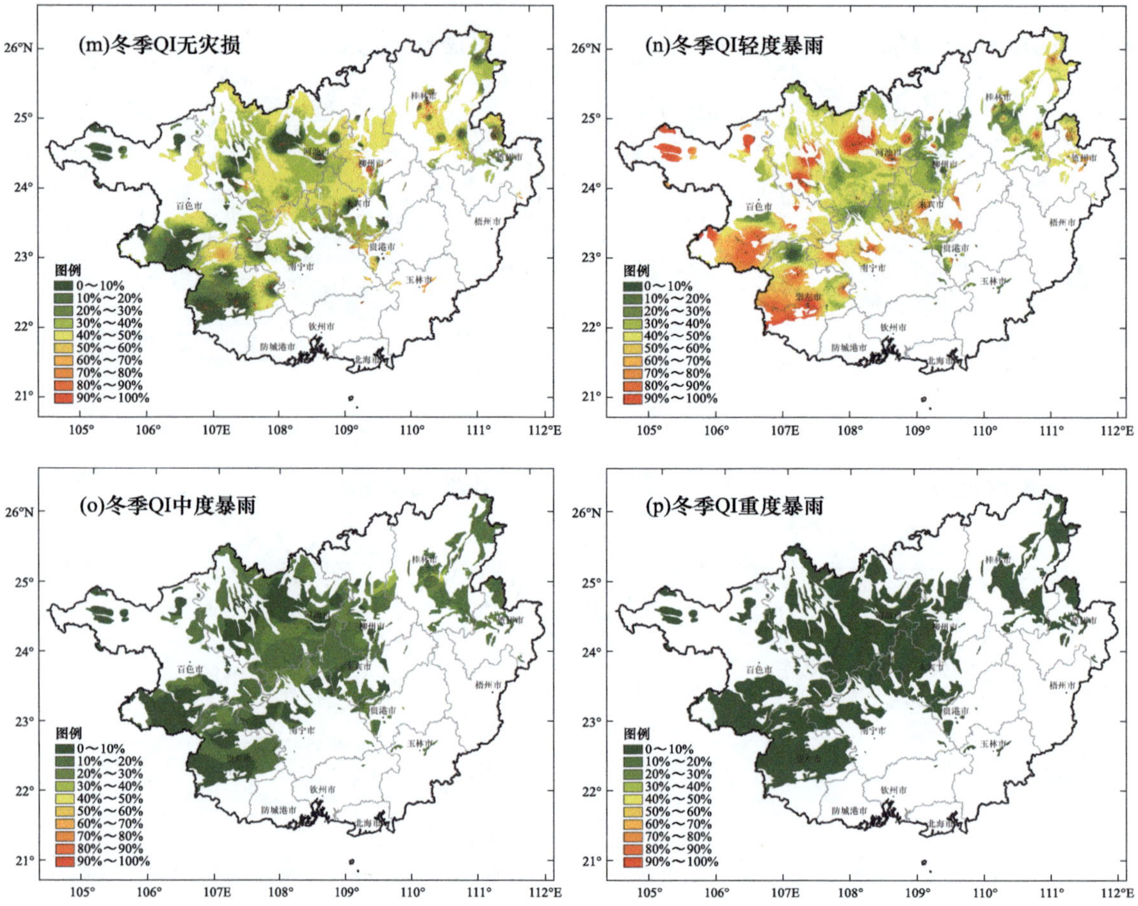

图 5.39　广西喀斯特地区植被 QI 不同程度暴雨灾损频率空间分布

(3)月变化

7 月,研究区不同植被生态遥感参数不同程度暴雨灾损频率空间分布如图 5.40。其中植被 FVC 无灾损频率高值区主要分布在东南沿线(崇左—来宾—河池—桂林)局部地区(40%～50%);轻度灾损频率高值区主要分布在崇左市中部、桂林市东北部、贺州市北部(60%～70%);中度灾损频率高值区主要分布在河池市中部(40%～50%);重度灾损频率大部地区都较低(0～10%)。植被 NVDI 不同程度暴雨灾损频率空间分布与 FVC 一致。植被 NPP 无灾损频率高值区零星分布在桂林市辖区、柳州南部等局部地区(90%～100%),其余轻度、中度和重度与植被 FVC 和 NDVI 的一致。植被 QI 无灾损频率高值区零星分布在柳州市南部、桂林市辖区以及来宾东部等局部地区(90%～100%);轻度灾损频率高值区主要分布在崇左市中部、桂林市东北部(60%～70%);中度灾损频率高值区主要分布在河池市中部(40%～50%);重度灾损频率大部地区都较低(0～10%)。

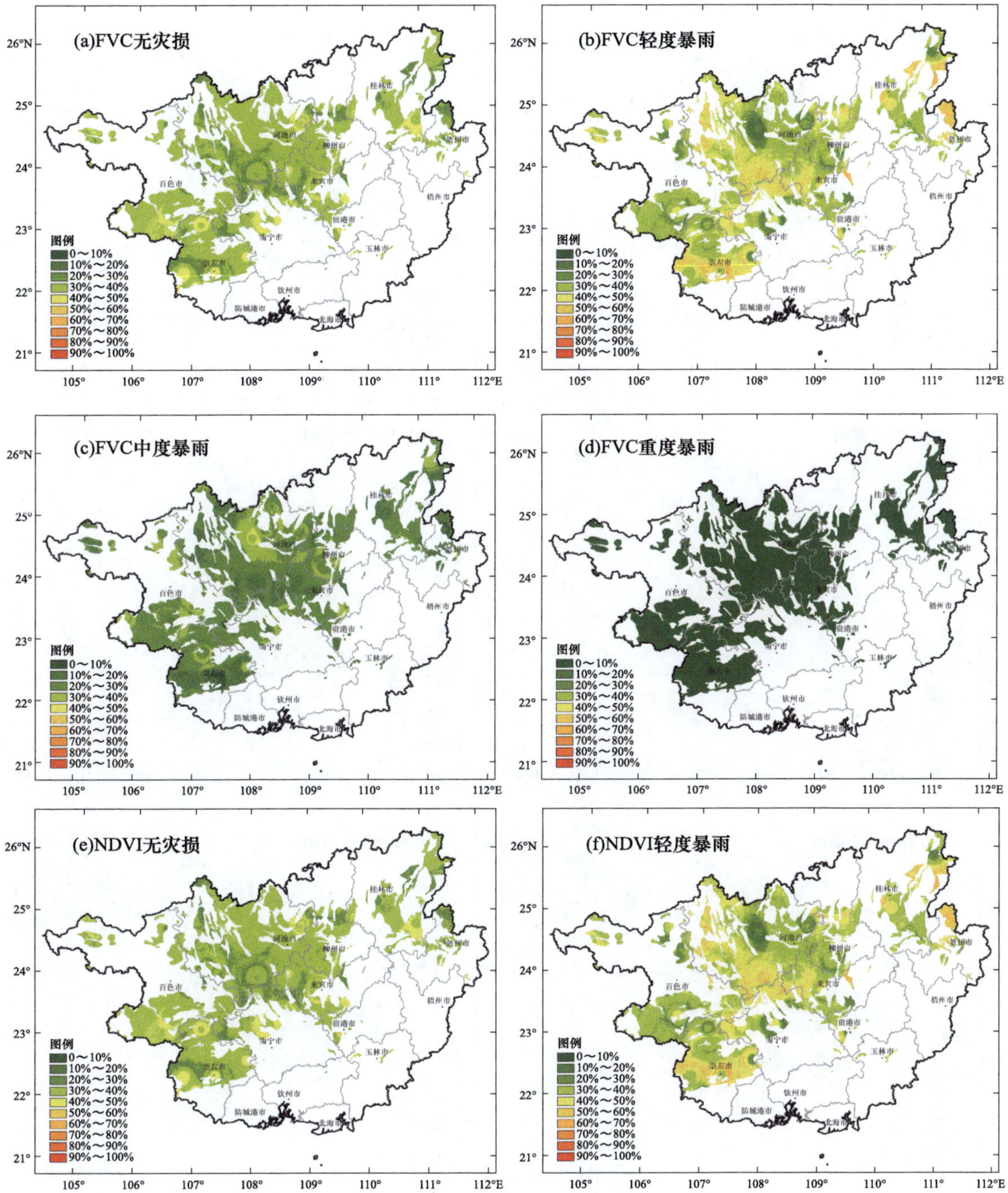
(a)FVC无灾损
(b)FVC轻度暴雨
(c)FVC中度暴雨
(d)FVC重度暴雨
(e)NDVI无灾损
(f)NDVI轻度暴雨
图例
0～10%
10%～20%
20%～30%
30%～40%
40%～50%
50%～60%
60%～70%
70%～80%
80%～90%
90%～100%
桂林市
河池市
柳州市
贺州市
百色市
来宾市
梧州市
贵港市
南宁市
玉林市
崇左市
钦州市
防城港市
北海市
26°N
25°
24°
23°
22°
21°
105°
106°
107°
108°
109°
110°
111°
112°E

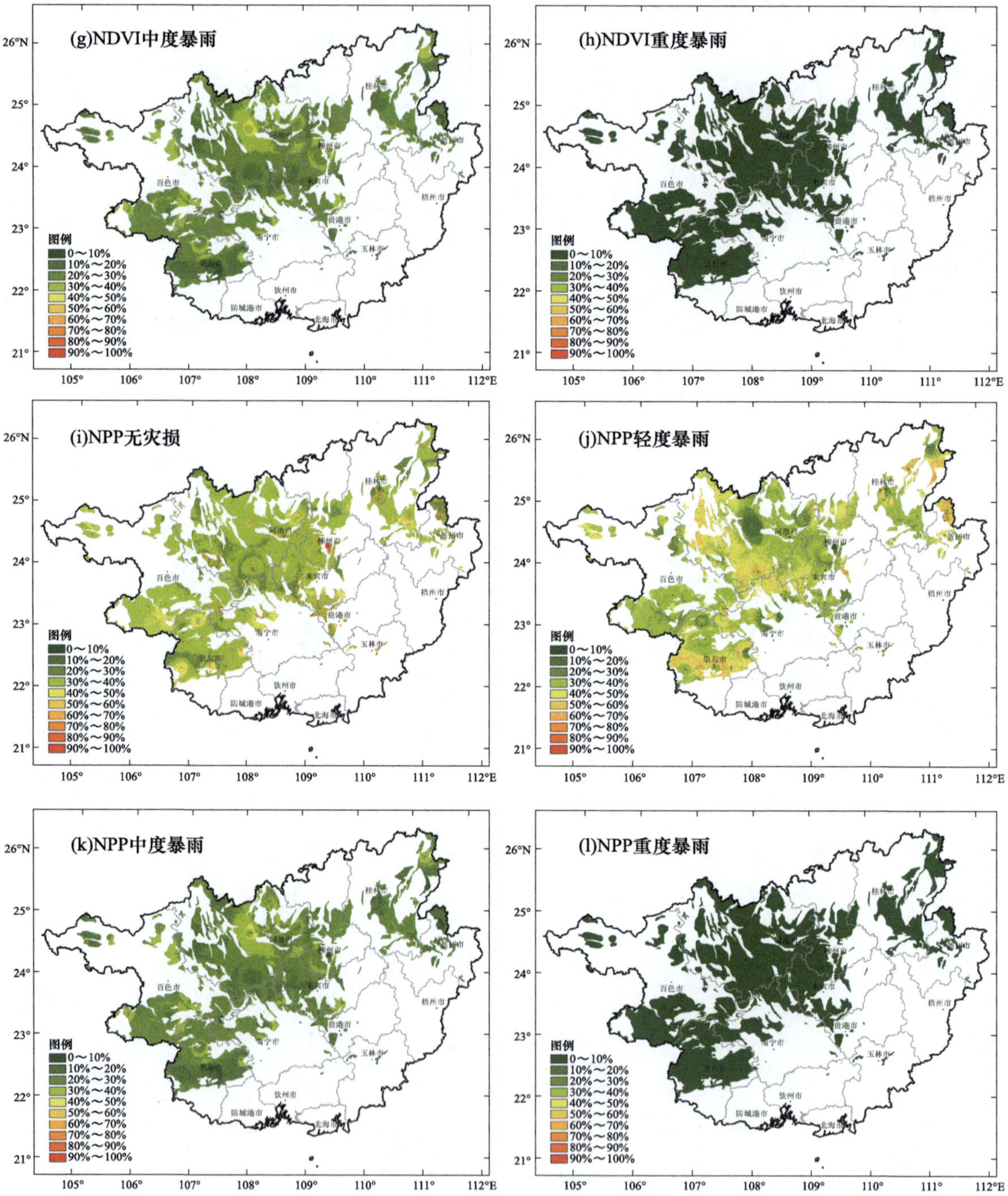
(g)NDVI中度暴雨
(h)NDVI重度暴雨
(i)NPP无灾损
(j)NPP轻度暴雨
(k)NPP中度暴雨
(l)NPP重度暴雨
图例
0～10%
10%～20%
20%～30%
30%～40%
40%～50%
50%～60%
60%～70%
70%～80%
80%～90%
90%～100%
26°N
25°
24°
23°
22°
21°
105°
106°
107°
108°
109°
110°
111°
112°E
桂林市
河池市
柳州市
贺州市
百色市
来宾市
梧州市
贵港市
南宁市
玉林市
崇左市
钦州市
防城港市
北海市

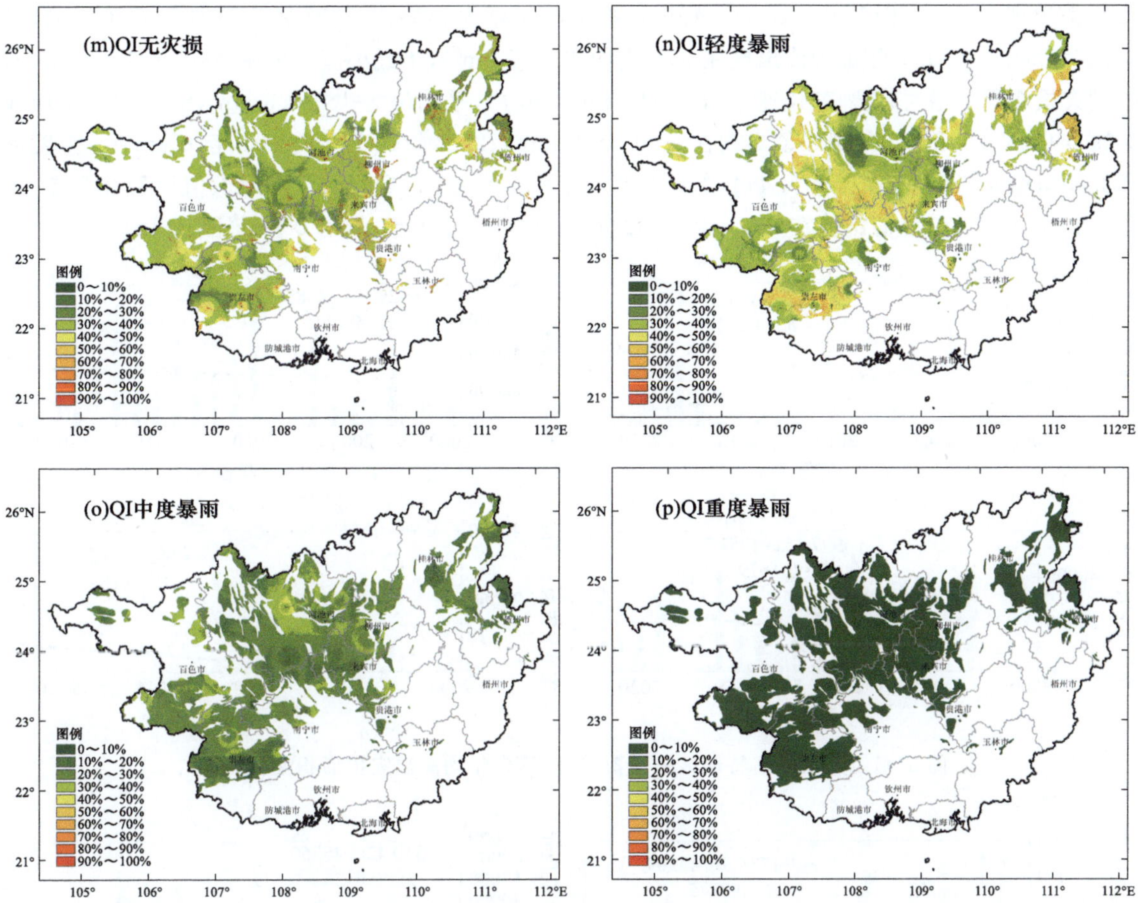

图 5.40　广西喀斯特地区 7 月不同植被生态遥感参数不同程度暴雨灾损频率空间分布

5.2.3　高温灾损评估

5.2.3.1　时间变化特征

(1)年变化

2000—2022 年，研究区植被覆盖度 FVC 高温无灾损面积呈减小趋势，变化速率为－1712 km^2/(10 a)，平均值为 23175.4 km^2，年最大值出现在 2001 年(72396.8 km^2)，年最小值出现在 2021 年(117.0 km^2)。轻度灾损面积呈增大趋势，变化速率为 2973 km^2/(10 a)，平均值为 29459.3 km^2，年最大值出现在 2010 年(62431.6 km^2)，年最小值出现在 2001 年(23.3 km^2)。中度灾损面积呈增大趋势，变化速率为 9972 m^2/(10 a)，平均值为 16917.1 km^2，年最大值出现在 2009 年(48212.3 km^2)，年最小值出现在 2001 年(0 km^2)和 2004 年(0 km^2)。重度灾损面积呈增大趋势，变化速率为 4412 km^2/(10 a)，平均值为 3175.0 km^2，年最大值出现在 2021 年(37373.4 km^2)，最小值出现在 2001 年、2002 年、2003 年、2004 年、2006 年、2008 年、2013 年、2014 年，均为 0 km^2(图 5.41)。

2000—2022 年，研究区植被指数 NDVI 高温无灾损面积呈减少变化趋势，变化速率为－17349 km^2/(10 a)，平均值为 23150.5 km^2，年最大值出现在 2001 年(72397.7 km^2)，年最小值出现在 2021 年(121.2 km^2)。轻度灾损面积呈增大趋势,变化速率为 3104 km^2/(10 a),平均值为 29484.8 km^2,年最大值出现在 2010 年(62668.5 km^2),年最小值出现在 2001 年(23.3 km^2)。中度灾损面积呈增大趋势,变化速率为 10029 km^2/(10 a),平均值为 16920.0 km^2,年最大值出现在 2009 年(48338.5 km^2),年最小值出现在 2001 年(0 km^2)、2002 年(0 km^2)、2004 年(0 km^2)。重度灾损面积呈增大趋势,变化速率为 4441 km^2/(10 a),平均值为 3174.6 km^2,年最大值出现在 2021 年(37587.3 km^2),最小值出现在 2001 年、2002 年、2003 年、2004 年,均为 0 km^2(图 5.42)。

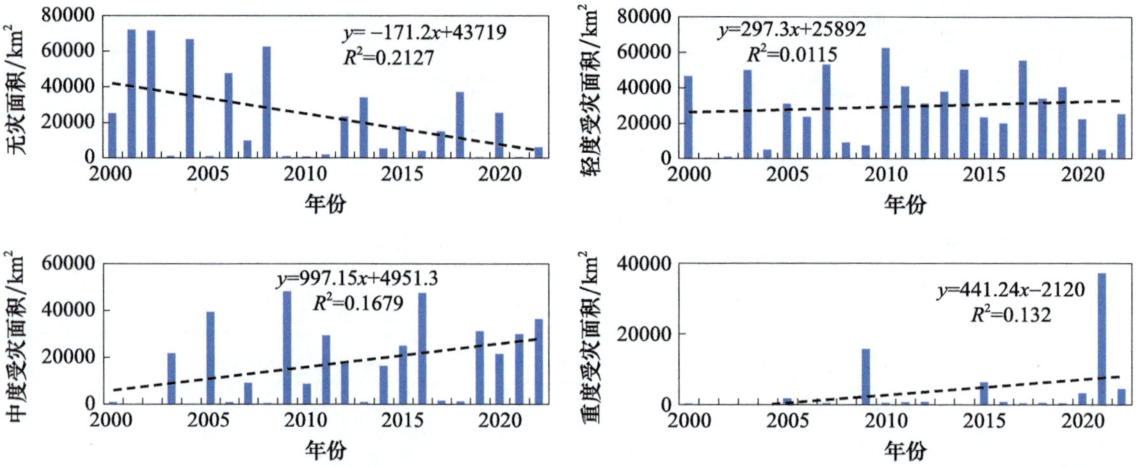

图 5.41 广西喀斯特地区植被覆盖度 FVC 年均高温灾损面积变化趋势

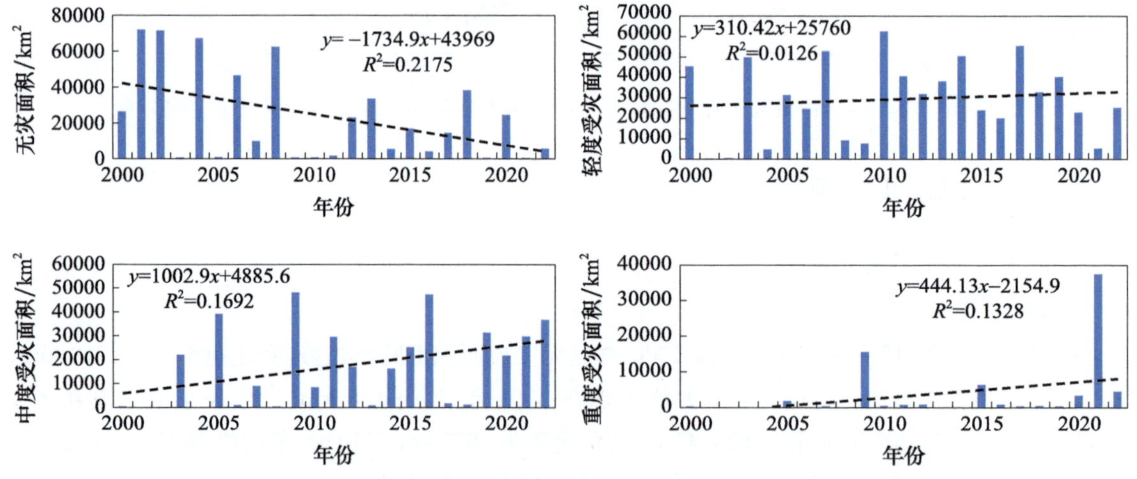

图 5.42 广西喀斯特地区植被指数 NDVI 年均高温灾损面积变化趋势

2000—2022 年,研究区植被净初级生产力 NPP 高温无灾损面积呈减小趋势,变化速率为 −17594 km^2/(10 a),平均值为 22454.4 km^2,年最大值出现在 2001 年(69623.0 km^2),年最小值出现在 2021 年(111.7 km^2)。轻度灾损面积呈增大趋势,变化速率为 3657 km^2/(10 a),平均值为 28288.6 km^2,年最大值出现在 2010 年(60796.8 km^2),年最小值出现在 2001 年(20.0 km^2)。中度灾损面积呈增大趋势,变化速率为 9850 km^2/(10 a),平均值为 16304.3 km^2,年最大值出现在 2009 年(46670.3 km^2),年最小值出现在 2001 年、2002 年、2004 年,均为 0 km^2。

重度灾损面积呈增大趋势，变化速率为 4315 km²/(10 a)，平均值为 3060.6 km²，年最大值出现在 2021 年(36649.5 km²)，最小值出现在 2001 年、2002 年、2003 年、2004 年、2006 年、2008 年、2013 年和 2014 年，均为 0 km²(图 5.43)。

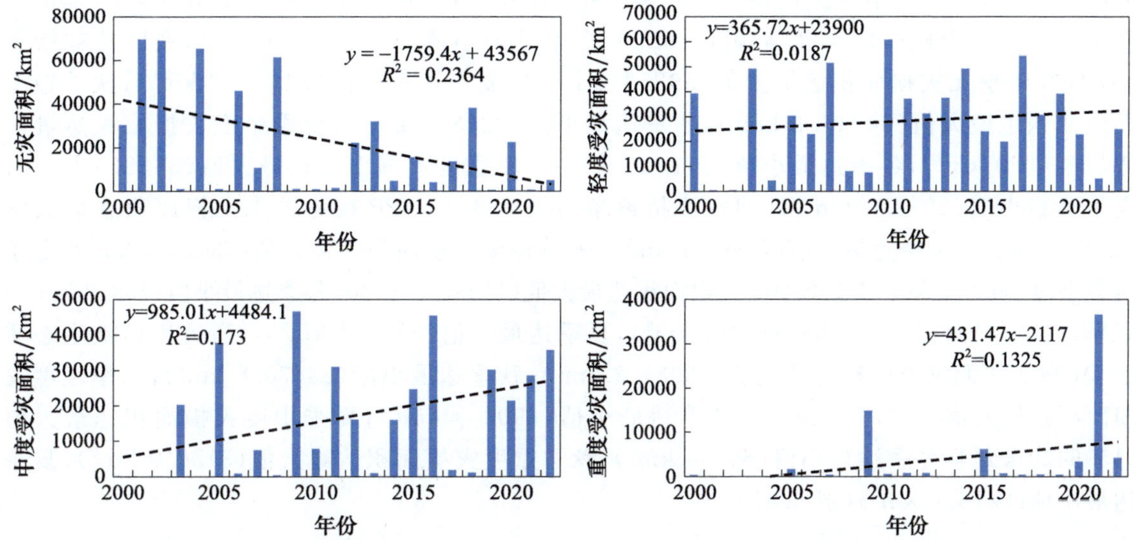

图 5.43　广西喀斯特地区植被净初级生产力 NPP 年均高温灾损面积变化趋势

2000—2022 年，研究区植被生态质量 QI 高温无灾损面积呈减小趋势，变化速率为 −17028 km²/(10 a)，平均值为 22372.7 km²，年最大值出现在 2001 年(69622.6 km²)，年最小值出现在 2021 年(106.9 km²)。轻度灾损面积呈增大趋势，变化速率为 3238 km²/(10 a)，平均值为 28355.0 km²，年最大值出现在 2010 年(60517.5 km²)，年最小值出现在 2001 年(20.4 km²)。中度灾损面积呈增大趋势，变化速率为 9759 km²/(10 a)，平均值为 16312.5 km²，年最大值出现在 2009 年(46479.2 km²)，年最小值出现在 2001 年、2002 年、2004 年，均为 0 km²。重度灾损面积呈增大趋势，变化速率为 4281 km²/(10 a)，平均值为 3061.0 km²，年最大值出现在 2021 年(36423.9 km²)(图 5.44)。

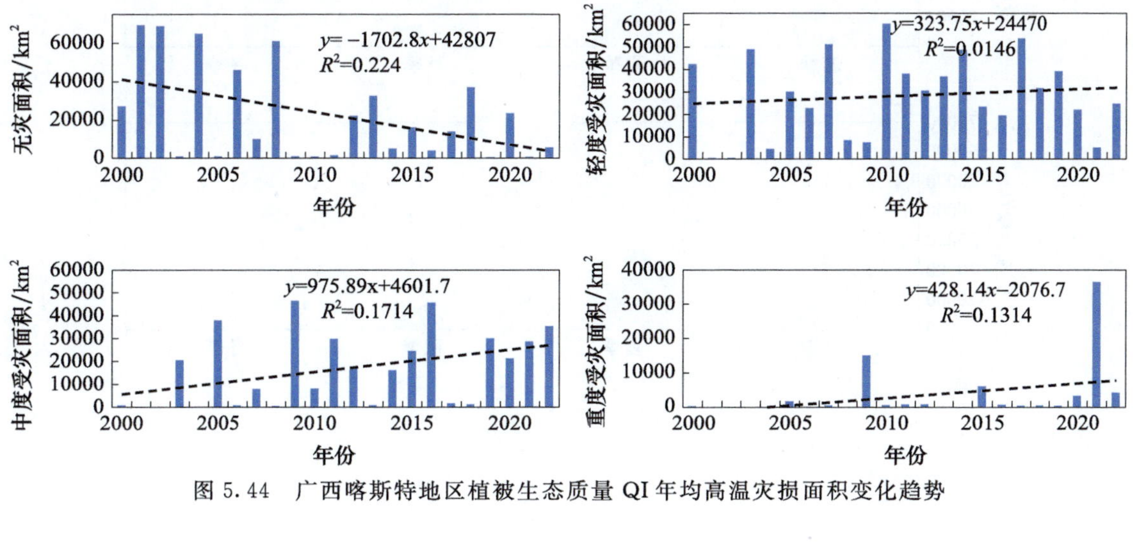

图 5.44　广西喀斯特地区植被生态质量 QI 年均高温灾损面积变化趋势

(2)季节变化

季节尺度上，研究区植被覆盖度FVC在冬季高温无灾损面积达最大值(59253.8 km^2)，夏季出现最小值(24452.6 km^2)；秋季轻度灾损面积达最大值(34223.1 km^2)，冬季达最小值(9229.3 km^2)；夏季中度灾损面积达最大值(16562.1 km^2)，冬季达最小值(640.4 km^2)；春季重度灾损面积达最大值(3308.7 km^2)，冬季达最小值(3289.3 km^2)。研究区植被指数NDVI在冬季无灾损面积达最大值(59253.8 km^2)，夏季达最小值(24465.3 km^2)；秋季轻度灾损面积达最大值(34217.2 km^2)，冬季达最小值(9228.6 km^2)；夏季中度灾损面积达最大值(16548.0 km^2)，冬季达最小值(641.1 km^2)；春季重度灾损面积达最大值(3308.7 km^2)，夏季达最小值(2973.4 km^2)。研究区植被净初级生产力NPP在冬季无灾损面积达最大值(57255.9 km^2)，夏季达最小值(23395.7 km^2)；秋季轻度灾损面积达最大值(33012.5 km^2)，冬季达最小值(8659.3 km^2)；夏季中度灾损面积达最大值(15987.0 km^2)，冬季达最小值(568.2 km^2)；春季重度灾损面积达最大值(3188.7 km^2)，夏季达最小值(2873.1 km^2)。研究区植被生态质量QI在冬季无灾损面积达最大值(56981.3 km^2)，秋季达最小值(23470.8 km^2)；秋季轻度灾损面积达最大值(35278.4 km^2)，冬季达最小值(8903.9 km^2)；夏季中度灾损面积达最大值(15964.0 km^2)，冬季达最小值(595.4 km^2)；秋季重度灾损面积达最大值(3189.0 km^2)，夏季达最小值(2876.4 km^2)(图5.45)。

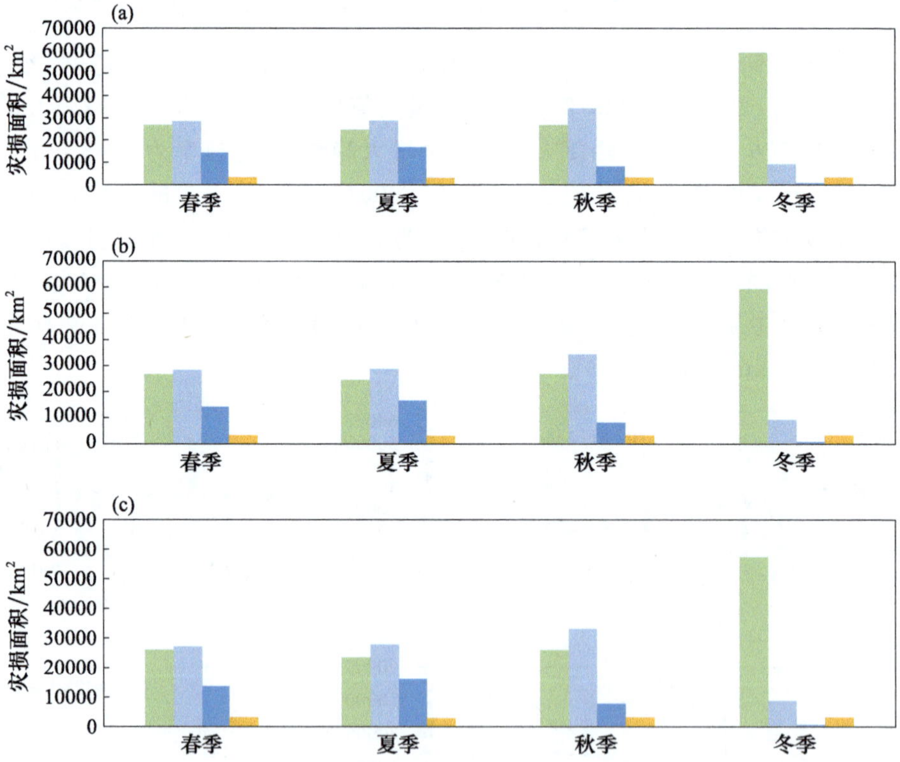

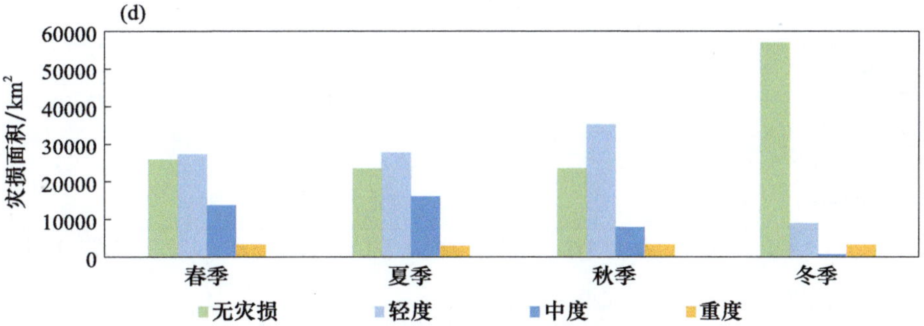

图 5.45 广西喀斯特地区植被四季高温灾损面积变化趋势
(a)FVC,(b)NDVI,(c)NPP,(d)QI

(3)月变化

月尺度上,研究区植被覆盖度 FVC 在 2 月高温无灾损面积达最大值(59733.4 km^2),除了 1 月、11 月和 12 月外,4 月面积最小(22471.3 km^2);10 月轻度灾损面积最大(37549.9 km^2),除了 1 月、11 月和 12 月外,2 月面积最小(8631.4 km^2);7 月中度灾损面积达最大值(17801.2 km^2),除了 1 月、11 月和 12 月外,2 月最小(809.0 km^2);7 月重度灾损面积达最大值(3179.8 km^2),除了 1 月、11 月和 12 月外,10 月最小(3143.9 km^2)。研究区植被指数 NDVI 在 2 月无灾损面积达最大值(72026.3 km^2),除了 1 月、11 月和 12 月外,4 月最小(22488.8 km^2);10 月轻度灾损面积最大(37512.0 km^2),除了 1 月、11 月和 12 月外,2 最小(8632.2 km^2);7 月中度灾损面积达最大值(17811.1 km^2),除了 1 月、11 月和 12 月外,2 月达最小值(808.2 km^2);6 月重度灾损面积达最大值(3178.0 km^2),10 月最小(3143.9 km^2)。研究区植被净初级生产力 NPP 在 2 月无灾损面积达最大值(3143.9 km^2),除了 1 月、11 月和 12 月外,4 月最小(22275.6 km^2);4 月轻度灾损面积最大(35266.0 km^2),除了 1 月、11 月和 12 月外,2 月最小(8314.1 km^2);5 月中度灾损面积达最大值(17340.6 km^2),除了 1 月、11 月和 12 月外,2 月达最小值(401.1 km^2);7 月重度灾损面积达最大值(3064.7 km^2),除了 1 月、11 月和 12 月外,2 月最小(3026.1 km^2)。研究区植被生态质量 QI 在 2 月无灾损面积达最大值(57449.9 km^2),除了 1 月、11 月和 12 月外,4 月最小(21852.9 km^2);10 月轻度灾损面积最大(36172.8 km^2),除了 1 月、11 月和 12 月外,2 月最小(8353.8 km^2);7 月中度灾损面积达最大值(17218.7 km^2),除了 1 月、11 月和 12 月外,2 月最小(732.3 km^2);7 月重度灾损面积达最大值(3064.7 km^2),除了 1 月、11 月和 12 月外,2 月最小(3026.1 km^2)(图 5.46)。

5.2.3.2 空间变化特征

(1)年变化

年尺度上,研究区植被 FVC 不同程度高温灾损频率空间分布如图 5.47。其中无灾损频率高值区主要分布在河池市东北部(40%～50%);轻度灾损频率高值区主要分布在百色市南部地区(50%～60%);中度高温灾损大部地区频率为 20%～30%,高值区零星分布在河池市中北部、崇左市北部(30%～40%);重度高温灾损频率较低(0～10%)。

研究区植被 NDVI 不同程度高温灾损频率空间分布如图 5.47。其中无灾损频率高值区主要分布在河池市东北部(40%～50%);轻度灾损频率高值区主要分布在百色市南部地区(50%～60%);中度高温灾损大部地区频率为 20%～30%,高值区零星分布在河池市中北部、崇左市北部(30%～40%);重度高温灾损频率最低(0～10%)。

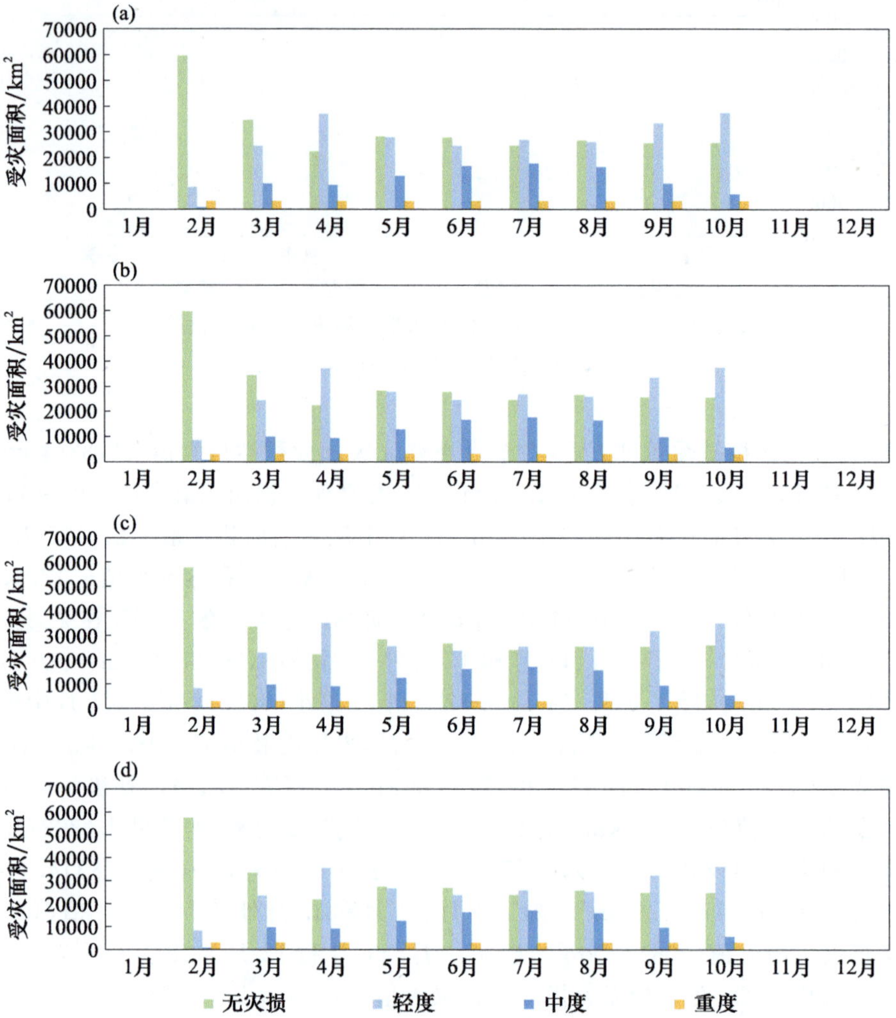

图 5.46 广西喀斯特地区植被月尺度高温灾损面积变化趋势
(a)FVC,(b)NDVI,(c)NPP,(d)QI

研究区植被 NPP 不同程度高温灾损频率空间分布如图 5.47。其中无灾损频率高值区主要分布在河池市东北部(40%~50%);轻度灾损频率高值区主要分布在百色市南部地区、柳州市中西部(50%~60%);中度高温灾损大部地区频率为 20%~30%,高值区零星分布在河池市中北部、崇左市北部(30%~40%);重度高温灾损频率最低(0~10%)。

研究区植被 QI 不同程度高温灾损频率空间分布如图 5.47。其中无灾损频率高值区主要分布在河池市东北部(40%~50%);轻度灾损频率高值区主要分布在百色市南部地区、柳州市中西部(50%~60%);中度高温灾损大部地区频率为 20%~30%,高值区零星分布在河池市中北部、崇左市北部(30%~40%);重度高温灾损频率最低(0~10%)。

(2)季度变化

季节尺度上,研究区植被 FVC 不同程度高温灾损频率空间分布如图 5.48。其中无灾损春季频率高值区主要分布在崇左市北部、中东部(50%~60%);夏季大部地区高温灾损频率在 30%~40%;秋季无灾损频率大部地区也在 30%~40%,高值区零星分布在崇左市辖区、南宁市辖区等局部地区(40%～50%);冬季灾损频率最低(0～10%)。轻度灾损春季频率空间分布整体由西南部向东北递增,高值区主要分布在东北部(90%～100%);夏季高值区零星分布在百色市南部局部地区(90%～100%);秋季大部地区频率在 40%～60%;冬季大部地区 90%～100%。中度灾损在春季大部地区频率为 10%～20%;夏季大部地区频率为 20%～30%;秋季大部地区频率在 10%～20%;冬季灾损频率最低(0～10%)。重度灾损四季频率都较低(0～10%)。

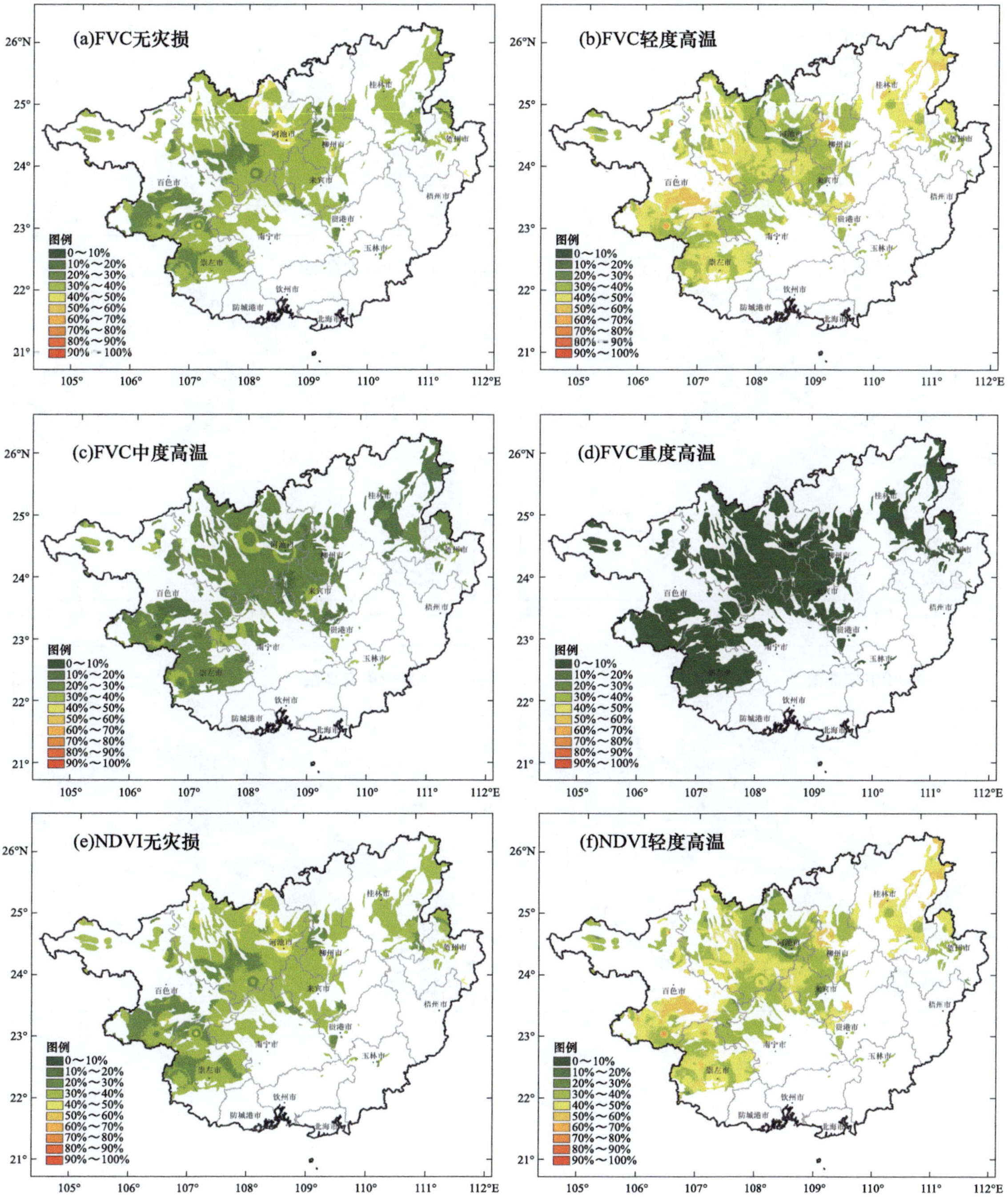

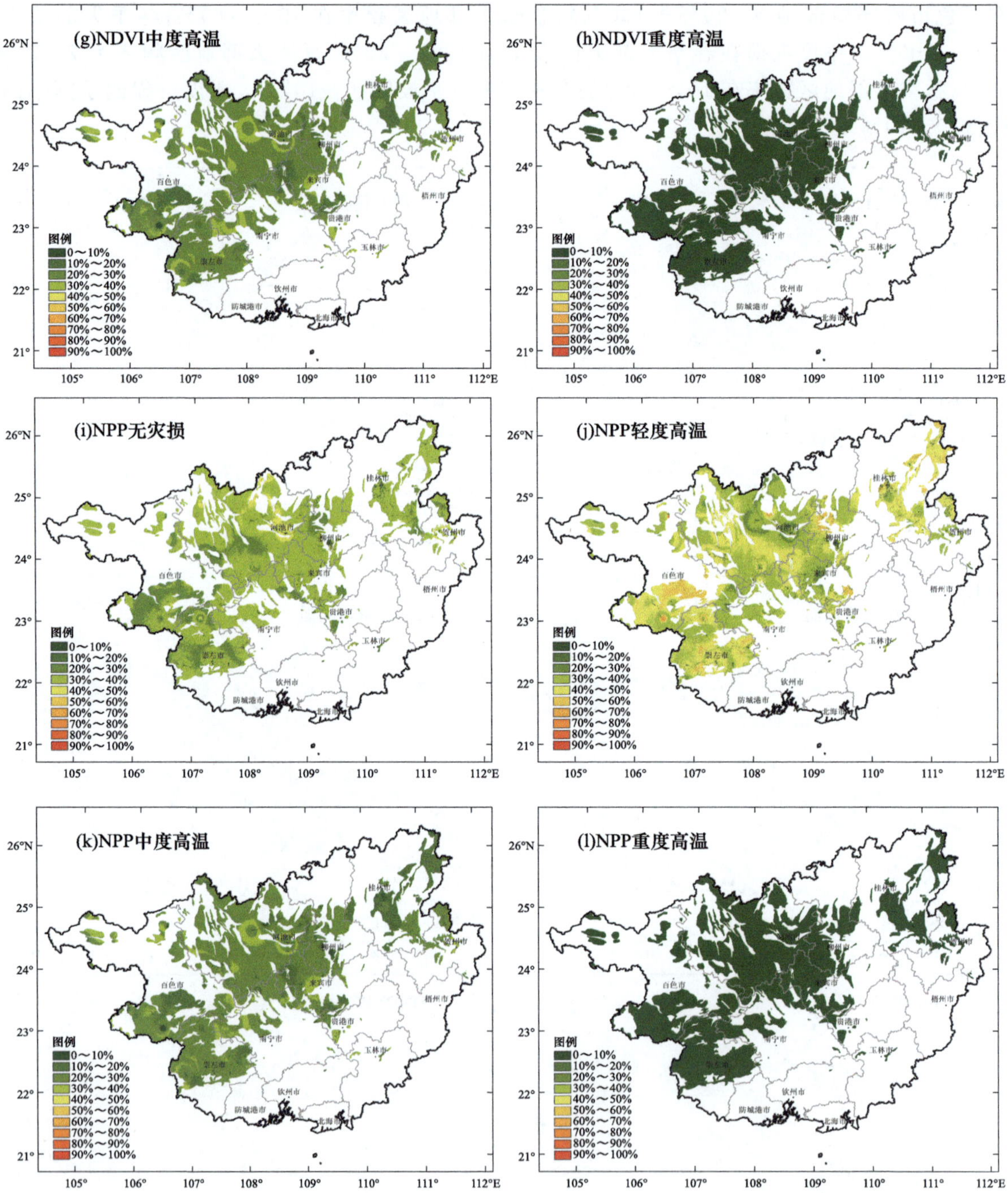
(g)NDVI中度高温
(h)NDVI重度高温
(i)NPP无灾损
(j)NPP轻度高温
(k)NPP中度高温
(l)NPP重度高温
图例
0～10%
10%～20%
20%～30%
30%～40%
40%～50%
50%～60%
60%～70%
70%～80%
80%～90%
90%～100%
桂林市
河池市
柳州市
贺州市
百色市
来宾市
梧州市
贵港市
南宁市
玉林市
崇左市
钦州市
防城港市
北海市
26°N
25°
24°
23°
22°
21°
105°
106°
107°
108°
109°
110°
111°
112°E

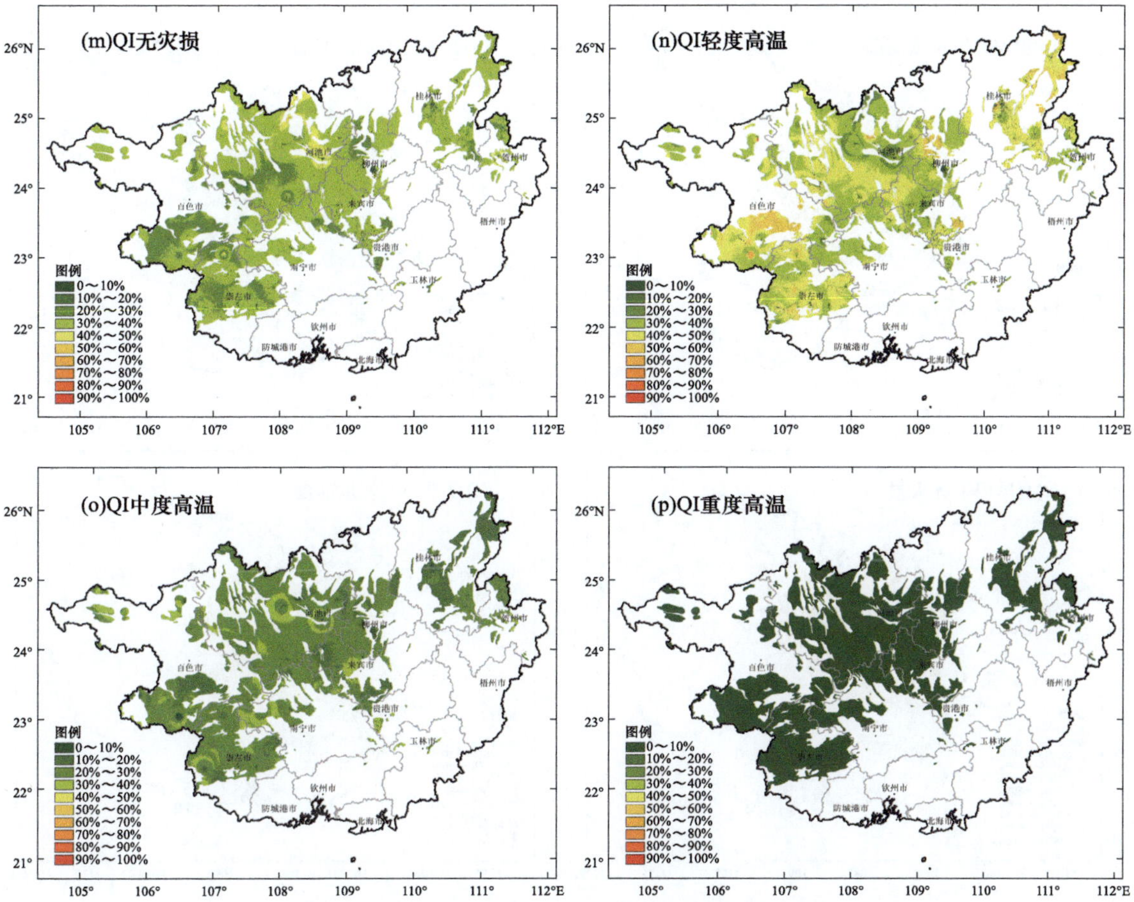

图 5.47　广西喀斯特地区各植被生态因子不同程度高温灾损频率空间分布

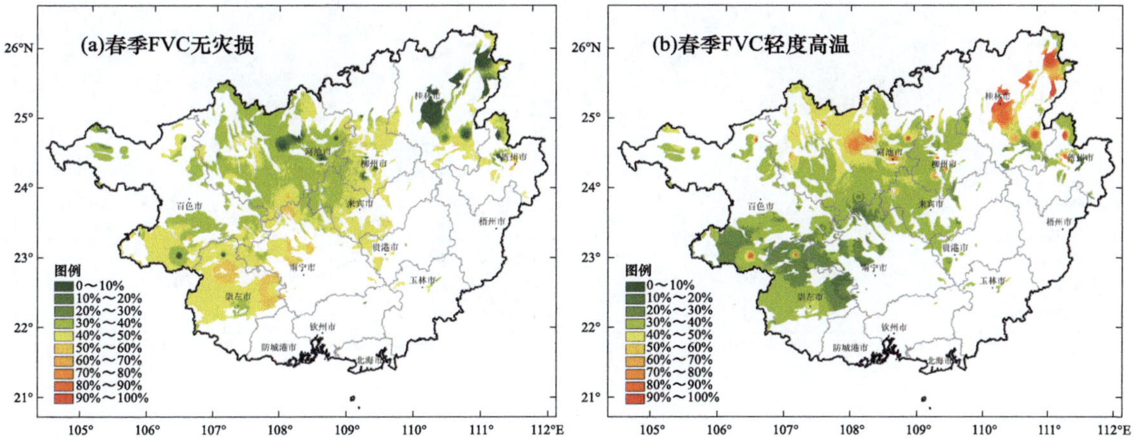

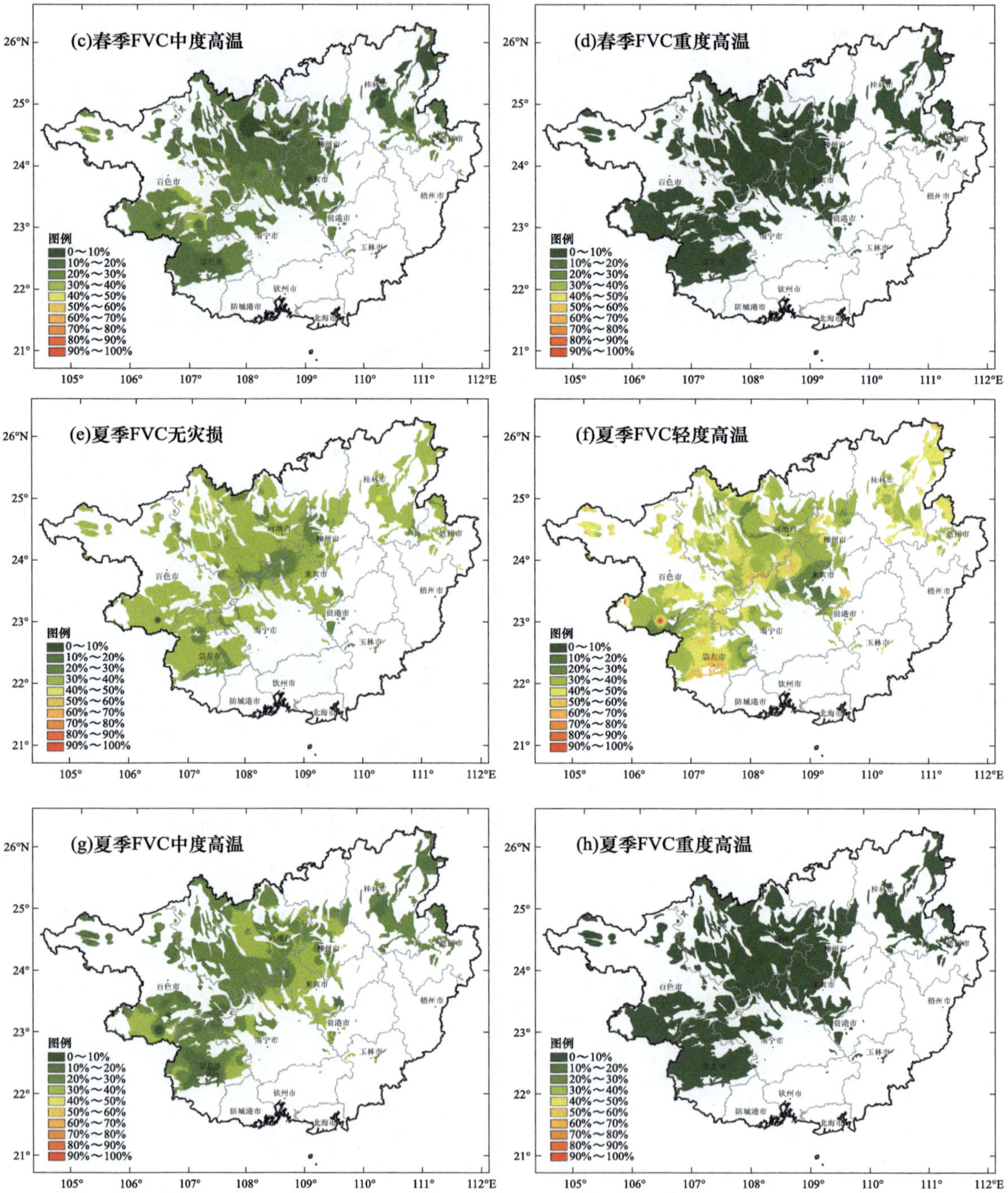
(c)春季FVC中度高温
(d)春季FVC重度高温
(e)夏季FVC无灾损
(f)夏季FVC轻度高温
(g)夏季FVC中度高温
(h)夏季FVC重度高温
图例
0～10%
10%～20%
20%～30%
30%～40%
40%～50%
50%～60%
60%～70%
70%～80%
80%～90%
90%～100%
桂林市
河池市
柳州市
百色市
来宾市
梧州市
贵港市
南宁市
玉林市
崇左市
钦州市
防城港市
北海市
26°N
25°
24°
23°
22°
21°
105°
106°
107°
108°
109°
110°
111°
112°E

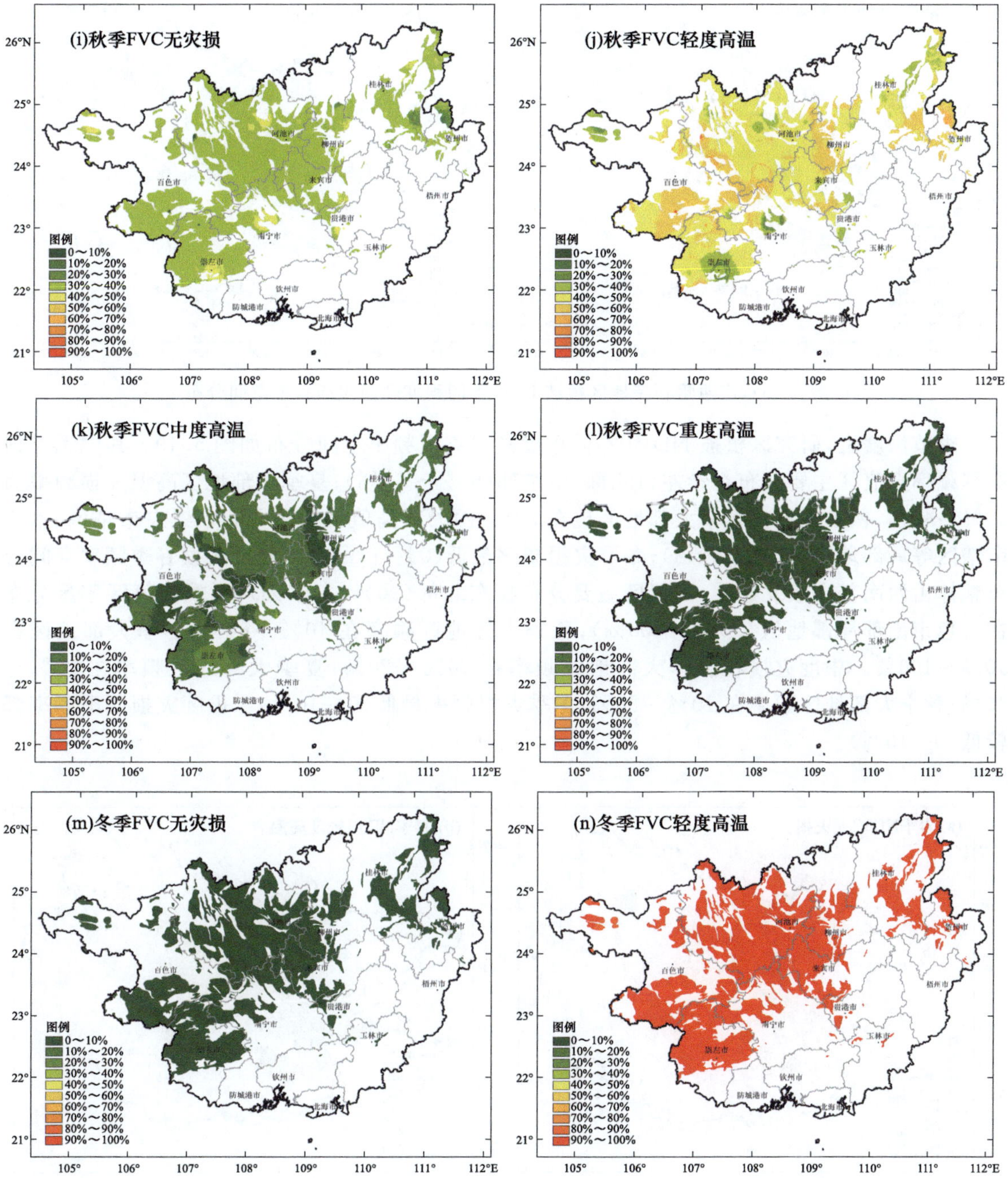
(i)秋季FVC无灾损
(j)秋季FVC轻度高温
(k)秋季FVC中度高温
(l)秋季FVC重度高温
(m)冬季FVC无灾损
(n)冬季FVC轻度高温
图例
0～10%
10%～20%
20%～30%
30%～40%
40%～50%
50%～60%
60%～70%
70%～80%
80%～90%
90%～100%
桂林市
河池市
柳州市
贺州市
百色市
来宾市
梧州市
贵港市
南宁市
玉林市
崇左市
钦州市
防城港市
北海市
26°N
25°
24°
23°
22°
21°
105°
106°
107°
108°
109°
110°
111°
112°E

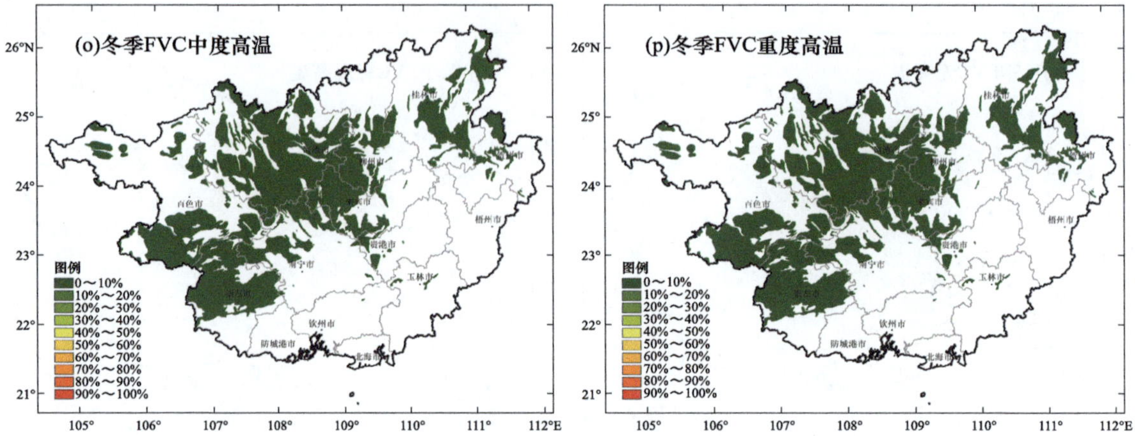

图 5.48　广西喀斯特地区植被 FVC 不同程度高温灾损频率空间分布

季节尺度上，研究区植被 NDVI 不同程度高温灾损频率空间分布如图 5.49。其中无灾损春季频率高值区主要分布在崇左市北部、中东部（50%～60%）；夏季大部地区高温灾损频率为30%～40%；秋季无灾损频率大部地区也在 30%～40%，高值区零星分布在崇左市辖区、南宁市辖区等局部地区（40%～50%）；冬季灾损频率最低（0%～10%）。轻度灾损春季频率空间分布整体由西南部向东北递增，高值区主要分布在东北部（90%～100%）；夏季高值区零星分布在百色市南部局部地区（90%～100%）；秋季大部地区频率在 40%～60%；冬季大部地区在90%～100%。中度灾损在春季大部地区频率在 10%～20%；夏季大部地区频率在 20%～30%；秋季大部地区频率在 10%～20%；冬季灾损频率最低（0～10%）。重度灾损四季频率都较低（0～10%）。

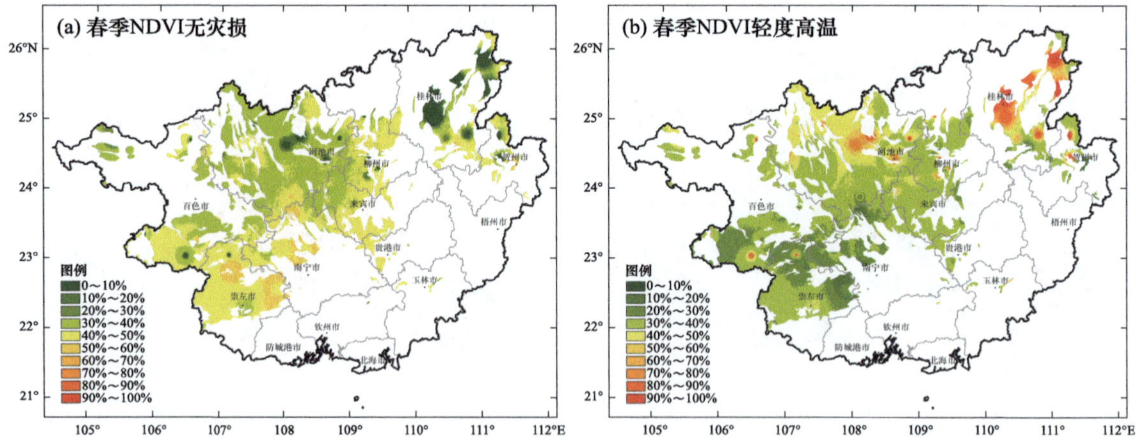

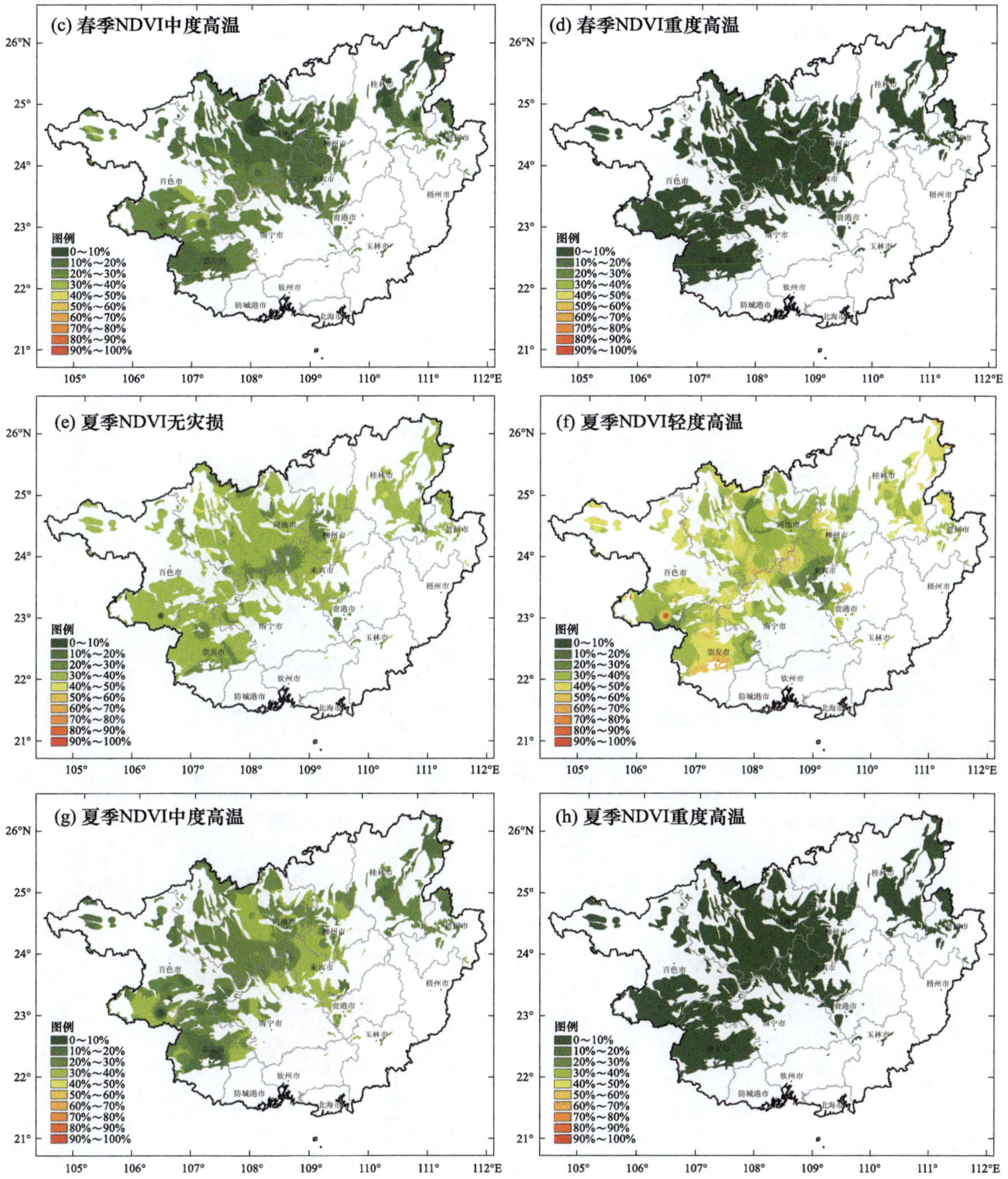
(c) 春季NDVI中度高温
(d) 春季NDVI重度高温
(e) 夏季NDVI无灾损
(f) 夏季NDVI轻度高温
(g) 夏季NDVI中度高温
(h) 夏季NDVI重度高温
图例
0～10%
10%～20%
20%～30%
30%～40%
40%～50%
50%～60%
60%～70%
70%～80%
80%～90%
90%～100%
桂林市
河池市
柳州市
贺州市
百色市
来宾市
梧州市
贵港市
南宁市
玉林市
崇左市
钦州市
防城港市
北海市
26°N
25°
24°
23°
22°
21°
105°
106°
107°
108°
109°
110°
111°
112°E

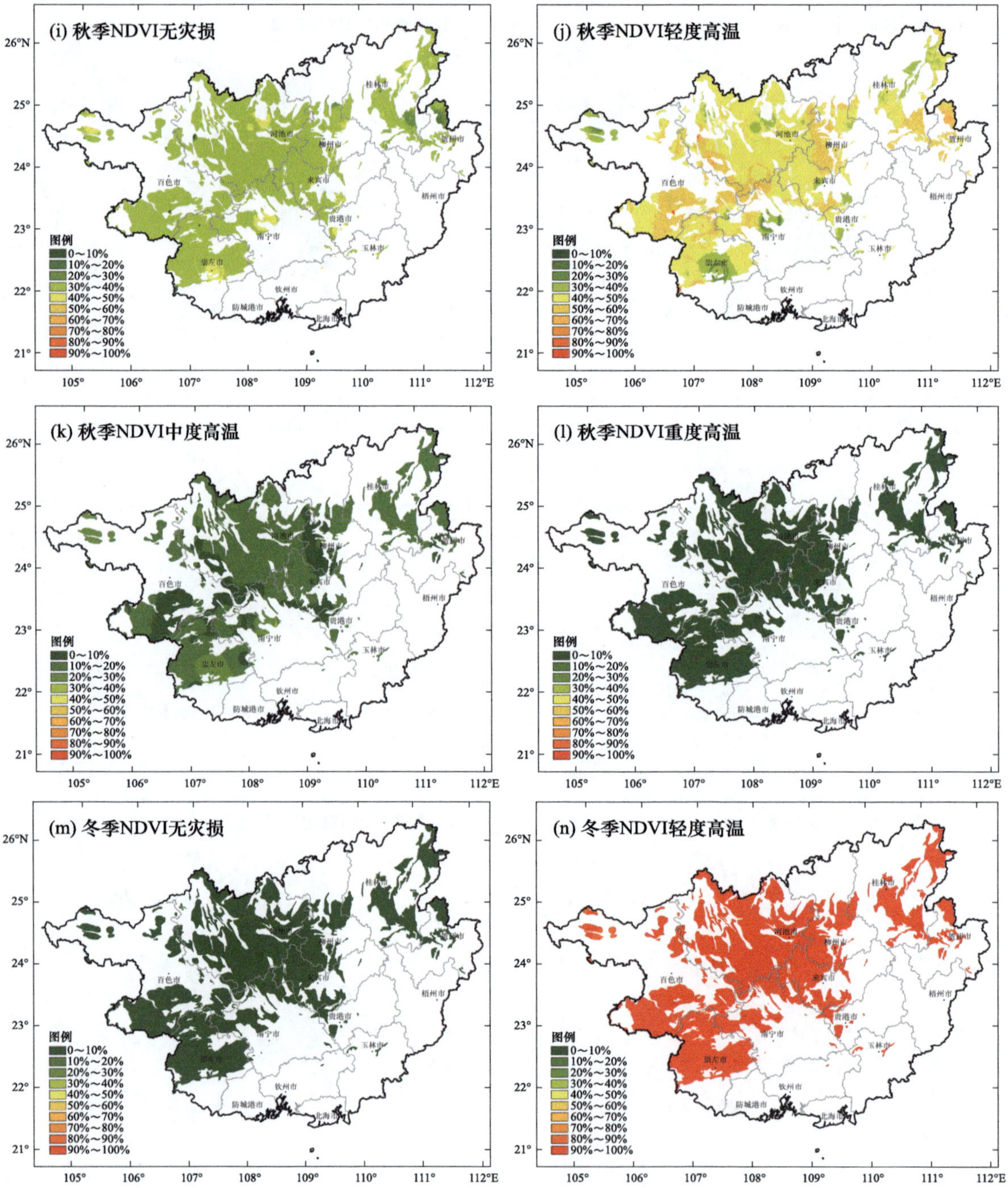
(i) 秋季NDVI无灾损
(j) 秋季NDVI轻度高温
(k) 秋季NDVI中度高温
(l) 秋季NDVI重度高温
(m) 冬季NDVI无灾损
(n) 冬季NDVI轻度高温
图例
0～10%
10%～20%
20%～30%
30%～40%
40%～50%
50%～60%
60%～70%
70%～80%
80%～90%
90%～100%
桂林市
河池市
柳州市
贺州市
百色市
来宾市
梧州市
贵港市
南宁市
玉林市
崇左市
钦州市
防城港市
北海市
26°N
25°
24°
23°
22°
21°
105°
106°
107°
108°
109°
110°
111°
112°E

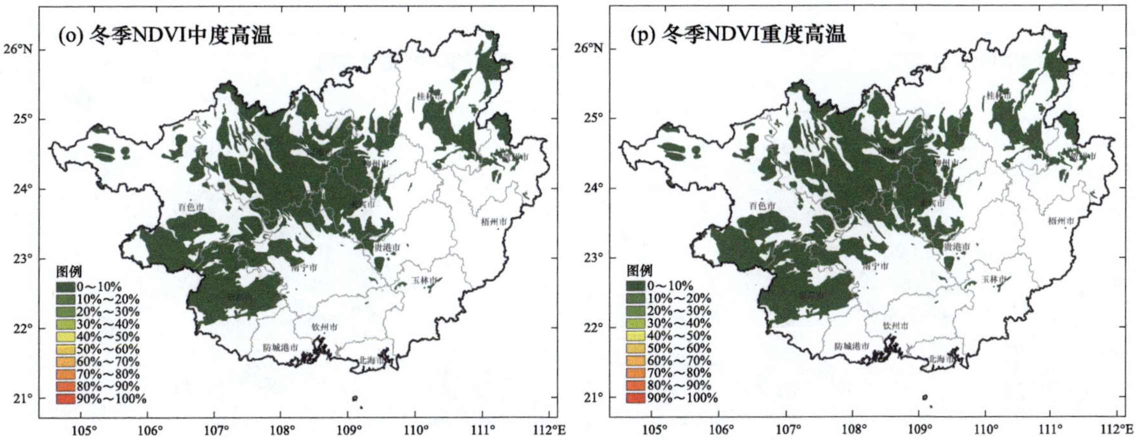

图 5.49　广西喀斯特地区植被 NDVI 不同程度高温灾损频率空间分布

季节尺度上，研究区植被 NPP 不同程度高温灾损频率空间分布如图 5.50。其中无灾损春季频率高值区主要分布在崇左市北部、中东部(50%～60%)；夏季大部地区高温灾损频率为 30%～40%；秋季无灾损频率大部地区也在 30%～40%，高值区零星分布在崇左市辖区、南宁市辖区等局部地区(40%～50%)；冬季灾损频率大部地区(0～10%)，局部零星分布在桂林市辖区、柳州市辖区、来宾市西部等地(90%～100%)。轻度灾损春季频率空间分布整体由西南部向东北递增，高值区主要分布在东北部(90%～100%)；夏季高值区零星分布在百色市南部局部地区(90%～100%)；秋季大部地区频率在 40%～60%；冬季大部地区(90%～100%)。中度灾损在春季大部地区频率在 10%～20%；夏季大部地区频率在 20%～30%；秋季大部地区频率在 10%～20%；冬季灾损频率最低(0～10%)。重度灾损四季频率都较低(0～10%)。

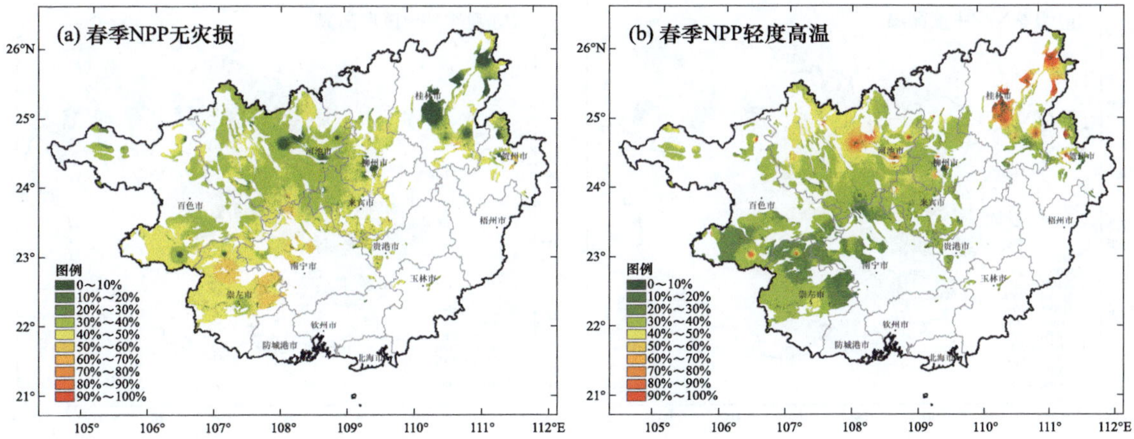

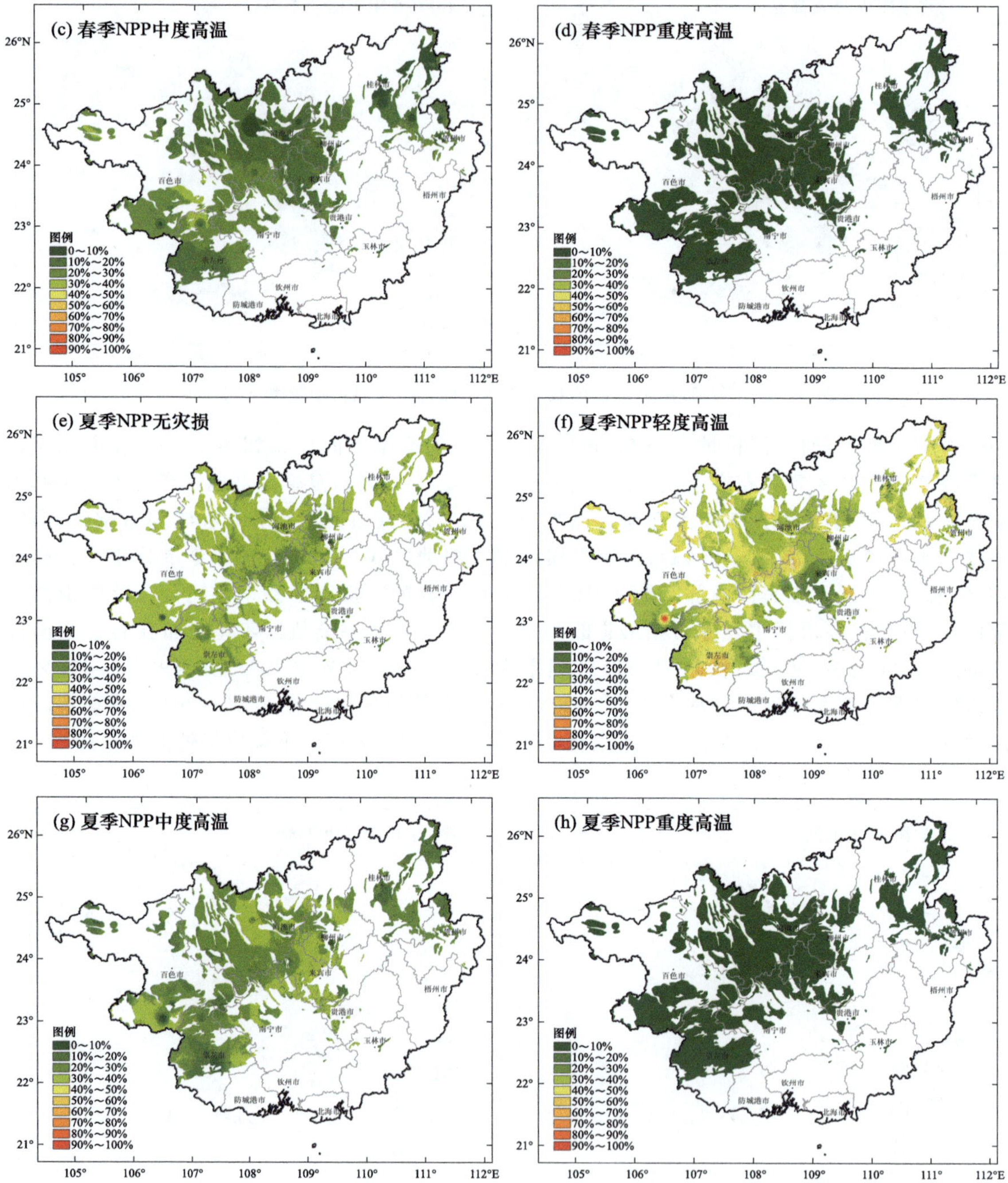
(c) 春季NPP中度高温
(d) 春季NPP重度高温
(e) 夏季NPP无灾损
(f) 夏季NPP轻度高温
(g) 夏季NPP中度高温
(h) 夏季NPP重度高温
26°N
25°
24°
23°
22°
21°
105°
106°
107°
108°
109°
110°
111°
112°E
图例
0～10%
10%～20%
20%～30%
30%～40%
40%～50%
50%～60%
60%～70%
70%～80%
80%～90%
90%～100%
桂林市
河池市
柳州市
贺州市
百色市
来宾市
梧州市
贵港市
南宁市
玉林市
崇左市
钦州市
防城港市
北海市

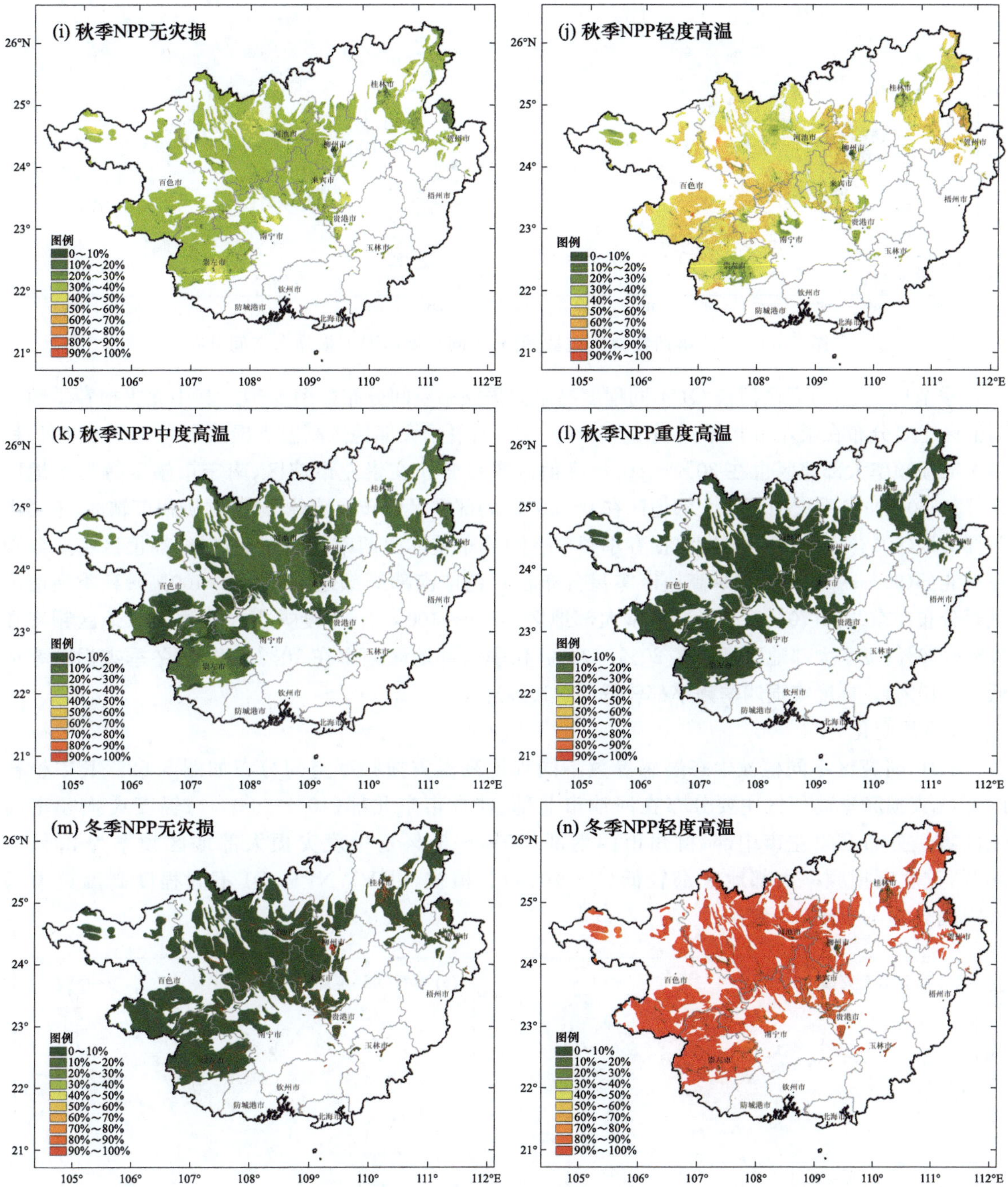
(i) 秋季NPP无灾损
(j) 秋季NPP轻度高温
(k) 秋季NPP中度高温
(l) 秋季NPP重度高温
(m) 冬季NPP无灾损
(n) 冬季NPP轻度高温
图例
0～10%
10%～20%
20%～30%
30%～40%
40%～50%
50%～60%
60%～70%
70%～80%
80%～90%
90%～100%
桂林市
河池市
柳州市
贺州市
百色市
来宾市
梧州市
贵港市
南宁市
玉林市
崇左市
钦州市
防城港市
北海市
26°N
25°
24°
23°
22°
21°
105°
106°
107°
108°
109°
110°
111°
112°E

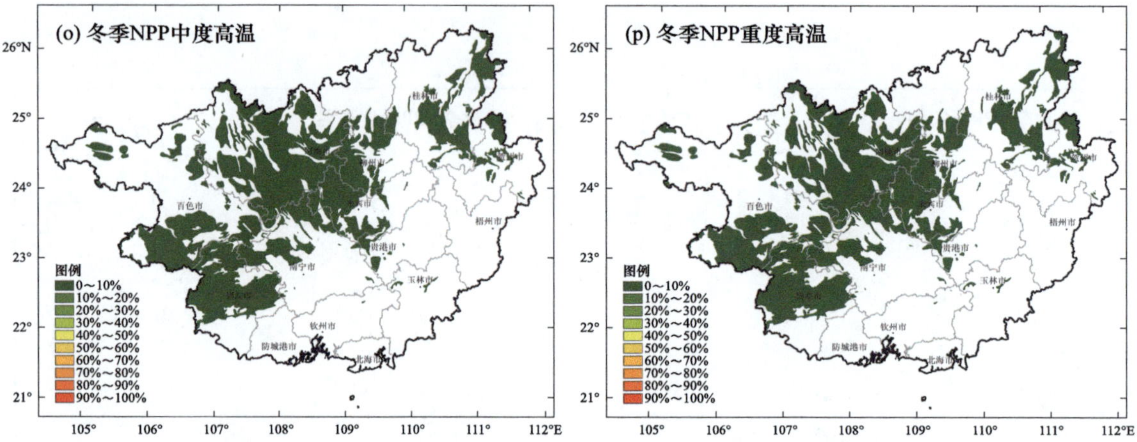

图 5.50　广西喀斯特地区植被 NPP 不同程度高温灾损频率空间分布

季节尺度上，研究区植被 QI 不同程度高温灾损频率空间分布如图 5.51。其中无灾损春季频率高值区主要分布在崇左市北部、中东部(50%～60%)；夏季大部地区高温灾损频率为 30%～40%；秋季无灾损频率大部地区也在 30%～40%，高值区零星分布在崇左市辖区、南宁市辖区等局部地区(40%～50%)；冬季灾损频率大部地区在 0～10%，局部零星分布在桂林市辖区、柳州市辖区、来宾市西部等地(90%～100%)。轻度灾损春季频率空间分布整体由西南部向东北递增，高值区主要分布在东北部(90%～100%)；夏季高值区零星分布在百色市南部局部地区(90%～100%)；秋季高值区主要分布在东北部(70%～80%)；冬季大部地区(90%～100%)。中度灾损在春季大部地区频率在 10%～20%；夏季大部地区频率在 20%～30%；秋季大部地区频率在 10%～20%；冬季灾损频率最低(0～10%)。重度灾损四季频率都较低(0～10%)。

(3)月变化

8 月，研究区不同植被生态遥感参数不同程度高温灾损频率空间分布如图 5.52。其中植被 FVC 无灾损频率高值区主要分布在河池市北部、桂林市东北部(40%～50%)；轻度灾损频率高值区零星分布在崇左市中部、柳州市西南部(50%～60%)；中度灾损大部地区频率为 20%～30%；重度灾损频率大部地区都较低(0～10%)。植被 NDVI、NPP、QI 不同程度高温灾损频率空间分布与 FVC 一致。

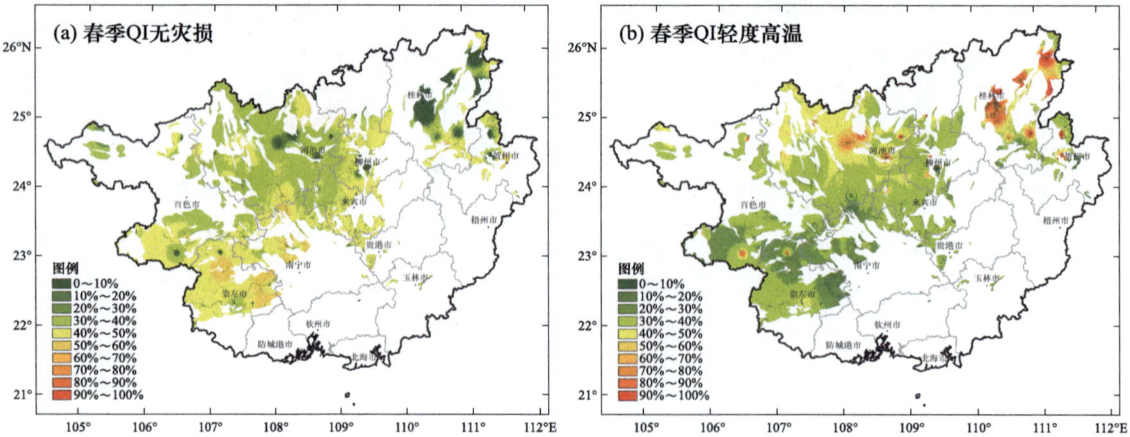

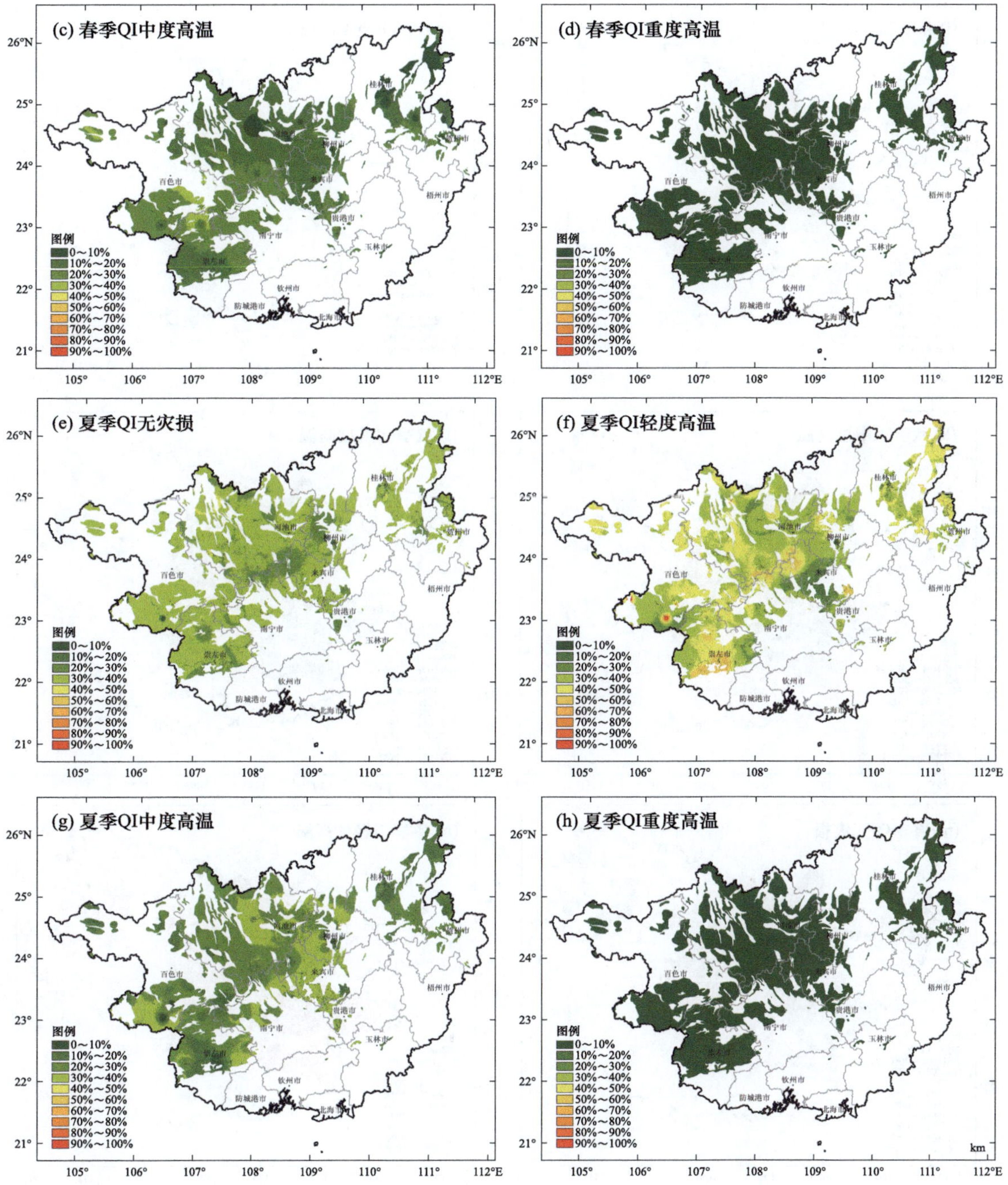
(c) 春季QI中度高温
(d) 春季QI重度高温
(e) 夏季QI无灾损
(f) 夏季QI轻度高温
(g) 夏季QI中度高温
(h) 夏季QI重度高温
26°N
25°
24°
23°
22°
21°
105°
106°
107°
108°
109°
110°
111°
112°E
图例
0～10%
10%～20%
20%～30%
30%～40%
40%～50%
50%～60%
60%～70%
70%～80%
80%～90%
90%～100%
桂林市
河池市
柳州市
贺州市
百色市
来宾市
梧州市
贵港市
南宁市
玉林市
崇左市
钦州市
防城港市
北海市
km

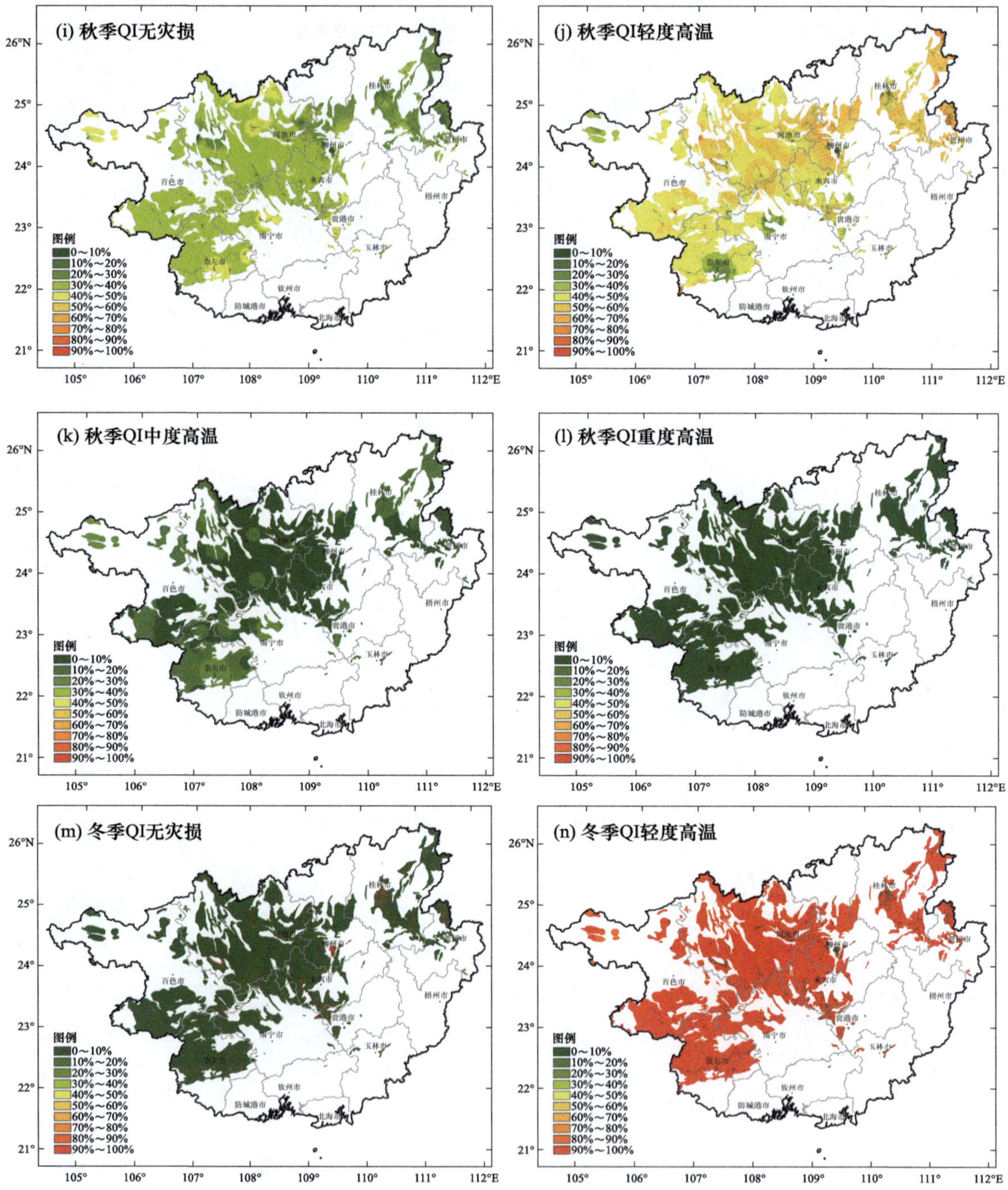
(i) 秋季QI无灾损
(j) 秋季QI轻度高温
(k) 秋季QI中度高温
(l) 秋季QI重度高温
(m) 冬季QI无灾损
(n) 冬季QI轻度高温
图例
0～10%
10%～20%
20%～30%
30%～40%
40%～50%
50%～60%
60%～70%
70%～80%
80%～90%
90%～100%
桂林市
河池市
柳州市
贺州市
百色市
来宾市
梧州市
贵港市
南宁市
玉林市
崇左市
钦州市
防城港市
北海市
26°N
25°
24°
23°
22°
21°
105°
106°
107°
108°
109°
110°
111°
112°E

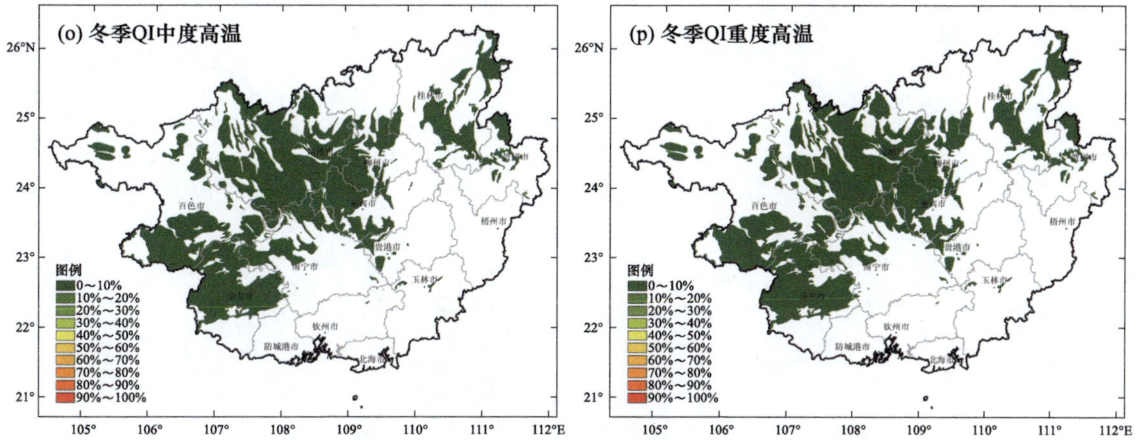

图 5.51　广西喀斯特地区植被 QI 不同程度高温灾损频率空间分布

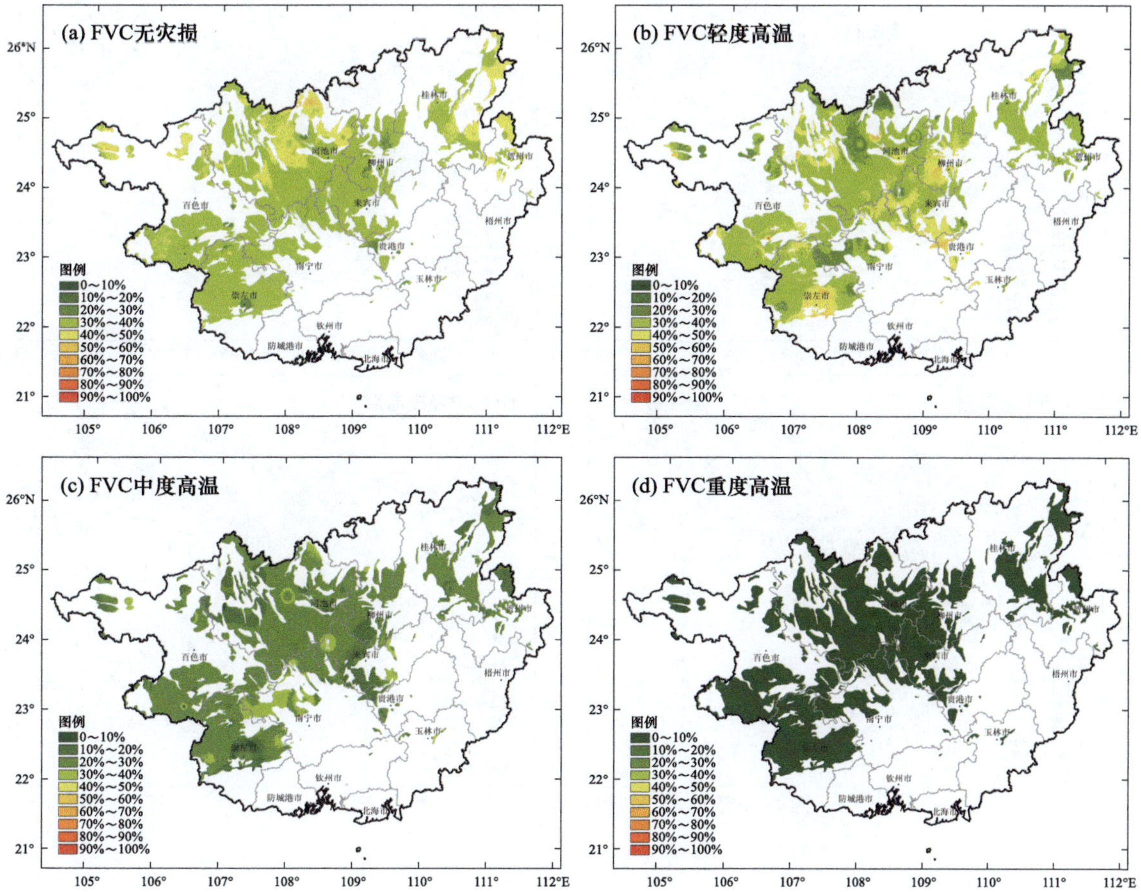

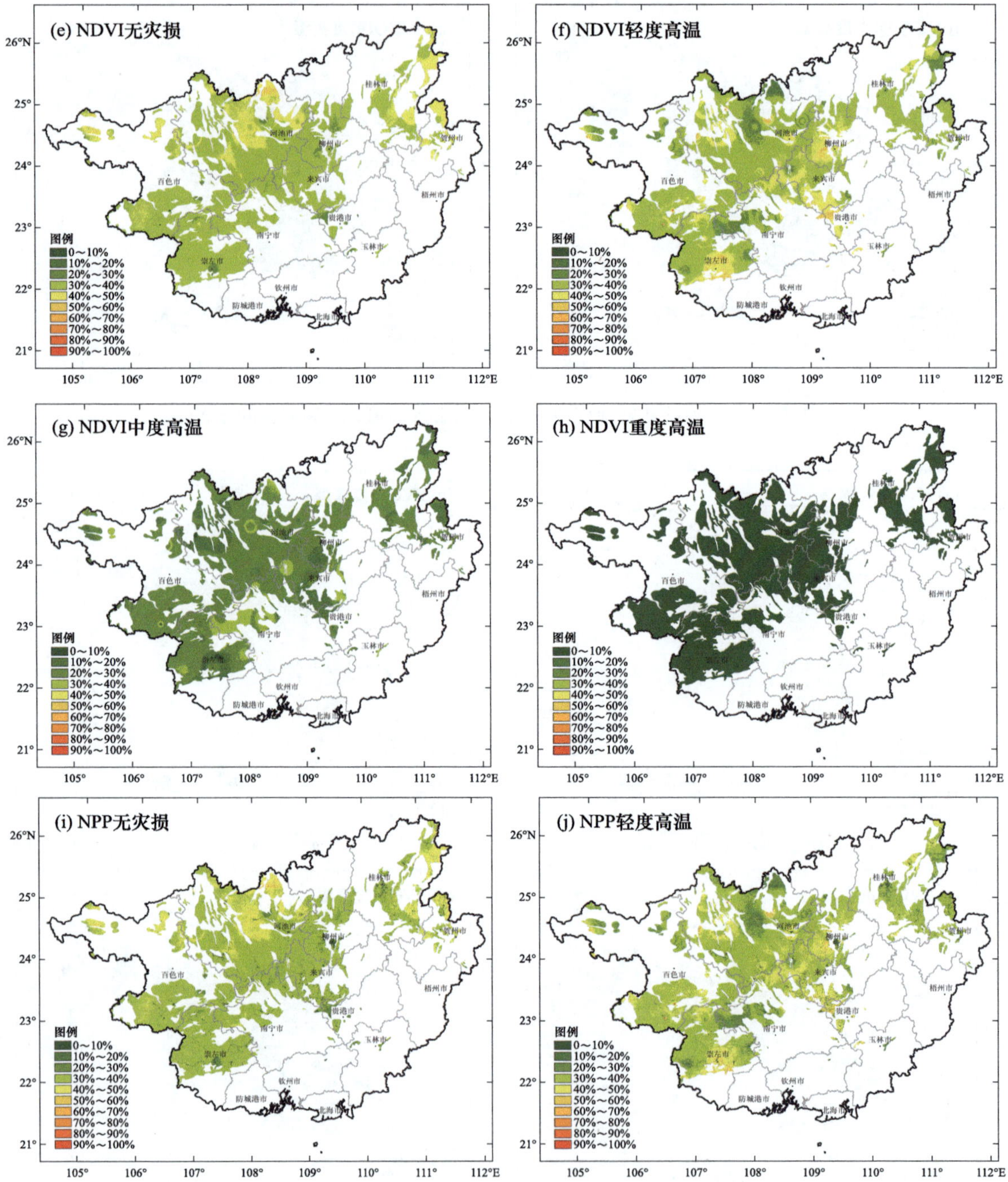
(e) NDVI无灾损
(f) NDVI轻度高温
(g) NDVI中度高温
(h) NDVI重度高温
(i) NPP无灾损
(j) NPP轻度高温
图例
0～10%
10%～20%
20%～30%
30%～40%
40%～50%
50%～60%
60%～70%
70%～80%
80%～90%
90%～100%
26°N
25°
24°
23°
22°
21°
105°
106°
107°
108°
109°
110°
111°
112°E
桂林市
河池市
柳州市
贺州市
百色市
来宾市
梧州市
贵港市
南宁市
玉林市
崇左市
钦州市
防城港市
北海市

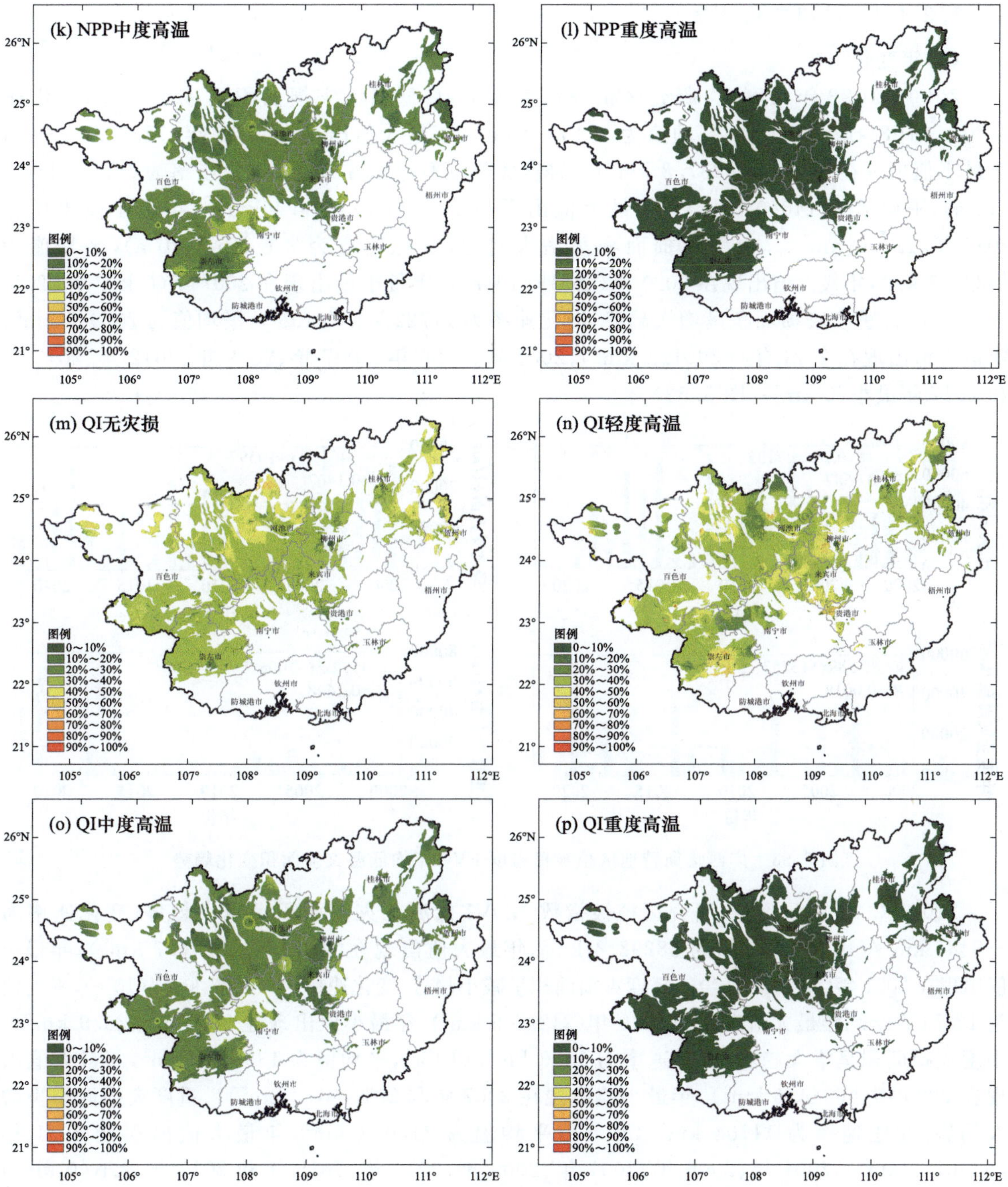

图 5.52　广西喀斯特地区 8 月不同植被生态遥感参数不同程度高温灾损频率空间分布

5.2.4 低温灾损评估

5.2.4.1 时间变化特征

(1)年变化

2000—2022年尺度上，研究区植被覆盖度FVC低温无灾损面积呈减小趋势，变化速率为−8108 km²/(10 a)，平均值为37403.2 km²，年最大值出现在2015年(72288.9 km²)，年最小值出现在2021年(4237.8 km²)。轻度灾损面积呈减小趋势，变化速率为−4631 km²/(10 a)，平均值为14040.0 km²，年最大值出现在2004年(27454.4 km²)，年最小值出现在2015年(126.0 km²)。中度灾损面积呈增大趋势，变化速率为866 km²/(10 a)，平均值为14292.3 km²，年最大值出现在2020年(46919.8 km²)，年最小值出现在2007年(0 km²)和2015年(0 km²)。重度灾损面积呈增大趋势，变化速率为11722 km²/(10 a)，平均值为7059.5 km²，年最大值出现在2021年(63961.2 km²)，2001年、2006年、2007年、2009年、2012年、2015年和2017年最小(0 km²)(图5.53)。

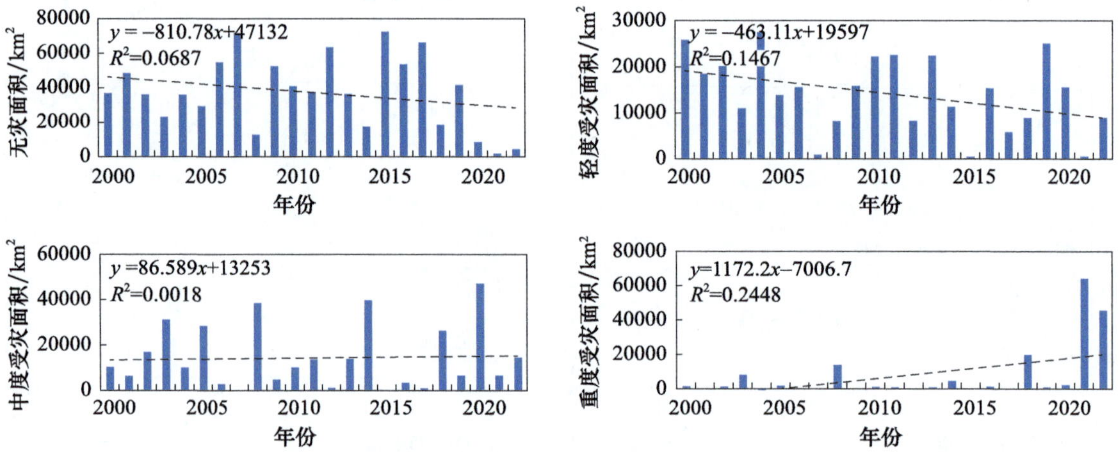

图5.53 广西喀斯特地区植被覆盖度FVC年均低温灾损面积变化趋势

2000—2022年尺度上，研究区植被指数NDVI低温无灾损面积呈减小趋势，变化速率为−8485 km²/(10 a)，平均值为38298.4 km²，年最大值出现在2015年(72294.7 km²)，年最小值出现在2021年(4237.0 km²)。轻度灾损面积呈减小趋势，变化速率为−4383 km²/(10 a)，平均值为13470.7 km²，年最大值出现在2019年(24298.5 km²)，年最小值出现在2015年(120.5 km²)。中度灾损面积呈增大趋势，变化速率为1013 km²/(10 a)，平均值为13991.0 km²，年最大值出现在2020年(46944.6 km²)，年最小值出现在2007年和2015年(0 km²)。重度灾损面积呈增大趋势，变化速率为11704 km²/(10 a)，平均值为3160.3 km²，年最大值出现在2021年(63667.9 km²)，2001年、2006年、2007年、2009年、2012年、2015年和2017年最小(0 km²)(图5.54)。

2000—2022年尺度上，研究区植被净初级生产力NPP低温无灾损面积呈减小趋势，变化速率为−8614 km²/(10 a)，平均值为36093.1 km²，年最大值出现在2015年(69488.5 km²)，年最小值出现在2021年(1379.8 km²)。轻度灾损面积呈减小趋势，变化速率为−4264 km²/(10 a)，平均值为13325.1 km²，年最大值出现在2004年(25547.3 km²)，年最小值出现在2015

年(147.5 km²)。中度灾损面积呈增大趋势，变化速率为 1104 km²/(10 a)，平均值为 13829.4 km²，年最大值出现在 2020 年(47421.7 km²)，年最小值出现在 2007 年(0 km²)和 2015 年(0 km²)。重度灾损面积呈增大趋势，变化速率为 1162 km²/(10 a)，平均值为 6906.9 km²，年最大值出现在 2021 年(62446.1 km²)，2001 年、2006 年、2007 年、2009 年、2012 年、2015 年和 2017 年最小(0 km²)(图 5.55)。

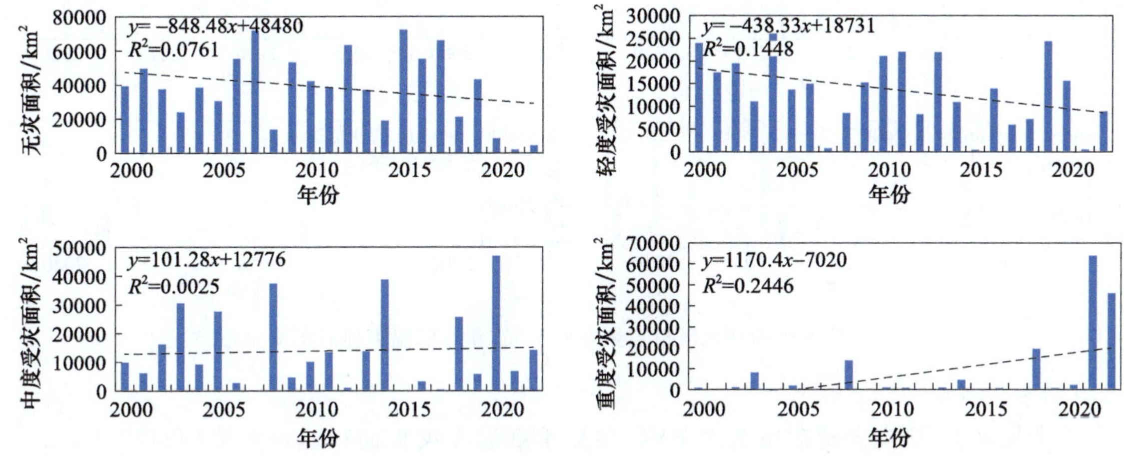

图 5.54 广西喀斯特地区植被指数 NDVI 年均低温灾损面积变化趋势

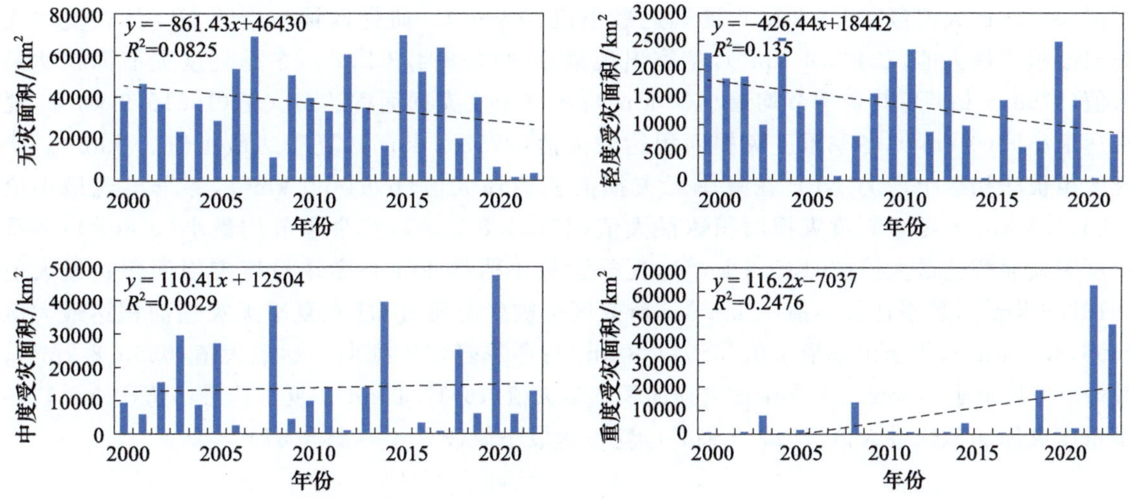

图 5.55 广西喀斯特地区植被净初级生产力 NPP 年均低温灾损面积变化趋势

2000—2022 年尺度上，研究区植被生态质量 QI 低温无灾损面积呈减小趋势，变化速率为 −8354 km²/(10 a)，平均值为 36380.6 km²，年最大值出现在 2015 年(69509.8 km²)，年最小值出现在 2021 年(1488.0 km²)。轻度灾损面积呈减小趋势，变化速率为 −4335 km²/(10 a)，平均值为 13255.8 km²，年最大值出现在 2004 年(25801.3 km²)，年最小值出现在 2015 年(127.2 km²)。中度灾损面积呈增大趋势，变化速率为 1060 km²/(10 a)，平均值为 13681.6 km²，年最大值出现在 2020 年(46561.5 km²)，年最小值出现在 2007 年(0 km²)和 2015 年(0 km²)。重度灾损面积呈增大趋势，变化速率为 1148 km²/(10 a)，平均值为 6838.4 km²，年最大值出现在 2021 年(62110.5 km²),2001 年、2006 年、2007 年、2009 年、2012 年、2015 年和 2017 年最小(0 km²)(图 5.56)。

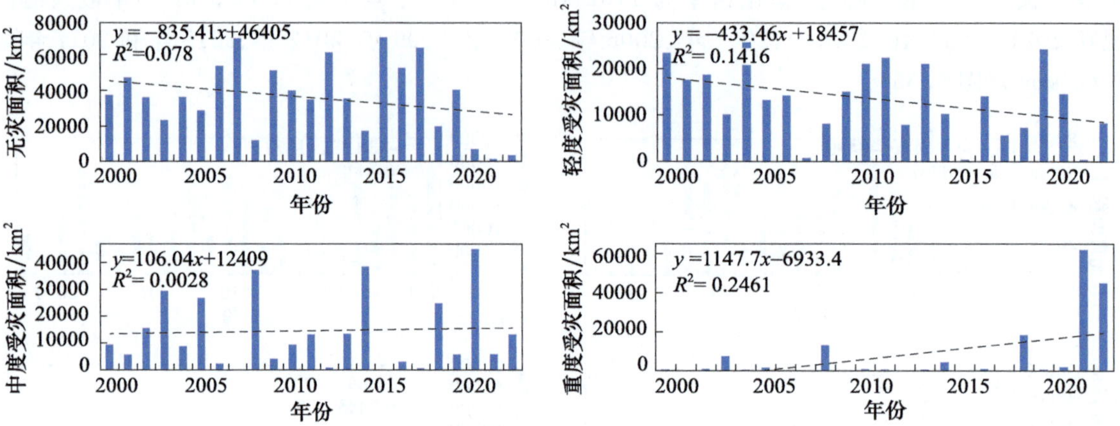

图 5.56 广西喀斯特地区植被生态质量 QI 年均低温灾损面积变化趋势

(2)季节变化

季节尺度上,研究区植被覆盖度 FVC 在夏季低温无灾损面积达最大值(72422.1 km²),冬季出现最小值(38334.3 km²);冬季轻度灾损面积达最大值(9776.0 km²),其余季节均最小(0 km²);冬季中度灾损面积达最大值(16831.0 km²),夏季达最小值(0 km²);冬季重度灾损面积达最大值(7755.9 km²),夏季达最小值(0 km²)。研究区植被指数 NDVI 在夏季无灾损面积达最大值(72422.1 km²),冬季出现最小值(38334.3 km²);冬季轻度灾损面积达最大值(9768.5 km²),其余季节均最小(0 km²);冬季中度灾损面积达最大值(16815.9 km²),夏季达最小值(0 km²);冬季重度灾损面积达最大值(7753.5 km²),夏季达最小值(0 km²)。研究区植被净初级生产力 NPP 在夏季无灾损面积达最大值(69644.0 km²),冬季出现最小值(28627.3 km²);冬季轻度灾损面积达最大值(13124.8 km²),其余季节均最小(0 km²);冬季中度灾损面积达最大值(20135.5 km²),夏季达最小值(0 km²);冬季重度灾损面积达最大值(8167.6 km²),夏季达最小值(0 km²)。研究区植被生态质量 QI 在夏季无灾损面积达最大值(69644.0 km²),冬季出现最小值(36547.8 km²);冬季轻度灾损面积达最大值(9555.8 km²),其余季节均最小(0 km²);冬季中度灾损面积达最大值(16417.4 km²),夏季达最小值(0 km²);冬季重度灾损面积达最大值(7527.4 km²),夏季达最小值(0 km²)(图 5.57)。

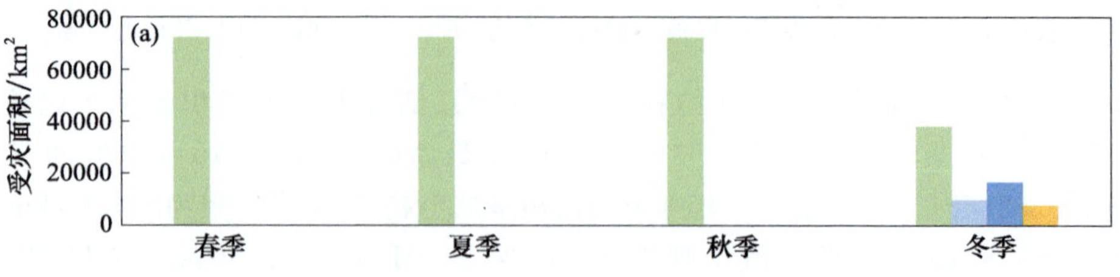

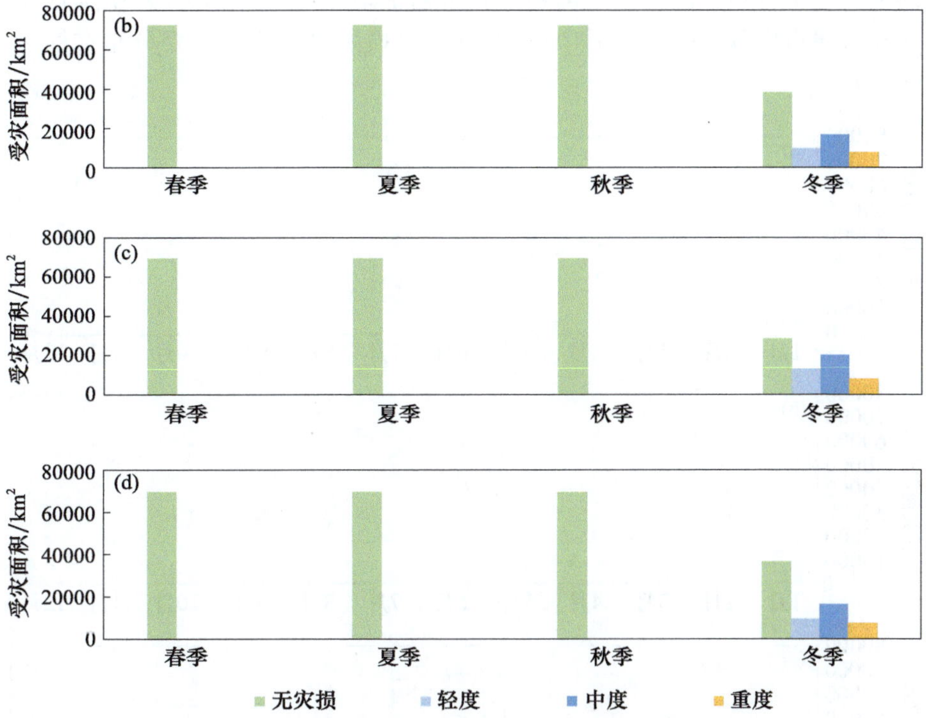

图 5.57 广西喀斯特地区植被四季低温灾损面积变化趋势
(a)FVC,(b)NDVI,(c)NPP,(d)QI

(3)月变化

月尺度上,研究区植被覆盖度 FVC 在 4 月低温无灾损面积达最大值(72419.6 km²),1 月最小(47707.0 km²);12 月轻度灾损面积最大(4898.7 km²),3—11 月最小(0 km²);1 月中度灾损面积达最大值(14443.1 km²),4—10 月最小(0 km²);1 月重度灾损面积达最大值(5594.7 km²),4—10 月最小(0 km²)。研究区植被指数 NDVI 在 4 月无灾损面积达最大值(72419.6 km²),1 月最小(47831.6 km²);12 月轻度灾损面积最大(4896.1 km²),3—11 月最小(0 km²);1 月中度灾损面积达最大值(14365.3 km²),4—10 月最小(0 km²);1 月重度灾损面积达最大值(5591.0 km²),4—10 月最小(0 km²)。研究区植被净初级生产力 NPP 在 4 月无灾损面积达最大值(69643.3 km²),1 月最小(30964.5 km²);1 月轻度灾损面积最大(8414.8 km²),3—11 月最小(0 km²);1 月中度灾损面积达最大值(23908.5 km²),4—10 月最小(0 km²);12 月重度灾损面积达最大值(8273.0 km²),4—10 月最小(0 km²)。研究区植被生态质量 QI 在 4 月无灾损面积达最大值(69643.3 km²),1 月最小(45816.1 km²);12 月轻度灾损面积最大(4718.1 km²),3—11 月最小(0 km²);1 月中度灾损面积达最大值(14011.4 km²),4—10 月最小(0 km²);1 月重度灾损面积达最大值(5404.2 km²),4—10 月最小(0 km²)(图 5.58)。

5.2.4.2 空间变化特征

(1)年变化

年尺度上,研究区植被 FVC 不同程度低温灾损频率空间分布如图 5.59。其中无灾损频率空间分布整体由东北部向西南部递增,高值区主要分布在西南部地区(90%~100%);轻度灾损频率高值区主要分布在河池市中部和来宾市西部地区(30%～40%);中度低温灾损频率高值区分布在柳州市中部(40%～50%);重度低温灾损频率高值区主要分布在桂林市东北部(80%～100%)。

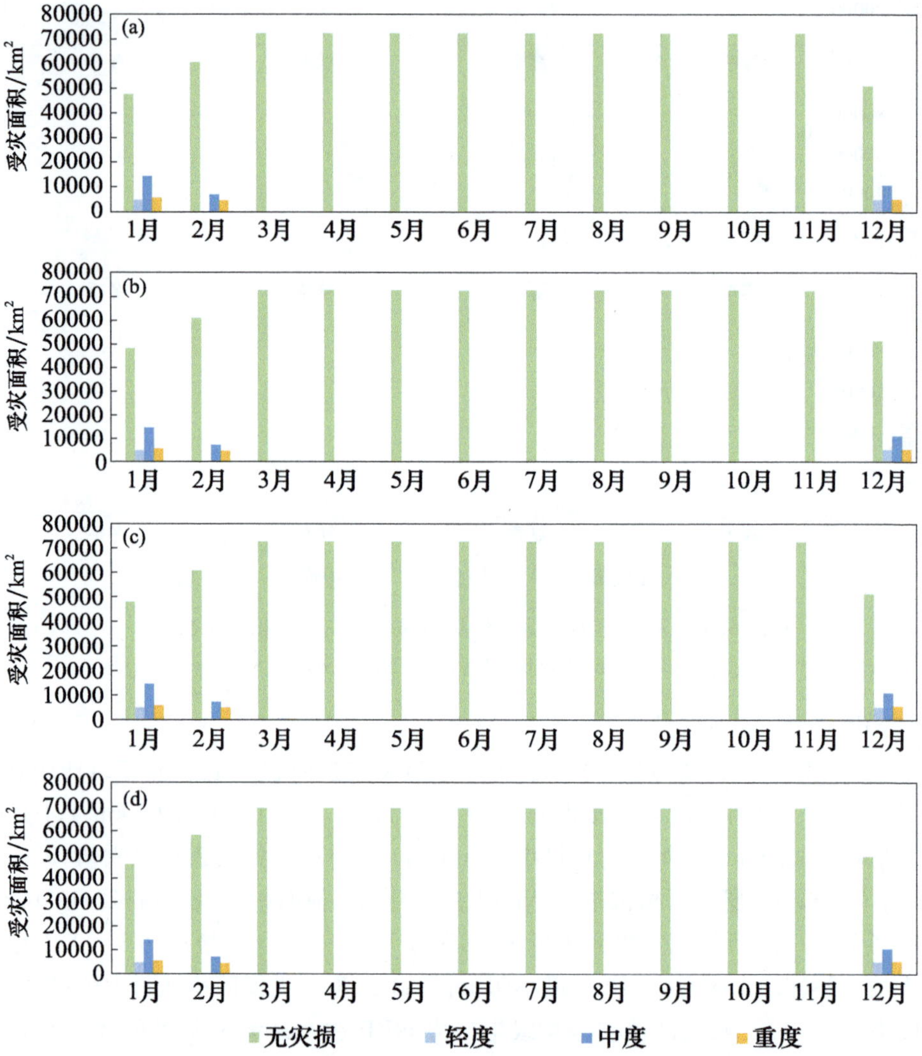

图 5.58 广西喀斯特地区植被月尺度低温灾损面积变化趋势

(a)FVC,(b)NDVI,(c)NPP,(d)QI

研究区植被 NDVI 不同程度低温灾损频率空间分布如图 5.59。其中无灾损频率空间分布整体由东北部向西南部递增,高值区主要分布在西南部地区(90%～100%);轻度灾损频率高值区主要分布在河池市中部和来宾市西部地区(30%～40%);中度低温灾损频率高值区分布在柳州市中部(40%～50%);重度低温灾损频率高值区主要分布在桂林市东北部(80%～100%)。植被 NPP 不同程度低温灾损频率空间分布如图 5.59,其中无灾损频率空间分布整体由东北部向西南部递增,高值区主要分布在西南部地区(90%～100%);轻度灾损频率高值区主要分布在河池市中部和来宾市西部地区(30%～40%);中度低温灾损频率高值区分布在柳州市中部(40%～50%);重度低温灾损频率高值区主要分布在桂林市东北部(80%～

100%)。植被 QI 不同程度低温灾损频率空间分布如图 5.59，其中无灾损频率空间分布整体由东北部向西南部递增，高值区主要分布在西南部地区(90%～100%)；轻度灾损频率高值区主要分布在河池市中部和来宾市西部地区(30%～40%)；中度低温灾损频率高值区分布在柳州市中部(40%～50%)；重度低温灾损频率高值区主要分布在桂林市东北部(80%～100%)。

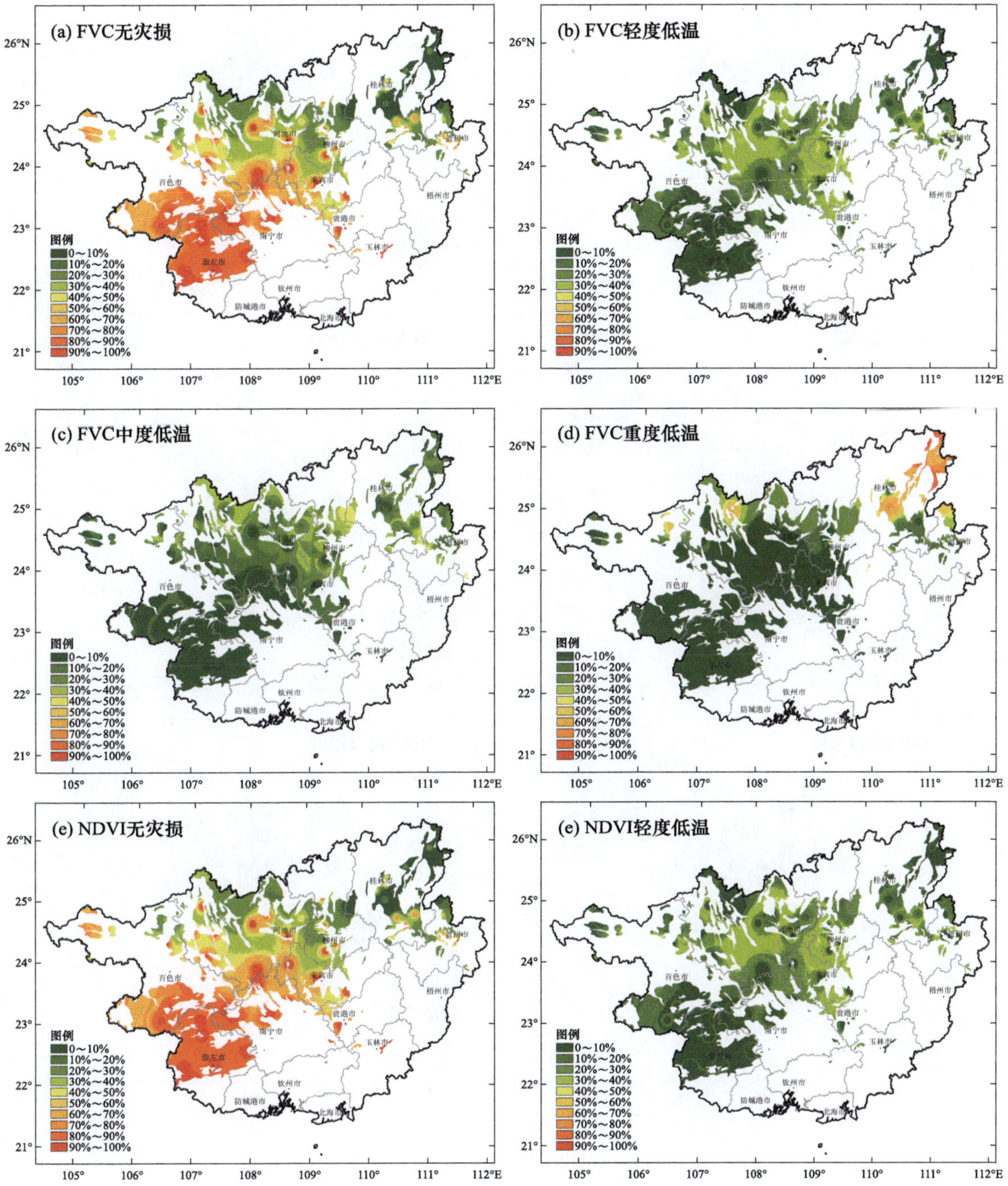

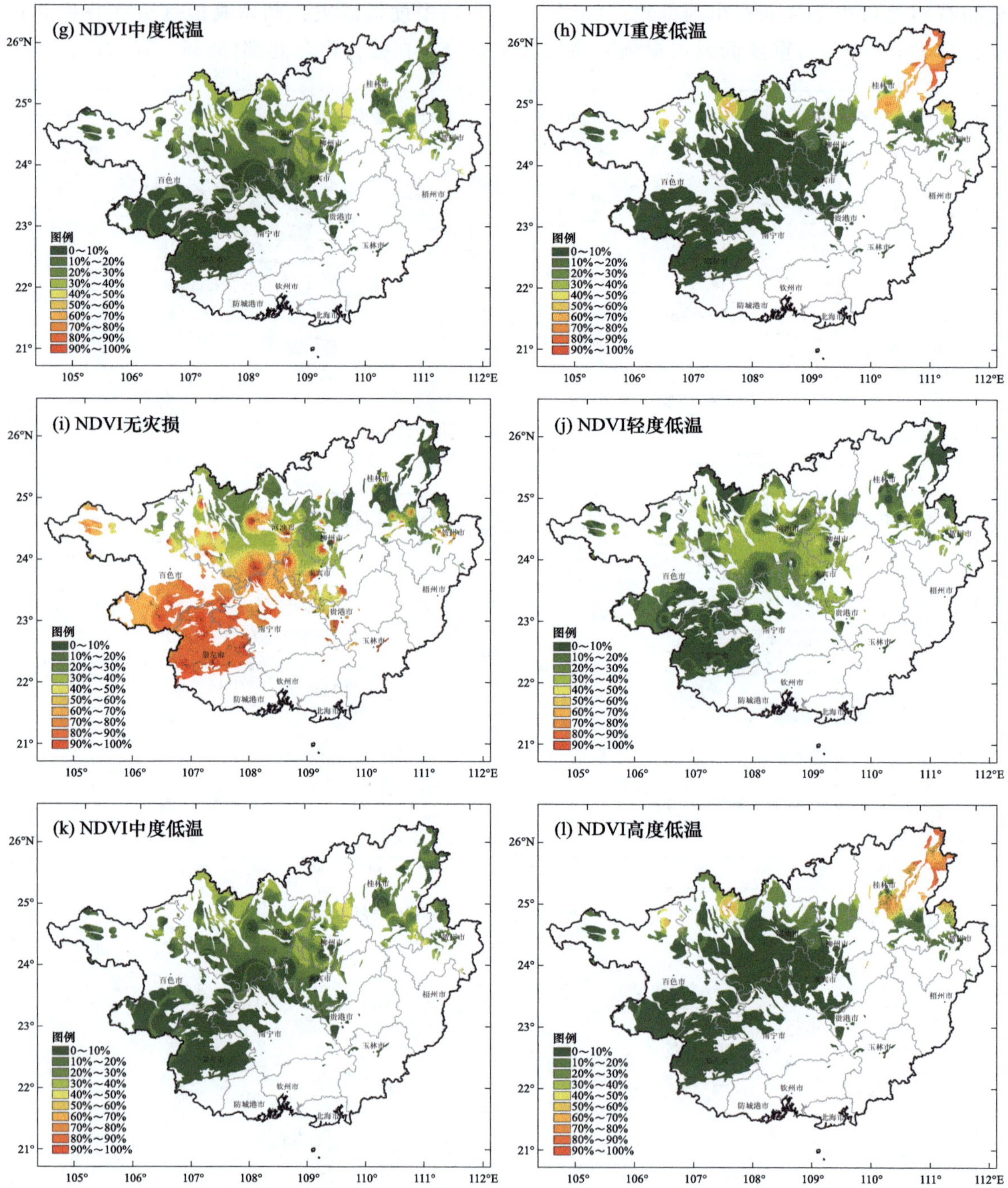
(g) NDVI中度低温
(h) NDVI重度低温
(i) NDVI无灾损
(j) NDVI轻度低温
(k) NDVI中度低温
(l) NDVI高度低温
图例
0～10%
10%～20%
20%～30%
30%～40%
40%～50%
50%～60%
60%～70%
70%～80%
80%～90%
90%～100%
桂林市
柳州市
河池市
百色市
来宾市
贵港市
梧州市
南宁市
玉林市
崇左市
钦州市
防城港市
北海市
26°N
25°
24°
23°
22°
21°
105°
106°
107°
108°
109°
110°
111°
112°E

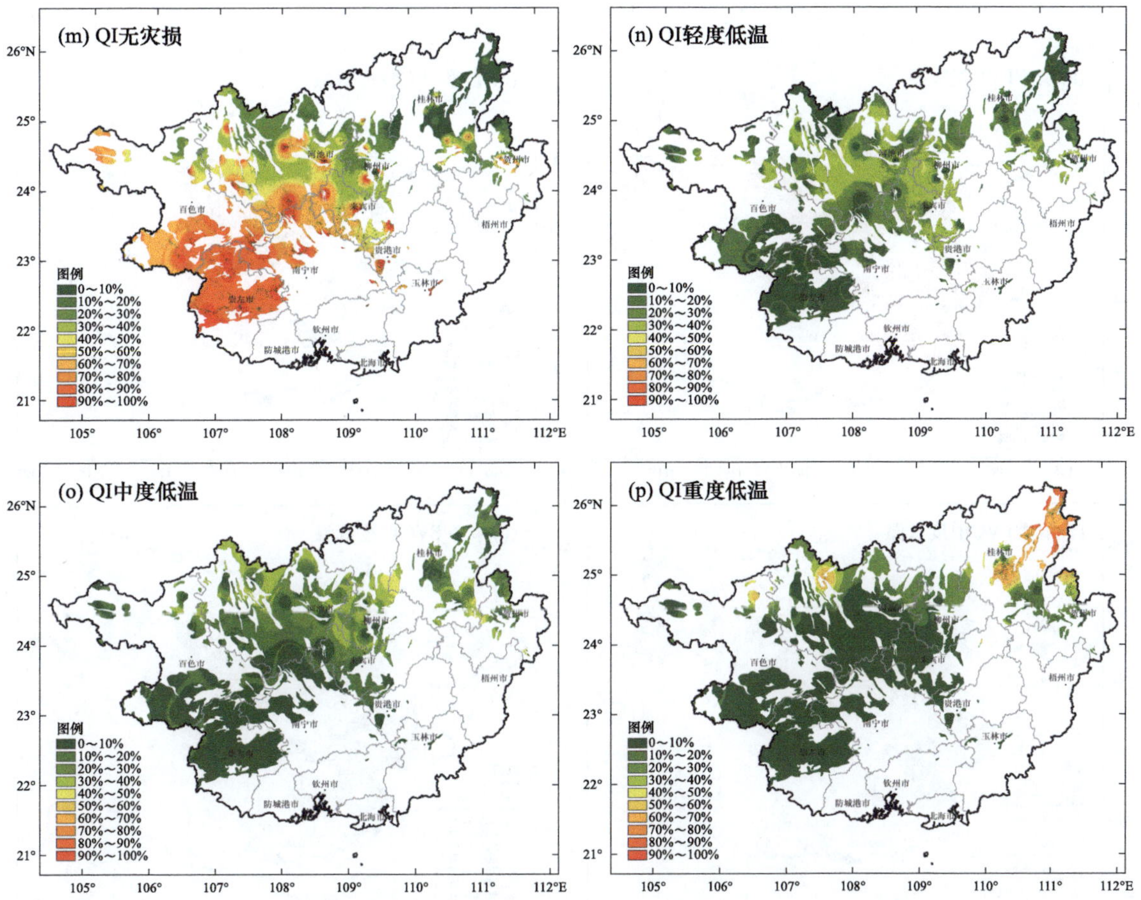

图 5.59　广西喀斯特地区各遥感植被生态因子不同程度低温灾损频率空间分布

(2)季节变化

季节尺度上，研究区植被 FVC 不同程度低温灾损频率空间分布如图 5.60。其中无灾损春、夏、秋季大部地区频率为 90%～100%；冬季灾损频率空间分布整体由东北部向西南部递增，高值区主要分布在崇左市中北部(90%～100%)。轻度灾损春、夏、秋季大部地区频率为 0～10%；冬季高值区主要分布在来宾市西部和南部、河池市南部(40%～50%)。中度灾损频率空间分布图与轻度一致。重度灾损春、夏、秋季大部地区频率为 0～10%；冬季高值区主要分布桂林市东北部(80%～90%)。

季节尺度上，研究区植被 NDVI 不同程度低温灾损频率空间分布如图 5.61。其中无灾损春、夏、秋季大部地区频率为 90%～100%；冬季灾损频率空间分布整体由东北部向西南部递增，高值区主要分布在崇左市中北部(90%～100%)。轻度灾损春、夏、秋季大部地区频率为 0～10%；冬季高值区主要分布在来宾市西部和南部、河池市南部(40%～50%)。中度灾损频率空间分布图与轻度一致。重度灾损春、夏、秋季大部地区频率为 0～10%；冬季高值区主要分布在桂林市东北部(80%～90%)。

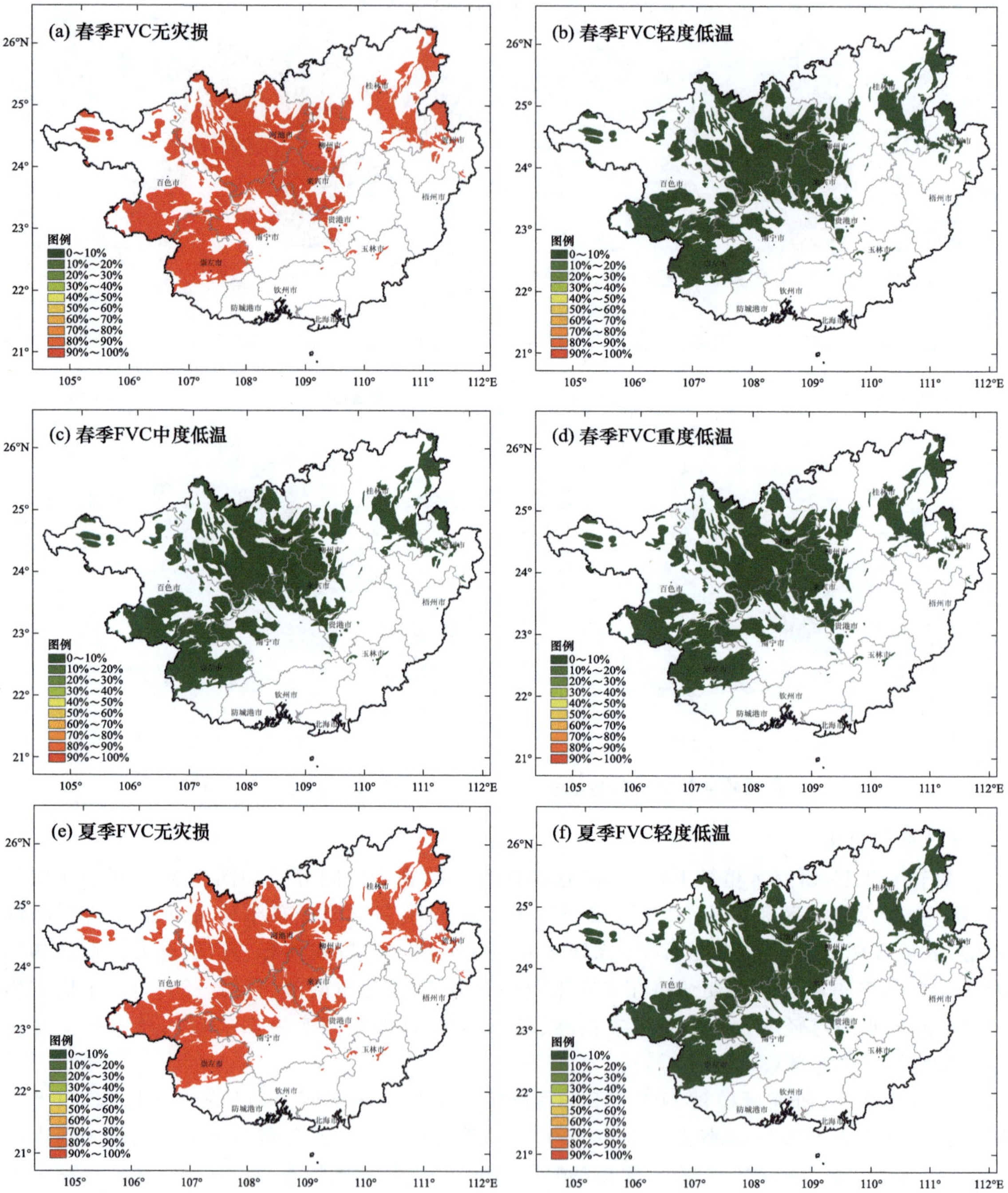
(a) 春季FVC无灾损
(b) 春季FVC轻度低温
(c) 春季FVC中度低温
(d) 春季FVC重度低温
(e) 夏季FVC无灾损
(f) 夏季FVC轻度低温
图例
0～10%
10%～20%
20%～30%
30%～40%
40%～50%
50%～60%
60%～70%
70%～80%
80%～90%
90%～100%
26°N
25°
24°
23°
22°
21°
105°
106°
107°
108°
109°
110°
111°
112°E

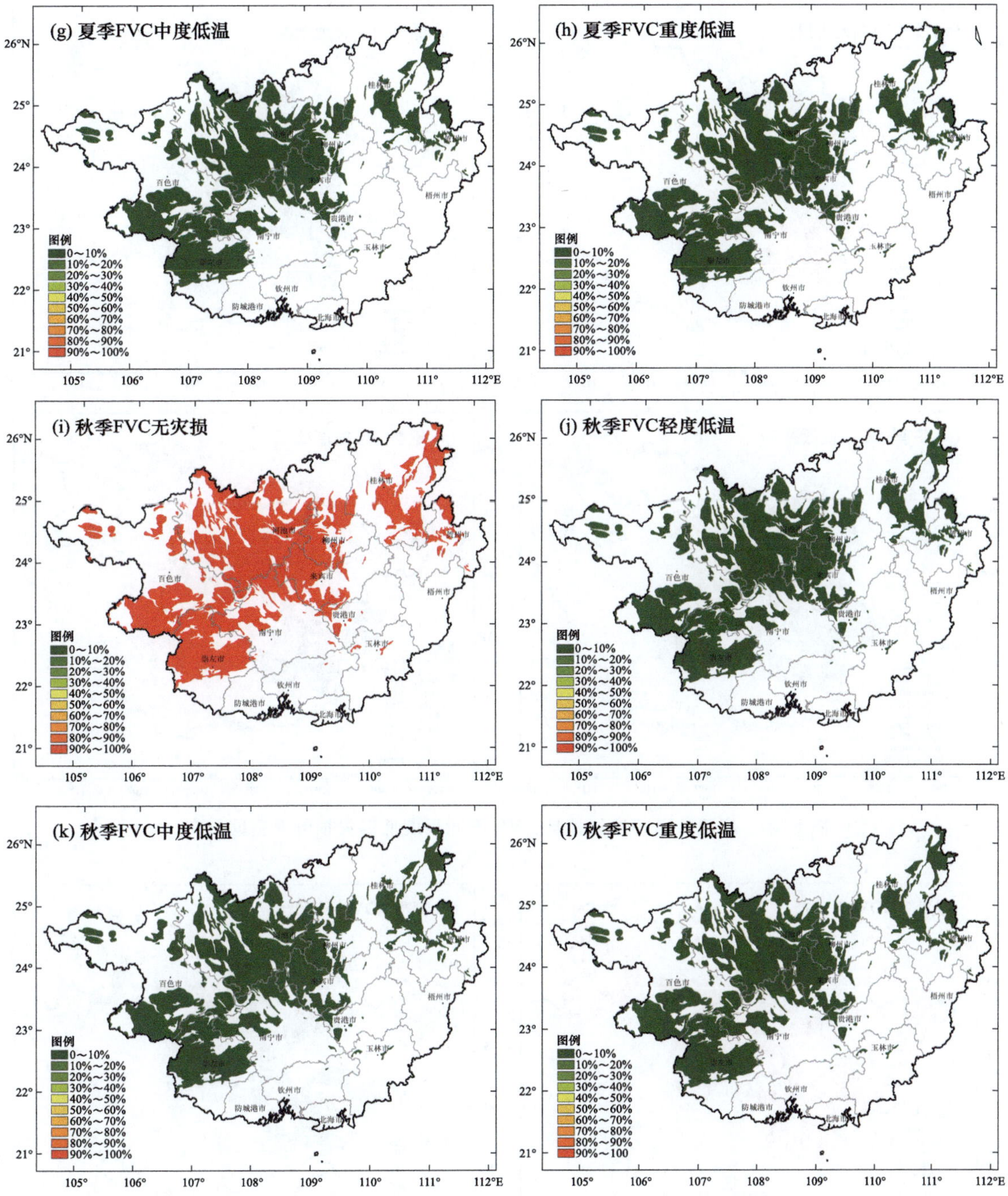
(g) 夏季FVC中度低温
(h) 夏季FVC重度低温
(i) 秋季FVC无灾损
(j) 秋季FVC轻度低温
(k) 秋季FVC中度低温
(l) 秋季FVC重度低温
图例
0～10%
10%～20%
20%～30%
30%～40%
40%～50%
50%～60%
60%～70%
70%～80%
80%～90%
90%～100%
百色市
河池市
柳州市
桂林市
来宾市
贺州市
梧州市
贵港市
南宁市
玉林市
崇左市
钦州市
防城港市
北海市
26°N
25°
24°
23°
22°
21°
105°
106°
107°
108°
109°
110°
111°
112°E

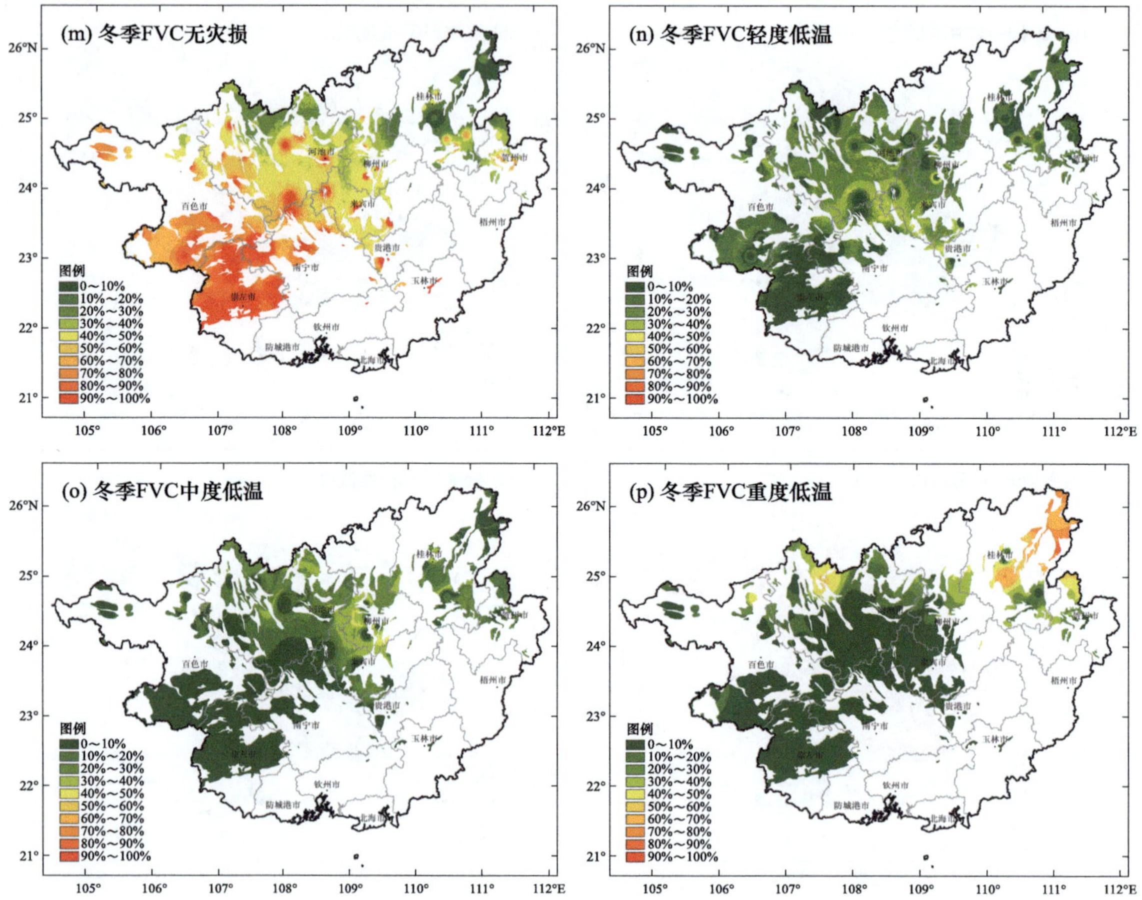

图 5.60　广西喀斯特地区植被 FVC 不同程度低温灾损频率空间分布

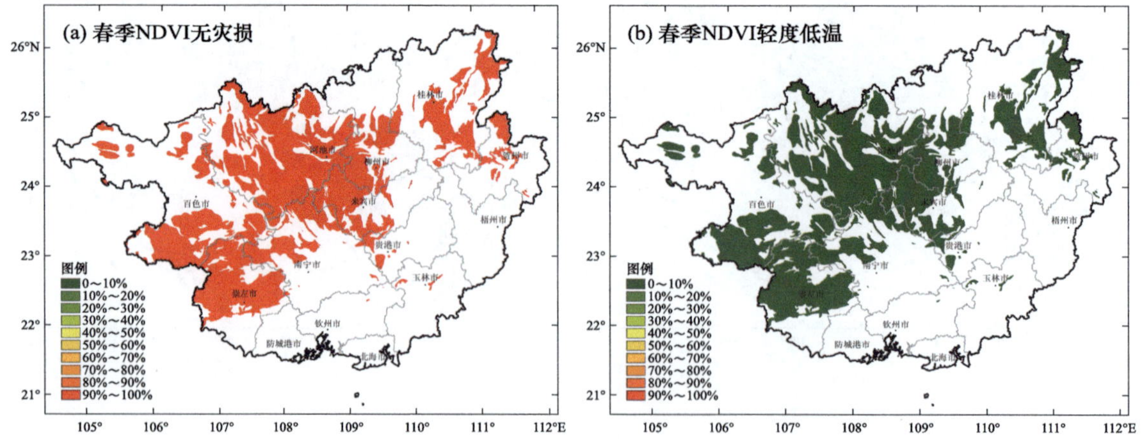

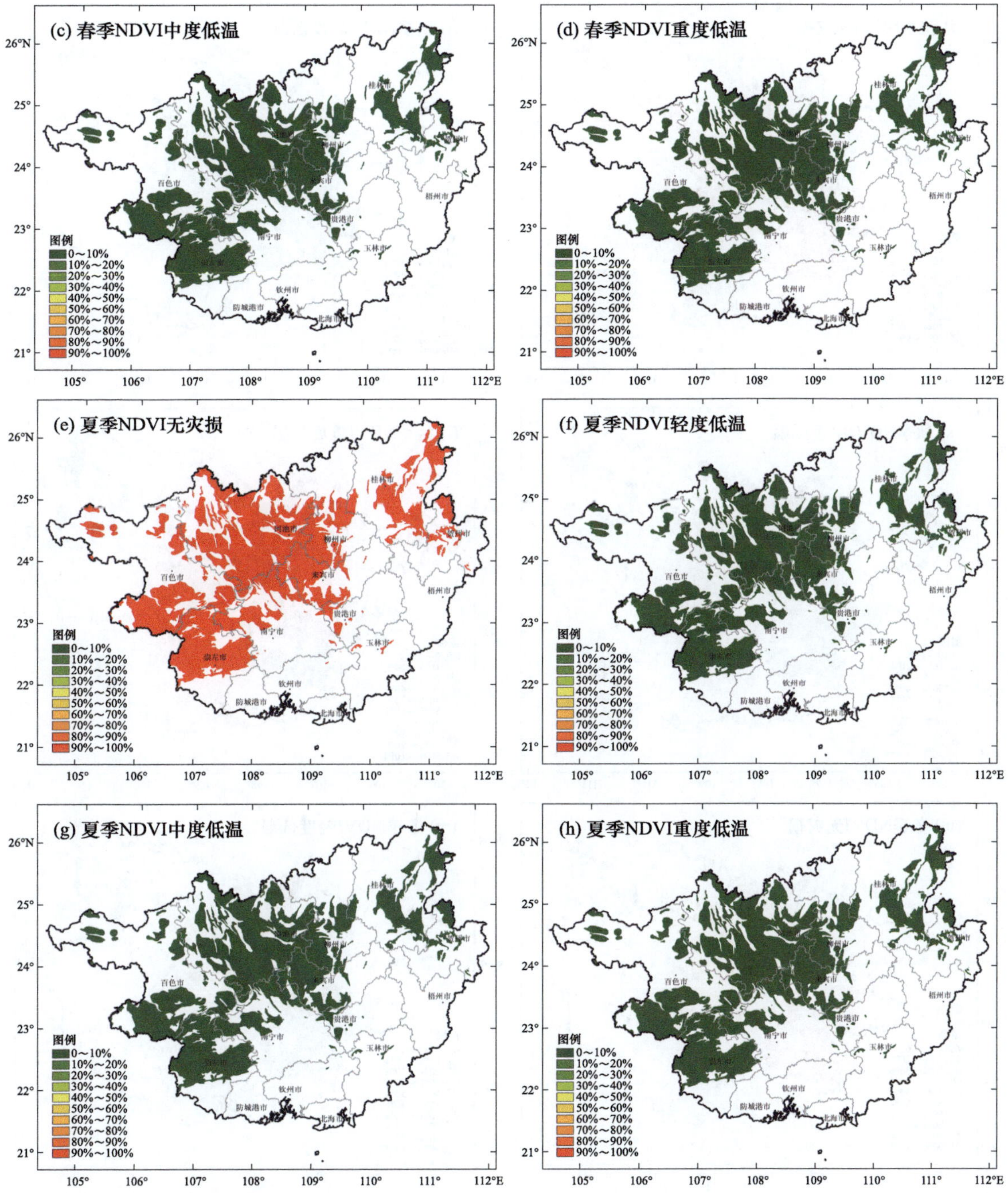
(c) 春季NDVI中度低温
(d) 春季NDVI重度低温
(e) 夏季NDVI无灾损
(f) 夏季NDVI轻度低温
(g) 夏季NDVI中度低温
(h) 夏季NDVI重度低温
图例
0～10%
10%～20%
20%～30%
30%～40%
40%～50%
50%～60%
60%～70%
70%～80%
80%～90%
90%～100%
26°N
25°
24°
23°
22°
21°
105°
106°
107°
108°
109°
110°
111°
112°E
桂林市
河池市
柳州市
百色市
来宾市
梧州市
贵港市
南宁市
玉林市
崇左市
钦州市
防城港市
北海市

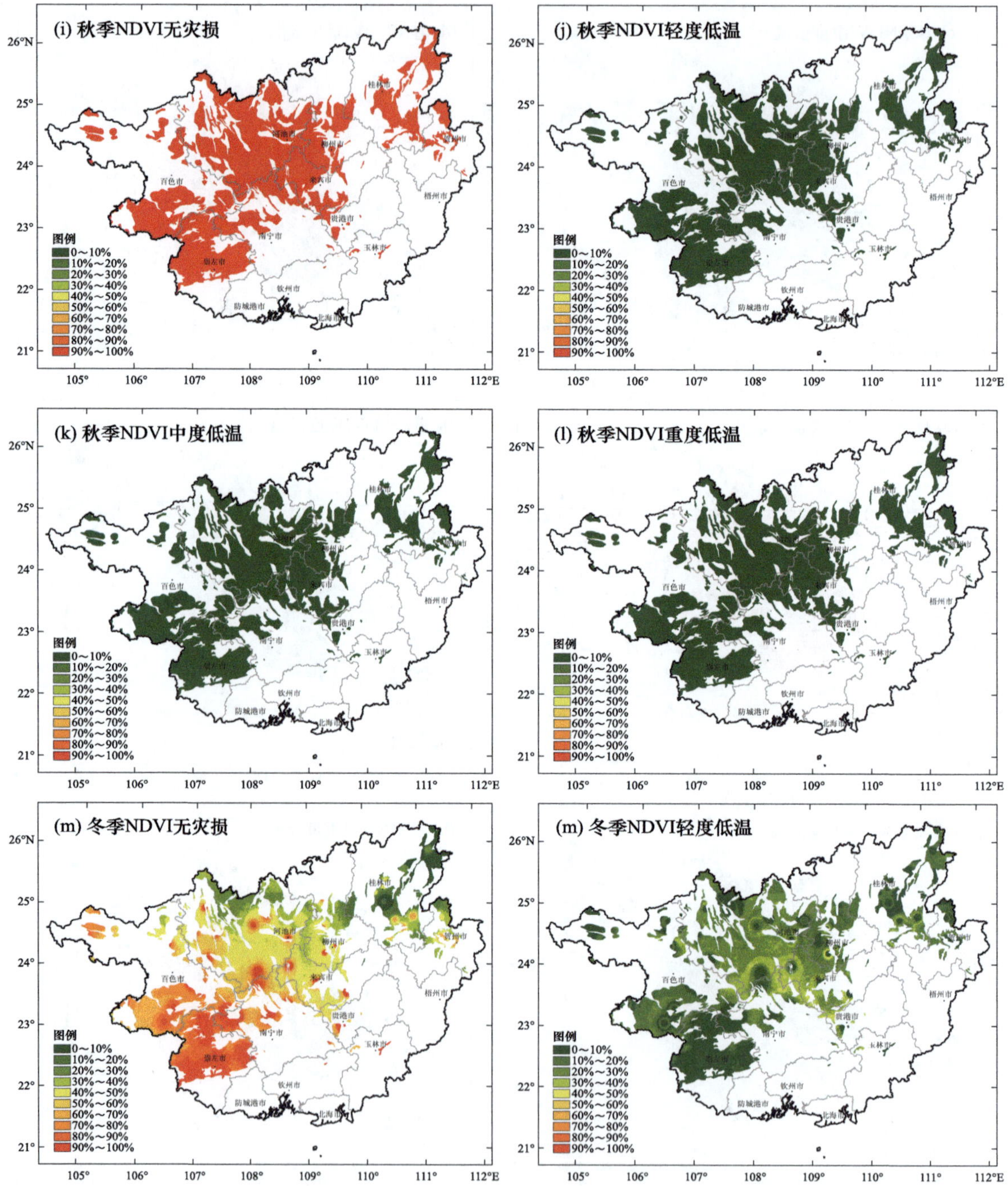

(i) 秋季NDVI无灾损
(j) 秋季NDVI轻度低温
(k) 秋季NDVI中度低温
(l) 秋季NDVI重度低温
(m) 冬季NDVI无灾损
(m) 冬季NDVI轻度低温
图例
0～10%
10%～20%
20%～30%
30%～40%
40%～50%
50%～60%
60%～70%
70%～80%
80%～90%
90%～100%
桂林市
河池市
柳州市
来宾市
百色市
梧州市
贵港市
南宁市
玉林市
崇左市
钦州市
防城港市
北海市
26°N
25°
24°
23°
22°
21°
105°
106°
107°
108°
109°
110°
111°
112°E

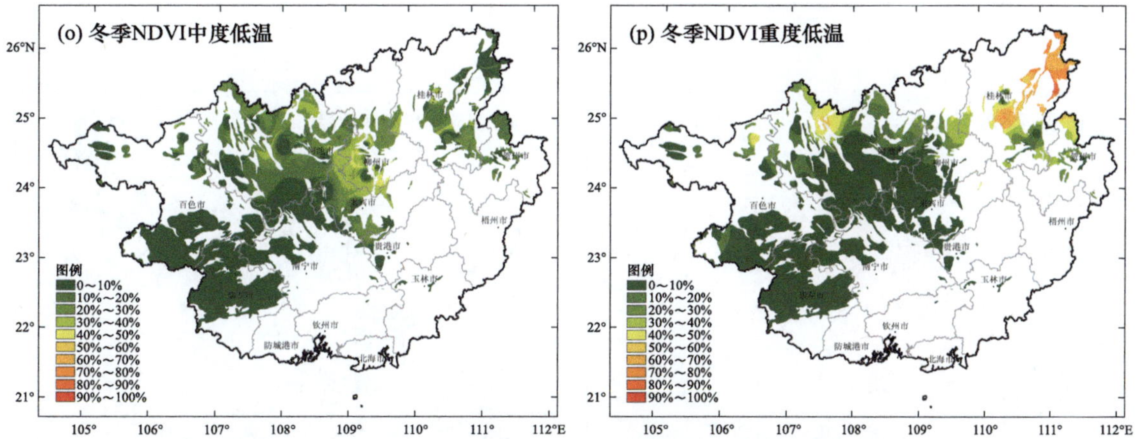

图 5.61　广西喀斯特地区植被 NDVI 不同程度低温灾损频率空间分布

季节尺度上，研究区植被 NPP 不同程度低温灾损频率空间分布如图 5.62。其中无灾损春、夏、秋季大部地区频率为 90%～100%；冬季灾损频率空间分布整体由东北部向西南部递增，高值区主要分布在崇左市中部和北部(90%～100%)。轻度灾损频率春、夏、秋季大部地区为 0～10%；冬季高值区主要分布在中部(40%～50%)。中度灾损频率春、夏、秋季大部地区为 0～10%，冬季高值区主要分布在来宾市西部和南部(40%～50%)。重度灾损春、夏、秋季大部地区频率为 0～10%；冬季高值区主要分布桂林市东北部(80%～90%)。

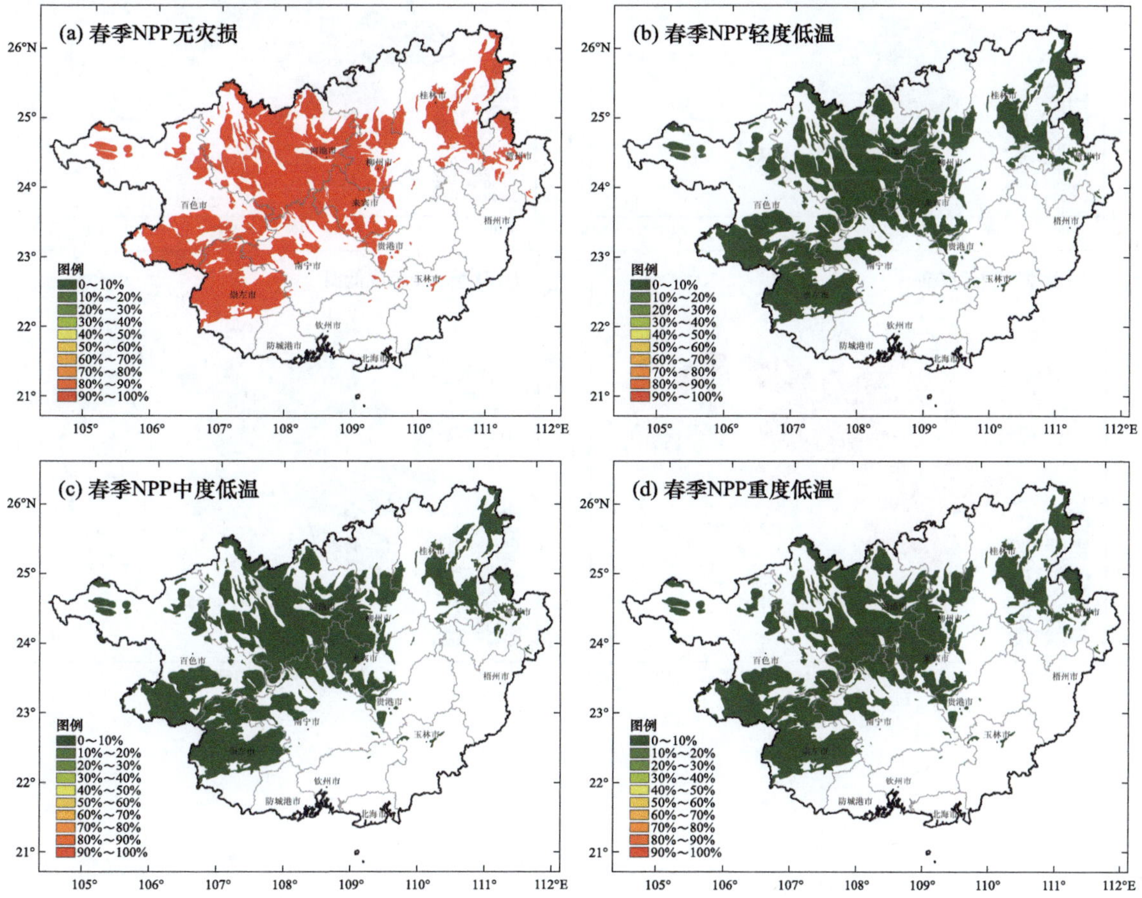

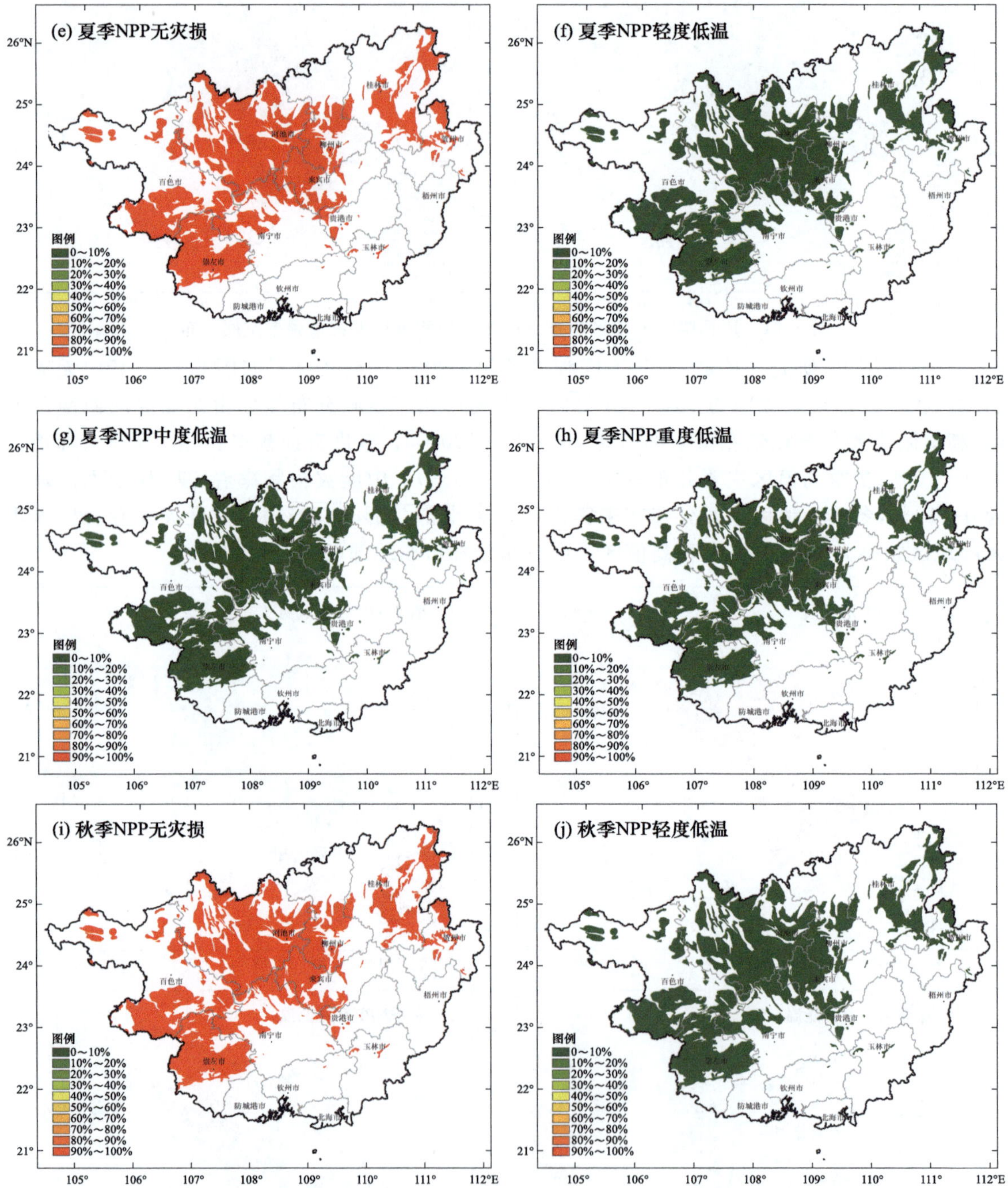
(e) 夏季NPP无灾损
(f) 夏季NPP轻度低温
(g) 夏季NPP中度低温
(h) 夏季NPP重度低温
(i) 秋季NPP无灾损
(j) 秋季NPP轻度低温
图例
0～10%
10%～20%
20%～30%
30%～40%
40%～50%
50%～60%
60%～70%
70%～80%
80%～90%
90%～100%
26°N
25°
24°
23°
22°
21°
105°
106°
107°
108°
109°
110°
111°
112°E
百色市
南宁市
钦州市
防城港市
北海市
玉林市
梧州市
贵港市
来宾市
柳州市
桂林市
贺州市
河池市
崇左市

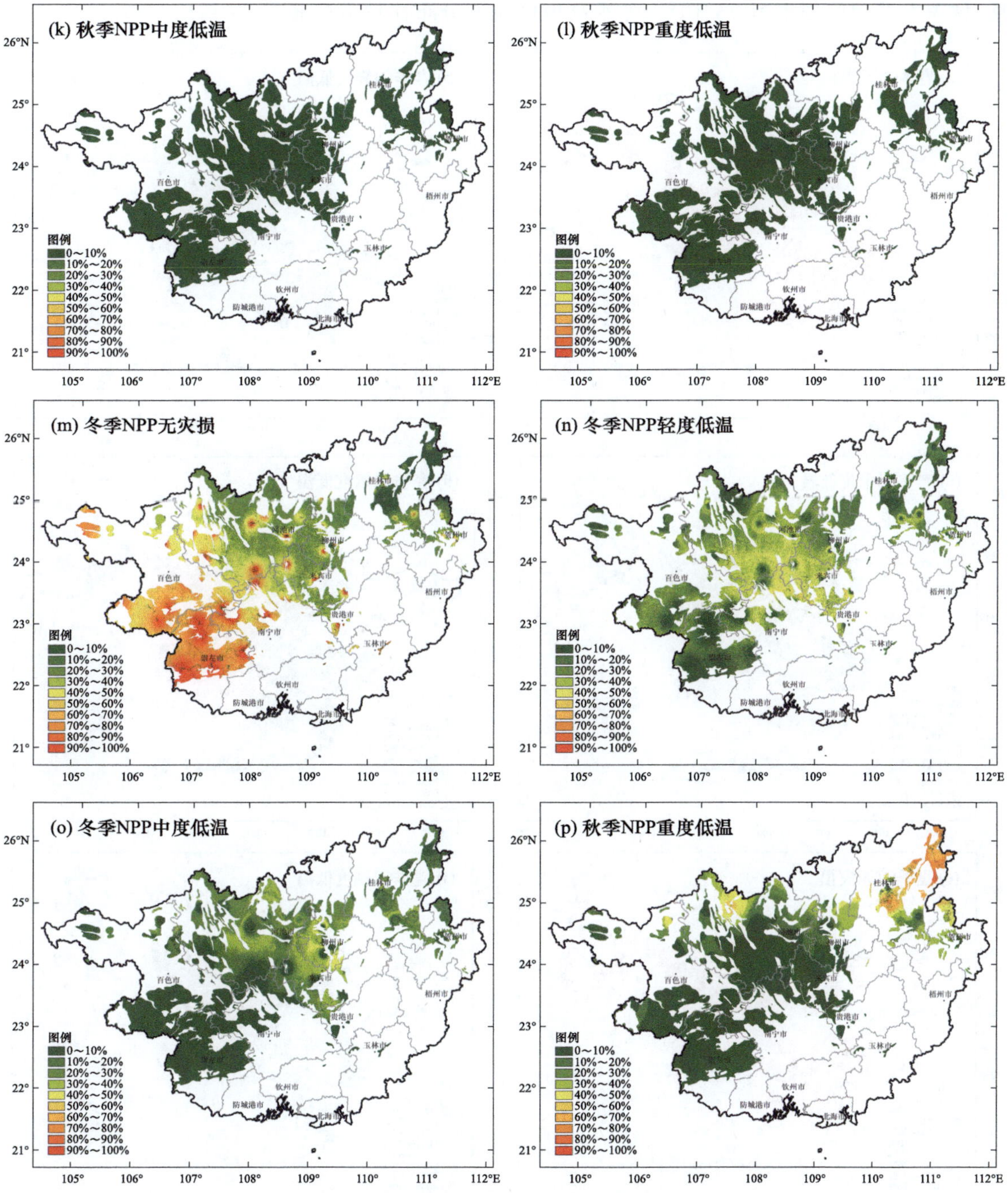

图 5.62　广西喀斯特地区植被 NPP 不同程度低温灾损频率空间分布

季节尺度上，研究区植被 QI 不同程度低温灾损频率空间分布如图 5.63。其中无灾损春、夏、秋季大部地区频率为 90%～100%；冬季灾损频率空间分布整体由东北部向西南部递增，高值区主要分布在崇左市中北部(90%～100%)。轻度灾损频率春、夏、秋季大部地区为0～10%；冬季高值区主要分布在来宾市西南部(40%～50%)。中度灾损频率春、夏、秋季大部地区为0～10%，冬季高值区主要分布在来柳州市西南部(40%～50%)。重度灾损春、夏、秋季大部地区频率为0～10%；冬季高值区主要分布桂林市东北部(80%～90%)。

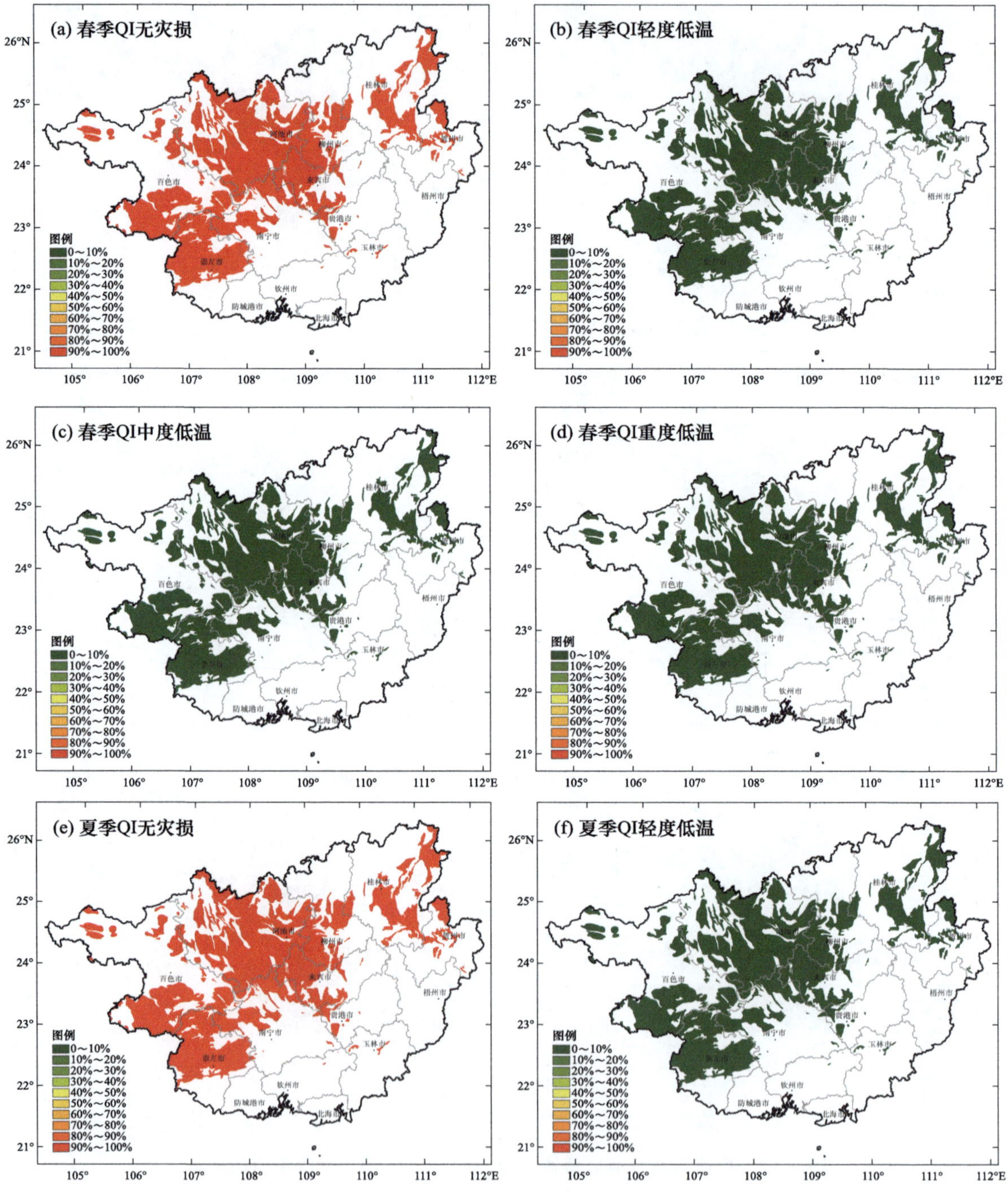

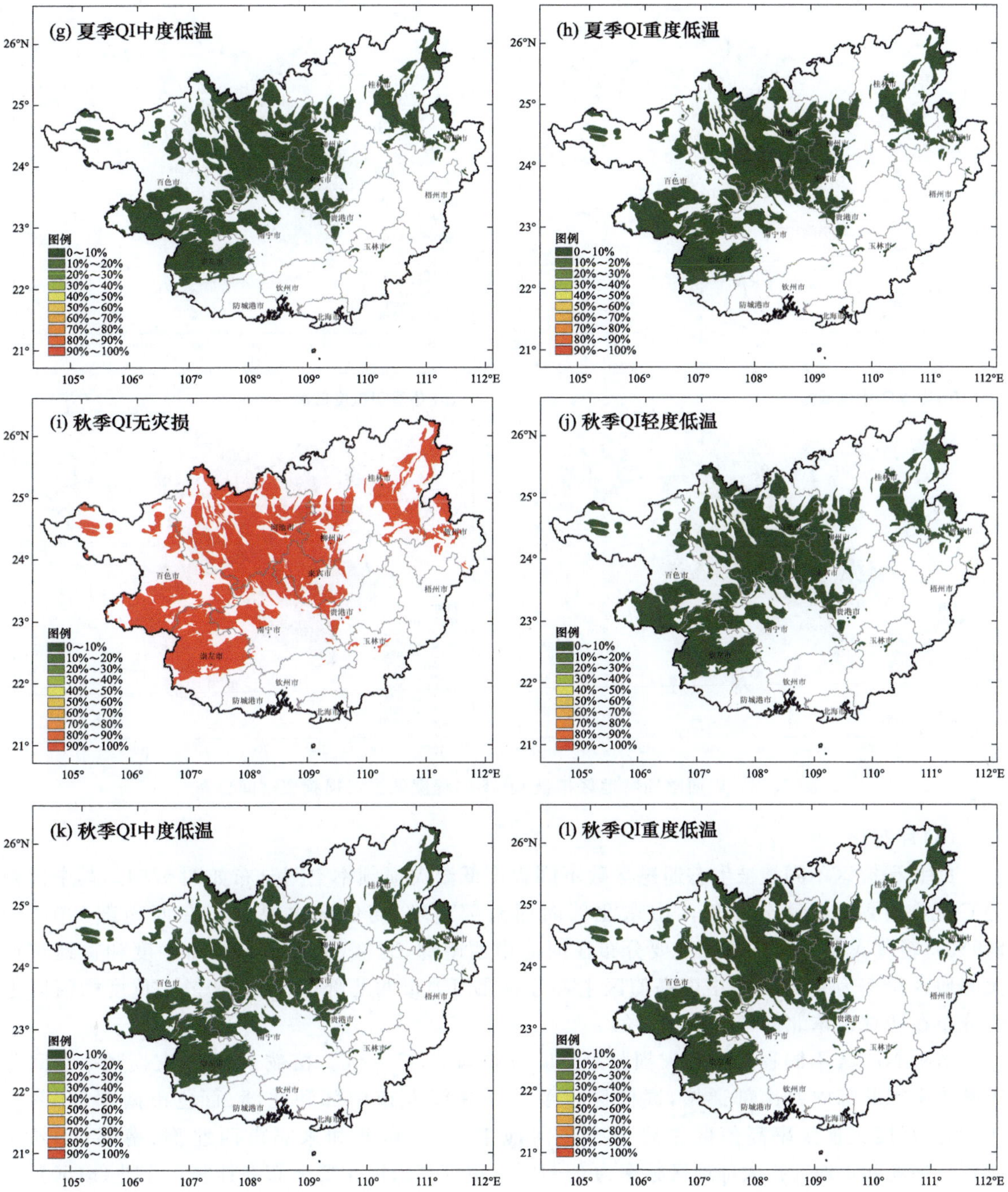
(g) 夏季QI中度低温
(h) 夏季QI重度低温
(i) 秋季QI无灾损
(j) 秋季QI轻度低温
(k) 秋季QI中度低温
(l) 秋季QI重度低温
图例
0～10%
10%～20%
20%～30%
30%～40%
40%～50%
50%～60%
60%～70%
70%～80%
80%～90%
90%～100%
26°N
25°
24°
23°
22°
21°
105°
106°
107°
108°
109°
110°
111°
112°E
桂林市
河池市
柳州市
百色市
来宾市
贵港市
南宁市
梧州市
玉林市
崇左市
钦州市
防城港市
北海市

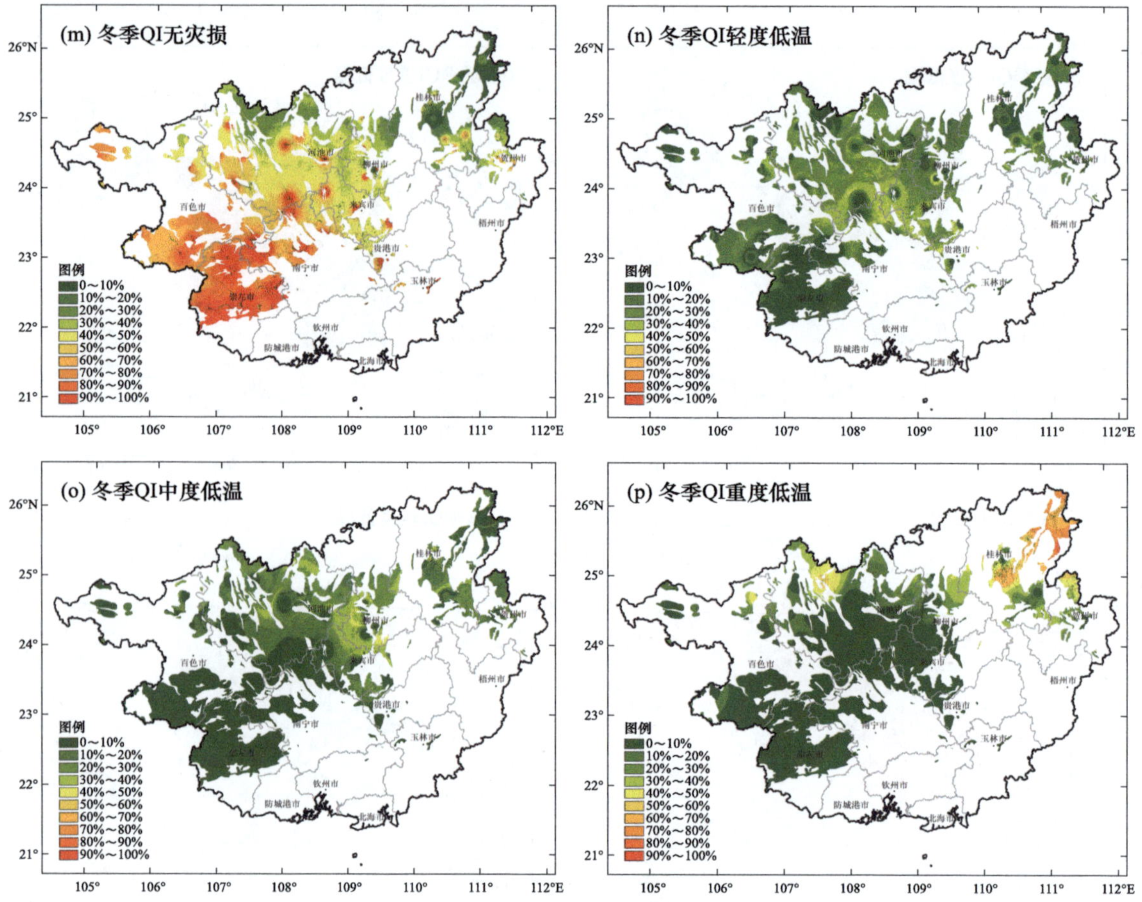

图 5.63　广西喀斯特地区植被 QI 不同程度低温灾损频率空间分布

(3)月变化

1 月,研究区不同植被生态遥感参数不同程度低温灾损频率空间分布如图 5.64。其中植被 FVC 无灾损频率空间分布整体由东北部向西南部递增,高值区主要分布在西南部(90%～100%);轻度灾损频率高值区主要分布在河池市西南部、北部(30%～40%);中度和重地灾损大部地区频率为 0～10%,中度高值区主要分布在河池市西北部(30%～40%),重度高值区主要分布在桂林市东北部(50%～60%)。

植被 NDVI 不同程度低温灾损频率空间分布与 FVC 一致。植被 NPP 无灾损频率空间分布整体由东北部向西南部递增,高值区主要分布在崇左市中部和北部、百色市南部(90%～100%);轻度灾损频率高值区主要分布在河池市南部、东北和来宾市西北部、南部(40%～50%);中度和重地灾损大部地区频率为 0～10%,重度高值区主要分布在桂林市东北部(50%～60%)。植被 QI 无灾损频率空间分布整体由东北部向西南部递增,高值区主要分布在西南部(90%～100%);轻度灾损大部地区频率在 30%以下;中度和重地灾损大部地区频率为 0～10%,重度高值区主要分布在桂林市东北部(50%～60%)。

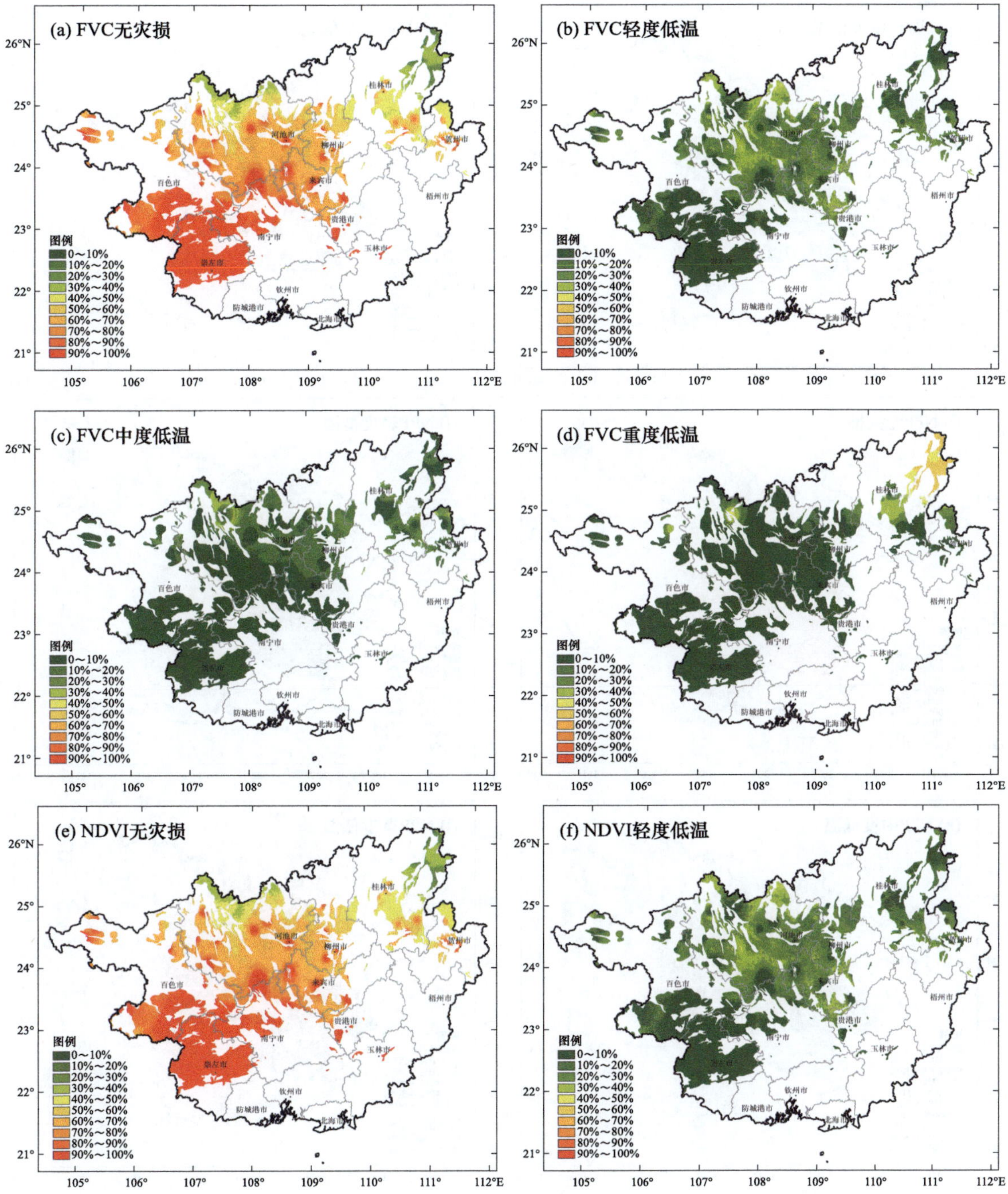
(a) FVC无灾损
(b) FVC轻度低温
(c) FVC中度低温
(d) FVC重度低温
(e) NDVI无灾损
(f) NDVI轻度低温
图例
0～10%
10%～20%
20%～30%
30%～40%
40%～50%
50%～60%
60%～70%
70%～80%
80%～90%
90%～100%
26°N
25°
24°
23°
22°
21°
105°
106°
107°
108°
109°
110°
111°
112°E
桂林市
河池市
柳州市
贺州市
百色市
来宾市
梧州市
贵港市
南宁市
玉林市
崇左市
钦州市
防城港市
北海市

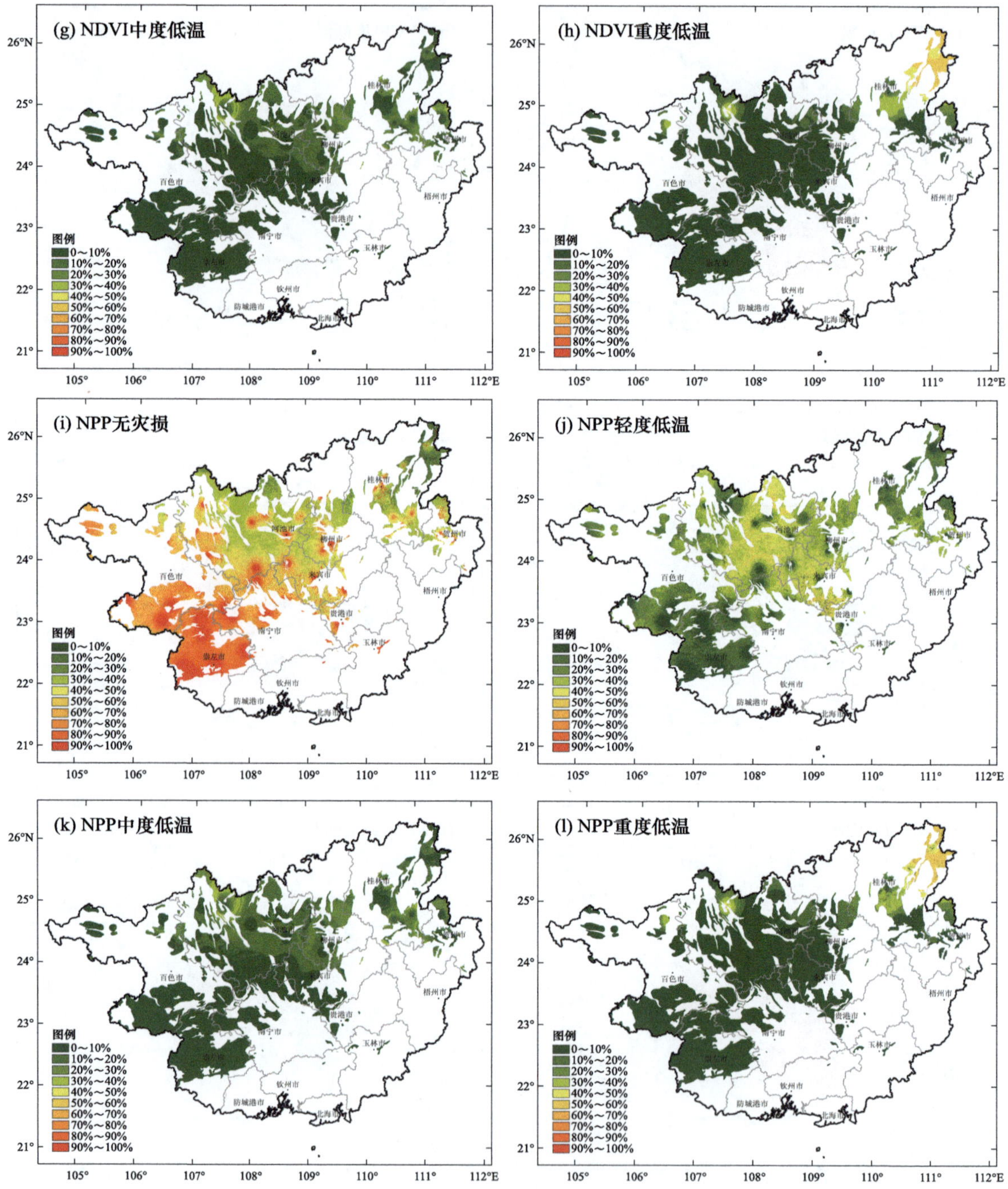
(g) NDVI中度低温
(h) NDVI重度低温
(i) NPP无灾损
(j) NPP轻度低温
(k) NPP中度低温
(l) NPP重度低温
图例
0～10%
10%～20%
20%～30%
30%～40%
40%～50%
50%～60%
60%～70%
70%～80%
80%～90%
90%～100%
26°N
25°
24°
23°
22°
21°
105°
106°
107°
108°
109°
110°
111°
112°E
桂林市
河池市
柳州市
贺州市
来宾市
百色市
梧州市
贵港市
南宁市
玉林市
崇左市
钦州市
防城港市
北海市

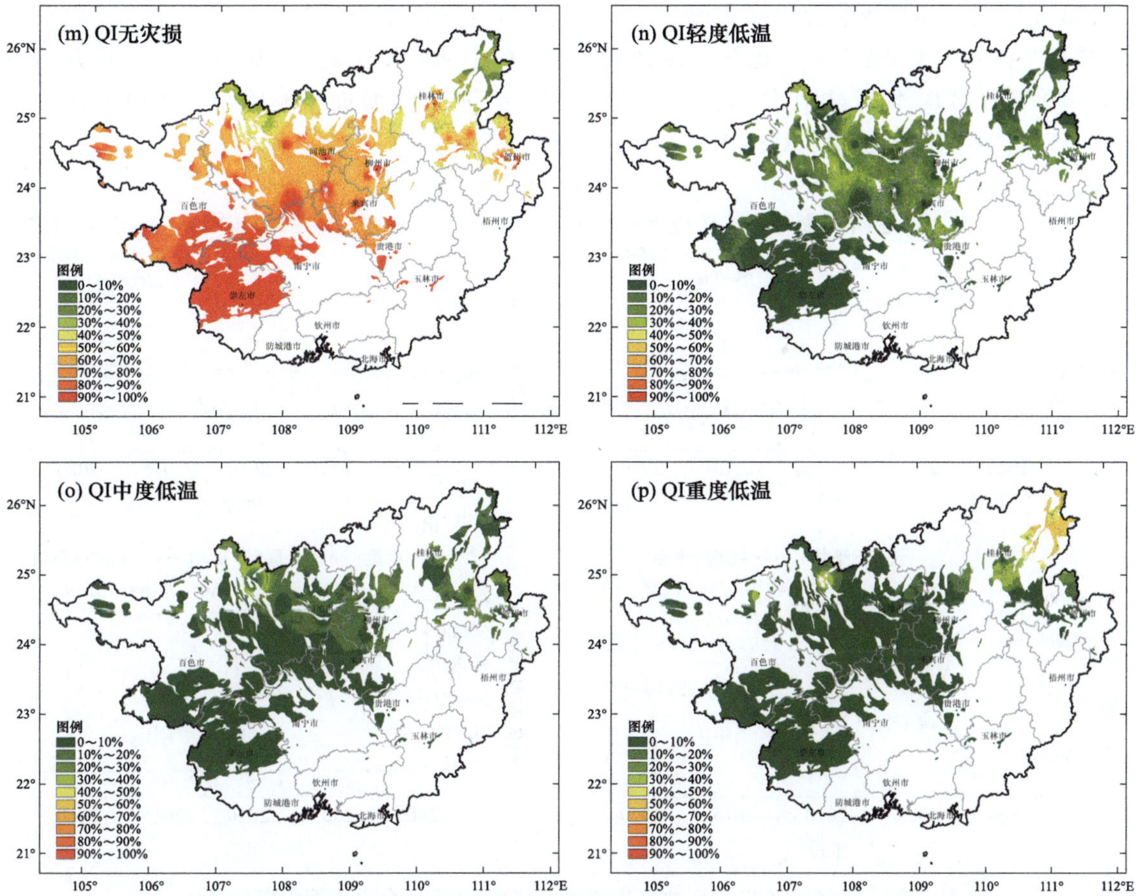

图 5.64　广西喀斯特地区 1 月不同植被生态遥感参数不同程度低温灾损频率空间分布

5.3　综合气象灾害灾损评估

5.3.1　时间变化特征

5.3.1.1　FVC

1971—2020 年广西喀斯特地区年植被覆盖度 FVC 综合气象灾害无灾损面积平均值为 30757.5 km^2，变化速率为 $-666.8\ km^2 \cdot a^{-1}$，总体呈减小趋势，逐 5 年变化分析发现，2000—2014 年研究区无灾面积呈阶梯式递减变化，2015—2019 年呈增大趋势，2020 年后又出现递减；其中 2000—2004 年均无灾损面积最大（42228.5 km^2），2020—2022 年最小（18701.54 km^2）。轻度和中度灾损面积平均值分别为 11280.6 km^2、21759.9 km^2，变化速率分别 $459.6\ km^2 \cdot a^{-1}$、$59.1\ km^2 \cdot a^{-1}$，总体均呈增大趋势，其中中度变化更明显。逐 5 年变化分析发现，2009 年之前轻度灾损面积呈阶梯式减小，2005—2009 年轻度灾损面积最小（9282.0 km^2），2015—2019 年灾损面积达最大值（15416.2 km^2），2020 年后又出现减小；中度灾损面积变化趋势则与轻度相反，2015—2019 年中度灾损面积最小(15405.9 km^2)，2020 年后出现增大，灾损面积达最大(37492.0 km^2)。重度灾损面积平均值为 7906.8 km^2，变化速率为 −21.1 $km^2 \cdot a^{-1}$，变化波动大，整体呈减小趋势；逐 5 年变化分析发现，2014 年前呈波动增大趋势，2014—2019 年开始减小，2020 年后出现不明显增大，其中 2000—2004 年重度灾损面积达最小(1829.4 km^2)，2005—2009 年重度灾损面积达最大(15375.7 km^2)(图 5.65)。

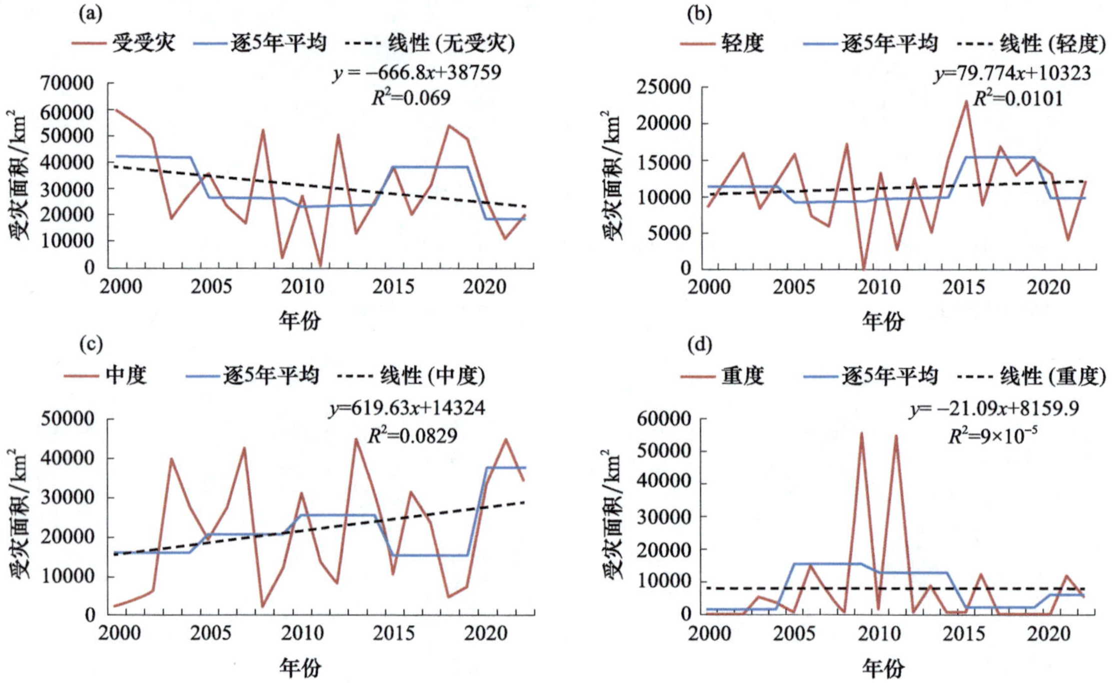

图 5.65　2000—2022 年广西喀斯特地区植被 FVC 综合灾损面积变化趋势

5.3.1.2　NDVI

1971—2020 年广西喀斯特地区年植被指数 NDVI 综合气象灾害无灾损面积平均值为 22340.1 km^2，变化速率为 −581.0 $km^2 \cdot a^{-1}$，总体呈减小趋势，逐 5 年变化分析发现，2014 年前无灾面积呈阶梯式递减变化，2000—2004 年无灾损面积达最大(32841.0 km^2)，2010—2014 年最小(14239.6 km^2)，2015—2019 年呈增加趋势，2020 年后又出现减小。轻度和中度灾损面积年均值分别为 15114.2 km^2、24624.3 km^2，变化速率分别 248.3 $km^2 \cdot a^{-1}$、374.6 $km^2 \cdot a^{-1}$，总体均呈增加变化趋势，两者变化趋势相反。逐 5 年变化分析发现，2014 年前轻度灾损面积呈阶梯式减小，2010—2014 年轻度灾损面积最小(11221.9 km^2)，2015—2019 年灾损面积达最大值(23077.1 km^2)，2020 年后出现明显减小；中度灾损面积在 2015—2019 年最小(18275.7 km^2)，2020 年后出现增加，灾损面积达最大(34125.7 km^2)。重度灾损面积平均值为 10167.8 km^2，变化速率为 −26.9 $km^2 \cdot a^{-1}$，变化波动大，整体呈减小趋势；逐 5 年变化分析发现，2014 年前，呈波动增大趋势，2015—2019 年减小，2020 年后又出现增大趋势，其中 2000—2004 年重度灾损面积达最小(1829.4 km^2)，2005—2009 年重度灾损面积达最大(15375.7 km^2)(图 5.66)。

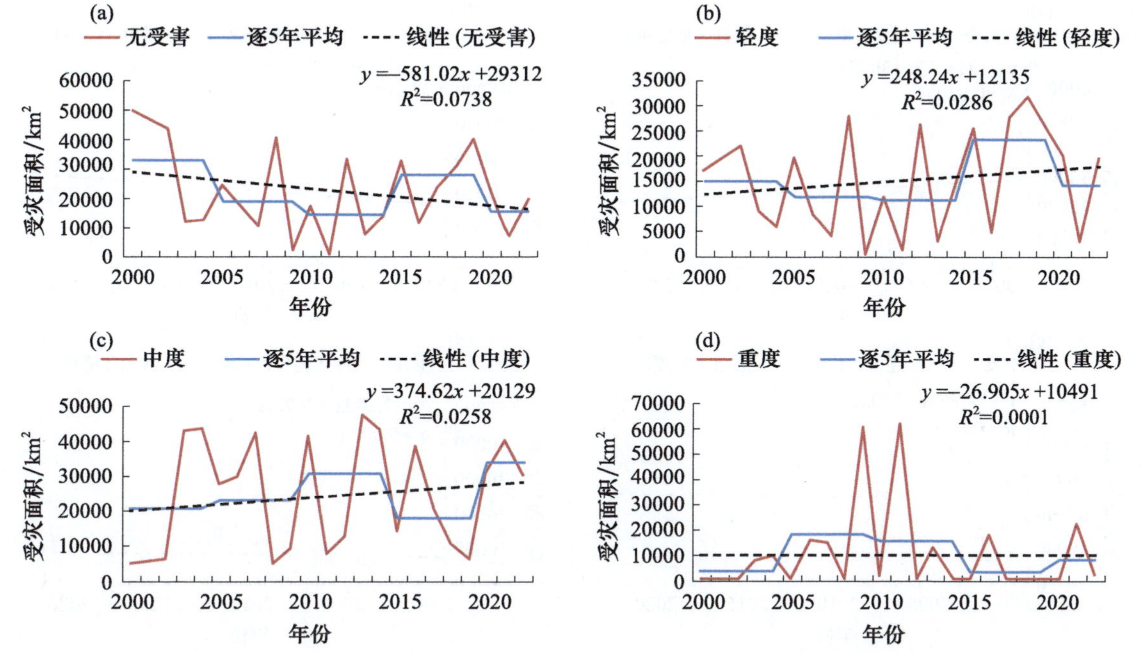

图 5.66　2000—2022 年广西喀斯特地区植被 NDVI 综合灾损面积变化趋势

5.3.1.3　NPP

1971—2020 年广西喀斯特地区年植被净初级生产力 NPP 综合气象灾害无灾损面积平均值为 26229.0 km²，变化速率为−319.0 km²·a⁻¹，总体呈波动减小趋势，逐 5 年变化分析发现，2014 年前研究区无灾面积呈阶梯式递减趋势，2015—2019 年出现明显增加，2020 年后开始递减；其中 2000—2004 年最多（33916.1 km²），2010—2014 年均无灾损面积最小（16457.7 km²）。轻度灾损面积均值为 10776.3 km²，变化速率分别 195.5 km²·a⁻¹，总体均呈增大趋势；逐 5 年变化分析发现，2014 年前轻度灾损面积平缓变化，2015 年后波动上升，其中 2010—2014 年轻度灾损面积最小（9061.0 km²），2015—2019 年灾损面积达最大值（14291.0 km²）。中度灾损面积均值为 24619.1 km²，变化速率为 58.0 km²·a⁻¹，整体波动呈增大趋势；逐 5 年变化分析发现，2014 年前呈阶梯式递增，之后减小，2020 年后又出现不明显增大趋势，其中 2015—2019 年灾损面积最小（17551.0 km²），2010—2014 年灾损面积达最大（32950.4 km²）。重度灾损面积平均值为 8406.2 km²，变化速率为 77.3 km²·a⁻¹，变化波动大，整体呈减小趋势；逐 5 年变化分析发现，2014 年前平缓增大，2015—2019 年减小，2020 年后出现不明显增大，其中 2000—2004 年重度灾损面积达最小（5307.6 km²），2010—2014 年重度灾损面积达最大（11567.8 km²）（图 5.67）。

5.3.1.4　QI

1971—2020 年广西喀斯特地区年植被生态质量 QI 综合气象灾害无灾损面积平均值为 26914.8 km²，变化速率为−477.1 km²·a⁻¹，总体呈波动减小趋势，逐 5 年变化分析发现，2014 年前研究区无灾面积呈阶梯式递减趋势，2015—2019 年出现明显增加，2020 年后又出现增大趋势；其中 2010—2014 年最小（18013.6 km²），2015—2019 年面积最大（33661.6 km²）。轻

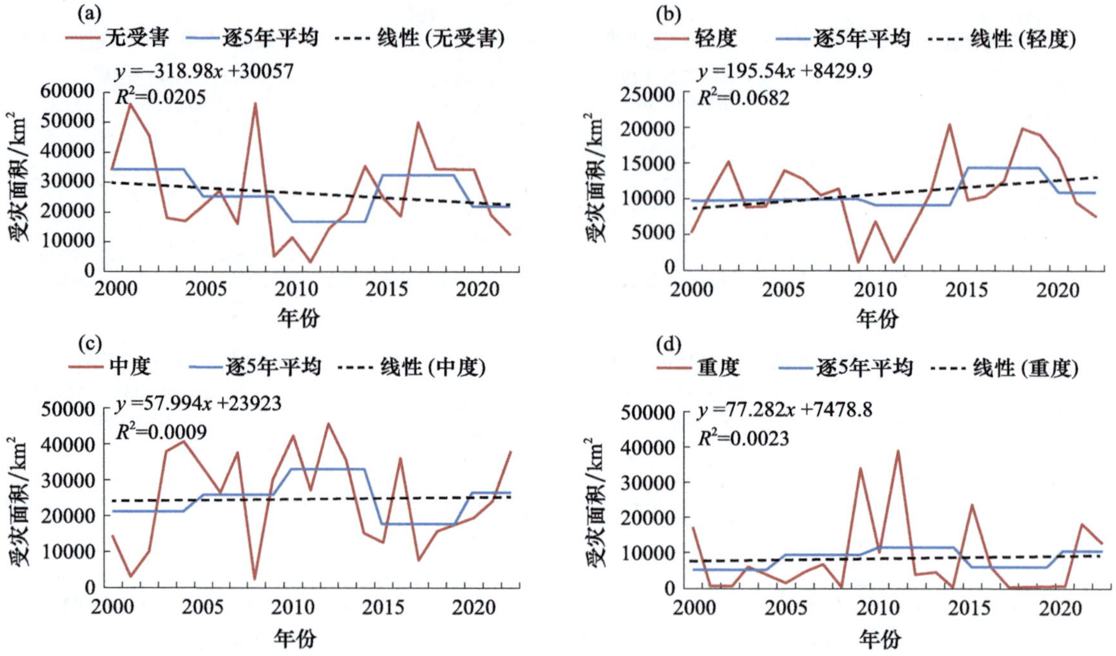

图 5.67　2000—2022 年广西喀斯特地区 NPP 综合灾损面积变化趋势

度灾损面积均值为 12581.7 km^2，变化速率为 185.1 $km^2 \cdot a^{-1}$，总体均呈增大趋势；逐 5 年变化分析发现，2014 年前轻度灾损面积波动减小，2015 年后出现增加，2020 年后又出现明显减小，其中 2005—2009 年轻度灾损面积最小(10153.8 km^2)，2015—2019 年灾损面积达最大值(16794.4 km^2)。中度灾损面积均值为 21190.2 km^2，变化速率为 151.0 $km^2 \cdot a^{-1}$，整体波动呈上升趋势；逐 5 年变化分析发现，2014 年前呈递增趋势，2015 年后明显减小，2020 年后又出现明显增大趋势，其中 2015—2019 年灾损面积最小(13982.0 km^2)，2020—2022 年灾损面积达最大(30006.1 km^2)。重度灾损面积平均值为 9191.2 km^2，变化速率为 155.0 $km^2 \cdot a^{-1}$，变化波动大，整体呈减小趋势；逐 5 年变化分析发现，2014 年前呈增大趋势，2015—2019 年减小，2020 年后不明显增大，其中 2000—2004 年重度灾损面积达最小(2484.8 km^2)，2005—2009 年重度灾损面积达最大(14185.1 km^2)(图 5.68)。

5.3.2　空间变化特征

5.3.2.1　FVC

图 5.69 为 2000—2022 年广西喀斯特地区植被 FVC 综合灾损频率空间分布，可以发现，研究区综合灾损的频率随着灾害等级增大整体呈递减的变化趋势。其中无灾损频率空间分布整体由西南部向东北部呈递增的变化趋势，高值区主要分布在桂林市辖区和东北部、贺州北部、柳州市西南部、来宾市南部等地(90%～100%)；轻度灾损频率空间分布规律与无灾损相反，整体由东北部向西南部递增，高值区主要分布在百色市南部和北部、崇左市北部(30%～40%)；中度灾损大部地区频率在 30%～50%，高值区主要分布在百色市南部、河池市北部(60%～70%)；重度灾损大部地区频率都较低(0～10%)。

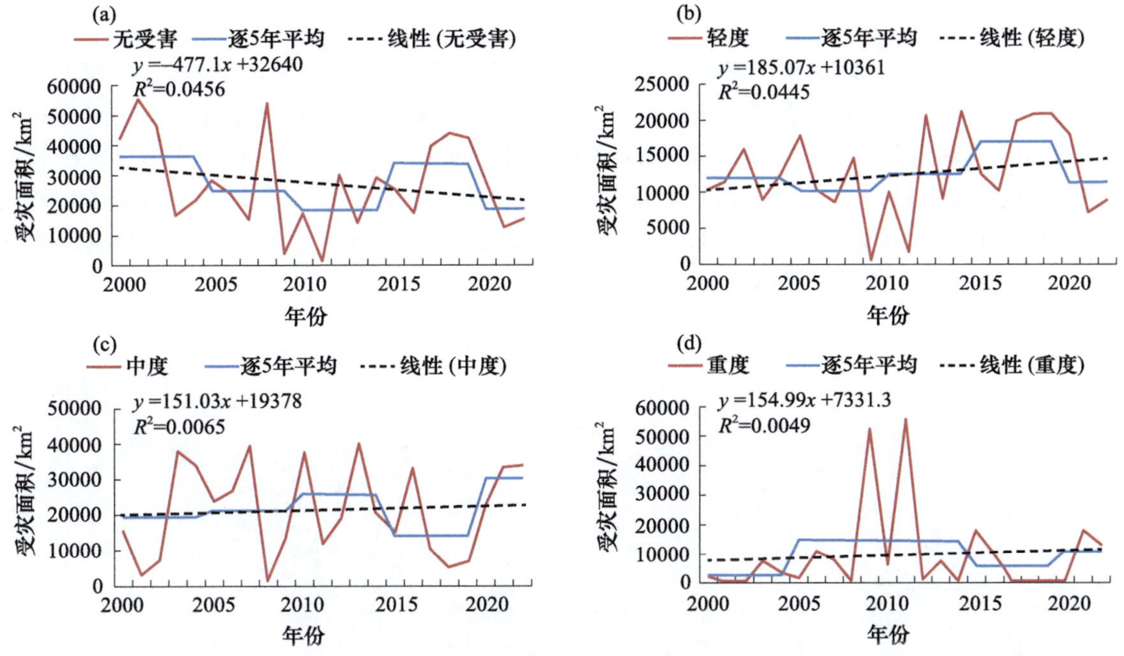

图 5.68　2000—2022 年广西喀斯特地区 QI 综合灾损面积变化趋势

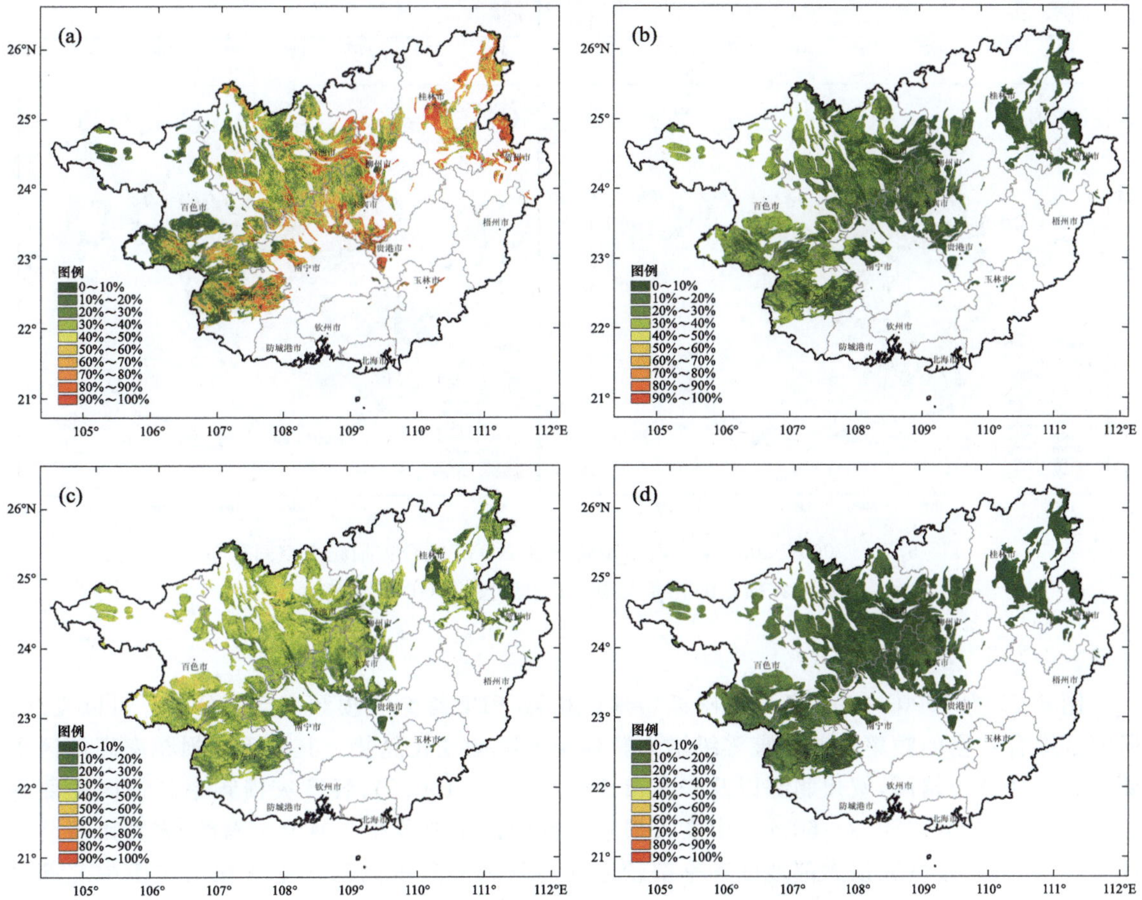

图 5.69　2000—2022 年广西喀斯特地区 FVC 综合灾损频率空间分布

(a)无灾损，(b)轻度灾损，(c)中度灾损，(d)重度灾损

5.3.2.2 NDVI

图 5.70 为 2000—2022 年广西喀斯特地区植被 NDVI 综合灾损频率空间分布。可以发现研究区综合灾损的频率随着灾害等级增大整体呈递减的变化趋势。其中无灾损频率空间分布整体由西南部向东北部呈递增的变化趋势，高值区主要分布在桂林市辖区、贺州北部以及柳州市西南部、来宾市南部(90%～100%)；轻度灾损频率高值区主要分布在崇左市北部(40%～50%)；中度灾损大部地区频率在 30%～50%，高值区主要分布在百色市南部、河池市北部(60%～70%)；重度灾损大部地区频率都较低(0～10%)。

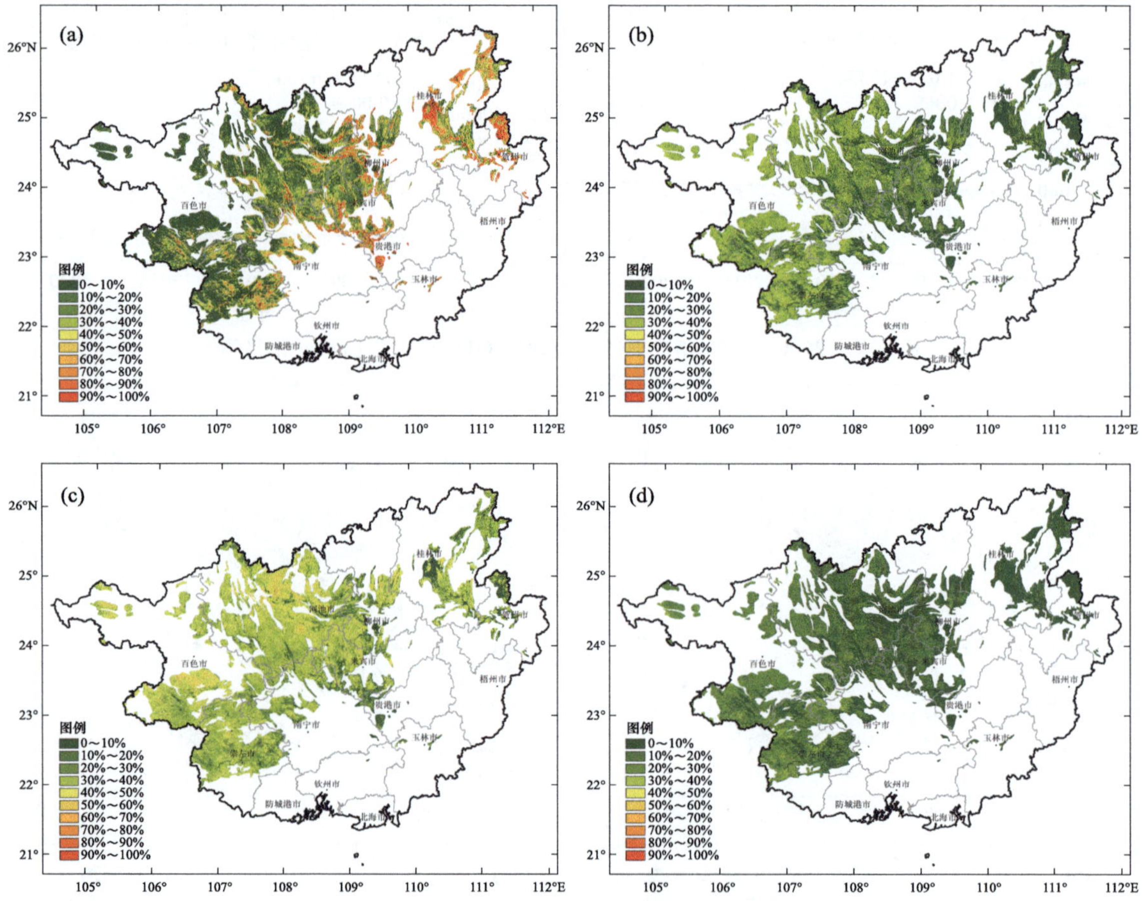

图 5.70 2000—2022 年广西喀斯特地区 NDVI 综合灾损频率空间分布

(a)无灾损，(b)轻度灾损，(c)中度灾损，(d)重度灾损

5.3.2.3 NPP

图 5.71 为 2000—2022 年广西喀斯特地区植被 NPP 综合灾损频率空间分布。可以发现，研究区综合灾损的频率随着灾害等级增大整体呈递减的变化趋势。其中无灾损频率高值区主要分布在桂林市辖区、贺州北部以及来宾市南部(90%～100%)；轻度灾损频率高值区主要分布在崇左市中北部(50%～60%)；中度灾损频率高值区主要分布在河池市南部、来宾市西北部(80%～90%)；重度灾损大部地区频率都较低(0～10%)，其中高值区主要在崇左市中北部局部地区(40%～50%)。

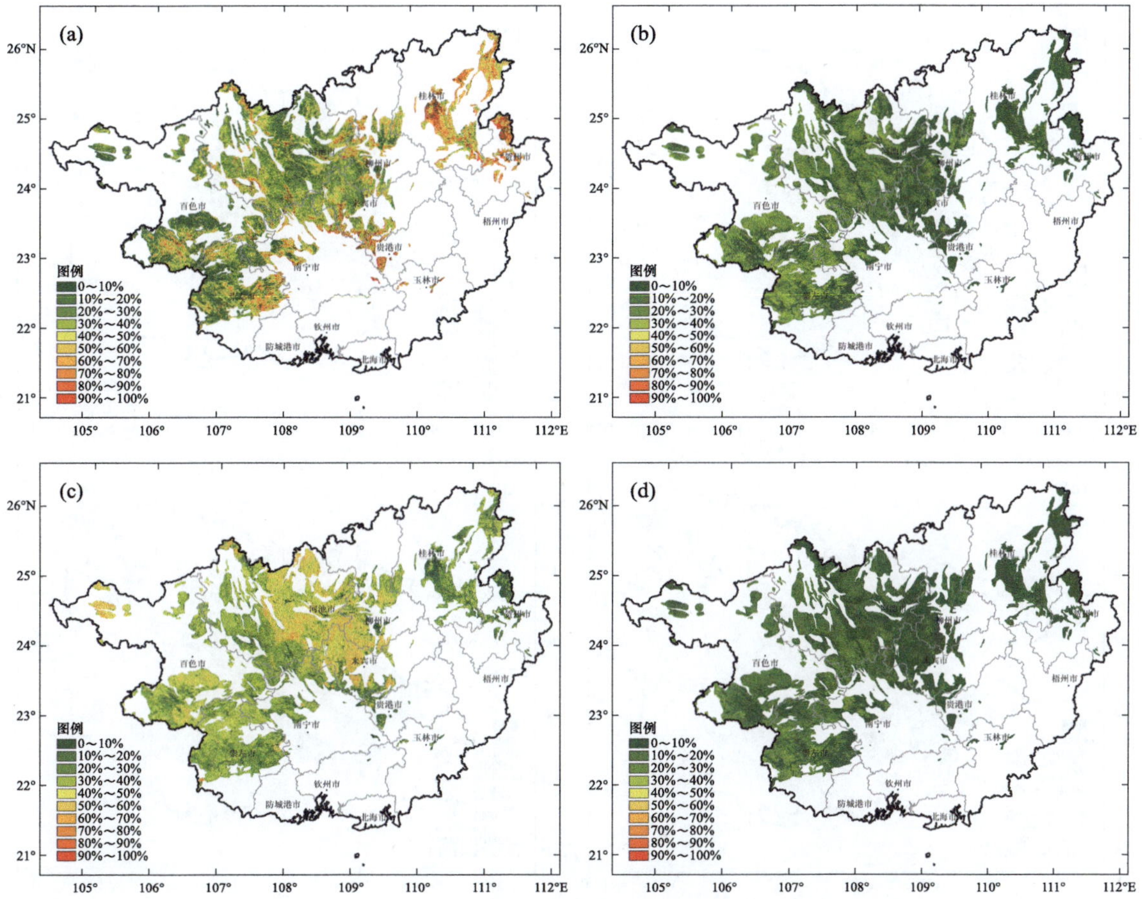

图 5.71　2000—2022 年广西喀斯特地区 NPP 综合灾损频率空间分布

(a)无灾损，(b)轻度灾损，(c)中度灾损，(d)重度灾损

5.3.2.4　QI

图 5.72 为 2000—2022 年广西喀斯特地区植被 QI 综合灾损频率空间分布。可以发现，研究区综合灾损的频率随着灾害等级增加整体呈递减的变化趋势。其中无灾损频率高值区主要分布在桂东北(90%～100%)；轻度灾损频率高值区主要分布在崇左市中北部、河池市东北部(50%～60%)；中度灾损大部地区频率在 30%～40%，其中高值区主要分布在百色市南部(60%～70%)；重度灾损大部地区频率都较低(0～10%)，其中高值区主要在崇左市中局部地区(40%～50%)。

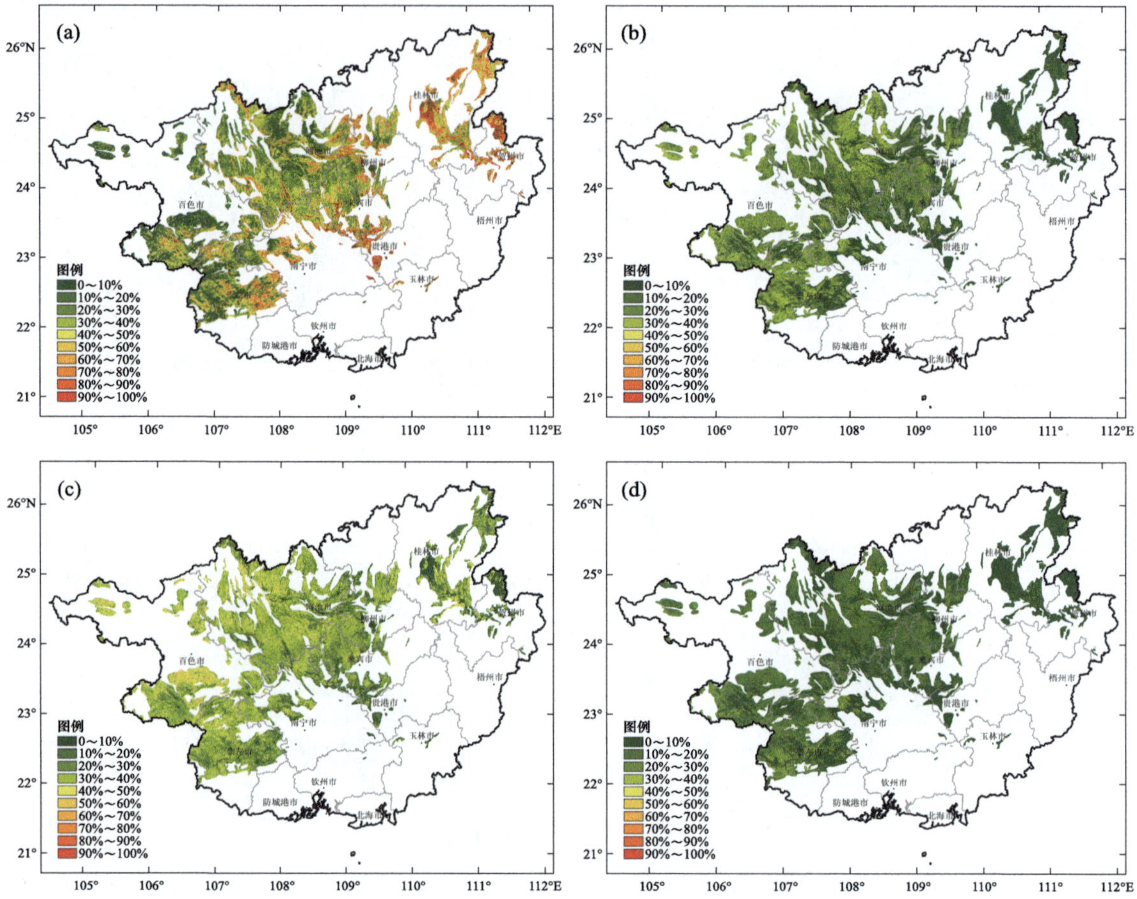

图 5.72　2000—2022 年广西喀斯特地区 QI 综合灾损频率空间分布
(a)无灾损,(b)轻度灾损,(c)中度灾损,(d)重度灾损

5.4　多灾害影响比较

5.4.1　FVC

2000—2022 年广西喀斯特地区气象灾害与植被 FVC 灾损关联度变化趋势如图 5.73 所示,干旱与植被灾损年均关联度最大(0.80),其次为高温(0.79),暴雨(0.76),低温与植被灾损关联度最小(0.72)。干旱、暴雨、高温和低温与植被灾损关联度在年尺度上变化趋势一致,整体均减小的变化趋势,但低温变化趋势较明显,其中干旱和高温都在 2008 年与植被灾损关联度达最大值,且最大值相同(0.93),暴雨则在 2018 年达最大值(0.90),低温在 2019 年与植被灾损关联度达最大值(0.91)。

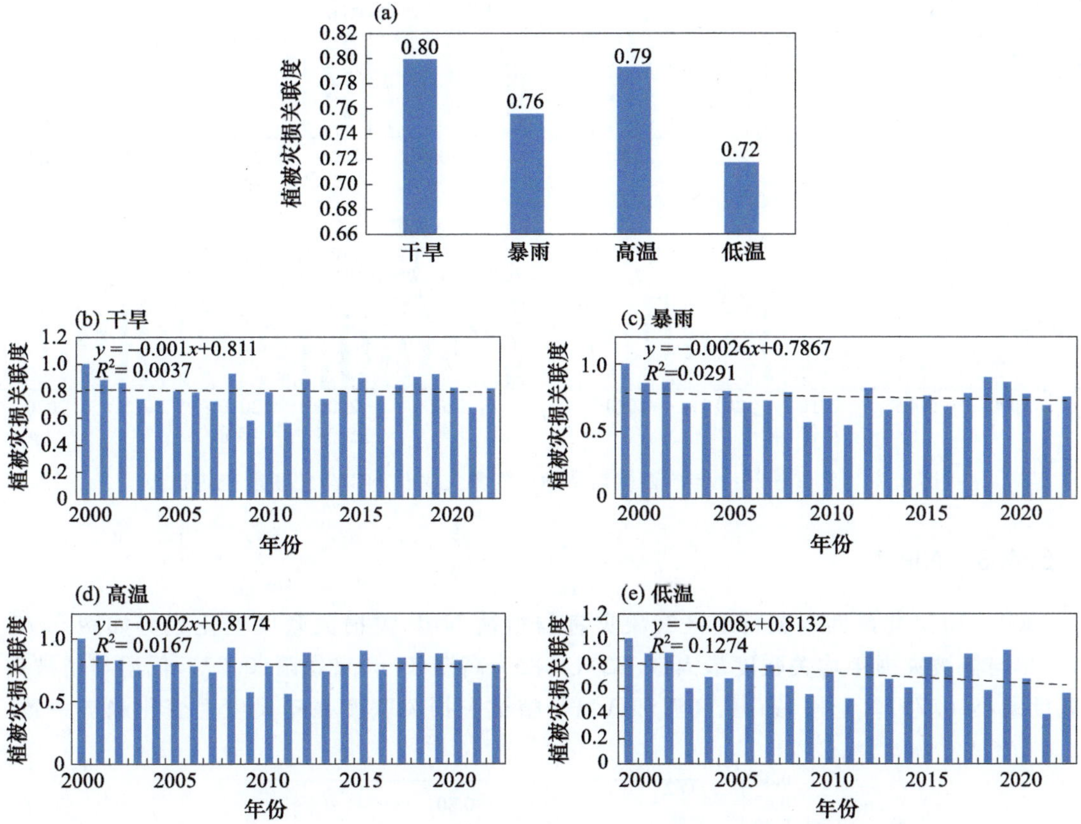

图 5.73　2000—2022 年广西喀斯特地区气象灾害与 FVC 关联度变化趋势

5.4.2　NDVI

2000—2022 年广西喀斯特地区气象灾害与植被 NDVI 灾损关联度变化趋势如图 5.74 所示，干旱与植被灾损年均关联度最大(0.80)，其次为暴雨(0.79)，高温(0.76)，低温与植被灾损关联度最小(0.72)。干旱、暴雨、高温和低温与植被灾损关联度在年尺度上变化趋势一致，整体均减小变化趋势，但低温变化趋势较明显，其中干旱和高温均在 2008 年与植被灾损关联度达最大值，且最大值相同(0.93)，暴雨则在 2018 年达最大值(0.90)，低温在 2019 年与植被灾损关联度达最大值(0.91)。

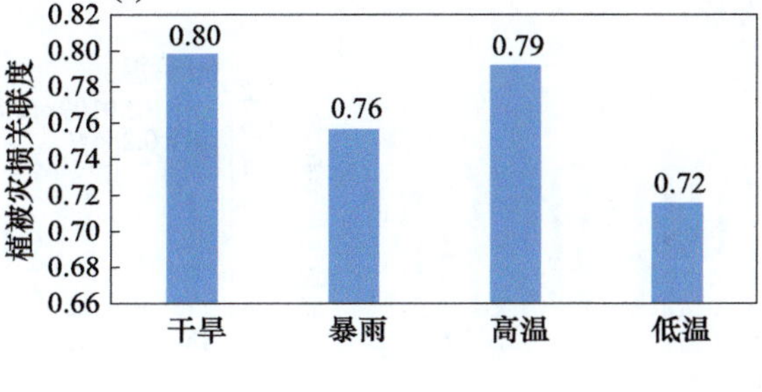

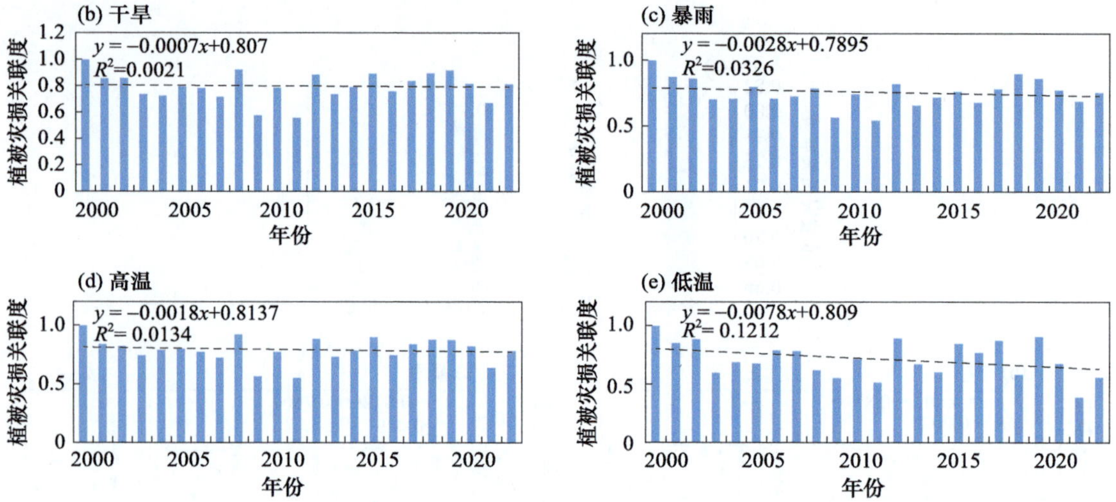

图 5.74　2000—2022 年广西喀斯特地区气象灾害与 NDVI 关联度变化趋势

5.4.3　NPP

2000—2022 年广西喀斯特地区气象灾害与植被 NPP 灾损关联度变化趋势如图 5.75 所示，干旱与植被灾损年均关联度最大(0.82)，其次为高温(0.80)、暴雨(0.77)，低温与植被灾损关联度最小(0.73)。干旱、暴雨、高温和低温与植被灾损关联度在年尺度上变化趋势一致，整

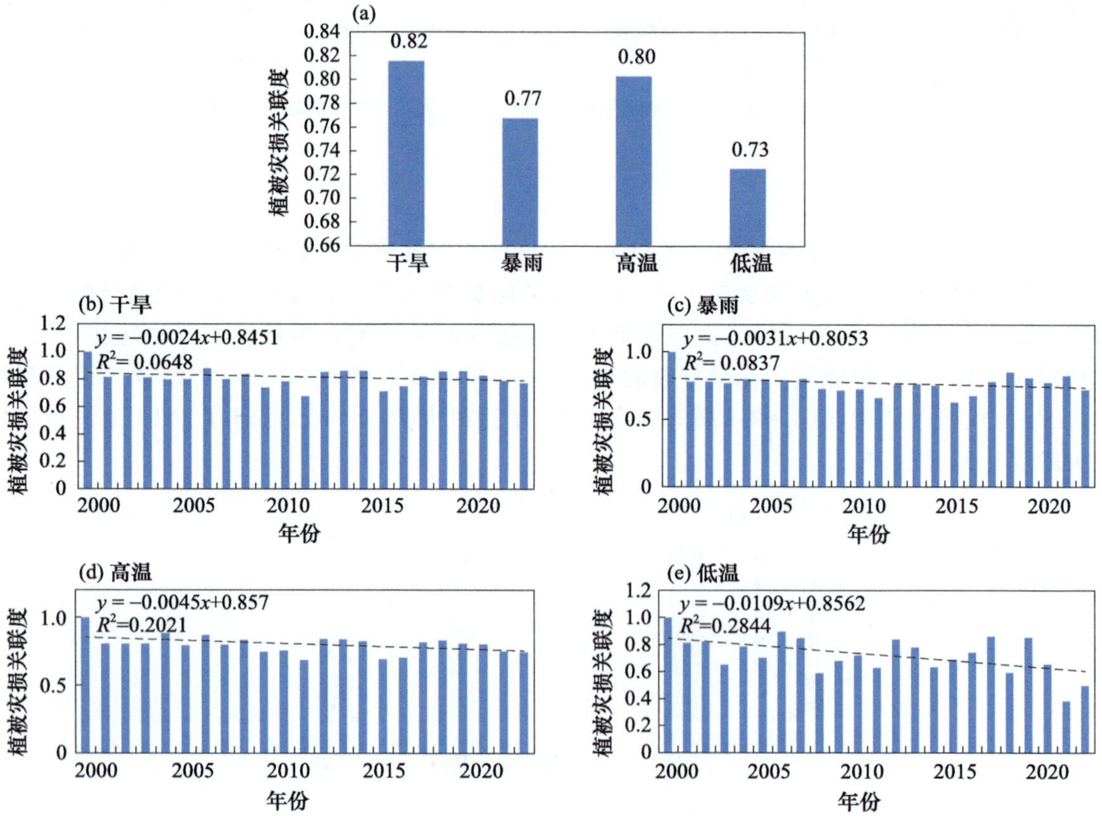

图 5.75　2000—2022 年广西喀斯特地区气象灾害与 NPP 关联度变化趋势

体均减小变化趋势，但低温变化趋势较明显，其中干旱在 2013—2014 年、2018—2019 年与植被灾损关联度达最大值(0.86)，暴雨在 2018 年达最大值(0.85)，高温则在 2004 年达最大值(0.88)，低温在 2007 年与植被灾损关联度达最大值(0.85)。

5.4.4 QI

2000—2022 年广西喀斯特地区气象灾害与植被 NPP 灾损关联度变化趋势如图 5.76 所示，干旱与植被灾损年均关联度最大(0.83)，其次为高温(0.82)、暴雨(0.77)，低温与植被灾损关联度最小(0.73)。干旱、暴雨、高温和低温与植被灾损关联度在年尺度上变化趋势一致，整体均减小，但低温变化趋势较明显；干旱、暴雨和高温均在 2018 年与植被灾损关联度达最大值，分别为 0.91、0.90、0.89，低温在 2017 年与植被灾损关联度达最大值(0.91)。

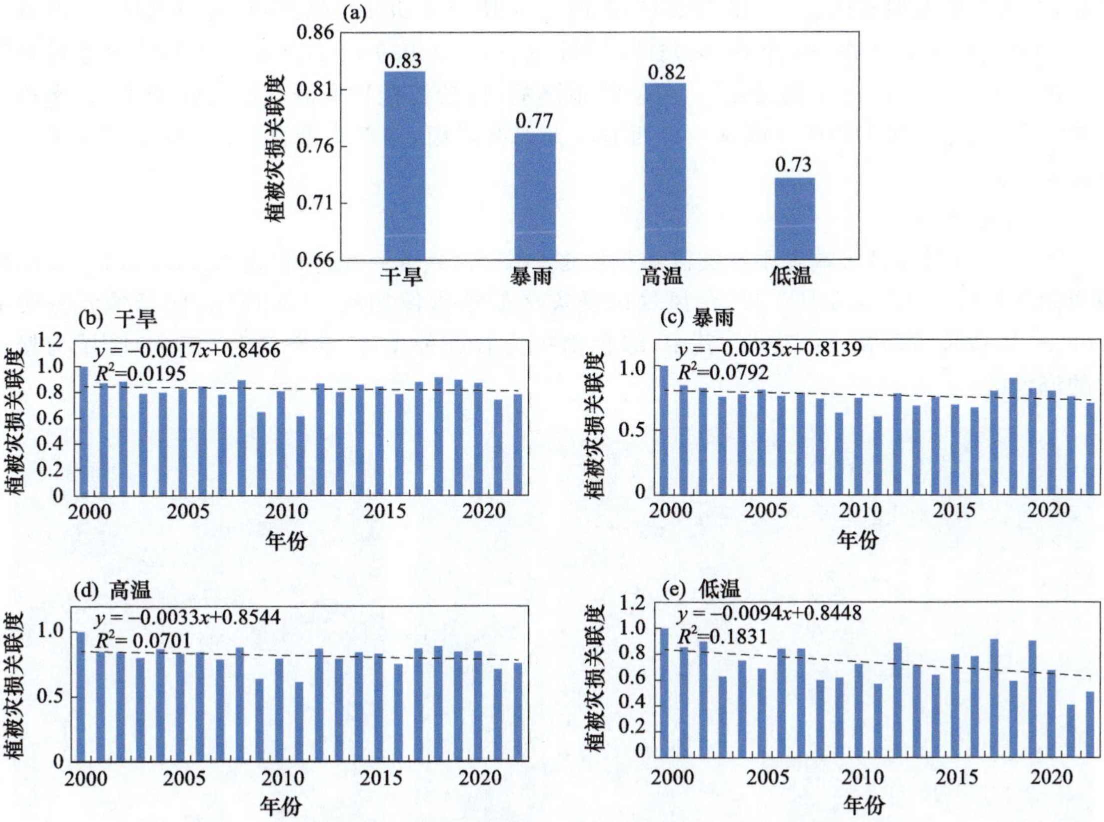

图 5.76　2000—2022 年广西喀斯特地区气象灾害与 QI 关联度变化趋势

5.5 植被灾损验证

5.5.1 无人机航拍验证

5.5.1.1 暴雨洪涝灾情验证

(1)验证地区及天气背景

验证地区：扶绥县位于广西南宁市西面、崇左市东面，地处北回归线以南，介于 22°17′

01″—22°57′16″N、107°31′04″—108°06′35″E，东接南宁市江南区，南连防城港市上思县，西南与宁明县交界，西临崇左市江州区，北与南宁市隆安县、西乡塘区接壤。地质构造上位于南岭构造带西段南缘，新华夏系第二沉降带西南端，分为三个构造区：即西大明山凸起区、崇左褶断区、十万大山凹陷区。境地势南北高，中间低，由西向东倾斜。南部和北部是高山土岭，峰丛谷地，中部为低丘台地，间有孤峰。岩溶地层分布很广，约占全县土地面积的三分之二。

天气背景：2016 年 6 月和 8 月，研究区分别遭受两次极端暴雨过程，其中：2016 年 6 月 4—7 日，广西境内出现一次较强的降雨过程，其中桂林、柳州、河池、百色、贺州、来宾、南宁、贵港、梧州等市的部分地区出现大雨到暴雨，局部大暴雨到特大暴雨或短时雷雨大风等强对流天气，广西其他地区中雨，局部暴雨。受此影响，扶绥双高基地甘蔗出现大面积的雨水浸泡，洪涝灾害会使宿根蔗生长点死亡、腐烂、蔗头死亡(廖张波 等，2022)。受 2016 年第 4 号台风“妮妲”影响，广西多地遭遇暴雨袭击。8 月 2 日 08 时至 8 月 3 日 08 时，除河池、百色市外，广西其余 12 个市均遭受暴雨袭击，38 个县(区)日降雨量在 100～249.9 mm，北流市扶新镇永塘村日降雨量最大为 265.5 mm(山洪站点)。受强降雨影响，白沙江桂平麻洞段出现超警洪水，南流江支流武利江、北流河出现明显涨水。广西境内大部有暴雨，局部大暴雨，并伴有雷暴大风等强对流天气。

(2)航拍影像

2016 年 6 月 8 日极端暴雨受灾区航拍影像如图 5.77 所示，图像幅宽 1.2 km×1.2 km，图像像元分辨率 0.15 m；8 月 5 日，台风暴雨受灾区航拍影像如图 5.78 所示，图像像元分辨率 0.08 m，影像覆盖面积 188 亩[①]。其中，绿色植被为甘蔗种植区，淡粉色(或白色)区域为暴雨后的淹没区。

图 5.77 2016 年 6 月 8 日暴雨受灾航拍

5.78 2016 年 8 月 5 日台风暴雨受灾航拍

① 1 亩≈666.67 m^2。

(3)结果分析

利用ENVI软件的非监督分类，提取航拍区域内甘蔗种植信息以及雨水淹没区域，经统计:6月8日航拍影像受灾样区范围内甘蔗种植面积达到1597亩，其中，受雨水浸泡区域面积达到102亩，占监测区甘蔗总面积的6.4%，如图5.79所示。8月5日航拍影像受灾样区内甘蔗种植面积124.5亩，通过非监督分类提取受灾甘蔗区域，得出受淹区域2亩，此次台风对"甜蜜之光"甘蔗双高基地影响范围较小(图5.80)。

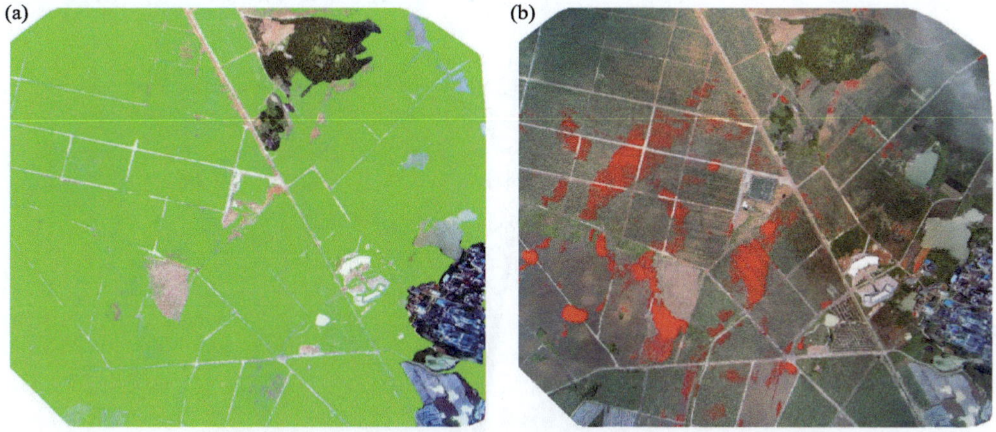

图5.79　2016年6月8日暴雨受灾区甘蔗种植分布(a)及雨水淹没区分布(b)

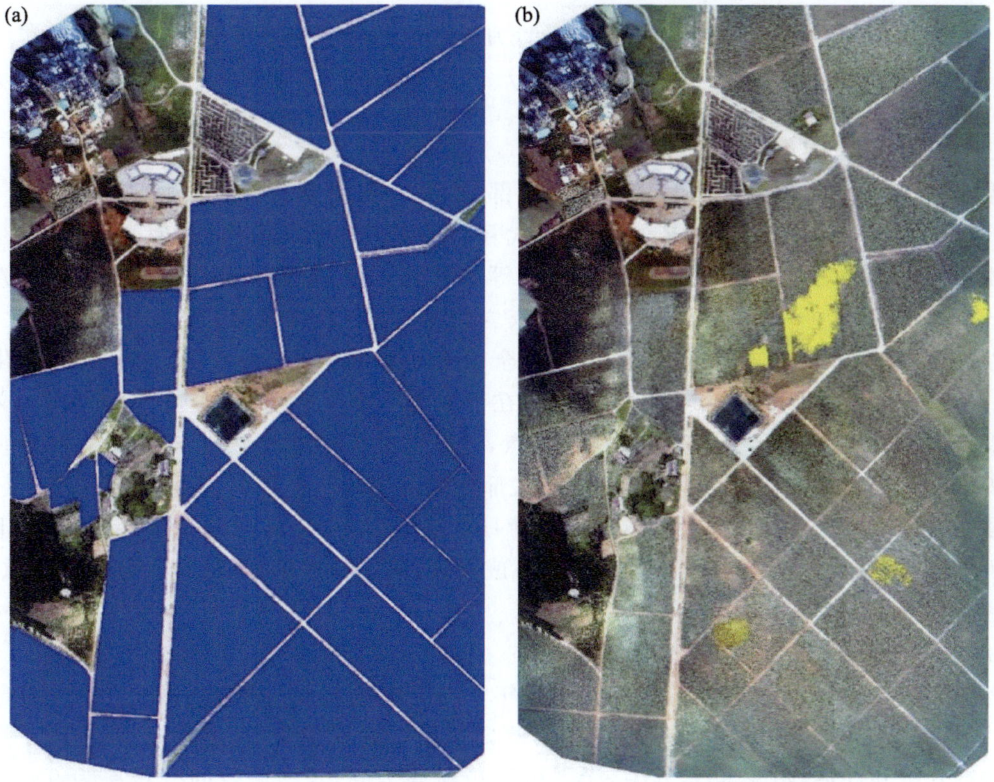

图5.80　2016年8月5日台风暴雨受灾区内甘蔗分布(a)及雨水淹没区分布(b)

针对 8 月 5 日的洪涝灾情，对受灾区域进行了长期定点观测，对灾区域进行了动态监测评估，图 5.81 为 2016 年 5—11 月动态监测影像，受积水影响，受灾区域甘蔗大面积受损，在 11 月的观测影像中，受灾区域逐渐形成落地，甘蔗绝收。

图 5.81　2016 年 5—11 月验证地区动态监测图像

5.5.1.2　干旱灾情验证

(1)验证地区及天气背景

验证地区：平果市地处广西壮族自治区西部、百色市东南部、右江中游，地理坐标介于 23°12′—23°51′N、107°21′—107°51′E，由百色市代管。平果市东与马山市、东南与武鸣市、东北与大化瑶族自治市相邻，西与田东市、西南与天等市交界，南与隆安市毗邻，北与巴马瑶族自治市、都安瑶族自治市接壤。平果市地质以石灰岩为主，岩溶地貌发育广布，石漠化程度严重。据调查统计，平果市岩溶面积 155500 hm^2，占全市土地总面积的 63.28%。其中，石漠化面积 83368 hm^2，占岩溶面积的 53.61%，主要分布在市域内中部及东北、西南边缘地区。本文在平果市果化镇附近选择喀斯特区植被监测示范点，地理位置及三维地形图如图 5.82 所示。

2022 年 7—10 月，与常年同期相比，广西大部分地区气温明显偏高，降水明显减少，其中：气温 7 月偏高 0.1～2.0 ℃，8 月正常至 2.6 ℃，9 月正常至 3.7 ℃，10 月偏高 0.1～2.3 ℃；降水 7 月和 8 月偏少 1～9 成，9 月和 10 月偏少 1～10 成，广西喀斯特地区夏、秋季气象干旱严重，造成植被生长受阻。

(2)航拍影像

为了了解喀斯特区植被修复情况，2022 年 7 月开始对监测示范点进行了逐月的定点监测，为了分析 2022 年 7—10 月的气象干旱对喀斯特植被造成的影响，选取了 7 月和 9 月两期影响进行分析和评估(图 5.83)，其中，无人机飞行航高 330 m，影像空间分辨率为 9 cm，航拍监测面积达到 1.54 km^2。

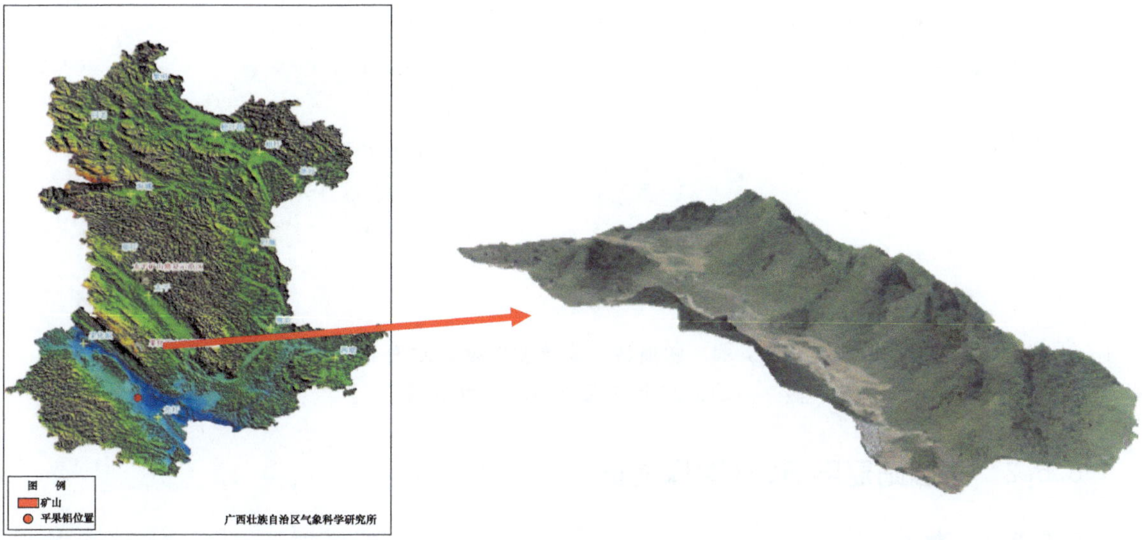

图 5.82　平果市果化镇喀斯特植被监测示范点

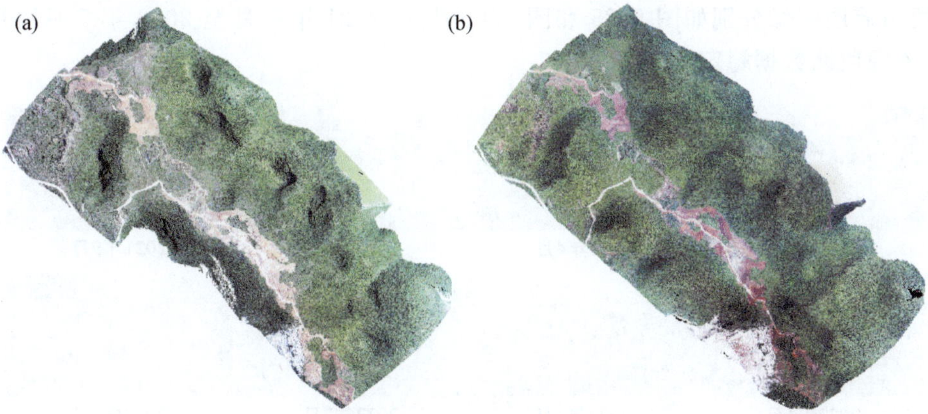

图 5.83　喀斯特区植被航拍监测

(a)2022 年 7 月,(b)2022 年 9 月

(3)结果分析

由于监测区采用 DJI Phantom 4 pro 无人机开展定期定点监测,不同月份的航拍影像存在一定的漂移,经过几何精校正后,计算得到 2022 年 7 月和 9 月超绿指数分布图(图 5.84)。影像中,植被超绿指数越高,颜色越绿,表明植被生长状态越好。从图 5.84 中可以看出,研究区山谷沟右侧的喀斯特自然植被,与 9 月相比,7 月超绿指数明显偏高,表明受气温升高,降水减少影响,植被的生长状况受到旱情影响变差。选择样区进行超绿指数分析,样区超绿指数由 7 月的 85.8 下降至 9 月的 80.6,植被生长状态下降趋势显著。

图 5.84 喀斯特区绿植被指数 ExG 分布

(a)2022 年 7 月，(b)2022 年 9 月

5.5.2 生态站冠层 RGB 图像验证

5.5.2.1 都安站

(1) 植被长势分析

都安站位于河池市都安县东庙乡，生态站临近桃花水母天窗群，地下河网密布。生态站远视角、近视角冠层图像分别如图 5.85 和图 5.86 所示，2021 年 1 月至 2023 年 5 月可用数据均为 29 景，图像监测数据稳定性较好。

图 5.85 都安站远视角图像

图 5.86 都安站近视角图像

利用绿植被指数(ExG)常用于分析 RGB 图像的植被长势情况。从 ExG 长势来看(图 5.87),远视角、近视角监测表明,2021 年 1—7 月、2022 年 3—4 月植被长势较好,2021 年 7 月—2022 年 1 月、2022 年 8—12 月长势较差。2021—2022 年,远视角、近视角植被指数趋势相近,但 2022 年 3 月后二者差异显著。近视角监测植被长势波动较远视角大,表明近视角对植被恢复、破坏反应更为敏感。

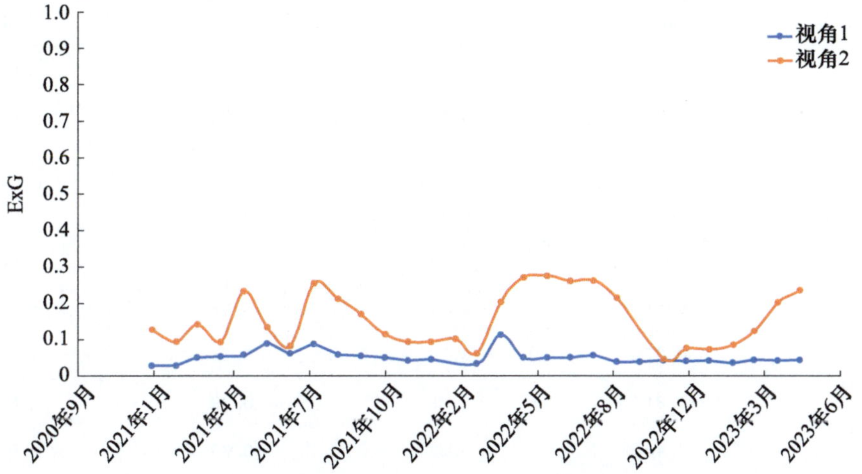

图 5.87 都安站 ExG 变化趋势

从 NDVI 长势来看(图 5.88),各分辨率 NDVI 无明显差异。2021 年 4—11 月、2022 年 8—10 月植被长势较好。定性对比生态站近视角监测结果,二者都响应了植被长势的转变,但植被长势较好时段存在差异,其中遥感监测长势变化慢于生态站监测约 1 个月。近视角监测到植被自 2022 年 8 月起开始迅速转差,而 NDVI 自 2022 年 9 月起迅速转差,指示出干旱气象灾害对植被生长的不利影响。

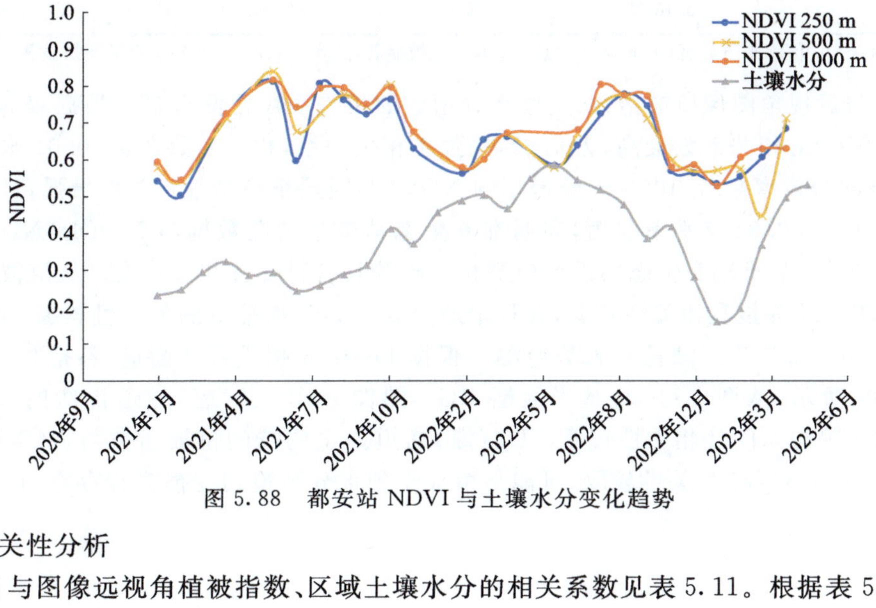

图 5.88 都安站 NDVI 与土壤水分变化趋势

(2)相关性分析

NDVI 与图像远视角植被指数、区域土壤水分的相关系数见表 5.11。根据表 5.11,ExGR

与 NDVI(250 m)相关系数最高,呈弱正相关关系,在 $\alpha=0.05$ 水平下显著。从 NDVI 空间分辨率来看,不同空间分辨率的 NDVI 与远视角冠层图像相关系数差异不大(各指数平均标准差 $\sigma=0.01$)。从植被指数来看,r、b、NDYI、DGCI 与 NDVI 无相关关系,且土壤水分不存在对植被指数、NDVI 变化的解释能力。

表 5.11 都安生态站 NDVI 与远视角图像植被指数相关系数

RGB 指数	NDVI(250 m)	NDVI(500 m)	NDVI(1000 m)	土壤水分
r	−0.12	−0.11	−0.13	0.27
g	0.26	0.25	0.23	0.00
b	−0.04	−0.04	−0.02	−0.19
NDYI	0.10	0.10	0.08	0.14
GLA	0.26	0.24	0.23	0.01
VARI	0.31	0.27	0.29	−0.33
ExG	0.27	0.25	0.23	0.01
ExR	−0.31	−0.28	−0.29	0.33
ExGR	0.40 *	0.37	0.36	−0.18
GMRVI	0.34	0.31	0.32	−0.33
RGBVI	0.25	0.23	0.22	0.02
NGRDI	0.34	0.31	0.32	−0.33
CIVE	−0.29	−0.27	−0.26	0.03
VEG	0.35	0.33	0.32	−0.11
DGCI	0.15	0.15	0.14	−0.08
土壤水分	−0.16	−0.18	−0.28	1.00

注:* 表示 $\alpha=0.05$ 水平下显著;* * 表示 $\alpha=0.01$ 水平下极显著;* * * 表示 $\alpha=0.001$ 水平下强显著。下同。

NDVI 与近视角图像植被指数、土壤水分指数的相关系数见表 5.12。根据表 5.12,ExGR 与 NDVI(1000 m)相关系数最高,为 0.62,呈强正相关关系,相关系数在 $\alpha=0.01$ 水平下显著。从 NDVI 空间分辨率来看,1000 m 分辨率的 NDVI 与冠层植被指数相关性最强,且有 10 个指数相关系数在 $\alpha=0.01$ 水平下显著,表明都安生态站植被观测数据与 MODIS NDVI 1000 m 数据吻合度较强,基于都安生态站进行植被长势检验具有科学性和可信度。从植被指数来看,r、b、NDYI、DGCI 等指数相关性较弱,并且未通过 $\alpha=0.05$ 水平下的显著性检验,表明部分植被指数不适用于都安生态站植被长势监测。根据 Pearson 相关系数衡量,各指数相关系数强度如图 5.89 所示,从图中可知,基于冠层 RGB 图像 r(红)、b(蓝)通道构造的植被指数如 NDYI、DGCI 等与 NDVI 相关性较低,以 g(绿)通道为主构造的植被指数与 NDVI 相关性更强。土壤水分与 NDVI 相关性较弱,可能与植被受到水分胁迫到受损过程存在时间尺度上的差异有关。

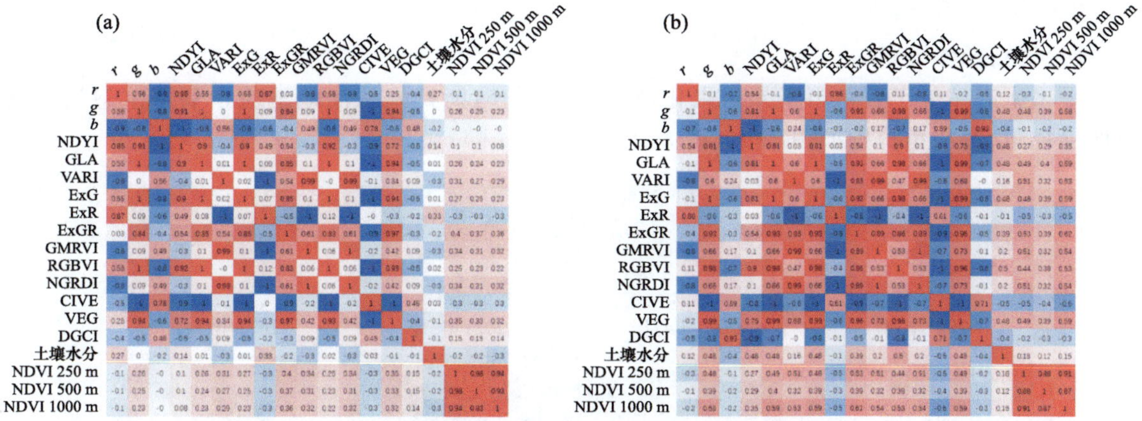

图 5.89　都安站指数相关性

(a)远视角指数相关性,(b)近视角指数相关性

表 5.12　都安生态站 NDVI 与近视角图像植被指数相关系数

RGB 指数	NDVI(250 m)	NDVI(500 m)	NDVI(1000 m)	土壤水分
r	−0.26	−0.09	−0.23	0.12
g	0.48 *	0.39	0.58 * *	0.48 * *
b	−0.14	−0.20	−0.21	−0.42 *
NDYI	0.27	0.29	0.35	0.48 * *
GLA	0.49 *	0.40	0.59 * *	0.48 *
VARI	0.51 *	0.32	0.53 * *	0.16
ExG	0.48 *	0.39	0.59 * *	0.48 * *
ExR	−0.47 *	−0.28	−0.49 *	−0.15
ExGR	0.53 * *	0.39	0.62 * *	0.39 *
GMRVI	0.51 *	0.32	0.54 * *	0.20
RGBVI	0.44 *	0.38	0.53 * *	0.50 * *
NGRDI	0.51 *	0.32	0.54 * *	0.20
CIVE	−0.49 *	−0.39	−0.60 * *	−0.47 *
VEG	0.49 *	0.39	0.59 * *	0.48 *
DGCI	−0.24	−0.28	−0.32	−0.41 *
土壤水分	0.18	0.12	0.15	1

根据都安生态站远视角、近视角图像可以得知,远视角获取的图像接近于水平拍摄,近视角则更接近于垂直拍摄。显然,远视角所覆盖的植被范围较近视角更大。相关性分析结果表明不同视角获取的冠层图像,对 MODIS NDVI 变化的解释能力存在较大的差异,近视角优于远视角。强光照射镜头影响图像质量可能是造成该差异的原因之一。

基于相关性分析结果,近视角冠层图像植被指数与 MODIS NDVI 1000 m 存在强相关关系,因此可以通过近视角图像植被指数验证植被气象灾害产生的损害程度。从近视角植被指数变化趋势上看,2022 年下半年发生的干旱灾害使得植被指数产生较大程度下降,以 ExG 指数为例,2022 年 8—11 月降低 0.217,降至 2022 年 8 月的 17.5%,灾损严重。

5.5.2.2 平果站

(1)植被长势分析

平果生态站位于百色市平果市果化镇,是典型的喀斯特峰从洼地地貌。平果生态站冠层图像远视角、近视角分别如图 5.90、图 5.91 所示。

图 5.90 平果站远视角图像

图 5.91 平果站近视角图像

从 ExG 长势来看(图 5.92),远视角、近视角监测表明 2—5 月植被长势较好,6—7 月、9—12 月长势较差,2021 年至今保持了这一长势变化。远视角、近视角植被指数趋势相近,近视角监测植被长势波动较远视角大,表明近视角对植被恢复、破坏反应更为敏感。

从 NDVI 长势来看(图 5.93),各分辨率 NDVI 无明显差异。2021 年 1—7 月、2022 年 3—6 月植被长势较好,2022 年 7 月植被长势存在较大变化。

(2)相关性分析

NDVI 与图像远视角植被指数、区域土壤水分的相关系数见表 5.13。根据表 5.13,g 与 NDVI(1000 m)相关系数最高,为 0.76,呈强正相关关系,在 $\alpha=0.001$ 水平下显著。从 NDVI 空间分辨率来看,1000 m 分辨率的 NDVI 与冠层植被指数相关性最强,其次是 500 m 分辨率 NDVI,有 10 个指数相关系数在 $\alpha=0.05$ 水平下显著,均呈强正相关关系,表明植被观测数据与 MODIS NDVI 1000 m 数据吻合度较强,基于该视角进行植被长势检验具有科学性和可信度。从植被指数来看,VARI、ExR、GMRVI、NGRDI 与 NDVI 无相关关系或相关性较弱,r、b 相关性弱于 g。土壤水分对植被指数有一定的解释能力,但对 NDVI 的解释能力较弱。

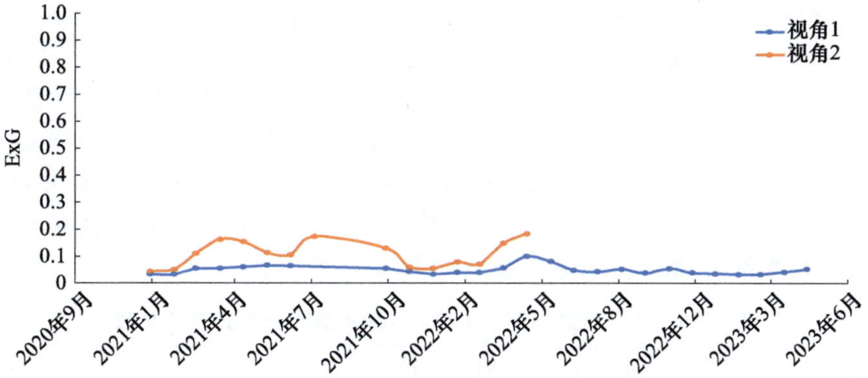

图 5.92　平果站 ExG 变化趋势

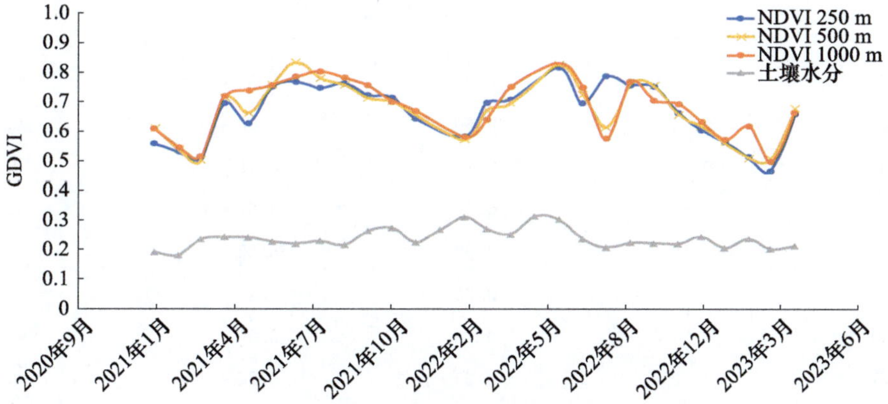

图 5.93　平果站 NDVI 与土壤水分变化趋势

表 5.13　平果生态站 NDVI 与远视角图像植被指数相关系数

RGB 指数	NDVI(250 m)	NDVI(500 m)	NDVI(1000 m)	土壤水分
r	0.42 *	0.44 *	0.43 *	0.55 * *
g	0.65 * * *	0.71 * * *	0.76 * * *	0.54 * *
b	−0.59 * *	−0.64 * * *	−0.67 * * *	−0.59 * *
NDYI	0.63 * * *	0.67 * * *	0.71 * * *	0.58 * *
GLA	0.64 * * *	0.69 * * *	0.74 * * *	0.54 * *
VARI	0.09	0.11	0.16	−0.15
ExG	0.64 * * *	0.70 * * *	0.75 * * *	0.54 * *
ExR	0.01	0	−0.05	0.26
ExGR	0.56 * *	0.62 * * *	0.68 * * *	0.43 *
GMRVI	0.16	0.19	0.24	−0.07
RGBVI	0.64 * * *	0.70 * * *	0.75 * * *	0.54 * *
NGRDI	0.17	0.19	0.24	−0.09
CIVE	−0.63 * * *	−0.68 * * *	−0.74 * * *	−0.54 * *
VEG	0.61 * *	0.66 * * *	0.72 * * *	0.48 *
DGCI	−0.25	−0.38	−0.50 * *	0.19
土壤水分	0.27	0.24	0.30	1

NDVI 与近视角图像植被指数、土壤水分指数的相关系数见表 5.14。根据表 5.14，DGCI 与 NDVI(1000 m)相关系数最高，为 0.84，呈极强正相关关系，相关系数在 $\alpha=0.001$ 水平下显著。从 NDVI 空间分辨率来看，1000 m 分辨率的 NDVI 与冠层植被指数相关性最强，且有 9 个指数相关系数在 $\alpha=0.05$ 水平下显著，表明该视角与 MODIS NDVI 1000 m 数据吻合度较强。从植被指数来看，*r*、VARI、ExR、GMRVI、NGRDI 等指数相关性较弱，并且未通过 $\alpha=0.05$ 水平下的显著性检验，表明部分植被指数不适用于平果生态站植被长势监测。根据 Pearson 相关系数衡量，各指数相关系数强度如图 5.94 所示。

表 5.14　平果生态站 NDVI 与近视角图像植被指数相关系数

RGB 指数	NDVI(250 m)	NDVI(500 m)	NDVI(1000 m)	土壤水分
r	0.03	0.11	0.01	−0.40
g	0.53 *	0.50	0.66 * *	0.34
b	−0.48	−0.55	−0.56 *	0.15
NDYI	0.68 * *	0.71 * *	0.81 * * *	0.06
GLA	0.54	0.50	0.66 * *	0.34
VARI	0.21	0.14	0.26	0.42
ExG	0.54 *	0.50	0.67 * *	0.35
ExR	−0.16	−0.09	−0.22	−0.43
ExGR	0.37	0.32	0.48	0.41
GMRVI	0.21	0.15	0.28	0.43
RGBVI	0.59 *	0.55 *	0.72 * *	0.32
NGRDI	0.21	0.14	0.27	0.43
CIVE	−0.51	−0.47	−0.63 *	−0.36
VEG	0.45	0.40	0.56 *	0.38
DGCI	−0.71 * *	−0.77 * * *	−0.84 * * *	0.10
土壤水分	0.27	0.24	0.30	1

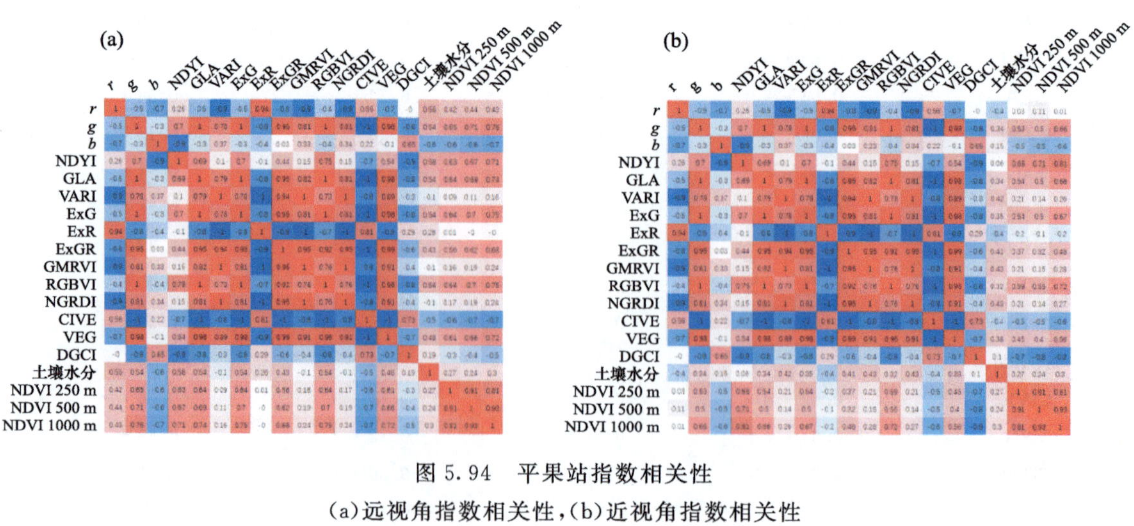

图 5.94　平果站指数相关性

(a)远视角指数相关性，(b)近视角指数相关性根据平果生态站远视角、近视角图像可以得知，远视角获取的图像拍摄角度与地面约为30°，近视角则更接近于垂直拍摄。远视角所覆盖的植被范围较近视角更大。相关性分析结果表明，不同视角获取的冠层图像，对 MODIS NDVI 变化的解释能力存在较大的差异，远视角优于近视角。

基于相关性分析结果，远视角冠层图像植被指数与 MODIS NDVI 1000 m 存在强相关关系，因此可以通过远视角图像植被指数验证植被气象灾害产生的损害程度。从远视角植被指数变化趋势上看，2022 年 6 月开始，冠层植被指数与土壤水分开始下降，7 月遥感即监测到 NDVI 发生下降，表明 2022 年 7—8 月持续的高温干旱灾害对植被产生了严重影响。

应用地面植被生态观测站采集的近地面冠层图像进行植被气象灾害灾损验证。利用机器学习、可见光植被指数等方法，构建了地面植被长势观测序列。基于地面植被长势观测序列与 MODIS NDVI 序列的相关性分析结果，都安生态站近视角观测序列与 MODIS NDVI(1000 m)具有强相关性，平果生态站远视角观测序列与 MODIS NDVI(1000 m)具有极强相关性，且地面植被长势观测序列灾损响应较 MODIS NDVI 更快，表明生态站采集的图像可作为植被灾损验证数据。

此外，该验证结果表明了生态站近地冠层观测视角布设对相关性分析结果存在重要影响，但由于生态站布局尚未完善，可对比数据量尚欠缺，视角差异对分析结果的影响有待进一步讨论，进而为基于生态站开展植被气象灾害灾损定量评估奠定基础。验证结果同时发现，目前没有足够的证据表明土壤水分观测能为植被气象灾害灾损提供验证。

第 6 章

广西喀斯特地区植被生态气象灾害风险评估与区划

根据气象灾害风险评价理论，基于气象数据、卫星遥感数据等多源数据，以干旱、暴雨、高温、低温灾害为主要风险源，以森林、灌草、农田 3 种植被类型的生态系统服务价值为风险受体，从气象灾害危险性、承灾体暴露度和承灾体脆弱性三个方面，构建广西喀斯特地区植被生态气象灾害风险评估指标体系和模型，进行主要气象单灾种和综合灾种的季度和年度危险性评估与区划、承灾体脆弱性评估与区划、承灾体暴露度评估与区划、综合气象灾害风险评估与区划，结合石漠化演变，划分广西喀斯特地区石漠化防御气象灾害分区。

6.1 理论与方法

6.1.1 气象灾害风险形成机制

自然灾害是自然界的因子作用于人类社会的产物，是人与自然之间关系的一种表现。由于自然灾害的最终承灾体是人类及人类社会的集合体，因而，只有对承灾体的部分或整体造成直接或间接损害的灾害才能称为自然灾害。从灾害学的角度出发，形成自然灾害必须具有以下条件：(1)存在诱发灾害的因素(致灾因子)；(2)形成灾害的环境(孕灾环境)及人们在潜在的或现实的灾害威胁面前，采取回避、适应或防御灾害的对策措施(防灾减灾能力)；(3)灾害影响区有人类的居住或分布有社会财产(承灾体)。因此，基于自然灾害风险形成，自然灾害风险是由致灾因子危险性、脆弱性(孕灾环境敏感性和防灾减灾能力)、承灾体暴露性三部分共同形成的(图 6.1)。

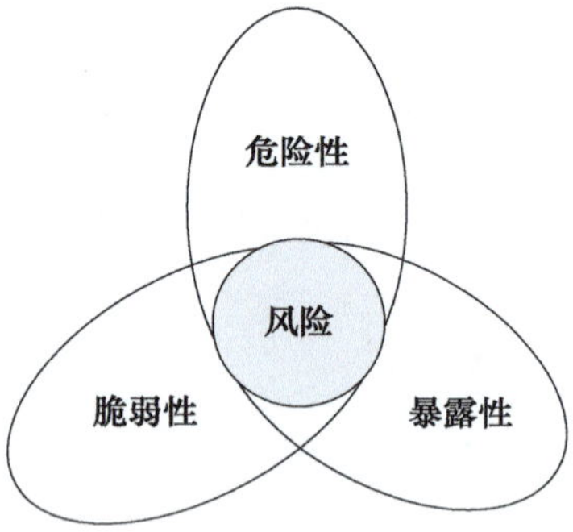

图 6.1　自然灾害风险的形成机制

根据广西喀斯特地区主要的气象灾害类型及自然背景，对植被生态致灾因子危险性主要考虑各圈层所产生的致灾因子(大气圈、水圈产生热带气旋、暴雨、洪水等)的强度和频率来表征，对植被生态灾害脆弱性主要考虑致灾因子作用下其地形、地貌、地质、土壤等孕灾环境的敏感性及遭受灾害袭击时后的抵御和恢复力等抗灾能力来表征，对植被生态灾害暴露度主要考虑暴露于致灾因子下植被生态服务功能价值来表征。

6.1.2 评价概念模型

基于广西气象灾害风险形成机制，气象灾害风险是致灾因子危险性、承灾体暴露性、脆弱性综合作用的结果，气象灾害风险评价模型可表示为(胡宝清 等，2019)：

$$R=f(H,E,V) \tag{6.1}$$

式中：R 表示气象灾害风险评价指数；f 表示关系函数；H 表示致灾因子危险性指数；E 表示承灾体暴露性指数；V 表示承灾体脆弱性指数。

6.1.3 评价方法

研究采用定性和定量相结合的方法评估广西喀斯特地区植被生态气象灾害风险，主要运用概率统计方法、层次分析法(AHP)、加权综合评价法、灾害风险指数法和均值-标准差分级法。

1. 概率统计方法

概率论主要用来研究随机事件的历史统计规律。以历史数据为基础，估计灾害发生的概率，研究广西喀斯特地区气象灾害的时空演变，并作为灾害发生的频率和致灾因子危险性的重要指标进行气象灾害风险综合评估。

2. 层次分析法

层次分析法是一种将定性分析与定量分析结合的系统分析方法，以历史灾情、社会经济统计、自然条件等数据为数据源。研究利用相关多领域专家的经验，通过对诸因子的两两比较、判断、赋值而得到一个判断矩阵，计算得到各因子的权值并进行一致性检验，为广西喀斯特地区植被生态气象灾害风险评估模型的指标权重提供依据。

3. 加权综合评价法

加权综合评价法综合考虑各个具体指标对评价因子的影响程度，是把各个具体指标的作用大小综合起来，用一个数量化指标加以集中，表示整个评价对象的优劣，公式如下：

$$P=\sum_{i=1}^{n}W_i \cdot D_i \tag{6.2}$$

式中：P 是评价因子的值；W_i是指标 i 的权重；D_i是指标 i 的规范化值；n 是评价指标个数。权重 W_i的确定可由各评价指标对所属评价因子的影响程度重要性，根据专家意见，结合广西喀斯特地区实际情况讨论确定。

4. 灾害风险指数法

广西喀斯特地区植被生态气象灾害风险是致灾因子危险性、承灾体暴露性和脆弱性综合作用的结果，用综合风险指数表示，评估模型如下：

$$\mathrm{FDRI}=\mathrm{VHI}^{\mathrm{wh}}\,\mathrm{VEI}^{\mathrm{ws}}\,\mathrm{VFI}^{\mathrm{wr}} \tag{6.3}$$

式中：FDRI 为气象灾害风险指数，其值越大，则灾害风险度越高；VHI、VEI、VFI 的值分别表示致灾因子危险性、承灾体暴露度和脆弱性指数；wh、ws、wr 是各评价因子的权重，根据专家意见，结合广西喀斯特地区实际情况，采用层次分析法确定。

5. 均值-标准差分级法

均值-标准差分级是设置一个灰度临界值，将高于该灰度临界值的视为目标信息，低于该值的判读为背景信息，主要表示要素属性值与均值之间的差异，是通过计算均值和标准差来实现，计算公式如下：

$$X=x+k\sigma \tag{6.4}$$

式中：x 是某一成分的统计均值；σ 为该成分的标准差；k 为任意数值。

研究基于气象灾害风险指数，划分为5级：低风险（风险指数＜平均值-1σ）、次低风险（平均值$-1\sigma\leqslant$风险值＜平均值-0.5σ）、中等风险（平均值$-0.5\sigma\leqslant$风险值＜平均值$+0.5\sigma$）、次高风险（平均值$+0.5\sigma\leqslant$风险值＜平均值$+1\sigma$）、高风险（风险值$\geqslant$平均值$+1\sigma$）。

6.1.4 评价技术流程

广西喀斯特地区植被生态气象灾害风险评估与区划技术流程主要从数据收集、致灾因子危险性分析、脆弱性分析、暴露性分析、灾害风险建模、灾害风险评价与区划等几方面进行（图6.2）。

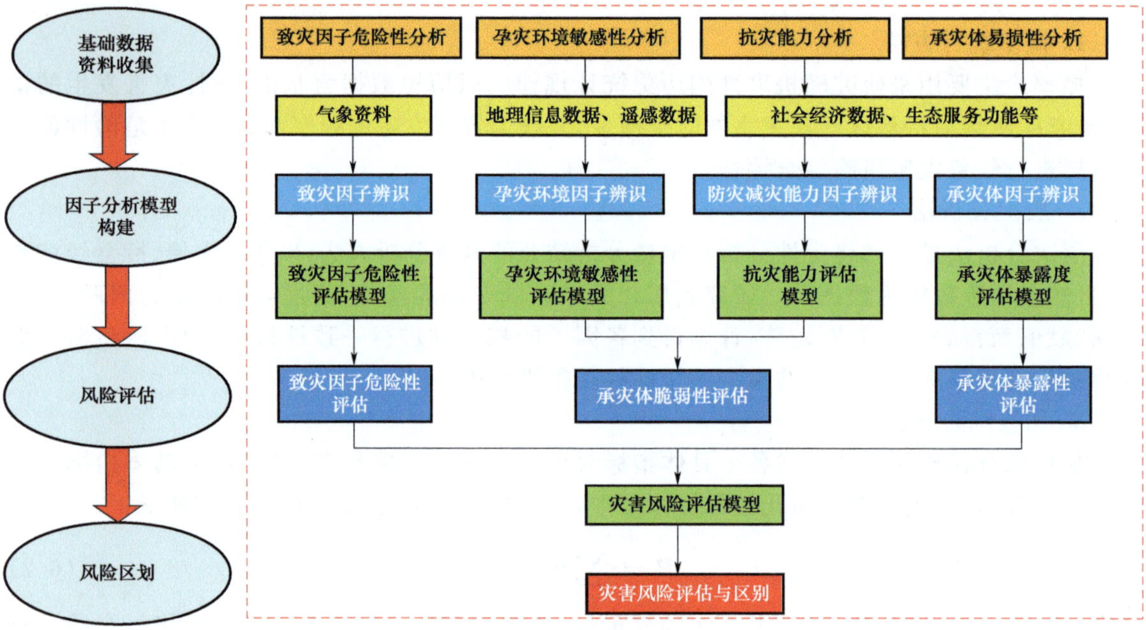

图6.2 评价技术流程

1. 数据收集

数据主要包括研究区基础地理数据、地形地貌数据、卫星遥感影像数据、陆面同化数据、气象数据、社会经济数据、自然灾情数据等。

2. 致灾因子危险性分析

根据广西喀斯特地区不同灾害类型，采取相应的评估方法获取致灾因子的强度、发生频率等特征。

3. 脆弱性分析

根据广西喀斯特地区不同灾害类型，采用定性或定量方法确定不同自然灾害的孕灾环境敏感性及防灾减灾能力。

4. 暴露性分析

确定可能暴露于各种灾害影响下的植被生态服务功能价值，采用相关定量化方法，获得植被生态气象灾害暴露要素数量及分布。

5. 灾害风险建模

在致灾因子评估、暴露度分析、脆弱性评估基础上，根据不同灾种，采用定量或定性方法确定灾害风险评价指数。

6. 灾害风险评价与区划

根据灾害风险评价指数，结合实际灾情，确定气象灾害风险等级区划，实现气象灾害风险精细化、定量化评估，并制定广西喀斯特地区石漠化防治气象灾害分区。

6.1.5 评价指标体系

1. 指标构建原则

基于气象灾害系统的复杂性、不确定性、多样性，构建一个科学、全面、合理、实用的自然灾害风险评估指标体系，应遵循以下原则。

(1)科学与可靠性原则

科学性是评估指标体系构建的基本要求，评价指标应该与实际情况相符，具可信度和准确度，从而使评估结果具有科学意义。

(2)全面与代表性原则

评价指标体系涉及自然、经济、社会等诸多领域，应该全面考虑各个可能影响灾害风险的因素，系统构建评估指标体系。在此基础上，根据研究区特点，提炼具有代表性评价指标，针对性地构建评价指标体系。

(3)可操作性与简明性原则

可操作性要求每项评价指标都应易于获取、便于量化分析，且应尽可能简单、明了，有利于提高气象灾害风险管理效率。

(4)定性与定量相结合原则

针对研究区自然灾害特点，要全面客观地反映现实，获得高精度数据，需采用定性与定量相结合的方式评价，有利于气象灾害综合风险评估与区划。

2. 指标体系建立

基于气象灾害时空演变规律及风险形成机制，从致灾因子危险性、承灾体暴露度和脆弱性等方面，构建广西喀斯特地区植被生态气象灾害致灾因子危险性、暴露性、脆弱性评估指标体系(图6.3)。

(1)致灾因子危险性指标

根据广西喀斯特地区植被气象灾害指标分析(详见5.1节)，植被气象灾害致灾因子危险性评估指标通过分析单一灾种气象灾害强度或频率指标表征。

(2)脆弱性指标

气象灾害脆弱性通过分析致灾因子危害下，其所处的地形、地貌、地质、土壤、植被等孕灾环境对灾害的敏感性及抵御灾害和恢复重建的能力(人均GDP)指标表征。

(3)暴露度指标

气象灾害对植被生态的影响，主要体现在对植被生态服务功能的影响。因此，植被生态气象灾害承灾体暴露度评估主要选取植被生态服务功能价值指标表征。

3. 指标权重确定

研究采用层次分析法(AHP)确定指标权重。AHP法的主要工作步骤和内容如下。

(1)建立层次结构

明确、弄清问题的范围、所包含的主要因素、各因素之间的关系等；将问题所含的要素，按照其相互关系进行分组，每组为一个层次，各因素分别归入不同的层次结构，以框架结构说明各层次之间的从属关系。

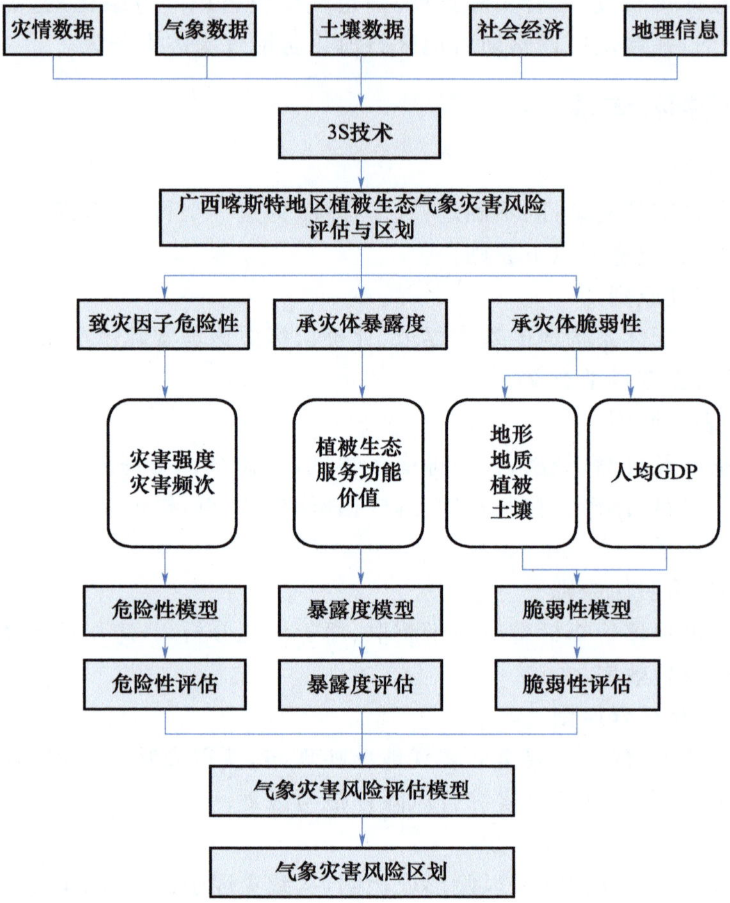

图 6.3　广西喀斯特地区植被生态气象灾害风险评估指标体系

(2)构造判断矩阵

通过专家打分法，判断某一层中的要素对于高一层次要素而言的相对重要程度。设 B 层次中的元素 $B_1,B_2,B_3,\cdots,B_n$，与上一层次 A 中的元素 A_k 有关系，则可通过判断矩阵表示(表 6.1)。

表 6.1　判断矩阵的形式

A_k	B_1	B_2	B_3	…	B_n
B_1	B_{11}	B_{12}	B_{13}	…	B_{1n}
B_2	B_{21}	B_{22}	B_{23}	…	B_{2n}
B_3	B_{31}	B_{32}	B_{33}	…	B_{3n}
…					
B_n	B_{n1}	B_{n2}	B_{n3}	…	B_{nn}

根据 T. L. Saaty 的 1～9 标度方法进行打分，不同重要程度分别赋予不同的分值

（表 6.2），得到不同因子间相互比较结果。

表 6.2　判断矩阵元素相关性标度方法

标度	含义
1	两个因子相比较，两者具有同样的重要性
3	两个因子相比较，其中一个比另一个稍微重要
5	两个因子相比较，其中一个相对另一个来说比较重要
7	两个因子相比较，其中一个相对另一个来说非常重要
9	两个因子相比较，其中一个相对另一个来说极其重要
2,4,6,8	介于上面两个相邻判断值的中间
倒数	若 i 与 j 相比较的判断值 b_{ij}，则 j 与 i 比较的判断值就为 $1/b_{ij}$

（3）计算层次单排序权重

层次单排序的目的是，对于上层次中的某元素而言，确定本层次与之有联系的元素重要性次序的权重值。层次单排序的任务可归结为计算判断矩阵的特征根和特征向量，即对于判断矩阵 $\boldsymbol{A}$，计算满足：$\boldsymbol{A}_w=\lambda_{\max}\boldsymbol{W}$，为 $\boldsymbol{A}$ 的最大特征根，$\boldsymbol{W}$ 为对应于 $\lambda_{\max}$ 的正规化特征向量，$\boldsymbol{W}$ 的分量 W_i 就是对应元素单排序的权重。

当 CI=0 时，判断矩阵具有完全一致性；CI 越大，判断矩阵的一致性就越差。通常 1 或 2 阶判断矩阵总是具有完全一致性。对于 2 阶以上的判断矩阵，其一致性指标 CI 与同阶的平均一致性指标 RI 之比，称为判断矩阵的随机一致性比例，记为 CR。一般当 CR=CI/RI<0.1，认为判断矩阵具有令人满意的一致性；否则，即 CR≥0.1 时，就需要调整判断矩阵，直到满意为止。

（4）计算层次总排序权重

利用同一层次中所有层次单排序的结果，计算针对上一层次而言的本层次所有元素的重要性权重值，这就是层次总排序。层次总排序需要从上到下逐层进行，各个指标在整个指标体系中的中排序权重计算方法如式（6.5）：

$$W_{x_i}=W_x W_{x-x_i} \tag{6.5}$$

式中：W_{x_i} 为一级指标在整个指标体系中的权重；W_{x-x_i} 为二级指标 x_i 在 x 层次上的权重；x=A,B,C,D,E（A,B,C,D,E 分别代表一级指标）。

为评价层次总排序计算结果的一致性，类似于层次单排序，需要进行一致性检验，分别计算下列指标（式（6.7）—式（6.8））：

$$\mathrm{CI}=\sum_{j=1}^{m}W_{aj}\mathrm{CI}_j \tag{6.6}$$

$$\mathrm{RI}=\sum_{j=1}^{m}W_{aj}\mathrm{RI}_j \tag{6.7}$$

$$\mathrm{CR}=\frac{\mathrm{CI}}{\mathrm{RI}} \tag{6.8}$$

式中：W_{aj} 表 A 层次中的元素 A_j 的层次总排序权重；CI 为层次总排序一致性指标，CI_j 为与 A_j 对应的下一层次的判断矩阵的一致性质指标；RI 为层次总排序的随机一致性指标，RI_j 为与 A_j

对应的下一层次中判断矩阵的随机一致性指标；CR 为层次总排序随机一致性比例。同样，当 CR<0.10 时，则认为层次总排序的计算结果具有令人满意的一致性；否则就需要对本层次的各判断矩阵进行调整，从而使层次总排序具有令人满意的一致性。

4. 指标标准化处理

自然灾害的危险性、暴露性和脆弱性三个评价因子又各包含若干个指标，为了消除各指标的量纲和数量级的差异，需对每一个指标值进行规范化处理。各个指标规范化计算采用公式如下：

$$D_{ij}=\frac{A_{ij}-\min_i}{\max_i-\min_i} \tag{6.9}$$

式中：D_{ij} 是 j 因子第 i 个指标的规范化值；A_{ij} 是 j 因子第 i 个指标值；$\min_i$ 和 $\max_i$ 分别是第 i 个指标值中的最小值和最大值。

6.2 植被生态气象灾害致灾危险性评估

6.2.1 干旱灾害致灾因子危险性评估

基于广西喀斯特地区植被气象干旱灾害指标分析结果显示（详见 5.1 节），气象干旱日数对植被生态影响较大，因此，研究采用气象干旱日数表征植被干旱致灾危险性评估指标。

依托 GIS 技术，采用反距离权重插值法和数据标准化处理方法，计算气象干旱致灾因子危险性指数，获得不同季节和年度广西喀斯特地区植被气象干旱致灾因子危险性指数空间分布图（图 6.4）。

由图 6.4 可知：广西喀斯特地区植被气象干旱灾害危险性时空分异明显。季度上看，春冬季气象干旱高危险性主要分布在百色市、崇左市，低危险性主要分布在柳州市、桂林市；夏季气象干旱高危险性主要分布在崇左市东部、来宾市南部和北部，低危险性主要分布在河池市北部、百色市西南部；秋季气象干旱高危险性主要分布在桂林市中部、柳州市南部、来宾市北部和南部，低危险性主要分布在河池市、百色市、崇左市；冬季气象干旱高危险性主要分布在百色市、河池市西南部、崇左市西部。年度上看，气象干旱高危险性主要分布河池市南部、柳州市南部、来宾市北部和南部、崇左市东部，低危险性主要分布在桂林市东北部、柳州市中部、河池市北部。

6.2.2 暴雨灾害致灾因子危险性评估

基于广西喀斯特地区植被暴雨灾害指标分析结果显示（详见 5.1 节），暴雨累积量对植被生态影响较大，因此，研究采用气象干旱日数表征植被暴雨致灾危险性评估指标。

依托 GIS 技术，采用反距离权重插值法和数据标准化处理方法，计算暴雨致灾因子危险性指数，获得不同季节和年度广西喀斯特地区暴雨致灾因子危险性指数空间分布图（图 6.5）。

由图 6.5 可知：广西喀斯特地区植被暴雨灾害危险性时空分异明显。季度上看，春季暴雨灾害高危险性主要分布在桂林市，低危险性主要分布在崇左市、百色市；夏季暴雨灾害高危险性主要分布在河池都安县、百色凌云县、柳州融水县和桂林永福县，低危险性主要分布在崇左市；秋季暴雨灾害高危险性主要分布在崇左市，低危险性主要分布柳州市、桂林市；冬季暴雨灾害高危险性主要分布在来宾市、贺州市，低危险性主要分布在河池市、百色市、崇左市。年度上看，年度暴雨灾害危险性分布特征与夏季相似。

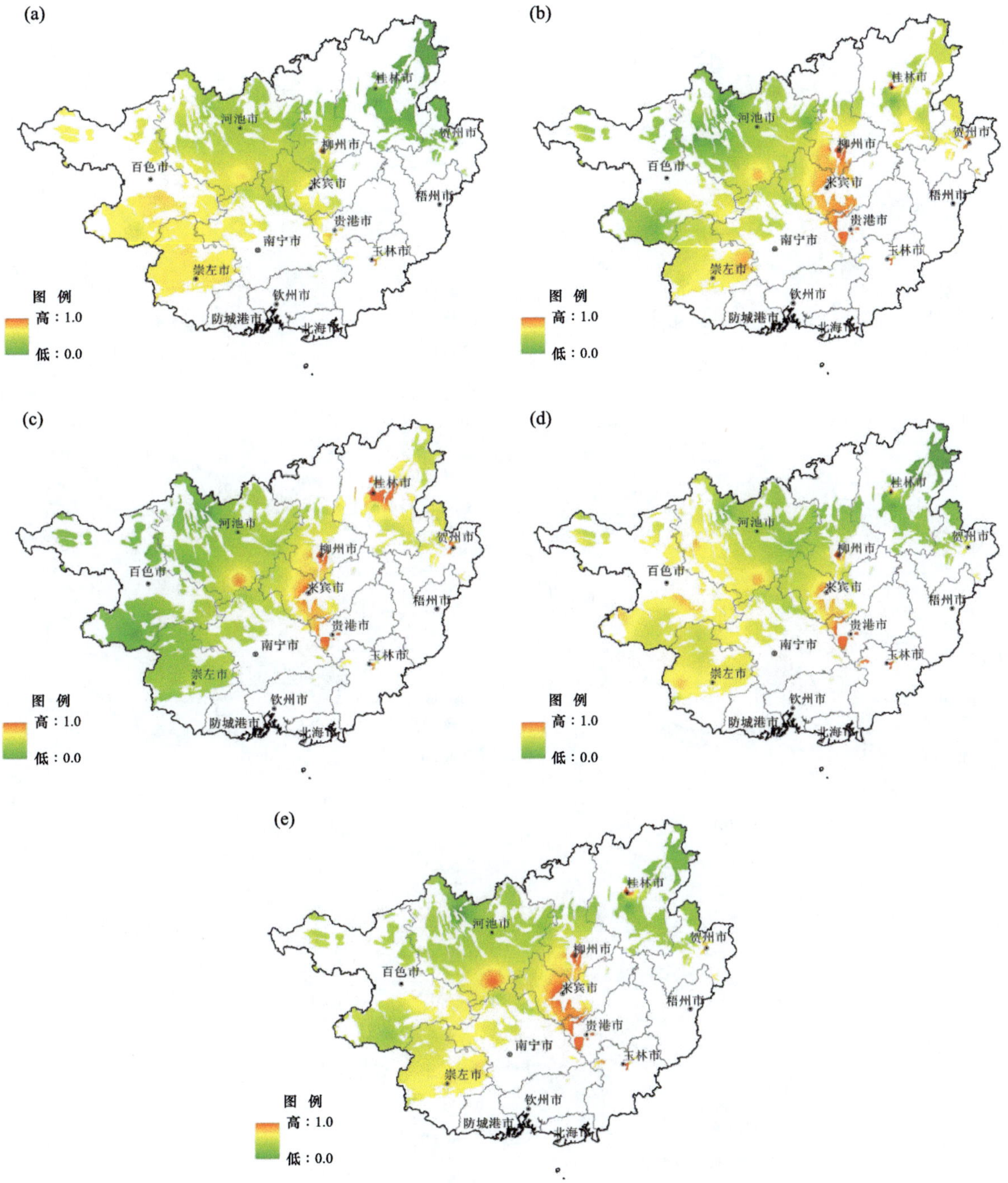

图 6.4　广西喀斯特地区植被气象干旱致灾因子危险性指数分布
(a)春季，(b)夏季，(c)秋季，(d)冬季，(e)年度

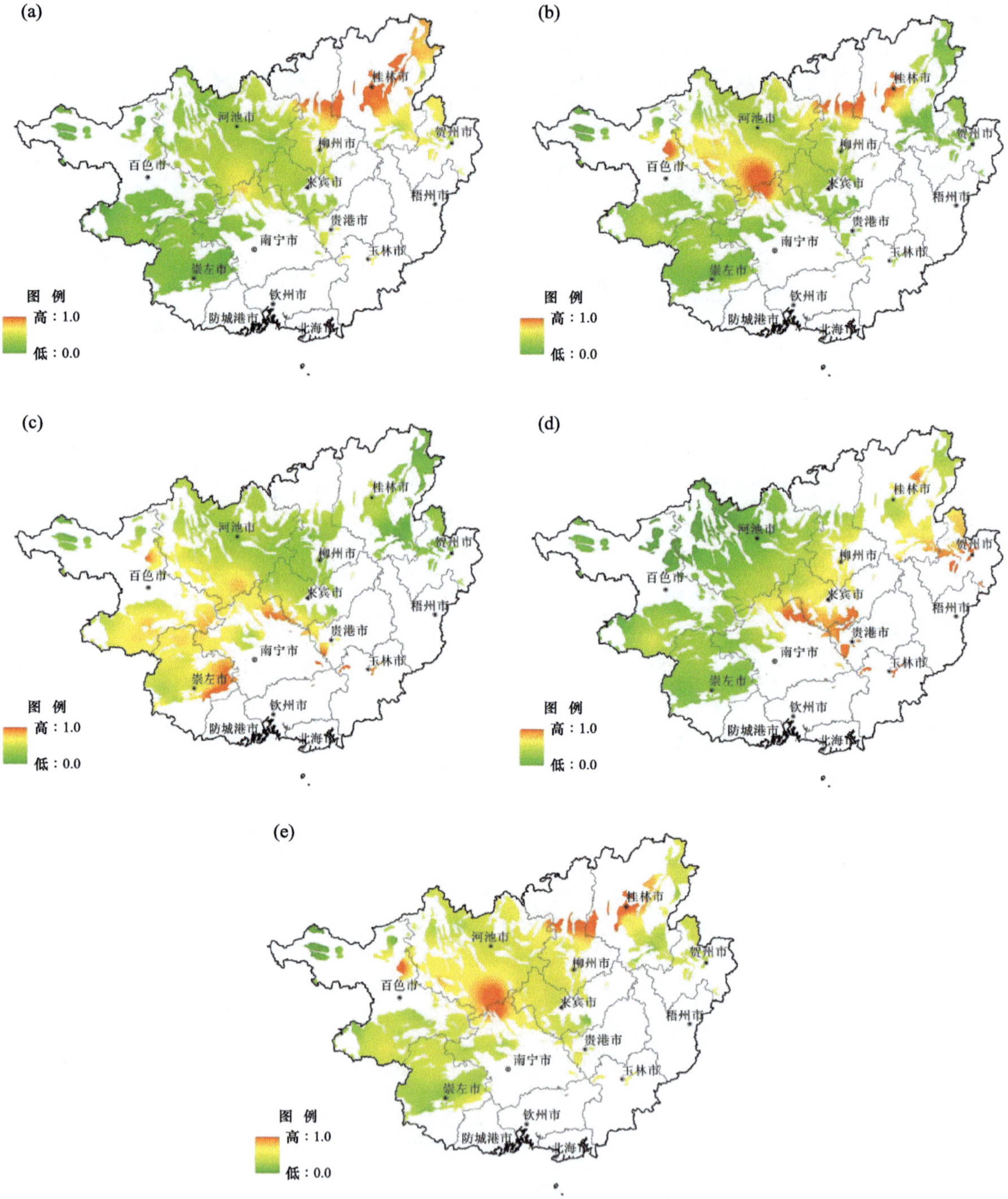

图 6.5 广西喀斯特地区植被暴雨致灾因子危险性指数分布
(a)春季，(b)夏季，(c)秋季，(d)冬季，(e)年度

6.2.3　高温灾害致灾因子危险性评估

基于广西喀斯特地区植被高温灾害指标分析结果显示(详见 5.1 节),高温日数对植被生态影响较大,因此,研究采用高温日数表征植被高温致灾危险性评估指标。

依托 GIS 技术,采用反距离权重插值法和数据标准化处理方法,计算高温致灾因子危险性指数,获得不同季节和年度广西喀斯特地区植被高温致灾因子危险性指数空间分布图(图 6.6)。

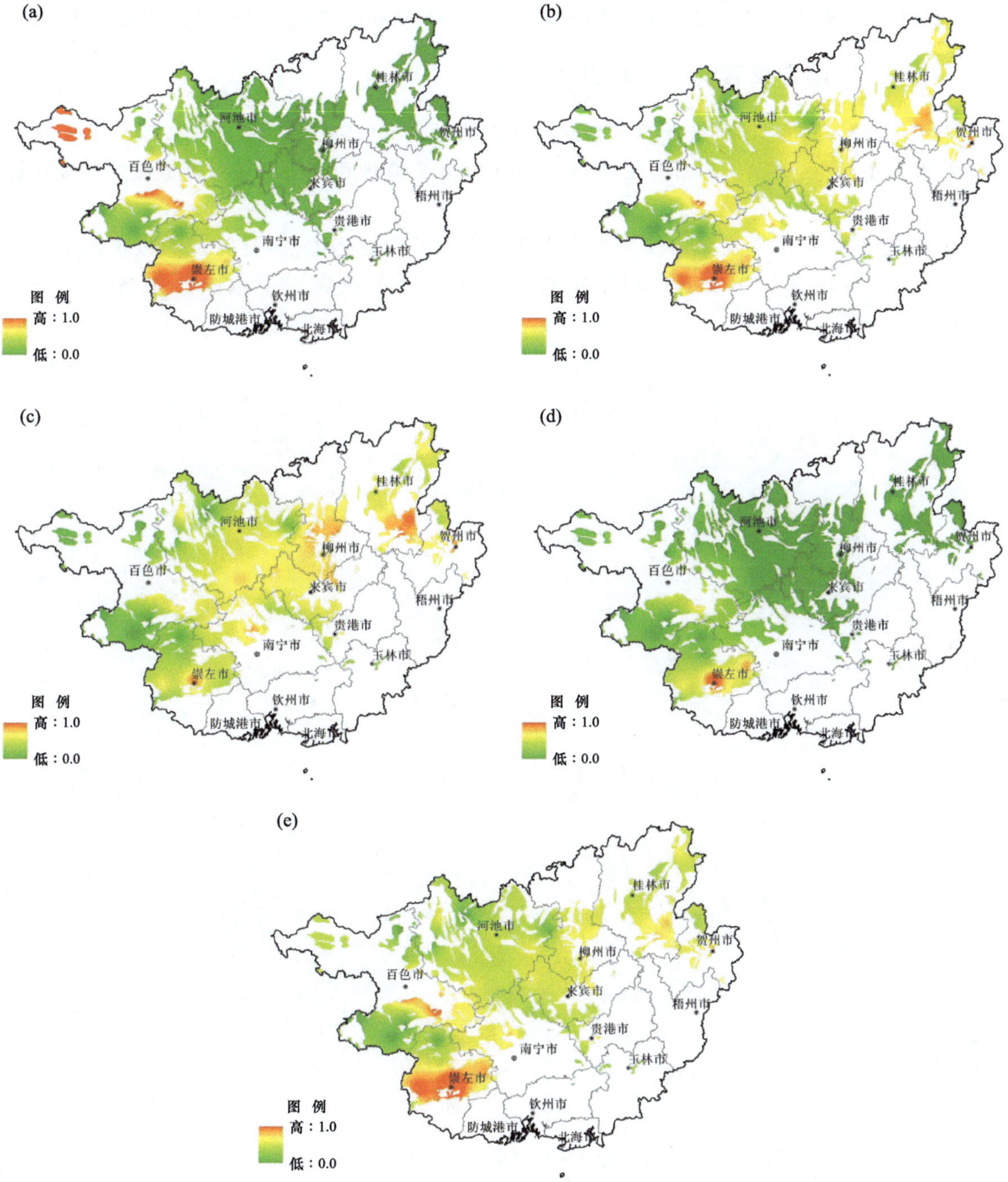

图 6.6　广西喀斯特地区植被高温致灾因子危险性指数分布
(a)春季,(b)夏季,(c)秋季,(d)冬季,(e)年度

由图 6.6 可知：广西喀斯特地区植被高温灾害危险性时空分异明显。季节上看，春季高温灾害高危险性主要分布在百色市西北部和南部、崇左市中部和西部，其余地区均为低危险性；夏季高温灾害高危险性主要分布在崇左市中部和西部、桂林市南部，低危险性主要分布在河池市北部和百色市西南部；秋季高温灾害高危险性主要分布在桂林市、柳州市南部，低危险性主要分布在河池市北部、百色市西南部、崇左市北部；冬季高温灾害高危险性主要分布在崇左市中部，其余地区均为低危险性；年度上看，年度高温灾害危险性分布在崇左市中部、东部和西部、百色市南部，低危险性主要分布在河池市北部、百色市西南部、崇左市北部、桂林市北部。

6.2.4 低温灾害致灾因子危险性评估

基于广西喀斯特地区植被低温灾害指标分析结果显示（详见第 5 章 5.1.4 节），低于 0 ℃有效积温对植被生态影响较大，因此，研究采用低于 0 ℃有效积温表征植被低温致灾危险性评估指标。

依托 GIS 技术，采用反距离权重插值法和数据标准化处理方法，计算低温致灾因子危险性指数，获得不同季节和年度广西喀斯特地区植被低温致灾因子危险性指数空间分布（图 6.7）。

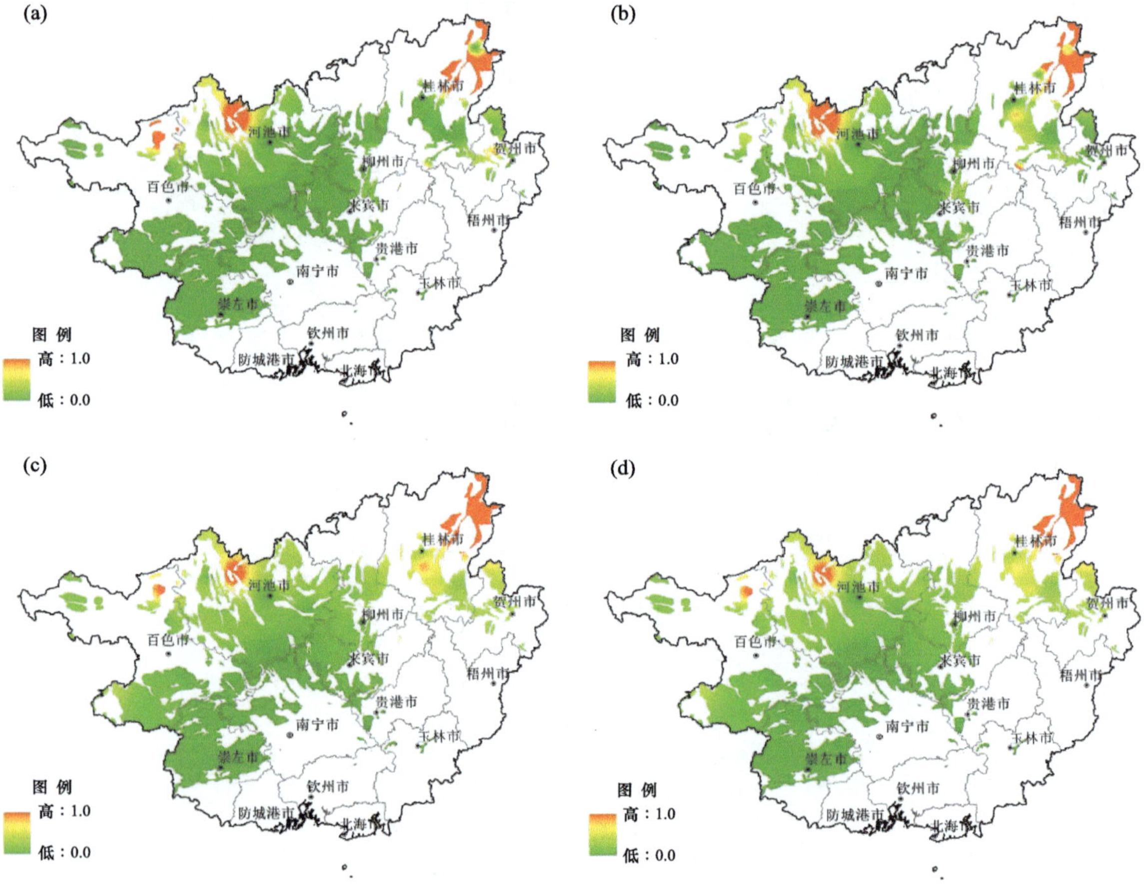

图 6.7　广西喀斯特地区植被低温致灾因子危险性指数分布

(a)春季，(b)秋季，(c)冬季，(d)年度由图6.7可知：广西喀斯特地区植被低温灾害危险性时空（除夏季无低温危险性外）分布特征相似。低温灾害高危险性主要分布在百色市、河池市和桂林市北部高寒山区，其余地区均为低危险性区域。

6.3 植被生态气象灾害承灾体暴露度评估

生态系统除了给人类提供实物型生态产品外，同时还以其巨大的生物多样性向人类提供着更多类型的非实物型的生态服务，这些非实物型生态服务为人类带来了巨大的福利，有着巨大的经济价值。因而，生态资产包括两部分内容：隐形的生态系统服务功能价值和有形的自然资源直接价值。但随着全球气候变化，极端气象灾害频繁发生，对广西喀斯特地区植被生态系统造成了巨大的影响（详见5.2节），以致严重影响了植被生态资产价值。因此，广西喀斯特地区植被生态气象灾害承灾体暴露度评估主要选取植被生态资产指标表征。

6.3.1 植被生态资产计算方法

一定区域内生态资产的总量是一个随时间动态变化的量值，它是区域内所有生态系统类型提供的所有服务功能及其自然资源价值的总和，并随着区域内所含有的生态系统的类型、面积、质量的变化而变化。一定区域内的生态资产价值总量均可以表示为（潘耀忠 等，2004）：

$$V=\sum_{c=1}^{n}V_c \tag{6.10}$$

式中：V表示生态资产价值总量；c表示生态系统类型；V_c表示第c类生态系统生态资产价值。

$$V_c=\sum_{i=1}^{n}\sum_{j=1}^{m}R_{ij}V_{ci}S_{ij} \tag{6.11}$$

式中：i表示第c类生态系统的第i种生态服务功能；V_{ci}表示第c类生态系统的第i种生态服务功能类型的单位面积价值；$j=1,2,\cdots,m$，表示一定区域内第c类生态系统在空间上分布的像元数；S_{ij}表示各个像元的面积。R_{ij}表示每个像元的调整系数，它是由生态系统的质量状况决定的，研究选用植被覆盖度（FVC）以及植被净初级生产力（NPP）来表征，对于任一像元，调整系数可表示为：

$$R_{ij}=(\mathrm{NPP}_j/\mathrm{NPP}_{\mathrm{mean}}+\mathrm{FVC}_j/\mathrm{FVC}_{\mathrm{mean}})/2 \tag{6.12}$$

式中：$\mathrm{NPP}_{\mathrm{mean}}$和$\mathrm{FVC}_{\mathrm{mean}}$为区域内第$c$类生态系统植被净初级生产力的均值和植被覆盖度的均值；NPP_j和FVC_j为像元j的植被净初级生产力和植被覆盖度。

6.3.2 植被生态资产价值估算

基于植被生态系统类型、NPP和FVC数据，利用GIS技术计算植被生态资产，获得2000—2020年不同季节和年度平均单位面积广西喀斯特地区植被生态资产总量（图6.8）。

2000—2020年广西喀斯特地区植被生态资产时空分布显示：广西喀斯特地区植被生态资产时空分布差异明显。时间上，夏季植被生态资产平均单位面积价值量最大，约为120万元·km^{-2}，其次为秋季，平均单位面积价值约为115万元·km^{-2}，春、冬季最小，平均单位面积价值分别约为86万元·km^{-2}、56万元·km^{-2}。空间上，来宾市西北部、河池西北部、崇左中部等区域植被生态资产价值较高，建成区植被生态资产价值较低。

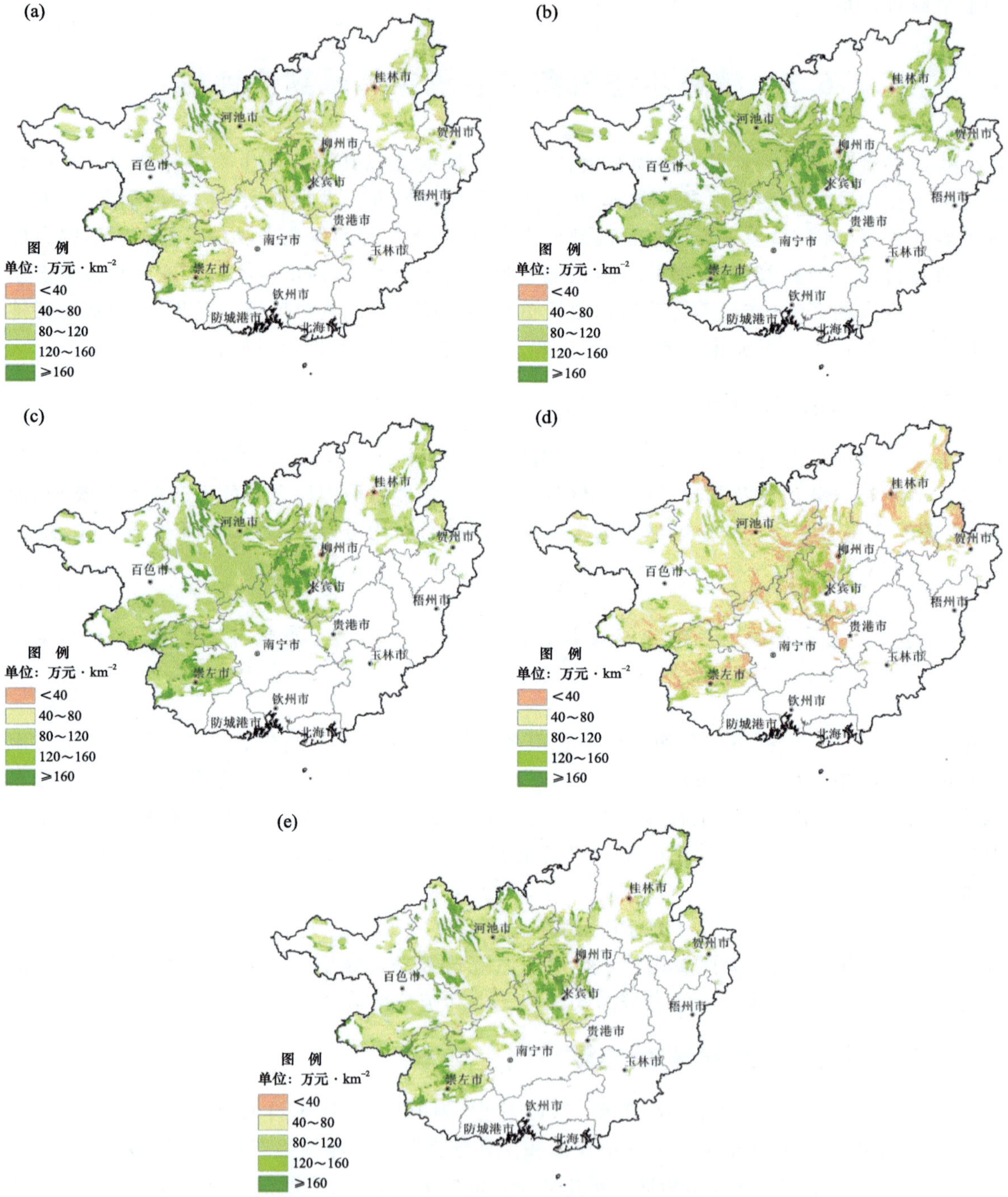

图 6.8 广西喀斯特地区植被生态资产空间分布

(a)春季，(b)夏季，(c)秋季，(d)冬季，(e)年度

6.3.3　植被生态气象灾害暴露度评估

基于植被生态资产价值，利用 GIS 技术和数据标准化处理方法，计算不同季度和年度广西喀斯特地区植被生态气象灾害承灾体暴露度(图 6.9)。

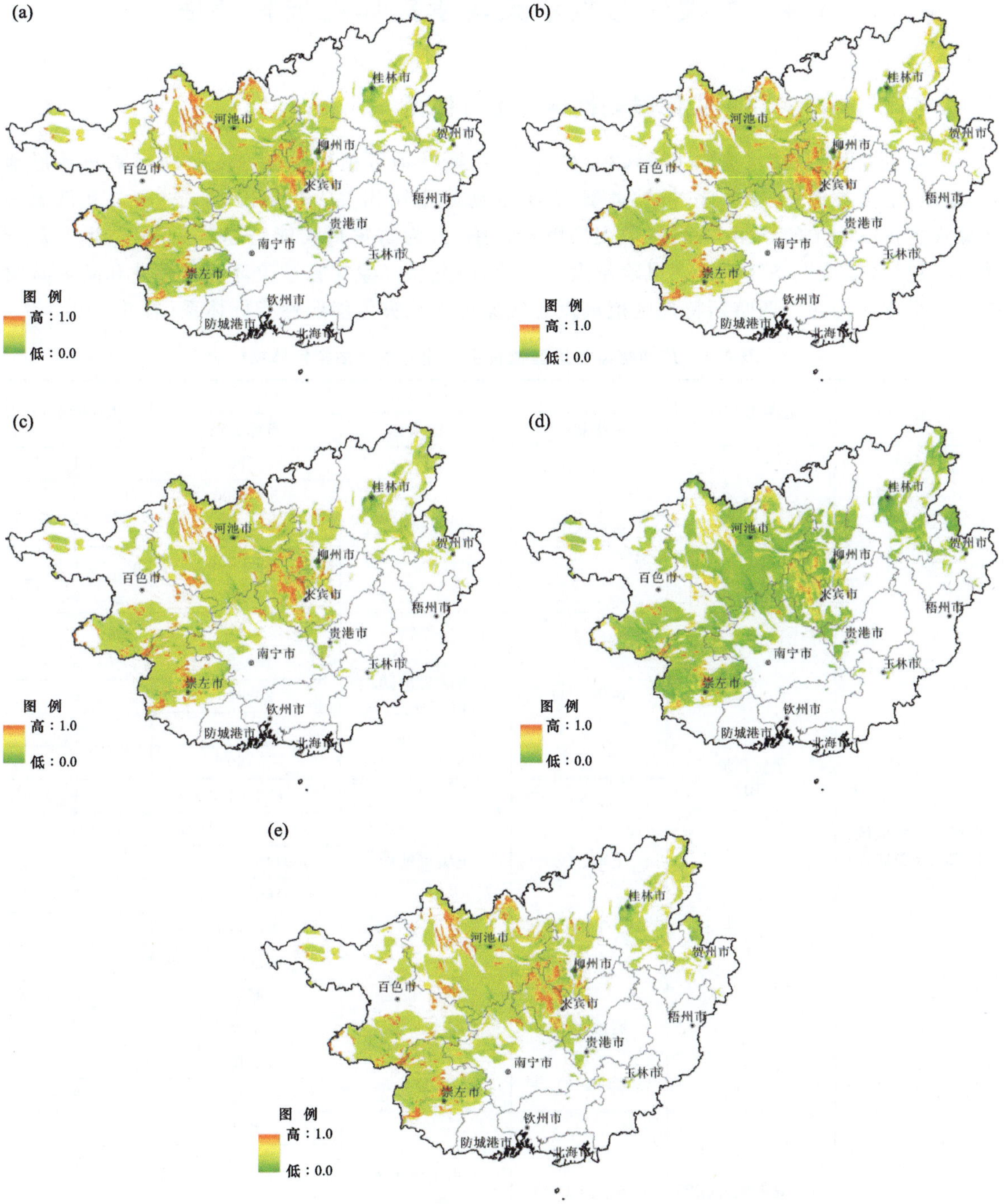

图 6.9　广西喀斯特地区植被生态气象灾害承灾体暴露度分布
(a)春季，(b)夏季，(c)秋季，(d)冬季，(e)年度

由图 6.9 可知：夏秋季广西喀斯特地区植被生态气象灾害承灾体暴露度较高，主要分布在植被生态资产价值较高的来宾市西北部、河池西北部、崇左中部等区域；春、冬季植被生态气象灾害承灾体暴露度较低，主要分布在植被生态资产价值较低的城镇地区。

6.4 植被生态气象灾害承灾体脆弱性评估

6.4.1 气象灾害承灾体脆弱性评估指标体系

前期研究结果表明（莫建飞 等，2022），广西喀斯特地区植被生态演变驱动因素与地形地貌、地质、土壤类型、土壤质地、植被类型、人类活动等密切相关。在暴雨、干旱、高温和低温等气象灾害致灾因子的作用下，自然孕灾环境越敏感、人为防灾抗灾能力越薄弱，植被生态资产受影响越大，植被生态气象灾害风险越大。因此，研究从气象灾害孕灾环境敏感性和防灾减灾能力两个方面构建广西喀斯特地区植被生态气象灾害承灾体脆弱性指标体系（表 6.3）。

表 6.3　广西喀斯特地区植被生态脆弱性评估指标体系

目标层(A)	准则层(B)	指标层(C)			脆弱性分值
		一级指标	二级指标	指标分级	
广西喀斯特地区植被生态脆弱性评估	孕灾环境(B1)	地形(C1)	地形起伏度/m	≤50	1
				50～100	3
				100～150	5
				150～200	7
				＞200	9
		地质(C2)	碳酸岩出露面积百分比/%	≤10	1
				10～20	3
				20～40	5
				40～60	7
				＞60	9
		土壤(C3)	土壤可蚀性	≤0.0120	1
				0.0120～0.0140	3
				0.0140～0.0160	5
				0.0160～0.0180	7
				＞0.0180	9
		植被(C4)	植被生态系统类型	森林	1
				灌丛	3
				草地	5
				农田	7
				裸地	9
	防灾减灾能力(B2)	社会经济(C5)	人均国民生产总值/万元	≤2	9
				2～4	7
				4～8	5
				8～10	3
				＞10	1

根据广西喀斯特地区气象灾害对植被变化的影响，规定量值从 1～9 脆弱性依次增加，获得广西喀斯特地区植被生态气象灾害承灾体脆弱性指数(图 6.10)。

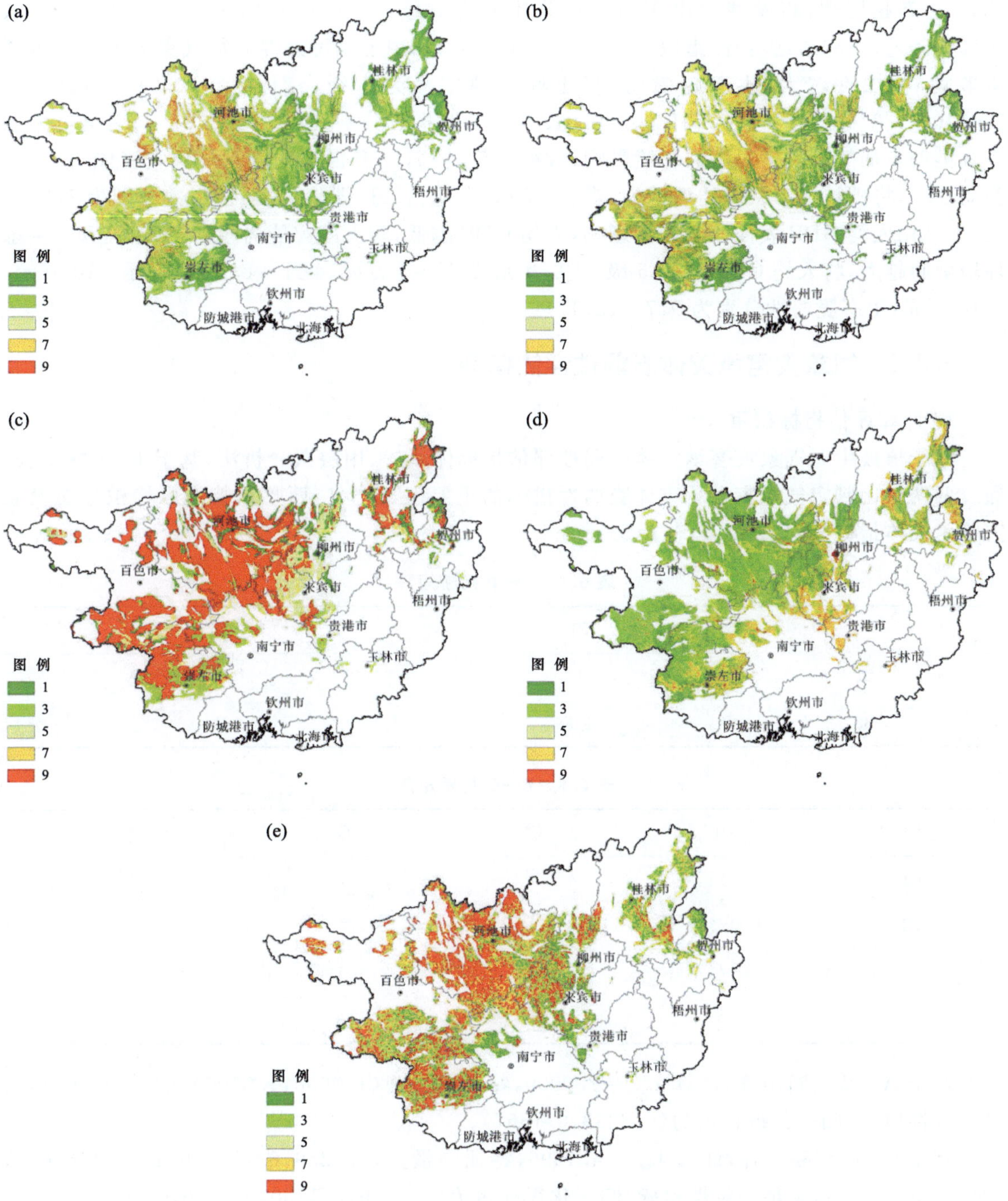

图 6.10　广西喀斯特地区植被生态气象灾害承灾体脆弱性指数分布

(a)地形，(b)地质，(c)土壤，(d)植被，(e)社会经济利用地形起伏度表征气象灾害对地形环境影响，地形起伏度越大，生态越脆弱。将地形起伏度分为5级：≤50 m、50～100 m、100～150 m、150～200 m、>200 m，脆弱性指数分别为1、3、5、7、9。利用碳酸岩出露面积百分比表征气象灾害对地质环境影响，碳酸岩出露面积百分比越大，生态越脆弱，将碳酸岩出露面积百分比分为5级：≤10%、10%～20%、20%～40%、40%～60%、>60%，脆弱性指数分别为1、3、5、7、9。利用土壤可蚀性表征气象灾害对土壤环境影响，可蚀性越大，生态越脆弱，将土壤可蚀性分为5级：≤0.0120、0.012～0.0140、0.0140～0.0160、0.0160～0.0180、>0.0180，脆弱性指数分别为1、3、5、7、9。利用植被生态系统类型表征气象灾害对植被环境影响，被覆盖度越高，具有强烈的抵御气象灾害能力，生态脆弱性小，将植被生态系统类型分为：森林、灌丛、草地、农田、裸地，脆弱性指数分别为1、3、5、7、9。利用人均GDP表征社会经济影响，人均GDP越低，防灾减灾能力越弱，气象灾害对生态环境威胁越大，将人均GDP分为5级：≤2万元、2万～4万元、4万～8万元、8万～10万元、>10万元，生态脆弱性分别为9、7、5、3、1。

6.4.2 气象灾害承灾体脆弱性评估模型

1. 计算评估指标权重

基于植被生态气象灾害承灾体脆弱性评估指标体系，采用层次分析法，基于1～9标度法，通过两两对比判定气象灾害承灾体脆弱性指标的重要性，建立广西喀斯特地区植被生态气象灾害承灾体指标矩阵(表6.4、表6.5)。

表6.4 A—B判断矩阵

A	B1	B2
B1	1	5
B2	1/5	1

表6.5 B—C判断矩阵

B1	C1	C2	C3	C4
C1	1	2	3	1/2
C2	1/2	1	2	1/2
C3	1/3	1/2	1	1/3
C4	2	2	3	1

基于A—B判断矩阵，计算$\lambda_{max}=2.0000$，特征向量为(1.0000，1.0000)，CR=0<0.1，满足一致性检验，归一化得权重为(0.8333，0.1667)。

基于B—C判断矩阵，计算$\lambda_{max}=4.1096$，特征向量为(1.1259，0.7234，0.4204，1.6300)，CR=0.029<0.1，满足一致性检验，归一化得权重为(0.2739，0.1750，0.0906，0.4606)。

将B1、B2层归一化后的权重在A层下再次归一化后，得到5项指标的权重总排序(表6.6)。

表 6.6 承灾体脆弱性评估指标权重总排序

B 层次	C 层次				
	C1	C2	C3	C4	C5
	0.2739	0.1750	0.0906	0.4606	1.0000
B1	0.8333	0.8333	0.8333	0.8333	0.0000
B2	0.0000	0.0000	0.0000	0.0000	0.1667
总权重值	0.2282	0.1458	0.0755	0.3838	0.1667

2. 建立评估模型

基于评估指标权重，采用加权综合评价法，建立广西喀斯特地区植被生态气象灾害承灾体脆弱性评估模型，公式如式(6.13)：

$$VFI = 0.2282TER + 0.1458CAR + 0.0755SOI + 0.3838VEG + 0.1667GDP \quad (6.13)$$

式中：VFI 为承灾体脆弱性指数；TER 为地形起伏度；CAR 为碳酸岩出露百分比；SOI 为土壤可侵蚀性；VEG 为植被类型；GDP 为人均国民生产总值。

6.4.3 评估结果

基于生态脆弱性评估指标与模型，利用 GIS 技术计算广西喀斯特地区植被生态气象灾害承灾体综合脆弱性指数(图 6.11)。

由图 6.11 可知，广西喀斯特地区植被生态气象灾害承灾体高脆弱性主要分布在河池市南部、百色市西部，低脆弱性主要分布在柳州市中部、桂林市东北部、崇左市中部。

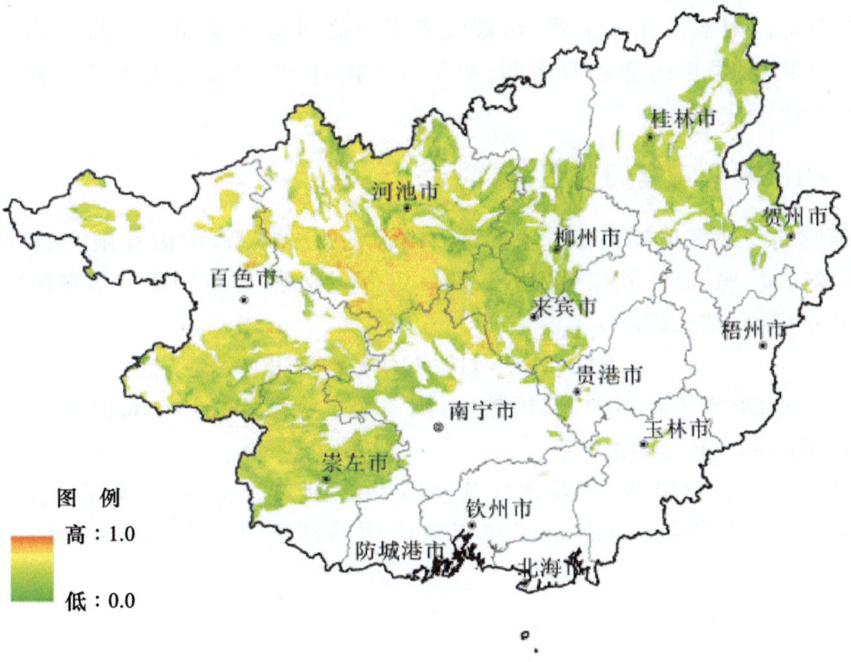

图 6.11 广西喀斯特地区植被生态气象灾害承灾体脆弱性评估

6.5 植被生态气象灾害风险评估与区划

6.5.1 植被气象干旱灾害风险区划

根据广西喀斯特地区植被生态气象灾害风险评估指标体系，考虑干旱灾害的致灾因子危险性、承灾体暴露度、脆弱性，利用层次分析法确定因子权重，综合构建广西喀斯特地区植被干旱灾害风险评估模型，公式如下：

$$FDRI_{dr} = VHI_{dr}^{0.54} VEI_{md}^{0.16} VFI_{md}^{0.30} \tag{6.14}$$

式中：$FDRI_{dr}$为干旱灾害风险指数，其值越大，则灾害风险度越高；VHI_{dr}表示干旱致灾因子危险性指数；VEI_{md}表示气象灾害承灾体暴露度；VFI_{md}表示气象灾害承灾体脆弱性指数。

利用均值—标准差分级法，将植被干旱灾害风险指数划分为低风险、较低风险、中等风险、较高风险、高风险 5 个等级，绘制季度和年度广西喀斯特地区植被气象干旱灾害风险区划图（图 6.12）。

由图 6.12 可知，广西喀斯特地区植被气象干旱灾害风险等级时空分异明显。季度上看，春、冬季植被气象干旱高风险区主要分布在百色市、崇左市、河池市南部、来宾市西北部，低风险区主要分布在河池市北部、柳州市中部、桂林市大部；夏季植被气象干旱高风险区主要分布在崇左市北部、百色市南部、来宾市南部、柳州南部、河池市南部，低风险区主要分布在河池市北部、桂林市东北部、百色市西南部；秋季气象干旱高风险区主要分布在桂林市大部、柳州市中部和西南部、来宾市南部和西北部、崇左市东北部，低风险区主要分布河池市北部、百色市西南部。年度上看，植被气象干旱高风险区主要分布崇左市大部、百色市南部、河池市南部、来宾市南部和西南部、柳州市西南部，低风险区主要分布在桂林市大部、柳州市中部、河池市北部。

6.5.2 植被暴雨灾害风险区划

根据广西喀斯特地区植被生态气象灾害风险评估指标体系，考虑暴雨灾害的致灾因子危险性、承灾体暴露度、脆弱性，利用层次分析法确定因子权重，综合构建广西喀斯特地区植被暴雨灾害风险评估模型，如式(6.15)：

$$FDRI_{tr} = VHI_{tr}^{0.54} VEI_{md}^{0.30} VFI_{md}^{0.16} \tag{6.15}$$

式中：$FDRI_{tr}$为暴雨灾害风险指数，其值越大，则灾害风险度越高；VHI_{tr}值表示暴雨灾害致灾因子危险性；VEI_{md}和 VFI_{md}同上。

利用均值—标准差分级法，将暴雨灾害风险指数划分为低风险、较低风险、中等风险、较高风险、高风险 5 个等级，绘制季度和年度广西喀斯特地区植被暴雨灾害风险区划图（图 6.13）。

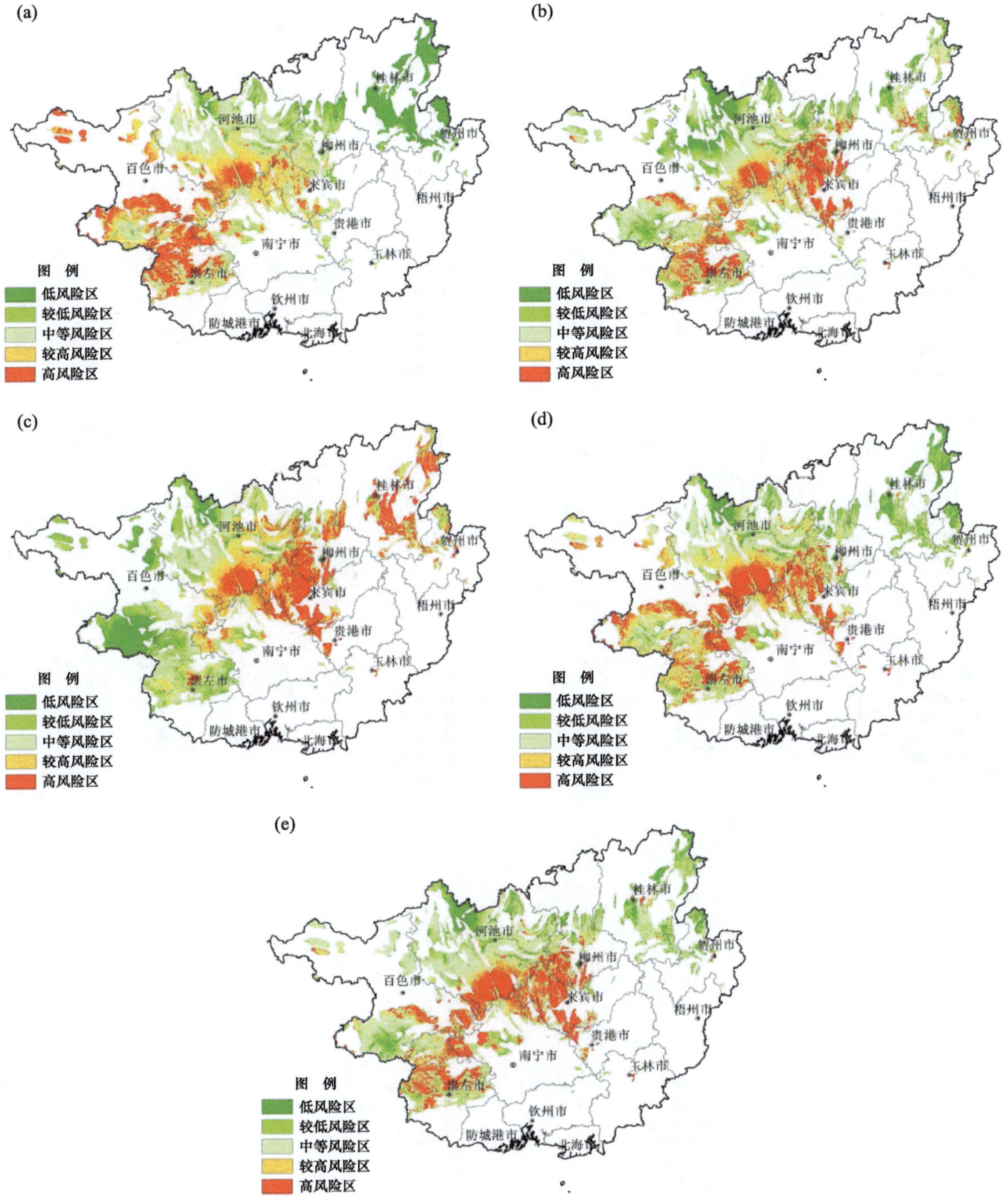

图 6.12　广西喀斯特地区植被干旱灾害风险等级区划

(a)春季，(b)夏季，(c)秋季，(d)冬季，(e)年度

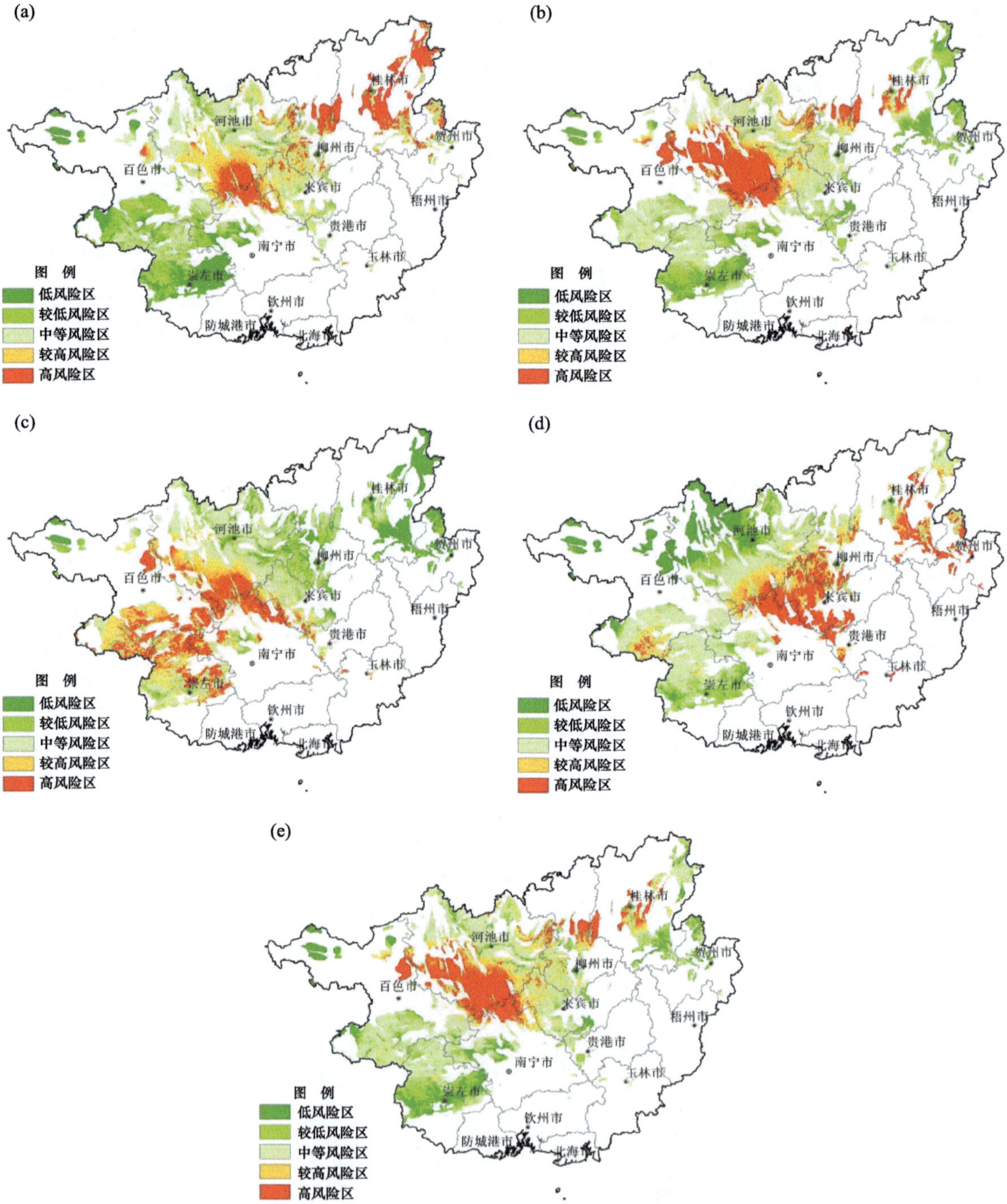

图 6.13　广西喀斯特地区植被暴雨灾害风险等级区划
(a)春季，(b)夏季，(c)秋季，(d)冬季，(e)年度

由图 6.13 可知，广西喀斯特地区暴雨灾害风险等级时空分异明显。季度上看，春季暴雨灾害高风险区主要分布在桂林市、柳州中部、河池市南部，低风险区主要分布在崇左市、百色市；夏季暴雨灾害高风险区主要分布在河池市南部都安县、大化县、西部巴马县、东兰县，百色市东北部凌云县，柳州市融安县和桂林永福县、临桂区、灵川县，低风险区主要分布在崇左市；秋季暴雨灾害高风险区主要分布在崇左市东部扶绥县、百色市东北部凌云县，南宁市北部上林县，低风险区主要分布柳州市、桂林市；冬季暴雨灾害高风险区主要分布在来宾市南部兴宾区、南宁市北部上林县、马山县，贺州市西北部钟山县，低风险区主要分布在河池市北部、百色市北部、崇左市西部。年度上看，年度暴雨灾害风险等级分布特征与夏季相似。

6.5.3 高温灾害风险评估与区划

根据广西喀斯特地区植被生态气象灾害风险评估指标体系，考虑高温灾害的致灾因子危险性、承灾体暴露度、脆弱性，利用层次分析法确定因子权重，综合构建广西喀斯特地区植被高温灾害风险评估模型，公式如下：

$$FDRI_{ht} = VHI_{ht}^{0.54} VEI_{md}^{0.16} VFI_{md}^{0.30} \tag{6.16}$$

式中：$FDRI_{ht}$ 为高温灾害风险指数，其值越大，则灾害风险度越高；VIII_{ht} 表示高温致灾因了危险性指数；VEI_{md} 和 VFI_{md} 同上。

利用均值—标准差分级法，将植被高温灾害风险指数划分为低风险、较低风险、中等风险、较高风险、高风险 5 个等级，绘制季度和年度广西喀斯特地区植被高温灾害风险区划图（图 6.14）。

由图 6.14 可知：广西喀斯特地区植被高温灾害风险等级时空分异明显。季度上看，春、冬季高温灾害高风险区主要分布在百色市南部、崇左市大部，低风险区主要分布在柳州市大部、桂林市大部、河池市东部；夏季高温灾害高风险区主要分布在崇左市中部和西部、百色市南部、来宾市西北部、柳州市西南部、桂林市东北部和南部，低危险性主要分布在百色市西南部、河池市北部、崇左市北部。年度上看，年度高温灾害高风险区主要分布在百色市南部和东南部、崇左市中部和东西部、河池市西南部、来宾市西北部、柳州市西南部、桂林市南部，低风险区主要分布在崇左市北部、百色市西南部、河池市北部、桂林市北部。

6.5.4 低温灾害风险评估与区划

根据广西喀斯特地区植被生态气象灾害风险评估指标体系，考虑低温灾害的致灾因子危险性、承灾体暴露度、脆弱性，利用层次分析法确定因子权重，综合构建广西喀斯特地区植被低温灾害风险评估模型，如式（6.17）：

$$FDRI_{lt} = VHI_{lt}^{0.54} VEI_{md}^{0.16} VFI_{md}^{0.30} \tag{6.17}$$

式中：$FDRI_{lt}$ 为低温灾害风险指数，其值越大，则灾害风险度越高；VHI_{lt} 表示低温致灾因子危险性指数；VEI_{md} 和 VFI_{md} 同上。

利用均值—标准差分级法，将植被低温灾害风险指数划分为低风险、较低风险、中等风险、较高风险、高风险 5 个等级，绘制季度和年度广西喀斯特地区植被低温灾害风险区划图（图 6.15）。

由图 6.15 可知，广西喀斯特地区植被低温灾害风险等级时空（除夏季无低温灾害风险外）

分布特征相似。低温灾害高风险区主要分布在百色市、河池市和桂林市北部高寒山区，其余大部分均为低、较低风险区域。

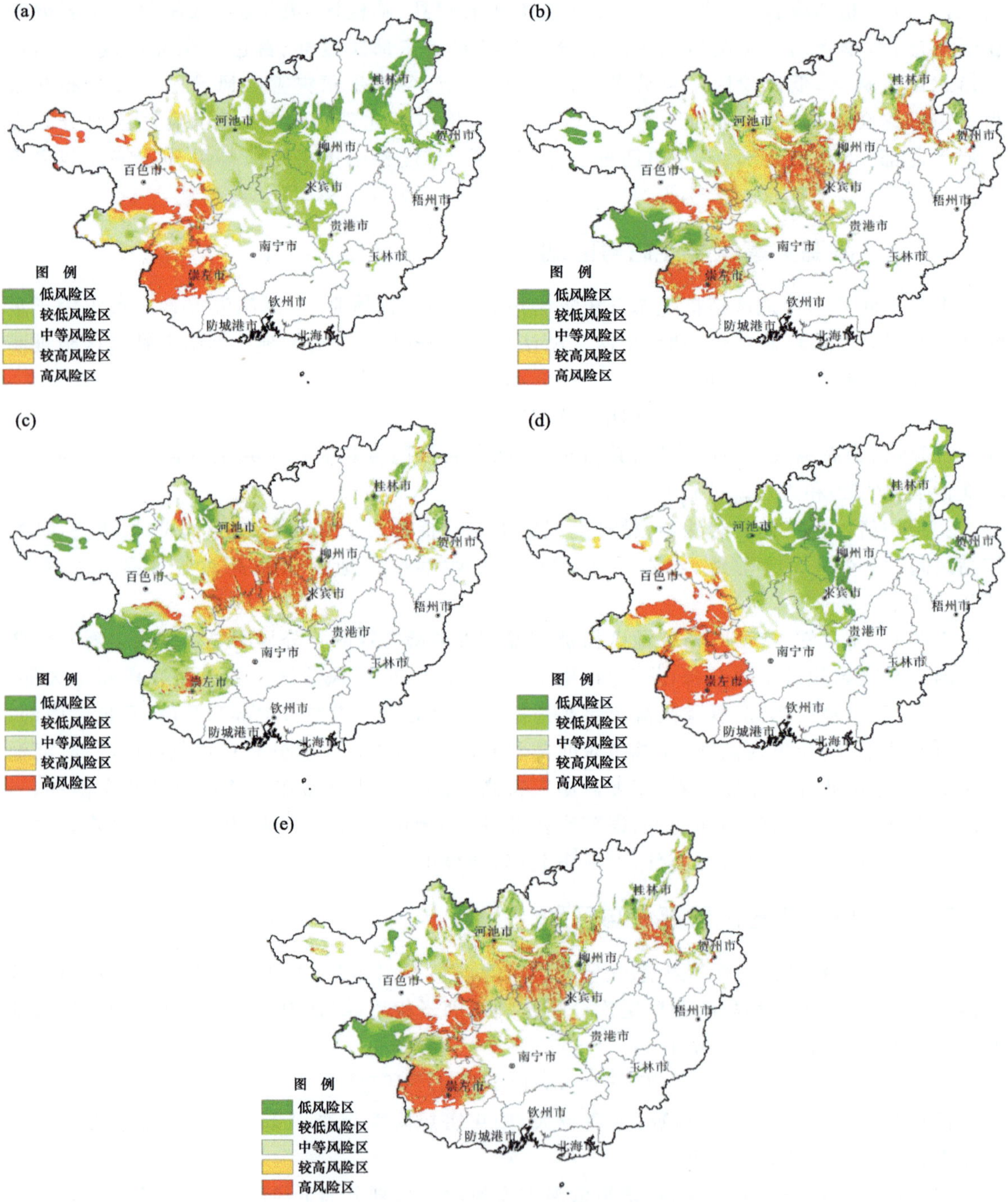

图 6.14 广西喀斯特地区植被高温灾害风险等级区划

(a)春季，(b)夏季，(c)秋季，(d)冬季，(e)年度

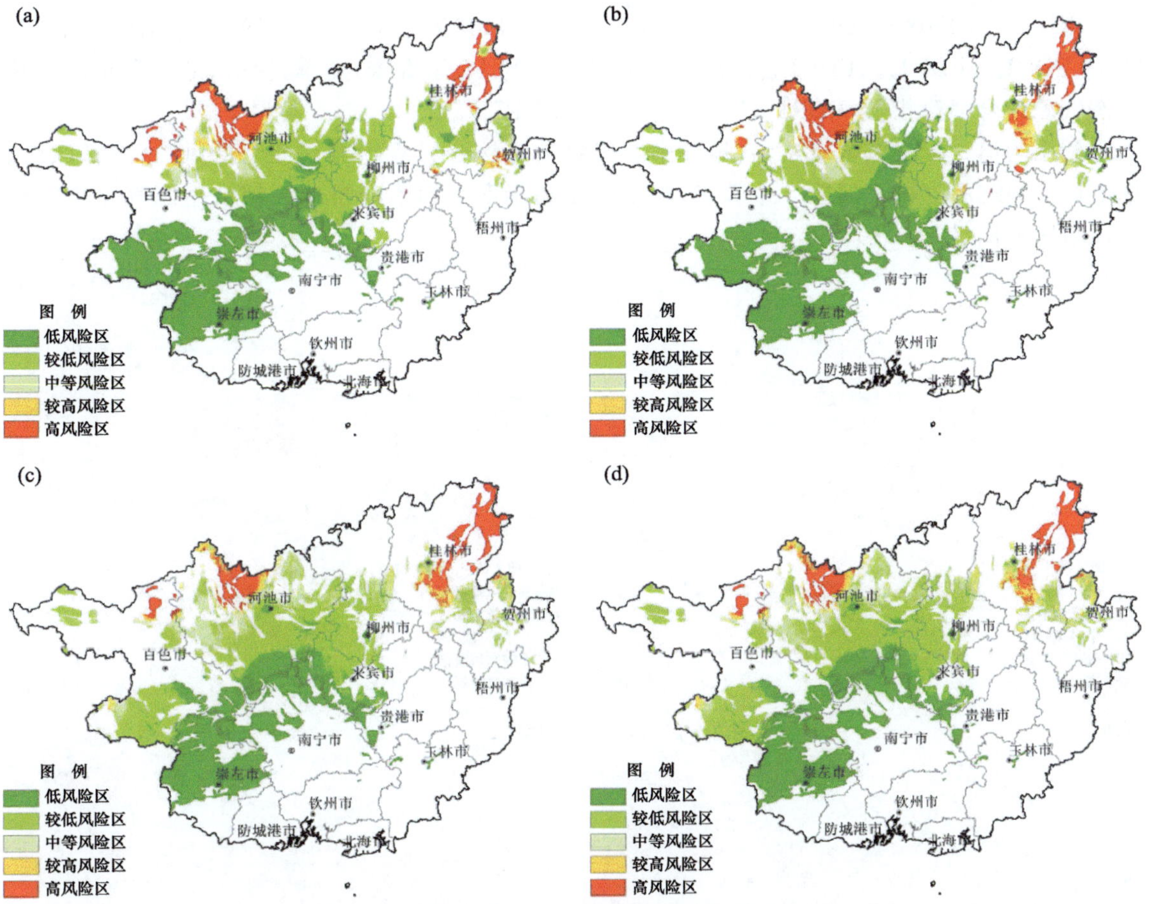

图 6.15　广西喀斯特地区植被低温灾害风险等级区划

(a)春季，(b)秋季，(c)冬季，(d)年度

6.5.5　气象灾害综合风险评估与区划

综合考虑不同时间尺度干旱、暴雨、高温、低温灾害对植被生态的影响（详见 5.1 节），利用层次分析法确定单一气象灾种权重（表 6.7）。

表 6.7　广西喀斯特地区植被各气象灾种权重值

时间	干旱	暴雨	高温	低温
春季	0.4671	0.2778	0.0951	0.1600
夏季	0.3108	0.4934	0.1958	—
秋季	0.4835	0.0881	0.2719	0.1565
冬季	0.4725	0.0955	0.1160	0.3160
年度	0.4707	0.1355	0.1140	0.2798

基于不同时间尺度单一气象灾种权重，利用加权综合评价法，构建广西喀斯特地区植被气象灾害综合风险评估模型，公式如式(6.18)—式(6.22)：

$$\mathrm{FDRI}_{spr}=0.4671\times\mathrm{FDRI}_{dr}+0.2778\times\mathrm{FDRI}_{tr}+0.0951\times\mathrm{FDRI}_{ht}+0.1600\times\mathrm{FDRI}_{lt} \tag{6.18}$$

$$\mathrm{FDRI}_{sum}=0.3108\times\mathrm{FDRI}_{dr}+0.4934\times\mathrm{FDRI}_{tr}+0.1958\times\mathrm{FDRI}_{ht} \tag{6.19}$$

$$\mathrm{FDRI}_{aum}=0.4835\times\mathrm{FDRI}_{dr}+0.0881\times\mathrm{FDRI}_{tr}+0.2719\times\mathrm{FDRI}_{ht}+0.1565\times\mathrm{FDRI}_{lt} \tag{6.20}$$

$$\mathrm{FDRI}_{win}=0.4725\times\mathrm{FDRI}_{dr}+0.0955\times\mathrm{FDRI}_{tr}+0.1160\times\mathrm{FDRI}_{ht}+0.3160\times\mathrm{FDRI}_{lt} \tag{6.21}$$

$$FDRI_{year}=0.4707\times FDRI_{dr}+0.1355\times FDRI_{tr}+0.1140\times FDRI_{ht}+0.2798\times FDRI_{lt} \quad (6.22)$$

式中：$FDRI_{spr}$、$FDRI_{sum}$、$FDRI_{aum}$、$FDRI_{win}$、$FDRI_{year}$分别表示春季、夏季、秋季、冬季和年度植被生态气象综合风险指数，$FDRI_{dr}$、FDR_{tr}、$FDRI_{ht}$、$FDRI_{lt}$同上。

利用均值—标准差分级法，将植被生态气象灾害综合风险指数划分为低风险、较低风险、中等风险、较高风险、高风险 5 个等级，绘制季度和年度广西喀斯特地区植被生态气象灾害综合风险区划图（图 6.16）。

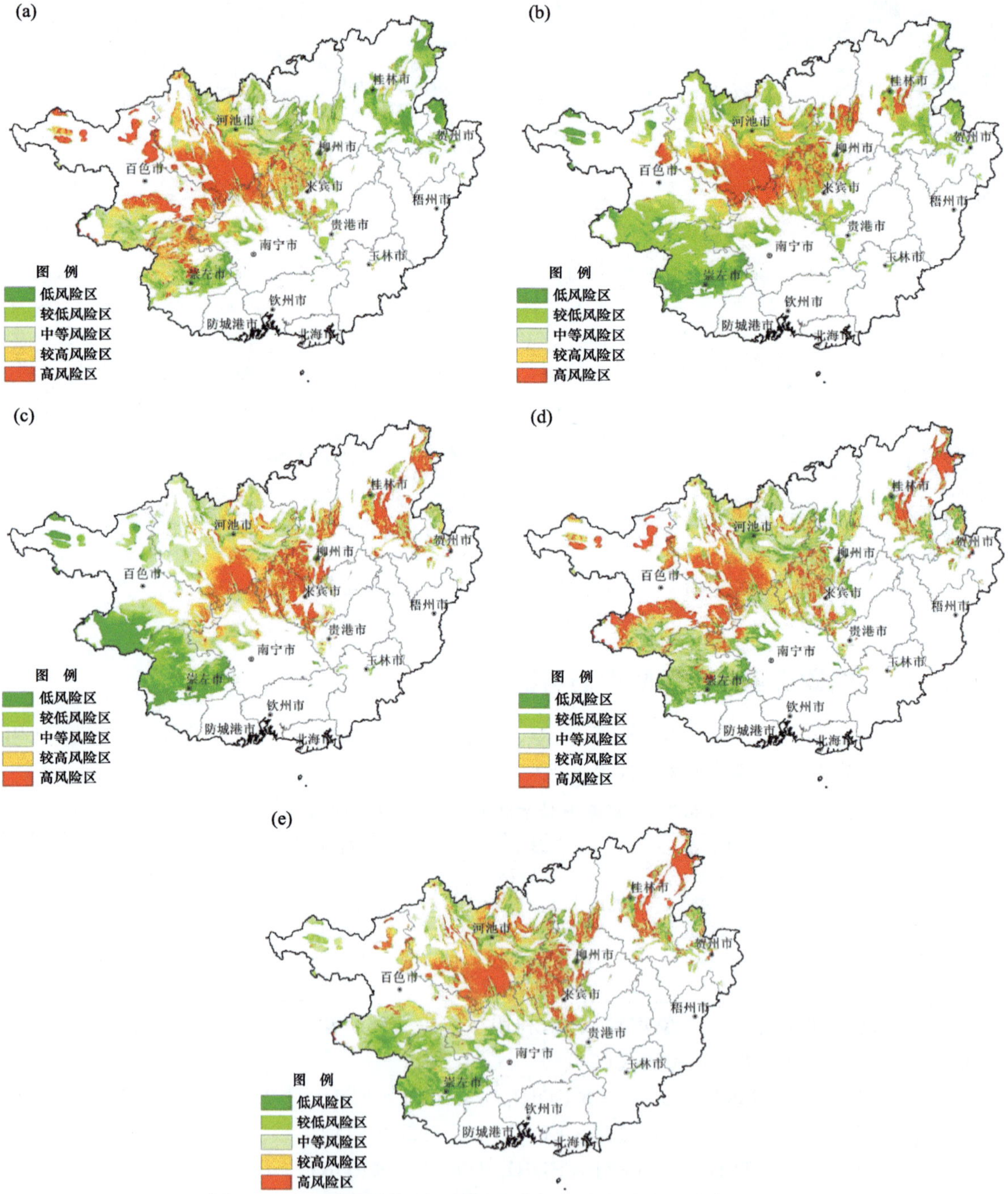

图 6.16 广西喀斯特地区植被生态气象灾害综合风险等级区划
(a)春季，(b)夏季，(c)秋季，(d)冬季，(e)年度

由图6.16可知：广西喀斯特地区植被生态气象灾害综合风险等级时空分异明显。季度上看，春季气象灾害高风险区主要分布在百色市大部、河池市西南部、南宁市北部、崇左市北部、来宾市西北部，低风险区主要分布在河池市东部、柳州市中部、桂林市大部、崇左市东部；夏季气象灾害高风险区主要分布在河池市南部、来宾市西北部、柳州市中部，桂林市中部，低风险区主要分布在崇左市大部、百色市大部、河池市北部、桂林市东北部；秋季气象灾害高风险区主要分布在河池市南部、来宾市西北部、柳州市中部和西南部、桂林市大部，低风险区主要分布在百色市和崇左市大部；冬季气象灾害高风险区主要分布在百色市大部、河池市西南部、来宾市西北部、桂林市东北部，低风险区主要分布在崇左市大部、百色市西南部。年度上看，气象灾害高风险区主要分布在百色市东部、河池市南部、柳州市中部和西南部、来宾市西北部、桂林市南部和东北部，低风险区主要分布在崇左市大部、百色市西南部。

6.6　广西喀斯特地区石漠化防治气象灾害分区

6.6.1　石漠化防治气象灾害分区指标

广西石漠化防治气象灾害分区主要考虑石漠化等级和气象灾害风险等级两个指标。综合2000—2020年石漠化指数，将广西喀斯特地区石漠化分为4级：潜在、轻度、中度、重度（详见3.1节）。根据气象灾害综合风险指数，将风险等级分5级：低、较低、中等、较高、高（详见6.5节）。石漠化等级越重、气象灾害风险等级越高，石漠化等级变化越敏感，气象灾害防治等级越高。通过专家打分对石漠化等级和气象灾害风险等级的不同组合进行赋值（表6.8）。

表6.8　广西喀斯特地区石漠化防治气象灾害分区指标

石漠化等级	气象灾害风险等级				
	低	较低	中等	较高	高
潜在	1	2	3	4	5
轻度	3	4	5	6	7
中度	4	5	6	7	8
重度	5	6	7	8	9

6.6.2　石漠化防治气象灾害等级区划

基于GIS技术，根据石漠化防治气象灾害分区指标，获得不同季节和年度广西喀斯特地区石漠化防治气象灾害分区指数（图6.17）。

根据石漠化防治气象灾害分区指数划分为一般防治区、次重点防御区、重点防治区3个分区，绘制季度和年度广西喀斯特地区石漠化防治气象灾害区划图（图6.18）。

广西喀斯特地区石漠化防治气象灾害分区结果显示（图6.18、表6.9）：广西喀斯特地区石漠化防御气象灾害时空分异明显，季节上冬、春季重点防御面积较大，夏、秋季较小。冬、春季重点防御区主要分布在喀斯特地区西北部百色市，平均占比为10.4%，次重点防御区主要分布在河池市西部、西南部，平均占比为30.9%，一般防御区主要分布在喀斯特地区东北部的柳州市、桂林市、南部的来宾市、西南部的崇左市，平均占比为58.7%；夏季重点防御区主要分布在百色市东南部、河池市西南部，占比为6.9%，次重点防御区主要分布在来宾市西北部、柳州市西南部和中部，占比为30.6%，一般防御区主要分布在崇左市大部、河池市北部、桂林市东北部，占比为 62.5%；秋季重点防御区主要分布在百色市东南部、来宾市西北部、桂林市南部和东北部，占比为 7.2%，次重点防御区主要分布在河池市南部、南宁市北部，占比为 29.6%，一般防御区主要分布在崇左市大部、百色市西南部、河池市北部，占比为 63.2%。年度上，重点防御区主要分布在百色市大部、河池市西部、桂林市东北部，占比为 10.5%，次重点防御区主要分布在河池市南部、来宾市西北部、柳州市西南部，占比为 31.0%，一般防御区主要分布在崇左市大部、河池市北部、柳州市和桂林市中部，占比为 58.5%。

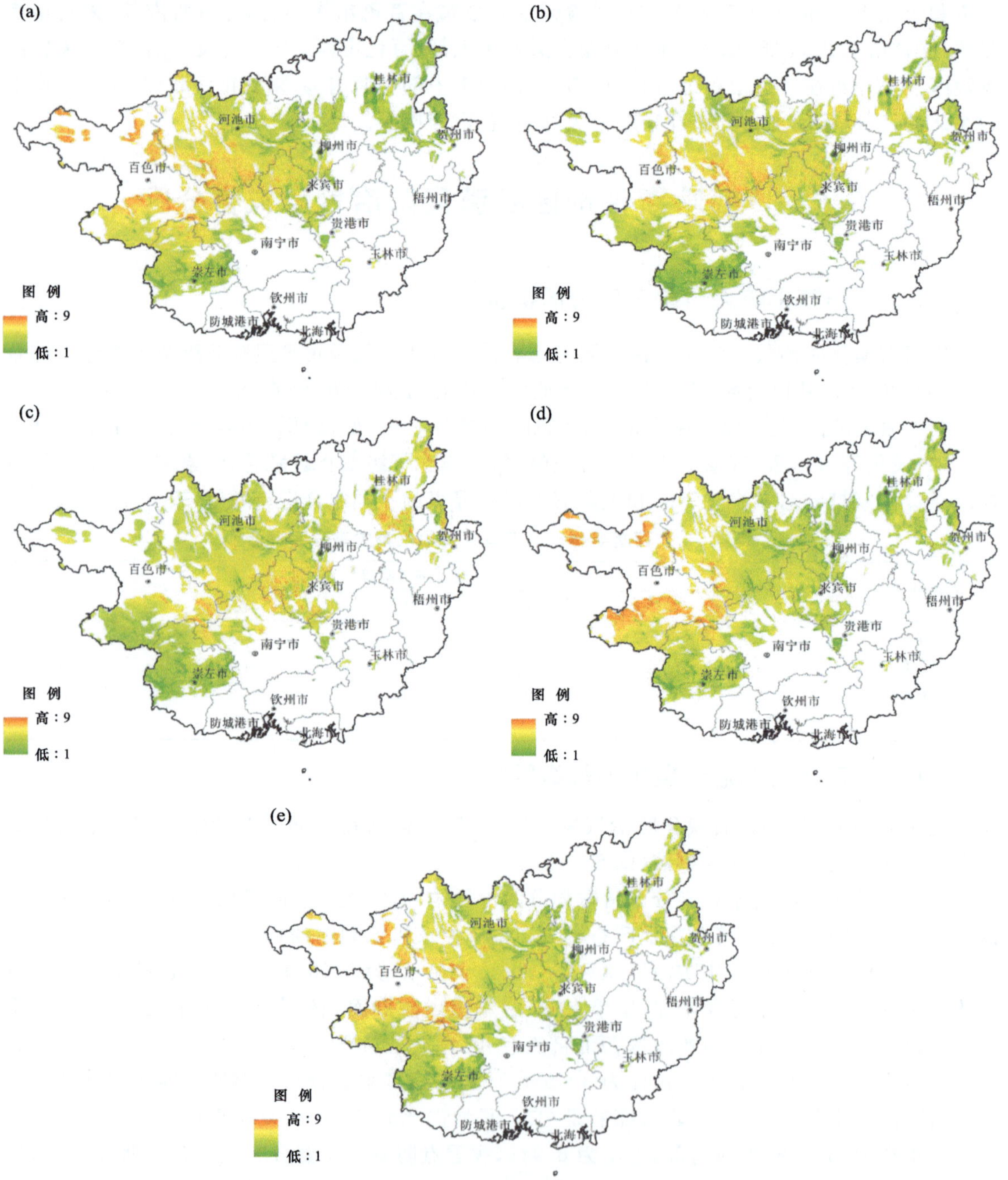

图 6.17　广西喀斯特地区石漠化防治气象灾害分区指数分布

(a)春季，(b)夏季，(c)秋季，(d)冬季，(e)年度

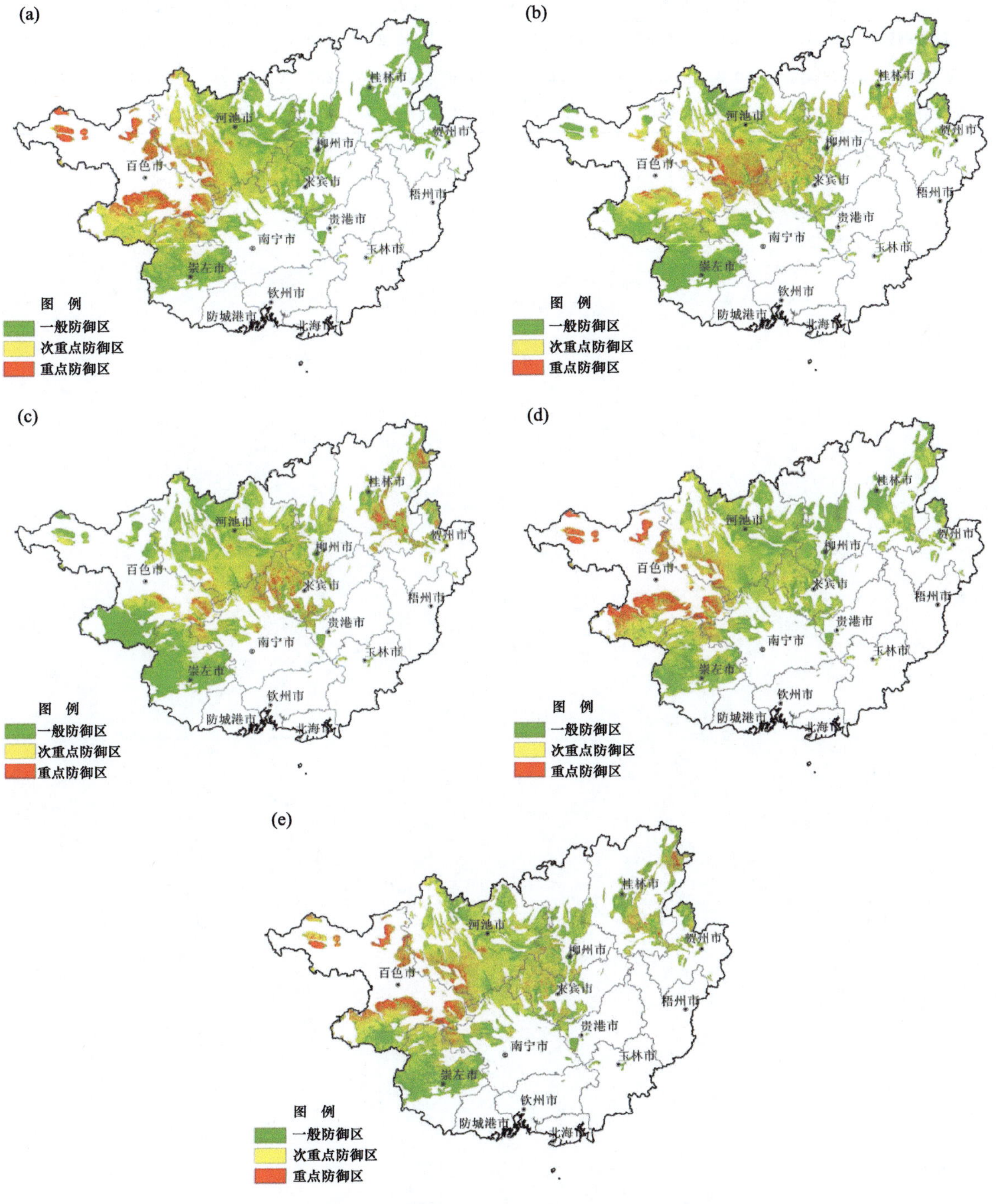

图 6.18　广西喀斯特地区石漠化防治气象灾害分区
(a)春季，(b)夏季，(c)秋季，(d)冬季，(e)年度

表 6.9 广西喀斯特地区石漠化防治气象灾害分区面积及占比统计

分区	春季		夏季		秋季		冬季		年度	
	面积/km²	占比/%	面积/km²	占比/%	面积/km²	占比/%	面积/km²	占比/%	面积/km²	占比/%
一般防御区	42562.2	59.0	45088.7	62.5	45585.2	63.2	42204.1	58.5	42204.1	58.5
次重点防御区	22227.3	30.8	22097.3	30.6	21347.6	29.6	22374.1	31.0	22374.1	31.0
重点防御区	7343.5	10.2	4947.0	6.9	5200.3	7.2	7554.9	10.5	7554.9	10.5

第7章

广西喀斯特植被生态气象灾害灾损监测评估系统与示范应用

综合遥感和气象数据等多源数据，基于B/S+JAVA开发，Linux操作系统部署，数据库采用Postgresql，开发了广西喀斯特植被生态气象灾害灾损监测评估系统，主要包含植被生态监测、气象灾害监测、气象灾害灾损评估、气象灾害风险区划四个功能模块。

7.1　系统设计与开发

7.1.1　总体架构设计

本系统是依托软件建设的标准体系和安全体系，通过软件基础支撑完成总体架构的数据服务层、产品研发层、业务平台层、服务应用层、服务对象层的建设实现广西喀斯特植被生态气象灾害灾损监测评估系统，形成业务流程与规范，实现业务产品制作，并开展业务应用示范。

广西喀斯特植被生态气象灾害灾损监测评估系统包括喀斯特植被生态监测模块、喀斯特气象灾害监测模块、喀斯特植被生态质量气象灾害灾损评估、喀斯特气象灾害灾损区划、专题图制图模块、用户管理等功能（图7.1）。

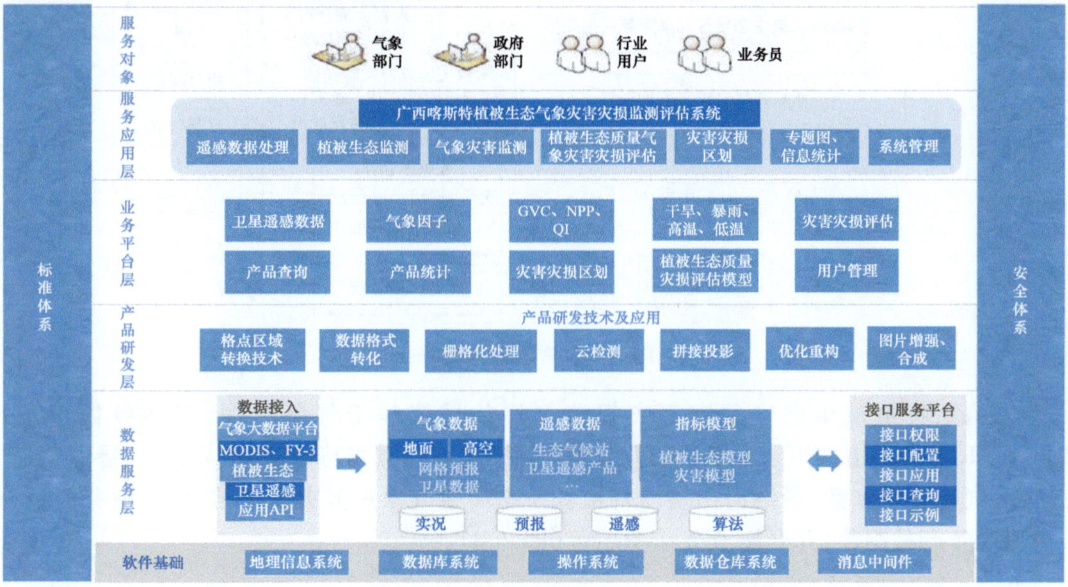

图7.1　总体架构

7.1.2 总体业务流程设计

广西喀斯特植被生态气象灾害灾损监测评估系统基于长时间序列 NDVI 数据，结合气象观测资料，植被覆盖度(FVC)、植被净初级生产力(NPP)、植被生态质量等植被生态参数，进行喀斯特地区植被生态监测、灾害的计算与最终形成广西喀斯特地区植被生态质量灾损评估和风险区划模型(图 7.2)。

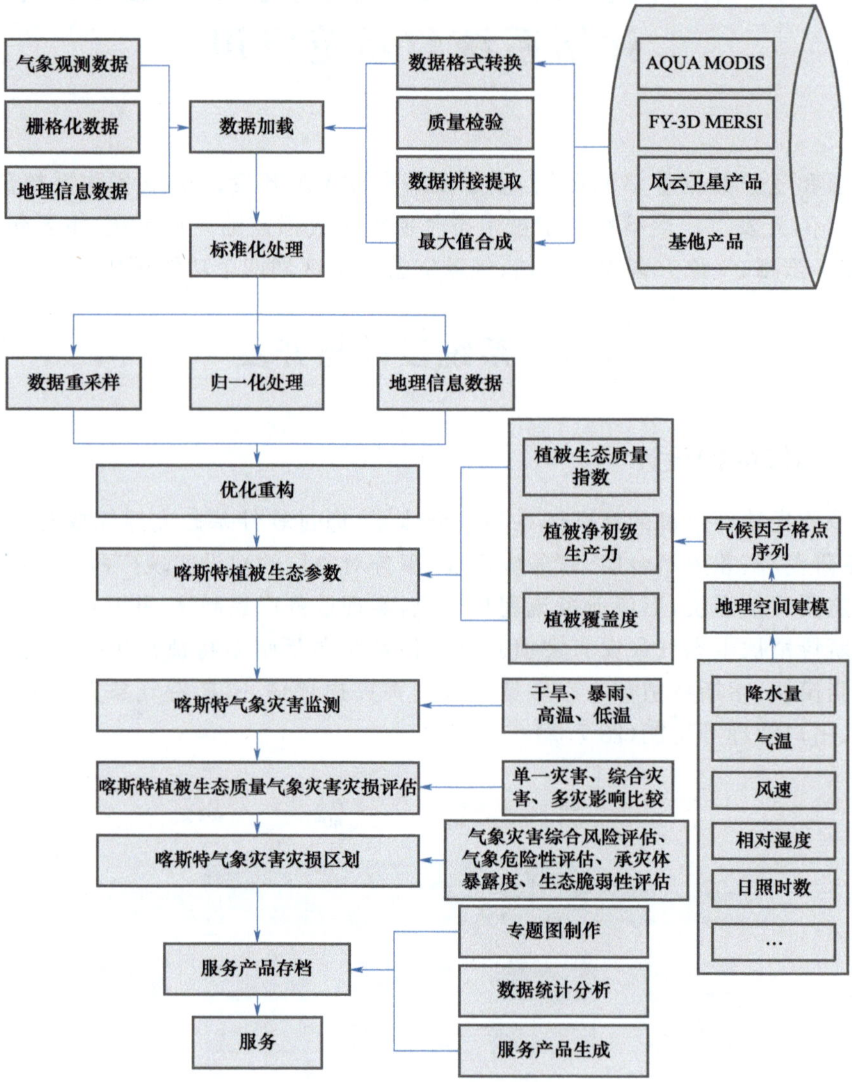

图 7.2　总体数据流程

广西喀斯特植被生态气象灾害灾损监测评估系统基于气象数据、遥感数据(MODIS MOD13、MOD17)、植被生态参数、通过根据喀斯特灾害监测指标计算生成干旱、暴雨洪涝、低温灾害等气象灾害参数，最终得出喀斯特植被生态质量气象灾害灾损评估，形成业务流程与规范，实现业务产品制作，并开展业务应用示范(图 7.3)。

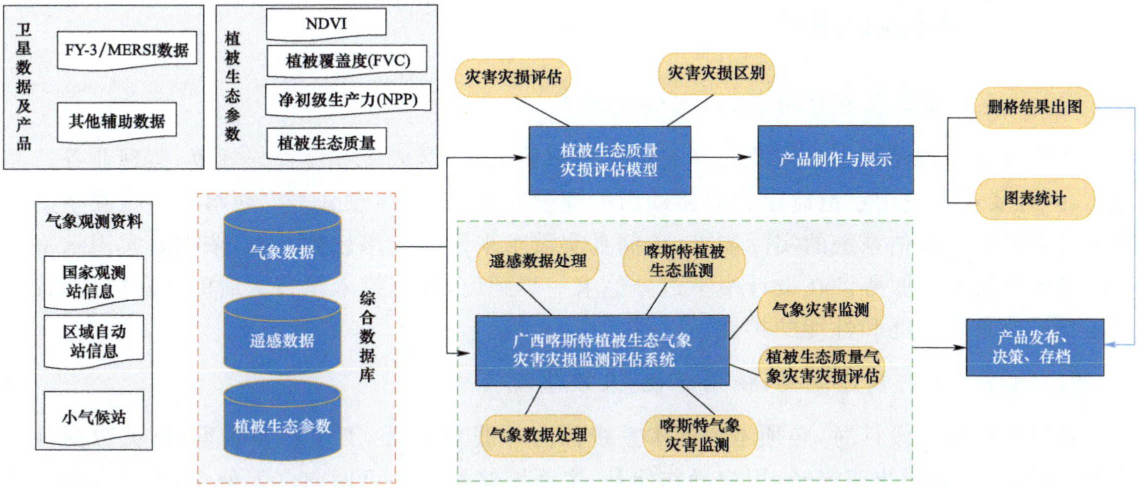

图 7.3　总体系统流程

7.1.3　功能结构设计

广西喀斯特植被生态气象灾害灾损监测评估系统包括喀斯特植被生态监测模块(基于长时间序列 NDVI 数据,结合气象观测资料,植被覆盖度(FVC)、植被净初级生产力(NPP)、植被生态质量等植被生态参数,进行喀斯特地区植被生态监测),喀斯特气象灾害监测模块(基于气象数据,根据喀斯特灾害监测指标计算生成干旱、暴雨洪涝、低温灾害等气象灾害参数,完成喀斯特地区气象灾害监测分析),喀斯特植被生态质量气象灾害灾损评估(基于广西喀斯特地区植被生态质量灾损评估模型计算灾损评估、基于网页展示灾害和灾损评估结果,按区域生成专题图和灾损评估专题图和灾损信息统计表),喀斯特气象灾害灾损区划(基于 WebGIS 技术,实现气象灾害灾损区划的展示、区域数据下载、专题图制作)(图 7.4)。

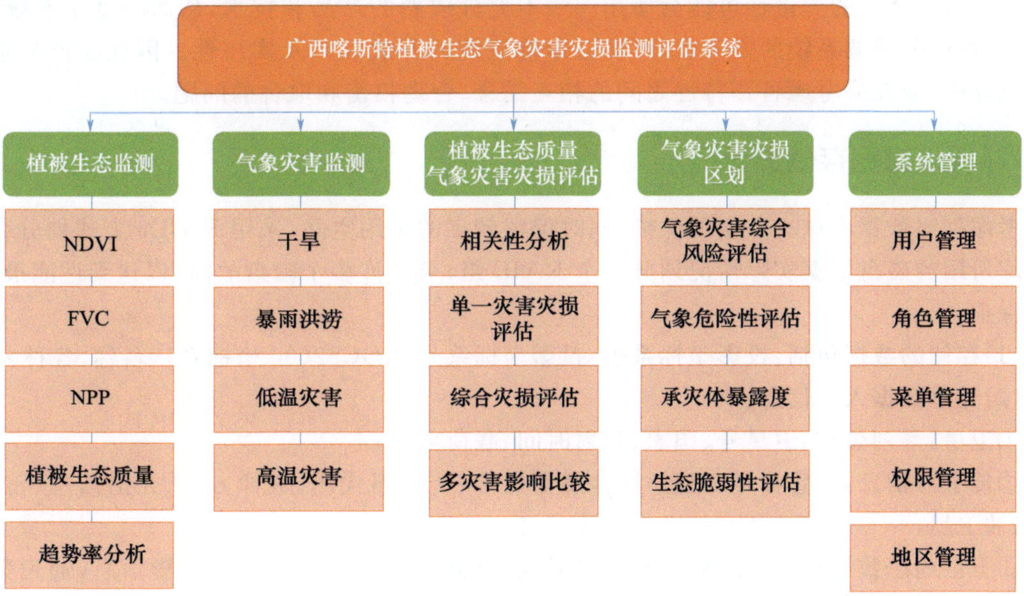

图 7.4　广西喀斯特植被生态气象灾害灾损监测评估系统功能结构

7.1.4 总体设计原则

7.1.4.1 以需求为导向、以应用促发展

在广西喀斯特植被生态气象灾害灾损监测评估系统，形成业务流程与规范，实现业务产品制作，并开展业务应用示范需求为原驱动力的建设原则，始终注意分析广西喀斯特植被生态气象灾害灾损监测评估系统的实际需求，依据真实需求来设计应用软件系统，依据真实需求来设计挑选各类技术和服务。在设计中不过分追求一步到位，根据投入运行之后的实际应用情况，再逐步进行系统功能和性能的扩展。

7.1.4.2 运行快速流畅，使用方便、表现直观

在进行平台的设计时，必须考虑到本系统面向一线预报员，工作任务繁重，相关数据规模较大，系统运行必须快速流畅，用户操作便利；本系统终端产品可面向广大公众，产品表现应直观，可视化。

7.1.4.3 技术先进，架构合理

在进行平台的设计时，必须始终坚持采用当前先进成熟的技术来设计系统；同时，应尤其注意系统的总体架构的搭建，保证系统的稳定性以及升级和功能二次开发能够方便地实现。

7.1.4.4 资源共享、系统互联

充分挖掘和利用应用单位掌控的信息资源。在平台中，应充分考虑到以后的发展，为今后实现各应用系统之间互操作性、数据交换能力做好准备。

7.1.4.5 先进性、开放性、可靠性、安全性、规范性、实用性、经济性相结合

对本系统来说，这7个特性都是必要的，但在实际设计中往往会相互之间有一定的冲突，比如过分追求技术的先进性可能会使用一些不充分成熟的产品和技术，从而降低了系统的可靠性，比如过分强调系统的安全性，可能会影响系统的开放性以及实用性。因此在产品选择、技术设计中，应充分考虑各个特性之间的相互结合、合理权衡和取舍的问题。

7.1.5 数据存储设计

考虑到对数据库核心数据的保护，同时保留较多的可用空间，采用RAID5方式划分存储，数据库所用的磁盘根据实际情况划分多个RAID组，可允许多个磁盘故障，以达到性能最优和最大保护。

(1)存储的数据包括：投影坐标系表：投影坐标系号(CGCS2000坐标系)、名称、各种参数。

(2)遥感数据入库信息：

①卫星：系列名称、卫星号、国家、发射时间、载荷数量；

②传感器信息：传感器号、卫星号、传感器名称、传感器代码、成像方式、光谱信息、雷达卫星、微波卫星；

③卫星遥感数据信息：传感器号、成像时间、空间分辨率、图像范围、投影信息、通道数量、文件格式、云检测信息。

④云检测信息

(3)遥感产品入库信息包括：

①产品类型表：ID、产品名称、配色方案类型、栅格、矢量、图片、表格、文档；

②特征值表：分类代码、填充值、无效值、投影信息号、位置信息；

③栅格类：传感器、时间、产品类型、产品号、坐标系、投影信息、分辨率、行列数、无效值、文件格式、配色方案(单值或范围)、特征码(分类)；

④合成产品：时间、产品类型、产品名称、坐标系、投影信息、分辨率、行列数、无效值、文件格式、特征码(分类、质量可信度)；

⑤矢量点类(火点)：传感器、时间、经纬度、下垫面类型；

⑥矢量面类(洪涝、冰雪、过火)：传感器、时间、面积、矢量面数据；

⑦矢量面类(分类，大量图斑)：传感器、时间、面积、矢量面数据，图斑很多的话以文件方式；

⑧气象站信息：经纬度、海拔高度、相关仪器信息、类型、子站信息；

⑨要素信息：结构化气象要素(降水、温度、湿度、风速风向等)，特殊仪器数据；

⑩统计结果：按卫星统计、按传感器统计、按位置统计、产品类型统计等；

⑪可剥离产品化的：数据支撑系统、管理、入库、统计、展示(图形图像展示、统计结果图表展示)。

7.1.6 数据安全设计

7.1.6.1 传输信息加密

传输信息加密将传输的数据变为看上去无用的乱码，数据到达传输的目的地再进行解密。在此期间攻击者无法读懂信息的内容从而保护数据信息。传输数据信息加密是保障信息安全的最基本、最核心的技术措施和理论基础，也是现代密码学的主要组成部分。

7.1.6.2 数据权限

在不影响应用程序功能的前提下快速而高效地保护现有程序：

①限制 DBA 和其他授权用户访问应用程序数据；

②防止应用程序 DBA 操纵数据库和访问其他应用程；

③更好地控制何人、何时、何地可以访问应用程序。

7.1.6.3 总体技术指标设计

①采用用户比较容易操作的人机交互式界面，包括多级菜单、工具栏、状态栏、工具图标按钮和各种样式对话窗等；地图图层结构与显示窗体布局紧密、合理；

②数据长时间分析、运算等操作有进度条与任务状态信息提示；

③数据缺失、运行异常或错误信息(报告)提示；

④数据库连接、断开或访问错误信息提示；

⑤基础数据获取、入库发生错误自动恢复进程重复运行能力；

⑥定时自动清除数据库缓存数据、系统临时文件；自动创建用户访问、操作、系统运行状态等日志。

7.1.7 安全规划设计

7.1.7.1 安全目标

①预防:记录详细用户操作日志。

②监控:针对软件或数据库的实时操作进行监控,并对越权行为或危险行为发出警报信息。

7.1.7.2 缓冲区溢出

①防止内部缓冲区溢出的实现;

②防止输入溢出的实现;

③防止堆积堆栈溢出的实现。

7.1.7.3 访问控制

①文件属性及归属;

②程序接口;

③细化权限及分割。

7.1.7.4 系统部署设计

1 台服务器部署 HDFS 形成分布存储区,1 台数据中心服务器部署 PostgreSQL 和 GeoServer,形成数据层,服务器部署 Docker 和业务软件。服务器要求 16 G 以上内存外,存储空间 10 T 以上。

7.2 系统关键技术

广西喀斯特植被生态气象灾害灾损监测评估系统在总体设计过程中,重点关注是系统各模块的划分、模块功能的描述、模块之间的依赖关系,以及模块之间的接口。整个架构基于信息安全保障体系和法规制度管理体系,采用基础设施层、基础工具层、数据层、组件层、应用层、服务层六大层次的设计应用构建。系统的各功能模块既相互独立,又相互联系,按照模块化方案进行设计(图 7.5):

(1)基于 B/S 模式,进行模块化设计,用户使用浏览器访问系统,系统升级维护在服务端进行,对客户端无影响。

(2)系统采用多层服务结构体系,表示层、业务层、服务层、组件层、数据层分开,以满足系统松耦合性、位置透明性以及协议无关性的要求,提高系统结构的扩展性和柔韧性,方便系统迁移、修改和升级;

(3)系统采用成熟的 Postgresql 大型关系型数据库作为系统后台的数据库管理引擎,并支持对各种类型数据库的访问和存储;

(4)系统基于 GIS 的底层支撑系统,用户基于 GIS 遥感数据的查询及服务产品的制作发布。

(5)系统采用 XML Web Service、SOAP 等技术,提供数据交换、路由连接等服务,以满足业务应用整合的要求，采用多层架构的体系结构，具有平滑扩张能力；预留第三方系统对接接口。

(6)基于规则引擎来配置告警规则，预报温馨提示，业务指导意见。用户能够自主增加这些规则，使系统在基于气象基础数据产品的基础上能够在用户业务领域不断丰富，满足专业化、精细化、个性化、多样化的需求，并具备前瞻性，扩展性，向智能化方向发展。

(7)灵活的权限设置，分级管理，实现严格的安全身份认证和授权管理，保证系统完整性与安全性；采用先进的开发平台和技术，确保系统环境的先进性。

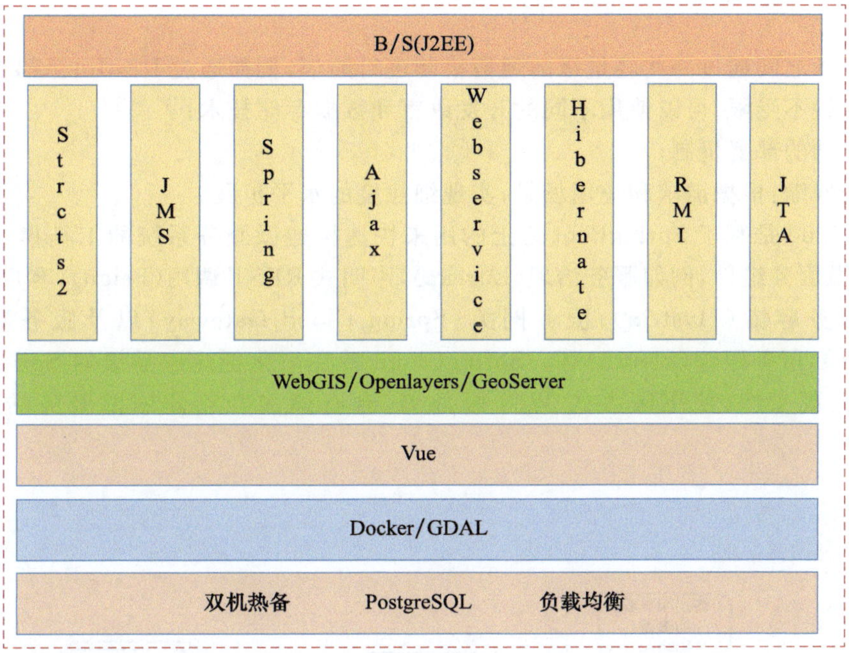

图 7.5　广西喀斯特植被生态气象灾害灾损监测评估系统技术路线

7.2.1　基于 J2EE 的 B/S 结构

基于 J2EE 的 B/S 程序结构，主要有以下优势。

数据方面：B/S 结构的软件便于控制数据的安全性、服务响应时效性均优于 C/S 结构的软件，B/S 结构的软件中，数据是集中存放的，便于统一的管理和维护，以及数据安全的控制。

物理环境：B/S 结构软件可以适用于任何网络结构，特别适用于宽带不能到达的地方。一般情况下，相对于 C/S 结构的软件，B/S 结构的软件对客户端资源的占用率不高，因此对客户端的硬件环境要求不如 C/S 结构高。

除此之外，在系统硬件升级时，对于 B/S 结构的软件服务器，随着服务器负载的增加，可以平滑地增加服务器的个数，然后在各个服务器之间做负载均衡，有效地保护了原有硬件投资。

相较于同等功能的软件开发便捷，基于 J2EE 的 B/S 结构，开发成本低，开放效率高，能够更快捷地向用户提供服务。

7.2.2 SpringCloud 微服务框架

微服务(Microservice)架构模式就是将整个 Web 应用组织为一系列小的 Web 服务,具有以下特性及优点。

(1)每个服务可以独立运行在自己的进程里;

(2)一系列独立运行的微服务(goods,order,pay,user,search……)共同构建了整个系统;

(3)每个服务为独立的业务开发,一个微服务只关注某个特定的功能,例如用户管理,商品管理微服务;

(4)微服务之间通过一些轻量级的通信机制进行通信,例如通过 Restful API 进行调用;

(5)技术栈不受限:可以使用不同的开发语言和数据存储技术;

(6)全自动的部署机制;

(7)按需伸缩:根据需求和应用场景,实现细粒度的水平扩展。

SpringCloud 是基于 SpringBoot 之上的用来快速构建微服务系统的工具集,拥有功能完善的轻量级微服务组件,例如服务治理(Eureka),声明式 REST 调用(Feign),客户端负载均衡(Ribbon),服务容错(Hystrix),服务网关(Spring Cloud Gateway)以及服务配置(Spring Cloud Config),服务跟踪(Sleuth)等。SpringCloud 旨在简化创建产品级的 Spring 应用和服务,简化了配置文件,使用嵌入式 Web 服务器,含有诸多开箱即用微服务功能(图 7.6、图 7.7)。

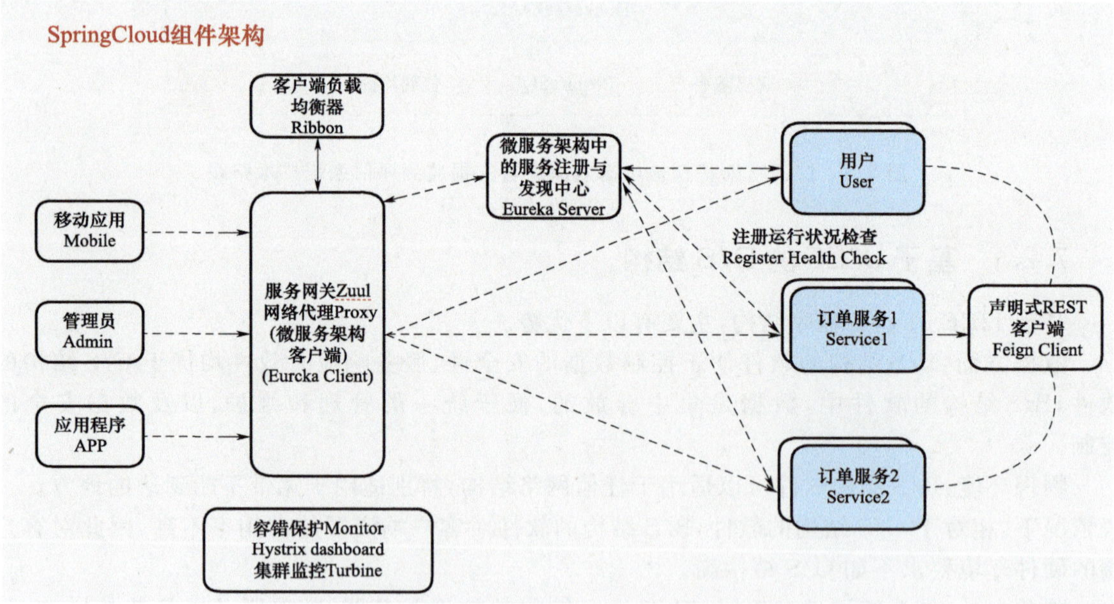

图 7.6 SpringCloud 组件架构

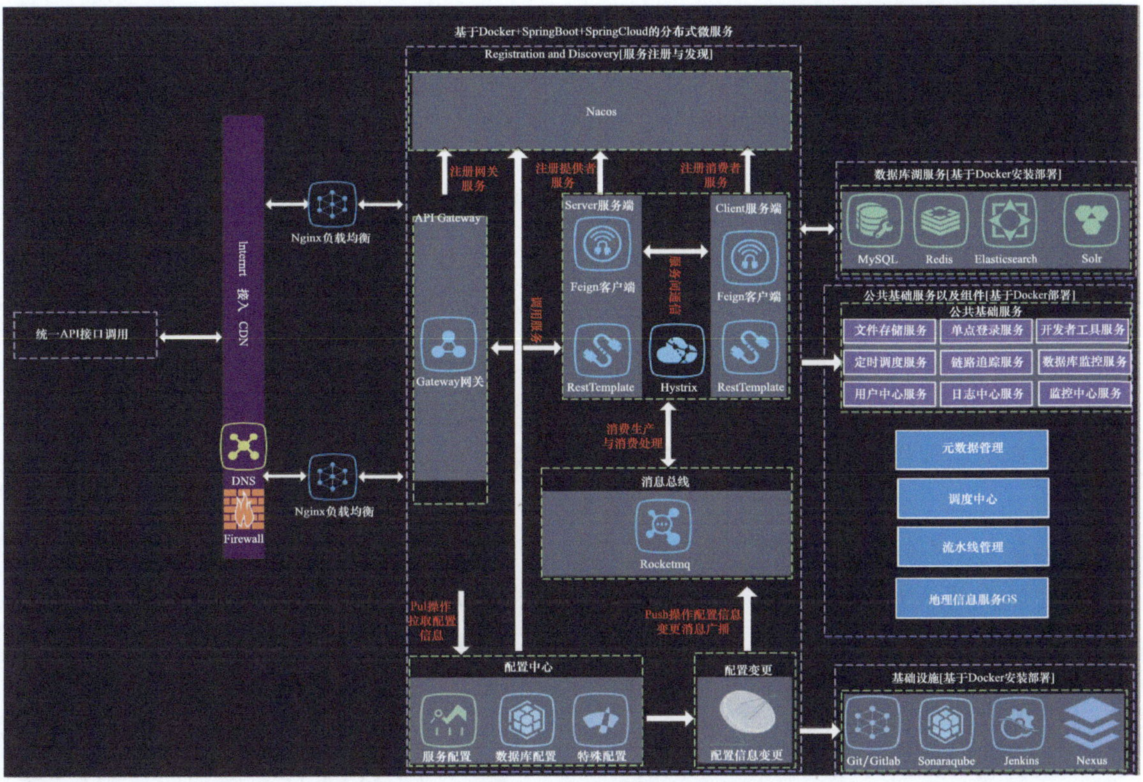

图 7.7　SpringCloud 微服务系统架构

7.2.3　PostgreSQL 数据库

PostgreSQL 是一个功能强大的开放源码对象关系数据库系统，它使用并扩展了 SQL 语言，并结合许多特性安全地存储和扩展最复杂的数据工作负载。PostgreSQL 的起源可追溯到 1986 年，作为波斯特格斯项目在美国加利福尼亚州大学伯克利分校（University of California At Berkeley）开展，并在核心平台上进行了 30 多年的积极开发。

PostgreSQL 以其经过验证的体系结构、可靠性、数据完整性、健壮的特性集、可扩展性和软件背后的开源社区的奉献精神而赢得了很高的声誉。PostgreSQL 运行在所有主要操作系统，自从 2001 年起兼容 ACID 规范，并具有强大的附加功能，如流行的后地理信息系统地理空间数据库扩展器。PostgreSQL 已经成为许多人和组织选择的开源关系数据库。

7.2.4　GeoServer 地图服务

GeoServer 是 OpenGIS Web 服务器规范的 J2EE 实现，利用 GeoServer 可以方便地发布地图数据，允许用户对特征数据进行更新、删除、插入操作，通过 GeoServer 可以比较容易地在用户之间迅速共享空间地理信息。GeoServer 是社区开源项目，可以直接通过社区网站下载，详细请查看本文档末的资源表。

GeoServer 兼容 WMS 和 WFS 特性；支持 PostgreSQL、Shapefile、ArcSDE、Oracle、VPF、

MySQL、MapInfo;支持上百种投影;能够将网络地图输出为jpeg、gif、png、SVG、KML等格式;能够运行在任何基于J2EE/Servlet容器之上;嵌入MapBuilder支持AJAX的地图客户端OpenLayers;除此之外还包括许多其他的特性。

7.2.5 后台编码基本原则

7.2.5.1 单一职责原则(Simple Responsibility Principle,SRP)

这个类中的函数所做的工作是高度相关的,也就是高内聚。优点如下。

(1)这个类的复杂性降低,实现什么职责都有清晰明确的定义。

(2)复杂性降低,可读性提高。

(3)可读性提高,可维护性提高。

(4)变更引起的风险降低。变更是必不可少的,如果接口的单子职责做得好,一个接口修改只对相应的实现类有影响,对其他接口的变更无影响,这对系统的扩展性、维护性都有非常大的帮助。

7.2.5.2 里氏替换原则

简单来说就是所有引用基类、接口的地方必须能透明地使用其子类的对象。

优点如下。

(1)代码共享,减少创建类的工作量,每个子类都拥有父类的方法和属性。

(2)提高代码的重用性。

(3)提高代码的可扩展性,实现父类的方法就可以"为所欲为"了,很多开源框架的扩展接口都是通过继承父类来完成的。

(4)提高产品或项目的开放性。

缺点如下。

(1)继承是侵入性的。只要继承,就必须拥有父类的所有属性和方法。

(2)降低代码的灵活性。子类必须拥有父类的属性和方法,让子类自由的世界中多了些约束。

(3)增强了耦合性。当父类的常量、变量和方法被修改时,必须要考虑子类的修改,而且在缺乏规范的环境下,这种修改可能带来非常糟糕的结果——大片的代码需要重构。

7.2.5.3 依赖倒置原则

(1)高层模块不应该依赖低层模块,两者都应该依赖其抽象。

(2)抽象不应该依赖细节。

(3)细节应该依赖抽象。

优点:(1)可扩展性好;(2)耦合度低。

7.2.5.4 开闭原则

一个软件实体如类、模块和函数应该对扩展开放,对修改关闭。

优点:(1)增加稳定性;(2)可扩展性高。

7.2.5.5 接口隔离原则

客户端不应该依赖它不需要的接口;一个类对另一个类的依赖应该建立在最小的接口上。

根据接口隔离原则，当一个接口太大时，我们需要将它分割成一些更小的接口，使用该接口的客户端仅需知道与之相关的方法即可。

优点：(1)降低耦合性；(2)提高代码可读性；(3)隐藏实现细节。

7.2.5.6 迪米特原则(Least Knowledge Principle，LKP)

也称最少知识原则。一个对象应该对其他对象有最少的了解。通俗地讲，一个类应该对自己需要耦合或调用的类知道得最少，这有点类似接口隔离原则中的最小接口的概念。类的内部如何实现、如何复杂都与调用者或者依赖者没有关系，调用者或依赖者只需要知道它需要的方法即可，其他的一概不关心。

优点：(1)降低复杂度；(2)降低耦合性；(3)增加稳定性。

7.3 系统技术特点和先进性

7.3.1 数据中心元数据技术

利用元数据强大的描述能力，设计异构多源数据元数据，描述多种数据库、目录、文件、API、数据传输方式(FTP、共享、本地)等信息，采用接口隔离多源异构数据的差异，向上层以API提供一致的、统一的、标准的数据服务，数据中心通过灵活可配置的方式处理数据来源、数据格式、数据存储方式等数据差异性，使数据中心具有强大的灵活性、可扩展性和业务适应能力。

7.3.2 多源数据空间融合技术

多源数据空间融合技术，实现对矢量数据、遥感数据、气象监测数据、气象预报数据、历史数据等数据的投影、叠加、镶嵌融合、显示等处理，为系统可视化显示、空间分析运算、产品制作服务提供数据正确性、一致性保证。

7.3.3 离散点数据空间插值技术

离散点数据空间插值技术，利用气象站点资料或数据，运用IDW插值算法、Cressman插值算法、Splin插值算法和Kriging插值算法，构建空间数据插值模型，实现气象数据的网格化、精细化应用。

7.4 系统主要功能

7.4.1 喀斯特植被生态监测模块

广西喀斯特植被生态气象灾害灾损监测评估系统是基于长时间序列NDVI数据，结合气象观测资料，生成植被覆盖度(FVC)、植被净初级生产力(NPP)、植被生态质量等植被生态参数，进行喀斯特地区植被生态监测。

(1)石漠化等级

石漠化数据格式有栅格 .tif 和矢量 .shp 两种格式,数据分辨率为 30 m,数据值域为:(1)潜在石漠化;(2)轻度石漠化;(3)中度石漠化;(4)重度石漠化。目前系统中的石漠化等级数据有 2000 年、2005 年、2010 年、2015 年、2020 年 5 个时相石漠化等级分类数据。系统根据通过 GIS 地图方式展示对应的石漠化等级数据,并按照地级市石漠化等级制作专题图,地级市石漠化等级面积统计图表和对应的 Excel 文件供业务人员进行分析使用(图 7.8)。

图 7.8　石漠化等级模块

(2)生态参数

系统中植被生态参数包括:归一化植被指数(NDVI)、植被覆盖度(FVC)、植被净初级生产力(NPP)和植被生态质量指数,其中还有一些潜在的因子如潜在的 NDVI、潜在的 FVC、潜在的 NPP,还有包括各指数的趋势率等。

归一化植被指数(NDVI):按照不同的时间尺度(月、季、年)显示广西喀斯特地区的 NDVI 分布情况,并通过统计分析查看各地市的数据分类(图 7.9)。

植被覆盖度(FVC):按照不同的时间尺度(月、季、年)显示广西喀斯特地区的植被覆盖度分布情况,并通过统计分析查看各地市的数据分类(图 7.10)。

植被净初级生产力(NPP):按照不同的时间尺度(月、季、年)显示广西喀斯特地区的植被净初级生产力分布情况,并通过统计分析查看各地市的数据分类(图 7.11)。

植被生态质量指数(QI):按照不同的时间尺度(月、季、年)显示广西喀斯特地区的植被生态质量指数分布情况,并通过统计分析查看各地市的数据分类(图 7.12)。

图 7.9　归一化植被指数模块

图 7.10　植被覆盖度模块

图 7.11　植被净初级生产力模块

图 7.12　植被生态质量指数模块

变化趋势分析：按照最长序列的不同的时间尺度（月、季、年）显示广西喀斯特地区的变化趋势情况，并通过统计分析查看各地市的数据分类（图 7.13）。

图 7.13　变化趋势分析模块

7.4.2　灾害监测模块

广西喀斯特植被生态气象灾害灾损监测评估系统是基于气象数据，根据喀斯特灾害监测指标计算生成干旱、暴雨、高温、低温灾害等气象灾害参数，完成喀斯特地区气象灾害监测分析（图 7.14—图 7.17）。

图 7.14　干旱灾害

喀斯特气象灾害监测包括：

（1）全喀斯特地区、地级市气象灾害指数月、季度、年均值分等级（10 级）空间制图。

（2）广西喀斯特地区气象观测站 2000 年至最新年份的全喀斯特地区、地级市气象灾害指数变化趋势率空间制图。

（3）全喀斯特地区、地级市气象灾害指数任意年份逐月、四季均值，以及逐年均值曲线图或柱状图显示及数据输出（Excel 文件），其中逐年均值曲线同时显示历年均值、线性变化趋势率曲线和拟合公式及决定系数。

图 7.15　暴雨灾害

图 7.16　高温灾害

图 7.17　低温灾害

7.4.3　植被生态灾损评估模块

广西喀斯特植被生态气象灾害灾损监测评估系统通过植被生态质量灾损评估模型计算灾损评估，系统页面进行各个产品的展示与检索等功能，还可通过统计模块查看专题图和灾损信息统计表。

1. 基于广西喀斯特地区植被生态质量灾损评估模型计算灾损评估；

2. 基于网页展示灾害和灾损评估结果，按区域生成专题图和灾损评估专题图和灾损信息统计表。

（1）相关性分析

实现广西喀斯特地区不同气象灾害和植被相关性及灾损评估计算，通过 NDVI、FVC 、NPP、QI、气象灾害指数等因子，计算并进行 250 m 的栅格化处理得出结果。最终实现 2000 年至目前能获取数据的月、季、年相关性分析结果和专题图产品、按地市统计分析（林种、地市）、Excel 表等结果性产品（图 7.18）。

（2）单一灾害灾损评估

广西喀斯特地区单一灾害灾损评估模块通过 NDVI、FVC、NPP、QI、气象灾害指数等因子，计算并进行 250 m 的栅格化处理得出结果。最终实现 2000 年至目前能获取数据的月、季、年结果和专题图产品、按地市统计分析、Excel 表等结果性产品（图 7.19）。

（3）综合灾损评估

广西喀斯特地区综合灾损评估模块通过 NDVI、FVC、NPP、QI、气象灾害指数等因子，计算并进行 250 m 的栅格化处理得出结果。最终实现 2000 年至目前能获取数据的月、季、年结果和专题图产品、按地市统计分析、Excel 表等结果性产品（图 7.20）。

图 7.18　相关性分析模块

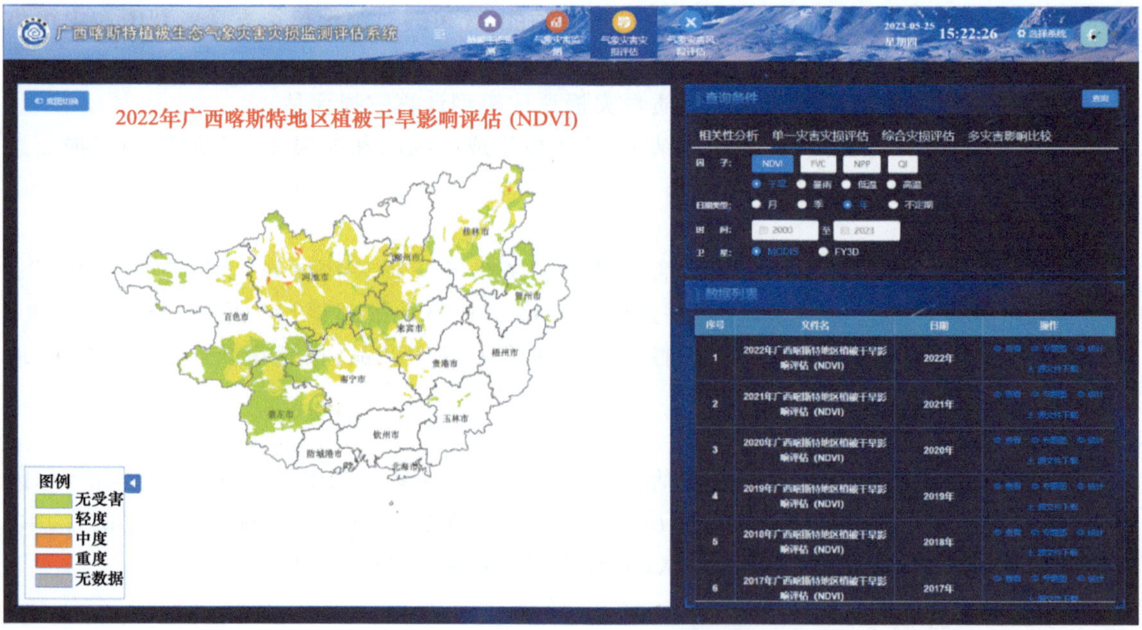

图 7.19　单一灾害灾损评估模块

图 7.20　综合灾损评估模块

(4)多灾害影响比较

广西喀斯特地区多灾害影响比较针对全喀斯特地区、地级市气象灾害灾损大小比较，计算并进行 250 m 的栅格化处理得出结果。最终实现年结果和专题图产品、按地市统计分析、Excel 表等结果性产品(图 7.21)。

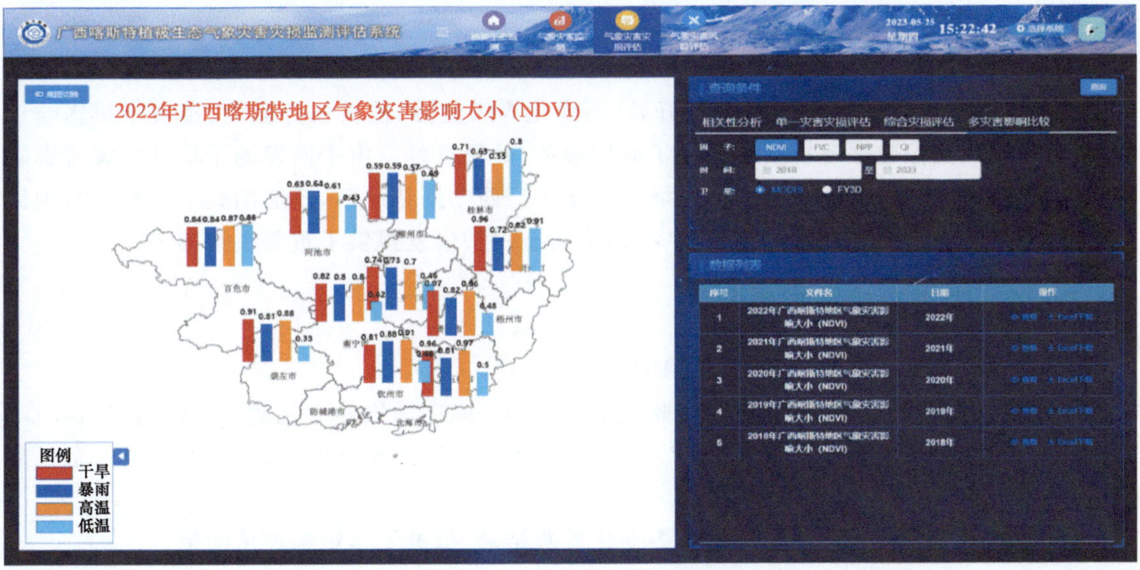

图 7.21　多灾害影响比较模块

7.4.4　喀斯特气象灾害灾损区划

广西喀斯特植被生态气象灾害灾损监测评估系统是基于 WebGIS 技术，实现气象灾害灾损区划的展示、区域数据下载、专题图制作。通过专题图制作功能，将产品美观、清晰地展示出来，并可保存为图片格式，同时必须支持高分辨率输出以更清晰地打印出图(图 7.22)。

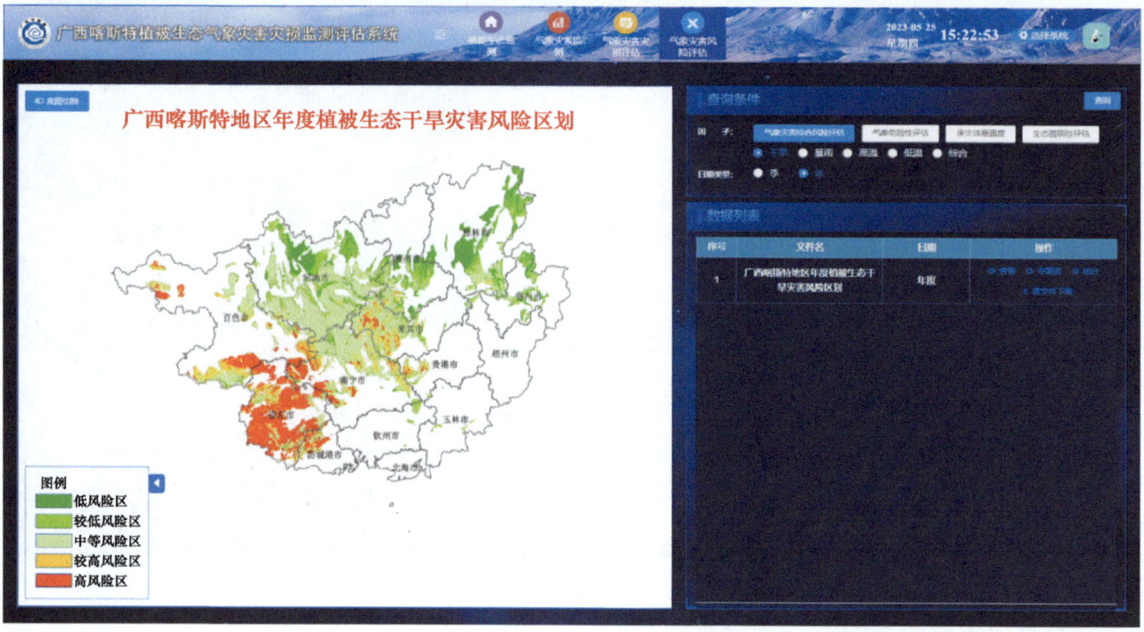

图 7.22　喀斯特气象灾害灾损区划模块

7.5　成果应用示范

秉承边研究边应用和改进的思想，研究成果从 2019 年开始研制服务产品并在国家、省和市(县)气象局开展应用服务。2019 年开始，石漠化等级监测、植被长势监测、植被干旱影响评估、生态站冠层图像数据解析技术开展了应用服务，效果良好。由于研发的干旱气象灾害影响评估算法通用性较好，该成果的应用区域不局限于广西喀斯特地区，还应用到了非喀斯特地区植被监测评估，为广西各级政府抗旱救灾、植被生态保护修复提供了重要决策参考。

7.5.1　国家级生态气象服务

应用单位：国家气候中心、国家气象中心。

业务服务产品：(1)《中国气候变化蓝皮书(2021)》和《中国气候变化蓝皮书(2022)》，4.1.4 节区域生态气候中“岩溶区石漠化”；(2)《2021 年全国生态气象公报》《2022 年全国生态气象公报》。

应用成果：广西喀斯特地区植被长势变化监测结果、植被干旱影响评估结果。

应用示例 1：《中国气候变化蓝皮书(2022)》。

2000—2022 年，广西石漠化区秋季植被指数呈波动式增加趋势(图 7.23)，石漠化区秋季植被指数由 2000 年的 0.67 增加至 2022 年的 0.73，但 2022 年植被指数较去年略降低。植被改善明显的地区占石漠化区总面积的 28.3%，改善较好区域主要分布在来宾市大部、柳州市南部和桂林市东北部；植被退化明显的地区占石漠化区总面积的 13.6%，改善不明显或变差的区域主要分布于桂林市辖区及南部、南宁市中西部和崇左市(图 7.24)。2022 年广西石漠化区总体气象条件较好，但 7—10 月较大范围夏、秋干旱造成植被生长受阻，造成植被长势变差（图 7.23、图 7.24）。

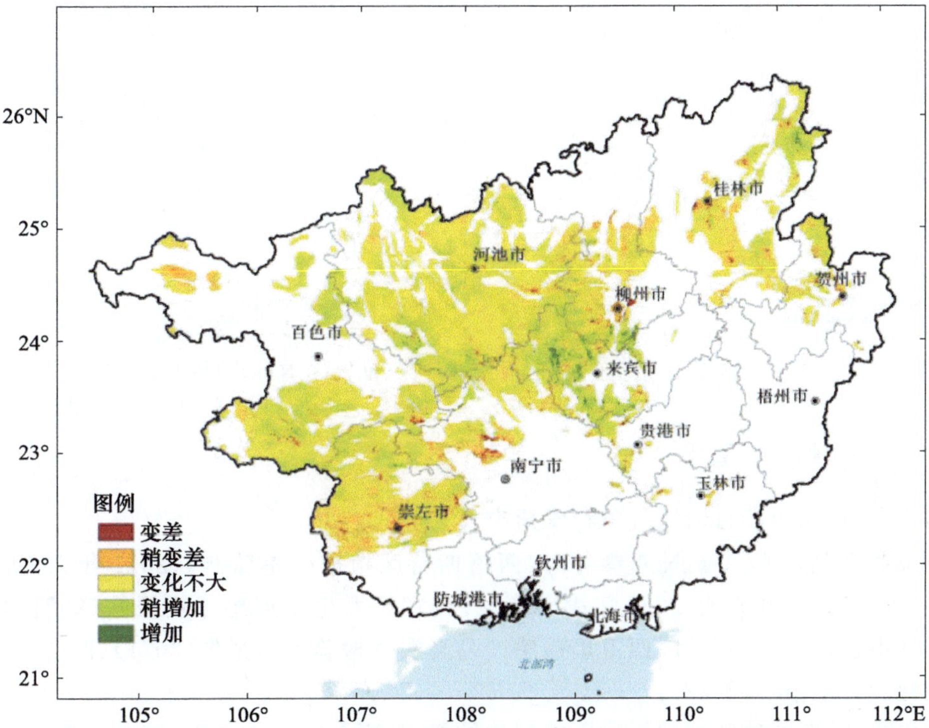

图 7.23　2000—2022 年广西石漠化区秋季植被指数变化趋势（广西壮族自治区气象局）

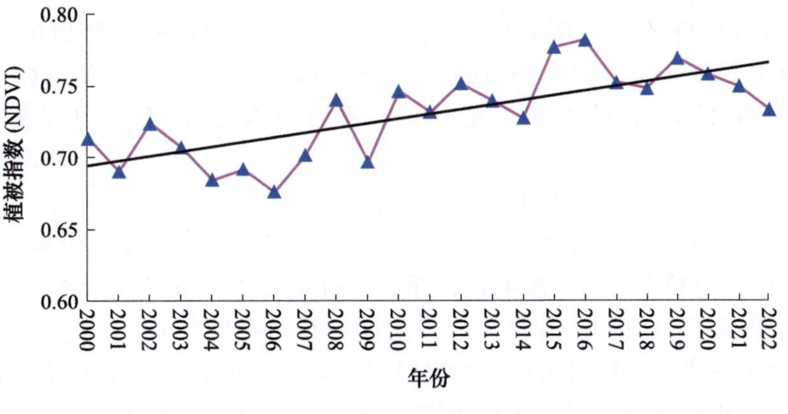

图 7.24　2000—2022 年广西石漠化区秋季植被指数（广西气象科学研究所制作）

应用示例 2:《2021 年全国生态气象公报》。

云南 2021 年雨季开始期偏晚 12 d，持续时间较常年偏少 24 d，2—5 月中北部石漠化区高温干旱偏重发生；广西 2021 年夏季平均气温为 1951 年以来同期最高，7—9 月降雨明显偏少，造成石漠化区出现中度至重度干旱，10—11 月降雨量偏多，旱情明显缓解；贵州 7—9 月西南部和东北部石漠化区出现干旱，部分地区 2021 年植被生态质量不如 2020 年（图 7.25）。

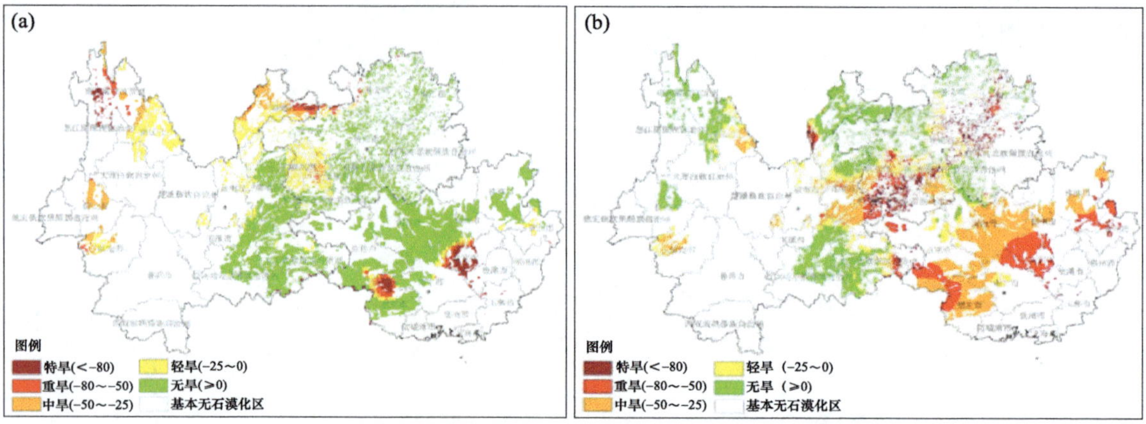

图 7.25　西南石漠化区 2021 年 2—5 月(a)和 7—9 月(b)植被干旱评估

7.5.2　省级应用服务

应用单位:广西壮族自治区气象科学研究所。

业务服务产品:(1)气象服务参考《广西喀斯特区植被干旱监测》,2021 年第 010 期、012 期,2022 年第 014 期、019 期,2023 年第 007 期;(2)《广西生态遥感年度报告(2021)》《广西生态遥感年度报告(2022)》;(3)广西卫星遥感产品真实性检验评估报告(2021)、广西卫星遥感产品真实性检验评估报告(2022)。

应用成果:喀斯特地区植被干旱影响评估结果、暴雨影响评估结果、高温影响评估结果,广西石漠化区植被长势变化监测结果(同上),生态气象站冠层图像数据解析技术。

应用示例 1:气象服务参考《广西喀斯特区植被干旱监测》2023 年第 007 期。

根据喀斯特遥感植被干旱指数监测显示,2023 年 5 月全区喀斯特植被干旱等级较高,其中重度、中度和轻度干旱等级分别达到 22.9%、19.4%和 29.7%,除桂林、柳州和来宾等局部地区未受干旱影响,百色市和崇左市受旱较为严重,河池市以中度和轻度等级为主(图 7.26)。

应用示例 2:《广西生态遥感年度报告(2021)》。

据遥感植被气象灾害影响评估模型监测显示,6 月广西喀斯特地区植被主要受高温和暴雨影响,干旱影响范围较小。高温影响范围最广。高温影响面积达 100%,百色市西部、桂林市中部、崇左市中部等地区稍轻,其余地区以重度(82.7%)和中度(17.1%)为主(图 7.27a)。暴雨影响范围接近一半。暴雨对植被影响以轻度(39.1%)和中度(8.1%)为主,影响较严重地区主要分布在崇左市中部和贺州市北部(图 7.27b)。干旱影响范围不到 20%。据微波遥感土壤水分监测显示,6 月广西喀斯特地区土壤水分含量等级以中等和较高为主,分别占喀斯特区的 33.4%和 60.5%,其中土壤水分含量较高区域主要分布在河池市、桂林市、百色市部分地区(图 7.27c)。干旱对植被影响以重度(13.3%)和中度(5.7%)为主,影响较严重地区主要集中在百色市南部和崇左市中部、北部地区(图 7.27d)。

应用示例 3:《广西卫星遥感产品真实性检验评估报告(2022)》。

基于石漠化和甘蔗生态气象观测站逐日图像数据,利用可见光图像植被反演模型开展基于冠层图像的植被参数反演，对比 FY-3D NDVI 不同区域尺度遥感监测结果，开展 FY-3D 植被指数遥感真实性检验工作，为提高卫星遥感技术大尺度、精准化监测植被生长状况提供技术支持。石漠化和甘蔗生态气象站获取的近地冠层 RGB 图像指数可较好反映植被长势变化，但站点差异较大；冠层植被指数 NDYI 与 FY-3D NDVI 相关性较好，最大为平果石漠化站的 0.6255(图 7.28、图 7.29)。

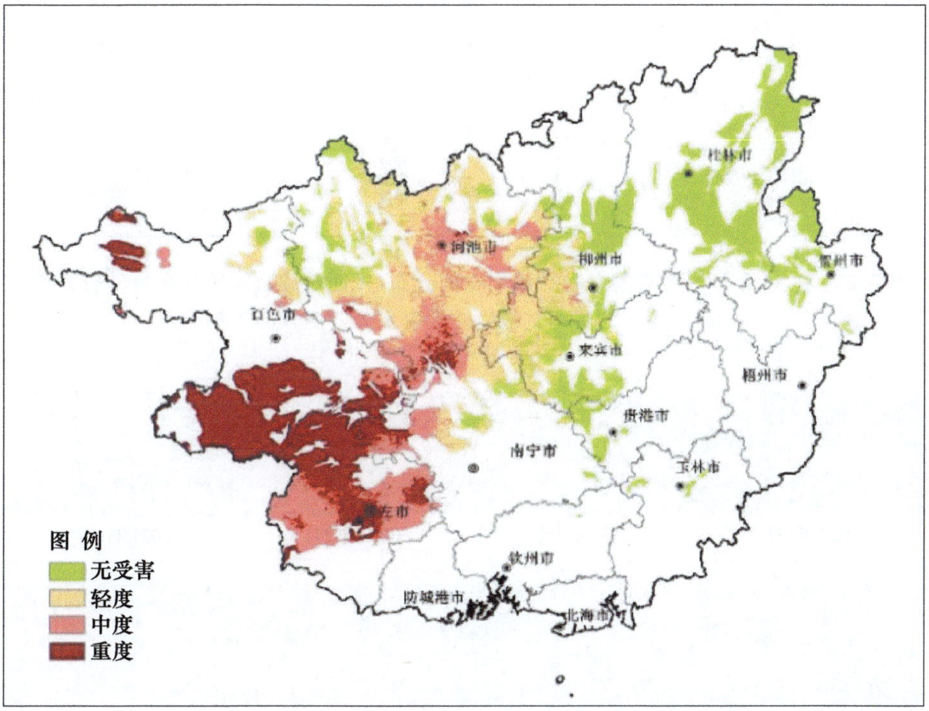

图 7.26　2023 年 5 月广西喀斯特地区植被干旱影响分布

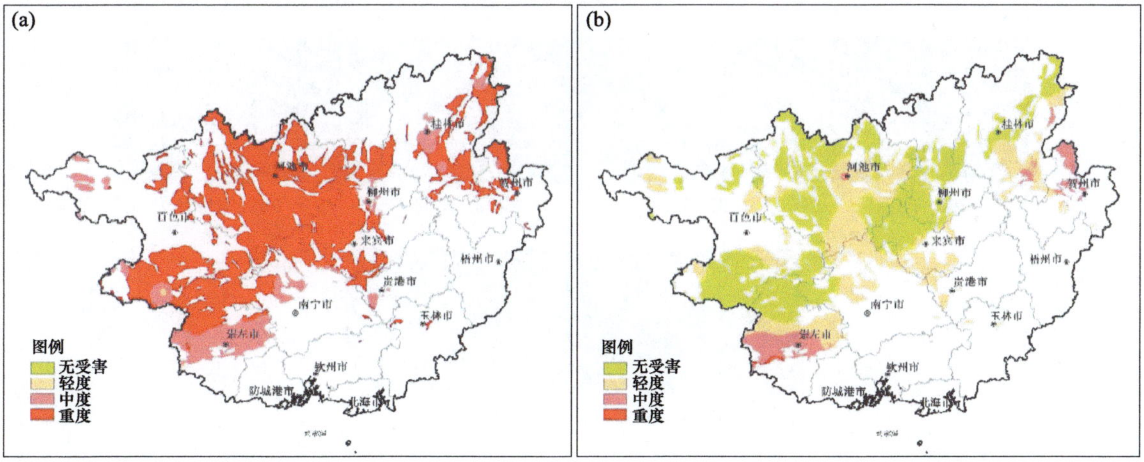

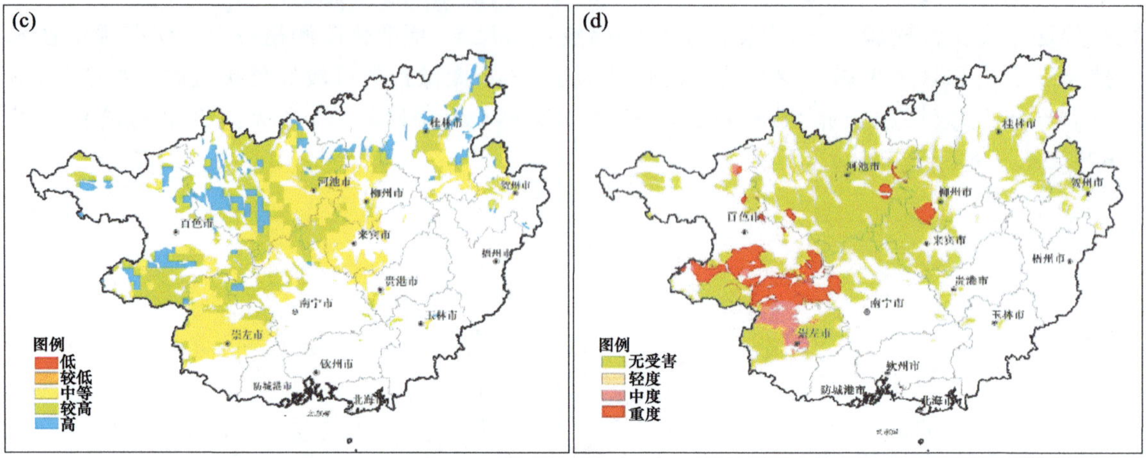

图 7.27　2023 年 6 月各要素对植被影响空间分布（广西壮族自治区气象科学研究所）
（a）高温，（b）暴雨，（c）微波土壤水分监测，（d）干旱

图 7.28　平果果化植被生态站近视角序列图像

图 7.29　平果果化植被生态站远视角序列图像

7.5.3　市级应用服务

应用单位：南宁、百色、贵港、桂林、河池、贺州、来宾、柳州、玉林、百色、崇左市气象局。

业务服务产品：《重大气象信息专报》《专题气象服务》《气象服务参考》。

应用成果：植被干旱影响评估结果。

应用示例 1：南宁市气象局《植被生态专项气象服务》2023 第 1 期。

植被干旱分析：据 5 月遥感植被干旱指数监测显示，我市植被处于重度、中度和轻度的干旱等级占比分别为 6.8%、26.4%和 44.0%，其中，重度干旱主要区域在隆安县中部及西部、马山县北部；中度干旱主要区域在江南区、西乡塘区；轻度干旱主要区域在武鸣区、兴宁区、良庆区、邕宁区、青秀区和宾阳县等县（区）的大部分区域（图 7.30）。

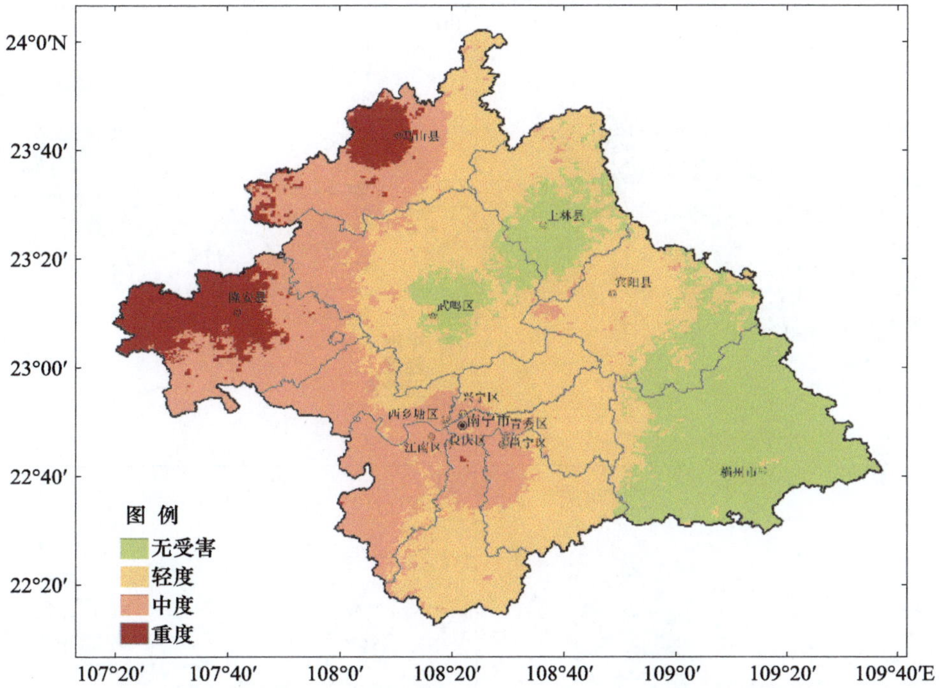

图 7.30　南宁市 5 月植被干旱影响分布

应用示例 2：来宾市气象局《重大气象信息专报》2023 第 1 期。

植被干旱分析：根据遥感植被干旱指数监测显示，2023 年 5 月，来宾市除武宣大部地区外，其余地区局部出现不同程度的轻度、中度等级的植被干旱，其中以忻城、合山地区的植被干旱较为严重。全市的植被轻度、中度干旱等级占比分别为 34%、1%，其中，农田的干旱等级占比为：轻度 32%、中度 0.5%；森林干旱等级占比为：轻度 25%、中度 1%；灌木干旱等级占比为：轻度 63%、中度 3%（图 7.31）。

7.5.4　县级应用服务

应用单位：环江县气象局、富川县气象局。

业务服务产品：植被干旱专项气象服务、专题气象服务。

应用成果：植被干旱影响评估结果。

应用示例：环江县气象局《植被干旱专项气象服务》2022 第 1 期。

植被干旱监测情况：2022 年，环江县夏、秋季气象干旱严重，造成植被生长受阻，基于喀斯特区植被干旱影响遥感—气象评估模型，利用气象站观测和卫星遥感资料融合分析表明：7—10 月环江县旱情严重，持续气象干旱导致环江县大部分植被干旱为重旱等级，其中干旱对川山、洛阳、大安、思恩、大才、水源东北部、下南北部的植被生长影响最大，驯乐、龙岩、明伦、东兴等乡镇次之，水源西南部及下南南部的植被旱情稍轻（图 7.32），气象干旱对环江县川山镇木伦喀斯特区的植被生态造成了较大影响。

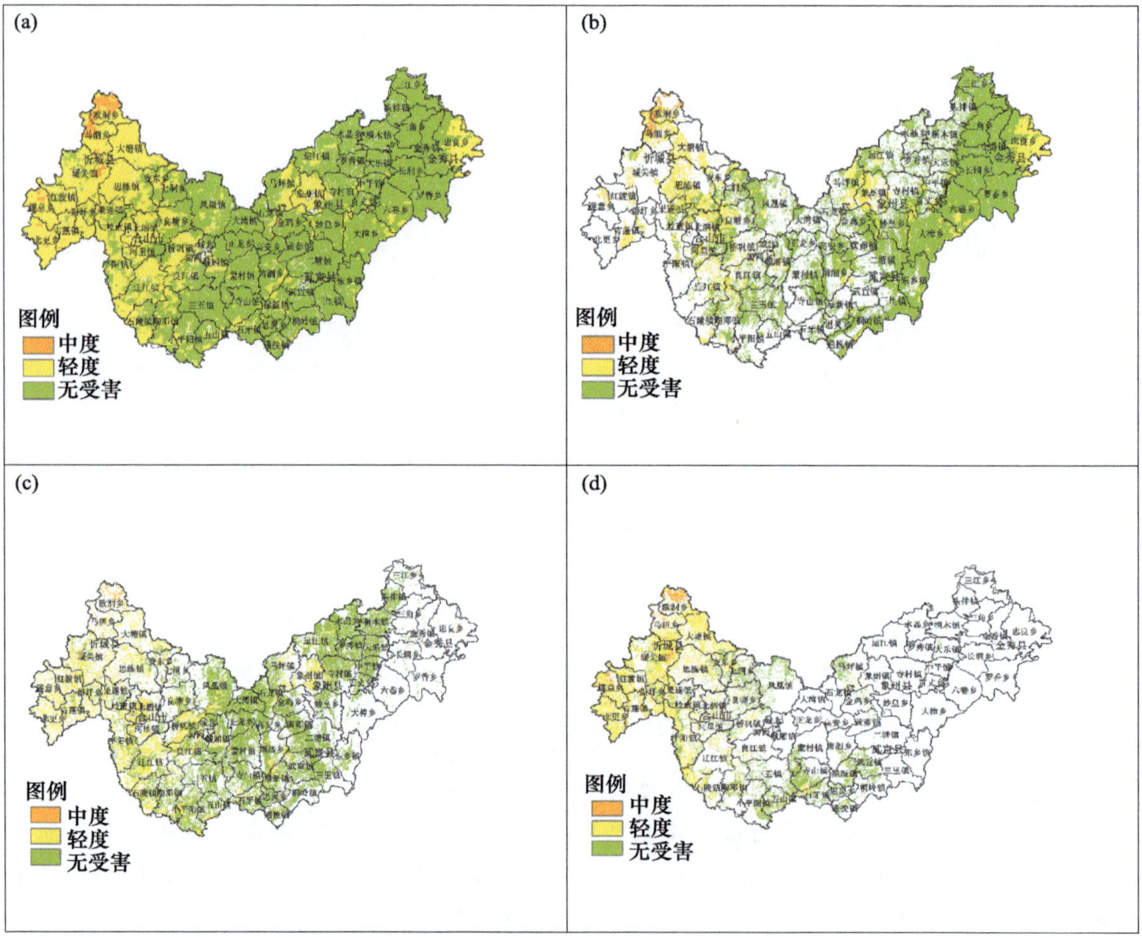

图 7.31　来宾市 5 月植被(a)、森林(b)、农田(c)、灌木(d)干旱影响分布

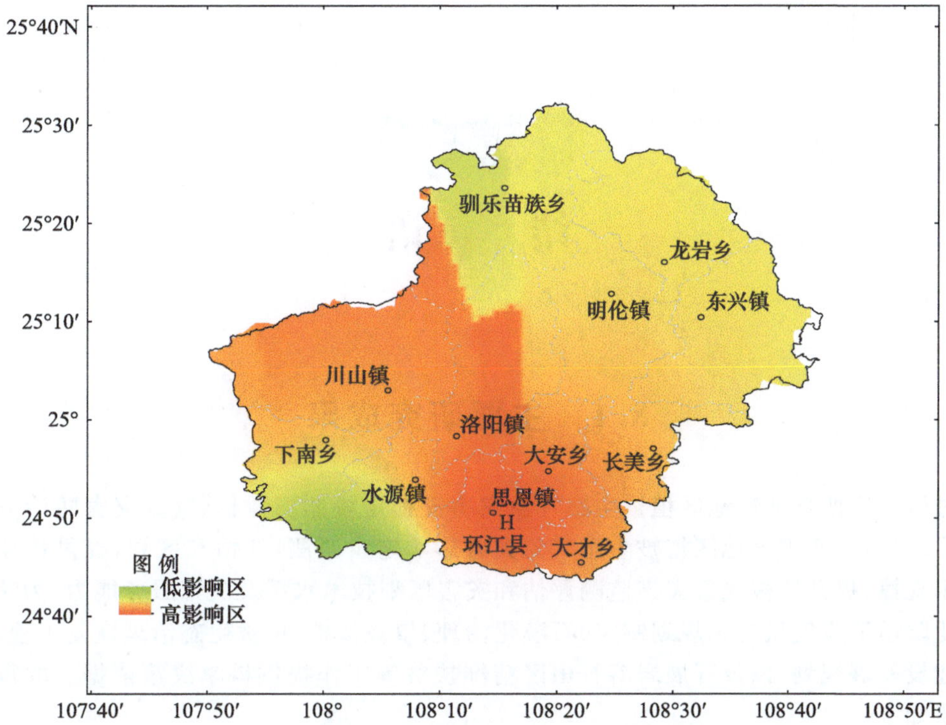

图 7.32　2022 年 7—10 月环江县干旱对植被影响空间分布
（环江县气象局，广西壮族自治区气象科学研究所）

第8章 结　语

8.1 主要研究成果

通过研发广西喀斯特地区植被生态气象灾害灾损定量监测评估、气象灾害防治分区技术和建立系统平台，实现该地区植被生态气象灾害影响定量监测、评估和区划，提供快速工具和重要技术支撑，提升植被气象灾害监测评估和灾害区划技术水平及决策服务能力，为喀斯特地区石漠化防治适应气候变化规划制定、石漠化治理、植被保护、植被生态治理恢复工程、制定生态经济建设发展规划，以及开展岩溶石山区精准扶贫等工作提供科学决策依据。取得的主要研究成果如下。

（1）建立了广西喀斯特地区植被生态气象数据集。主要包括两大类：植被生态参数集和气象灾害数据集。其中植被生态参数包括2000—2020年月、季、年三种时间尺度的归一化植被指数（NDVI）、植被覆盖度（FVC）、植被净初级生产力（NPP）、植被生态质量指数（QI）；气象灾害数据集包括1971年至今月、季、年三种时间尺度干旱灾害指数（相对湿润度指数、气象干旱指数、干旱日数、无旱日数、轻旱日数、中旱日数、重旱日数、特旱日数），暴雨洪涝灾害指数（≥50 mm暴雨累积量/日数、特大暴雨量/日数、大暴雨量/日数、暴雨量/日数、大雨量/日数、中雨量/日数），高温灾害指数（≥35 ℃高温积温/日数、≥37 ℃高温积温/日数、最高气温），低温灾害指数（≤0 ℃低温积温/日数、最低气温）。

（2）摸清广西喀斯特地区植被生态变化特征。利用Landsat 30 m分辨率遥感数据，以植被覆盖度和基岩裸露率为主要指标，采用综合分析法获得了2000年、2005年、2010年、2015年、2019年、2020年6个时相广西石漠化等级分类图，分类总体精度71%，Kappa系数0.605，并借此分析了石漠化动态度、转移规模和方向及气候和人为驱动因子。利用2000—2020年MODIS 250 m分辨率遥感数据，以归一化植被指数、植被覆盖度、净初级生产力、植被生态质量指数为主要指标，分析了广西喀斯特地区植被年、季、月时空分布特征及年际变化趋势。监测结果表明，2001—2020年广西喀斯特地区植被显著改善，石漠化面积明显减少。

（3）调查了广西喀斯特地区气象灾害特征和变化规律。利用气象站观测资料，在明晰极端气温和降水变化规律的基础上，较全面分析了广西喀斯特地区干旱、暴雨、高温和低温气象灾害时空变化规律。监测结果表明，广西喀斯特地区气温和降水极端变化趋势明显，全区变暖趋势显著且夜间增温大于白天，极强降雨量显著增加。干旱（轻旱、中旱、中旱）日数减少但特旱日数增加，暴雨日数增加，35 ℃以上高温日数明显增加，0 ℃以下低温日数明显减少。秋季干旱（10月最多）、夏季暴雨（6月最多）、夏季高温（8月最多）、冬季低温（1月最多）气象干旱发生频率最高。干旱(研究区西南部、中部)、暴雨(河池市西南部、桂林市东北部)、高温(研究区西南部)、低温(桂林市东北部、河池市北部山区)空间分布特征具有较大差异。

(4)实现了广西喀斯特地区植被生态气象灾害影响定量评估。基于植被对气象灾害的响应特征及不同林种的影响差异分析结果,优选了气象干旱综合指数、干旱日数、≥50 mm 暴雨累积量、≥35 ℃高温积温、≤0 ℃低温积温和遥感植被参数 NDVI、FVC、NPP、QI,构建了单一灾损评估模型,包括植被干旱影响指数、植被暴雨影响指数、植被高温影响指数和植被低温影响指数,利用损失率算法构建了综合灾损评估模型,采用 99%置信区间估计方法划分等级,共划分重度、中度、轻度、无灾损 4 个等级。此外,利用灰色关联法量化了不同气象灾害对植被影响大小的比较。

(5)完成了广西喀斯特地区石漠化气象灾害防御风险区划。根据气象灾害风险评价理论,基于气象数据、卫星遥感等多源数据,以干旱、暴雨、高温、低温灾害为主要风险源,以森林、灌草、农田 3 种植被类型的生态系统服务价值为风险受体,从气象灾害危险性、承灾体暴露度和承灾体脆弱性三个方面,构建广西喀斯特地区植被生态气象灾害风险评估指标体系和模型,进行气象灾害单灾种和综合多灾种的年和四季危险性评估与区划、承灾体脆弱性评估与区划、承灾体暴露度评估与区划、综合气象灾害风险评估与区划,结合石漠化等级演变特征,划定了广西喀斯特地区石漠化气象灾害防御分区。

(6)研发了广西喀斯特植被生态气象灾害灾损监测评估系统。基于 B/S+JAVA 开发,Linux 操作系统部署,数据库采用 Postgresql,研发广西喀斯特植被生态气象灾害灾损监测评估系统,实现了植被生态监测、喀斯特气象灾害监测、气象灾害灾损评估模型、气象灾害风险防御区划等功能。

(7)创新了广西生态气象服务业务。成果从 2021 年开展了业务应用,其中植被生态灾损定量评估是创新业务,2021 年发布了广西喀斯特地区(2 份)、柳州、贺州共 4 份植被干旱影响评估产品,其中贺州产品获市政府领导批示。2022 年发布了广西喀斯特地区(2 份)、百色、贵港、桂林、河池、贺州、来宾、柳州、南宁、玉林、富川县、环江县共 13 份植被干旱影响评估产品,其中百色、贺州、贵港、玉林、富川产品获市(县)政府领导批示。2023 年截至 6 月,发布了广西喀斯特地区(1 份)、崇左、河池、来宾、柳州、南宁、百色共 7 份植被干旱影响评估产品,其中河池产品获得批示,服务效果良好。

8.2 存在问题及展望

秉承边研究边应用及改进的理念,成果在应用过程中发现了一些问题,部分问题得到了有效解决。

(1)MODIS 数据的替代问题。MODIS NDVI 是研究使用的重要基础数据,使用了美国航空航天局(NASA)研发的 MOD13Q1 产品,目前已经更新到了 6.1 版本。目前 MODIS 处于超期服役阶段,数据及产品发布不稳定,在 MODIS 产品下线后,已研制的算法如何持续开展应用服务是首要解决问题之一。拟利用 FY-3D NDVI 数据作为备选数据源,在国家卫星中心的大力支持下,利用 FY-3D NDVI 数据逐月订正算法对数据进行修正,使 FY-3D NDVI 和 MODIS NDVI 两种数据实现时间序列上的有效衔接。但 FY-3D NDVI 作为模型驱动数据的监测效果仍有待验证。

(2)植被生态灾损监测评估区域问题。植被生态灾损评估算法通用性较强,建模的基本思路是综合考虑气象灾害的严重程度和植被抗逆性,采用加权和距中思想建立了植被气象灾害影响指数,实现了气象灾害对植被影响的定量评估。因此,该算法不仅适用于喀斯特地区,也适用于非喀斯特地区植被监测评估。成果在应用过程中发现,针对喀斯特面积占国土面积较少的市县,如果仅制作喀斯特地区植被灾损评估产品,评估结果难以满足实际应用需求,因此大部分地市服务产品为全域监测评估结果。

(3)植被生态灾损监测评估时间尺度问题。目前研制的算法可以实现一年 12 个月、四季和年的植被生态灾损评估,但在服务过程中发现,针对严重干旱过程,尤其发生在月初、月中的气象灾害过程,逐月的植被生态灾损评估不能满足服务时效性的要求。针对该问题,拟利用国家卫星中心下发的 FY-3D 旬 NDVI 数据,上线旬尺度植被生态灾损监测评估产品,从而提高产品的时效性。

(4)系统平台推广应用涉及的改进问题。上述已经提到,地市服务产品需求的是全域监测评估结果,而已经研发的系统平台架构是针对广西喀斯特地区,因此,在服务地(市)的时候,产品制作需要人机交互,降低了服务时效,也影响系统平台在地市的推广应用。因此,尽管研制的植被灾损评估算法得到了较好的推广应用,但需要对系统平台进行改进以适应地市服务需求。

(5)植被生态灾损预估问题。在成果推广应用过程中,地市技术人员普遍反映政府部门高度关注气象灾害对植被可能造成的影响。实现植被生态灾损预估,涉及短、中、长不同时间尺度的气象预报和气候预测产品应用、植被潜在生产力模拟等问题,已经建立的植被生态灾损评估算法需要进一步研究和改进才能满足这一需求。

参考文献

陈燕丽，莫建飞，莫伟华，等，2018．近30年广西喀斯特地区石漠化时空演变[J]．广西科学，25(5)：625-631．

董玉清，贾重建，卢瑛，等，2021．罗浮山土壤发生特性与系统分类研究[J]．土壤通报，52(5)：1009-1019．

胡宝清，方博闻，曹朦，等，2019．粗糙集理论在南水北调中线输供水系统水质指标约简中的应用[C]//中国水利学会．中国水利学会2019学术年会论文集第五分册．武汉大学数学与统计学院；武汉大学水资源与水电工程科学国家重点实验室；南水北调中线干线工程建设管理局．

胡业翠，刘彦随，吴佩林，等，2008．广西喀斯特山区土地石漠化：态势、成因与治理[J]．农业工程学报(6)：96-101．

黄肖寒，黄冬梅，2014．广西农业气象灾害灾情统计特征与灰色关联分析[J]．气象研究与应用，35(1)：67-70＋90．

况雪源，苏志，涂方旭，2007．广西气候区划分[J]．广西科学(3)：278-283．

李阳兵，李珊珊，徐倩，等，2019．西南岩溶山地石漠化近50年演变——基于5个地点的案例研究[J]．生态学报，39(22)：8526-8538．

梁明月，杨倩，何卫军，等，2024．基于不同遥感数据源的农作物精细化分类研究[J]．安徽农业科学，52(17)：228-232．

廖张波，何远兰，莫神带，2022．气象因素对甘蔗生产的影响及环境互作基因研究进展[J]．中国农学通报，38(21)：82-87．

卢涛，胡文英，张军，2021．滇东喀斯特地区石漠化时空演化特征研究——以曲靖市为例[J]．干旱区资源与环境，35(8)：71-79．

陆耀凡，廖雪萍，陈欣，等，2015．近40年广西右江河谷甘蔗生长季干旱时空特征[J]．气象研究与应用，36(2)：62-65．

莫建飞，陈诚，陈燕丽，等，2022.2000—2019年广西喀斯特地区植被分布格局及时空变化分析[J]．气象研究与应用，43(4)：13-19．

莫建飞，钟仕全，陈燕丽，等，2018．极端降水事件下广西流域洪涝社会经济暴露度分析[J]．灾害学，33(2)：83-88．

牛宝茹，刘俊蓉，王政伟，2005．干旱区植被覆盖度提取模型的建立[J]．地球信息科学，7(1)：84-86，97．

潘耀忠，史培军，朱文泉，等，2004．中国陆地生态系统生态资产遥感定量测量[J]．中国科学(D辑：地球科学)(4)：375-384．

朴世龙，方精云，郭庆华，2001.1982—1999年我国植被净第一性生产力及其时空变化[J]．北京大学学报(自然科学版)，15(4)：563-569．

钱拴，延昊，吴门新，等，2020．植被综合生态质量时空变化动态监测评价模型[J]．生态学报，40(18)：6573-6583．

覃小群，蒋忠诚，李庆松，等，2007．广西岩溶区地下河分布特征与开发利用[J]．水文地质工程地质，34(6)：10-13，18．

任国玉，封国林，严中伟，2010．中国极端气候变化观测研究回顾与展望[J]．气候与环境研究，15(4)：337-353．

王明明，王世杰，白晓永，等，2019．典型小流域喀斯特石漠化演变特征及其关键表征因子与驱动因素[J]．生态学报,39(16):6083-6097.

王正雄,蒋勇军,张远嘱,等,2019. 基于GIS与地理探测器的岩溶槽谷石漠化空间分布及驱动因素分析[J]. 地理学报,74(5):1025-1039.

文林琴,栗忠飞,2020. 2004—2016年贵州省石漠化状况及动态演变特征[J]. 生态学报,40(17):5928-5939.

肖薇薇,安彬,贾丹,2021. 1955—2017年安康市极端气候事件时序变化特征[J]. 水土保持研究,28(5):212-221.

许尔琪,2017. 基于地理加权回归的石漠化影响因子分布研究[J]. 资源科学,39(10):1975-1988.

许玉凤,黄敏,潘网生,等,2018. 贵州黔南州石漠化格局变化特征[J]. 生态科学,37(4):105-113.

杨青,杨广斌,2018. 贵州省喀斯特石漠化与土壤类型的空间相关分析[C]//中共长顺县委;长顺县人民政府;贵州师范大学. 中国南方喀斯特间歇泉-长顺"潮井"生态文化高层论坛论文集. 中国贵州省黔南布依族苗族自治州,2018:151-157.

杨青,杨广斌,戴丽,等,2019. 喀斯特地区石漠化与土壤类型的空间相关分析——以贵州省为例[J]. 中国岩溶,38(1):80-87.

姚永慧,索南东主,张俊瑶,等,2019. 2010—2015年贵州省关岭县石漠化时空演变及人类活动影响因素[J]. 地理科学进展,38(11):1759-1769.

张贵成,2021. 基于改进像元二分法的高光谱影像植被覆盖度估算研究[D]. 福州:福建师范大学.

张晓伦,甘淑,2014. 基于NDRI像元二分模型的石漠化信息提取研究[J]. 新技术新工艺(1):72-75.

赵鹤宇,樊立艳,常锦才,2022. 基于三次样条基函数的模糊数据插值[J]. 华北理工大学学报(自然科学版),44(4):68-79.

左太安,刁承泰,苏维词,等,2014. 毕节试验区石漠化时空演变过程和演变特征[J]. 生态学报,34(23):7067-7077.

BENDIG J,YU K,AASEN H,et al,2015. Combining UAV-based plant height from crop surface models,visible,and near infrared vegetation indices for biomass monitoring in barley[J]. International Journal of Applied Earth Observation and Geoinformation,39:79-87.

GITELSON A A,KAUFMAN Y J,STARK R,et al,2002. Novel algorithms for remote estimation of vegetation fraction[J]. Remote Sensing of Environmen,80(1):76-87.

GUIJARRO M,PAJARES G,RIOMOROS I,et al,2011. Automatic segmentation of relevant textures in agricultural images[J]. Computers Electronics in Agriculture,75(1):75-83.

HAGUE T,TILLETT N D,WHEELER H,2006. Automated crop and weed monitoring in widely spaced cereals[J]. Precision Agriculture,7(1):21-32.

HAI D L,LIN F T,CHEN X J,et al,2020. The functional roles of species in metacommunities,as revealed by metanetwork analyses of bird-plant frugivory networks[J]. Ecology Letters,23(8):1252-1262.

KARCHER D E,MICHAEL D R,2003. Quantifying turfgrass color using digital image analysis[J]. Crop Science,43:943-951.

KATAOKA T,KANEKO T,OKAMOTO H,et al,2003. Crop growth estimation system using machine vision [J]. IEEE/ASME International Conference on Advanced Intelligent Mechatronics,b1079-b1083.

LI J,WANG Y,LIU L,2020. Responses of the terrestrial ecosystem productivity to droughts in China[J]. Frontiers in Earth Science,8:59.

MEYER G E,HINDMAN T W,LAKSMI K,1999. Machine vision detection parameters for plant species identification[J]. Precision Agric Biol Qual,327-335.

MEYER G E,NETO J C,2008. Verification of colour vegetation indices for automated crop imaging applications[J]. Computers and Electronics in Agriculture,63:282-293.

PÉREZ A J,LÓPEZ F,BENLLOCH J V,et al,2000. Colour and shape analysis techniques for weed detection in cereal fields[J]. Computers and Electronics in Agriculture, 25(3): 197-212.

SHI H, YANG J, LIU Q, et al, 2024. Impacts of climate and land-use change on fraction vegetation coverage based on pLUS-dimidiate pixel model[J]. Sustainability, 16(23): 10430.

SULIK J J, LONG D S, 2016. Spectral considerations for modeling yield of canola[J]. Remote Sensing of Environment, 184: 161-174.

WOEBBECKE D M, MEYER G E, VON BARGEN K, et al, 1995. Colour indices for weed identification under various soil, residue, and lighting conditions[J]. Transactions of the ASAE, 38: 259-269.